1000MW超超临界火电机组系列培训教材

QILUNJI FENCE

汽轮机分册

长沙理工大学　华能秦煤瑞金发电有限责任公司　组编

中国电力出版社
CHINA ELECTRIC POWER PRESS

内 容 提 要

为确保 1000MW 火电机组的安全、稳定和经济运行，提高运行、检修和技术管理人员的技术素质和管理水平，适应员工岗位培训工作的需要，华能秦煤瑞金发电有限责任公司和长沙理工大学组织编写了《1000MW 超超临界火电机组系列培训教材》。

本书是《1000MW 超超临界火电机组系列培训教材》中的《汽轮机分册》。全书详细介绍了 1000MW 超超临界汽轮机的本体结构、调节与保护、热力系统、辅助设备、运行和维护等方面的内容。全书共分为八章，第一章主要介绍超超临界汽轮机基本知识，第二章主要介绍汽轮机本体结构，第三章主要介绍汽轮机调节及保护系统，第四章主要介绍供油系统，第五章主要介绍汽轮机热力系统，第六章主要介绍汽轮机辅助设备，第七章主要介绍给水泵及给水泵汽轮机，第八章主要介绍汽轮机运行和维护。

本套教材适用于 1000MW 及其他大型火电机组的岗位培训和继续教育，供从事 1000MW 及其他大型火电机组设计、安装、调试、运行、检修等工作的工程技术人员和管理人员阅读，也可供高等院校相关专业师生参考。

图书在版编目（CIP）数据

1000MW 超超临界火电机组系列培训教材．汽轮机分册/长沙理工大学，华能秦煤瑞金发电有限责任公司组编．—北京：中国电力出版社，2023.7（2024.1重印）

ISBN 978-7-5198-7453-7

Ⅰ.①1… Ⅱ.①长…②华… Ⅲ.①火电厂-发电机组-超临界机组-汽轮机-技术培训-教材 Ⅳ.①TM621.3

中国国家版本馆 CIP 数据核字（2023）第 066401 号

出版发行：中国电力出版社
地　　址：北京市东城区北京站西街 19 号（邮政编码 100005）
网　　址：http：//www.cepp.sgcc.com.cn
责任编辑：赵鸣志
责任校对：黄　蓓　李　楠
装帧设计：赵丽媛
责任印制：吴　迪

印　　刷：三河市万龙印装有限公司
版　　次：2023 年 7 月第一版
印　　次：2024 年 1 月北京第二次印刷
开　　本：787 毫米×1092 毫米　16 开本
印　　张：21.75
字　　数：497 千字
印　　数：1001—2000 册
定　　价：108.00 元

《1000MW 超超临界火电机组系列培训教材》

编写委员会

主　　任	洪源渤				
副 主 任	李海滨	何　胜			
委　　员	郭志健	吕海涛	宋　慷	陈　相	孙兆国	石伟栋
	钟　勇	张建忠	刘亚坤	林卓驰	范贵平	邱国梁
	夏文武	赵　斌	黄　伟	王运民	魏继龙	李　鸿

编写工作组

组　　长	陈小辉
副 组 长	罗建民　朱剑峰
成　　员	胡建军　胡向臻　范存鑫　汪益华　陈建华

汽轮机分册编审人员

主　　编	王运民
参编人员	黄童俊　何金桥　邓志刚　程瑞华　刘雪成　苑红军
	杨　勇　付利民　周建松
审核人员	魏继龙　赵　斌

电力行业是国民经济的支柱行业。2006 年，首台单机百万千瓦机组投产发电，标志着中国火力发电正式步入百万千瓦级时代。目前，中国的火力发电技术已经达到世界先进水平，在低碳、节能、环保方面取得了举世瞩目的成就。

习近平总书记在党的二十大报告中指出："深入实施人才强国战略，培养造就大批德才兼备的高素质人才，是国家和民族长远发展大计。"随着科技的进一步发展和电力体制改革的深入推进，大容量、高参数的火力发电机组因其较低的能耗和污染物排放成为行业发展的主流，火电企业迎来了转型发展升级的新时代，既需要高层次的管理和研究人才，更需要专业素质过硬的技能人才。因此，编写一套专业对口、针对性强的火力发电专业技术培训丛书，将有助于火力发电机组生产人员学践结合，有效提升专业技术技能水平，这也是我们编写出版《1000MW 超超临界火电机组系列培训教材》的初衷。

华能秦煤瑞金发电有限责任公司（以下简称瑞金电厂）通过科学论证、缜密规划、辛苦建设，于 2021 年 12 月成功投运了 2 台 1000MW 超超临界高效二次再热燃煤机组，各项性能指标在同类型机组中处于先进行列，成为我国 1000MW 级燃煤机组"清洁、安全、高效、智慧"生产的标杆。尤其重要的是，瑞金电厂发挥"敢为人先、追求卓越"的精神，实现了首台（套）全国产 DCS/DEH/SIS 一体化技术应用的历史性突破，为机组装上了"中国大脑"；并集成应用了 BEST 双机回热带小发电机系统、智慧电厂示范、HT700T 高温新材料、锅炉管内壁渗铝涂层技术、烟气脱硫及废水一体化协同治理、全国产 SIS 系统等"十大创新"技术。瑞金电厂不断探索电力企业教育培训的科学管理模式与人才评价有效方法，形成了以员工职业生涯规划为引领的科学完备的培训体系，培养出了一支高素质、高水平的生产技能人才队伍，为机组的稳定运行提供了保障。

为更好地总结电厂运行与人才培养的经验，瑞金电厂和长沙理工大学通力合作，编写了《1000MW 超超临界火电机组系列培训教材》。本套培训教材的编撰立足电厂实际，注重科学性、针对性和实用性，历时两年，经过反复修改和不断完善，力求在内容上理论联系实际，在表述上做到通俗易懂。本套培训教材包括《锅炉分册》《汽轮机分册》《电气设备分册》《热工控制分册》《电厂化学分册》《燃料分册》《脱硫分册》和《除灰分册》等 8 个分册，以机组设备及系统的组成为基础，着重于提高生产人员对机组设备及系统的运行、维护、故障处理的技术水平，从而达到提高实际操作能力的目的。

我们希望本套培训教材的出版，能有效促进 1000MW 超超临界火力发电机组生产人员技术技能水平的提高，为火电企业生产技能人才队伍的建设提供帮助；更希望其能够作为一个契机和交流的载体，为推动低碳、节能、环保的 1000MW 超超临界火力发电机组在中国更好更快地发展增添一份力量。

2023 年 4 月

当前，加快转变经济发展方式已成为影响我国经济社会领域各个层面的一场深刻变革。在火力发电行业，大容量、高参数、高度自动化的大型火电机组不断增加，1000MW超超临界燃煤机组因其较低的能耗和超低污染物排放，成为行业发展的主流。为确保1000MW 超超临界燃煤机组的安全、可靠、经济及环保运行，机组生产人员的岗位技术技能培训显得十分重要。

2021 年 12 月，国家能源局首台（套）示范项目——华能秦煤瑞金发电有限责任公司二期扩建工程全国产 DCS/DEH/SIS 一体化智慧火电机组成功投运，实现了我国发电领域"卡脖子"核心技术自主可控的重大突破。为将实践和理论相结合并进一步升华，更好地服务于火电企业生产技术人员培训，华能秦煤瑞金发电有限责任公司和长沙理工大学合作编写了《1000MW 超超临界火电机组系列培训教材》。本系列培训教材包括《锅炉分册》《汽轮机分册》《电气设备分册》《热工控制分册》《电厂化学分册》《燃料分册》《脱硫分册》《除灰分册》等 8 册，今后还将根据火力发电技术的发展，不断充实完善。

本系列培训教材适用于 1000MW 及其他大型火力发电机组的生产人员和技术管理人员的岗位培训和继续教育，可供从事 1000MW 及其他大型火力发电机组设计、安装、调试、运行、检修等工作的工程技术人员和管理人员阅读，也可供高等院校相关专业师生参考。

《汽轮机分册》共八章，详细介绍了 1000MW 超超临界汽轮机的基本知识、本体结构、调节与保护系统、供油系统、热力系统、辅助设备、运行和维护等方面的内容。

本书由长沙理工大学王运民主编，魏继龙、赵斌审核。

本书在编写过程中参阅了同类型电厂、设备制造厂、设计院、安装单位等的技术资料、说明书、图纸，在此一并表示感谢。

由于编者水平所限和编写时间紧迫，疏漏之处在所难免，敬请读者批评指正。

编　者
2023 年 4 月

目录

第一章 超超临界汽轮机基本介绍

第一节 超超临界汽轮机概述

一、超超临界机组的定义

要提高汽轮机运行的经济性，提高汽轮机进口主蒸汽压力和温度是一种重要和有效的途径。所以汽轮机的发展过程中经历了低参数、中参数、高参数、超高参数、亚临界参数、超临界参数和超超临界参数几个过程。超超临界机组是比常规超临界机组参数更高的汽轮发电机组。

常规超临界机组具有明确的物理定义。水的临界状态点参数为：压力22.1MPa，温度374.15℃，所以将锅炉出口蒸汽参数高于临界参数的汽轮发电机组称为超临界机组。

超超临界是20世纪90年代提出来的一个工程产品的商业性概念，各个国家对超超临界的定义不完全相同。但到目前为止，国际上还是普遍认为，在常规超临界参数的基础上压力和（或）温度再提升一个等级，都属于超超临界机组的范畴。例如，我国现运行的超临界600MW机组，其主蒸汽压力24.2MPa，主蒸汽温度566℃，那么只要主蒸汽压力超过24.2MPa，或主蒸汽温度超过566℃，就属于超超临界机组。

我国电力百科全书认为，主蒸汽压力不小于27MPa为超超临界机组。2003年，我国"国家高技术研究发展计划（863计划）"项目"超超临界燃煤发电技术"中，定义超超临界参数为压力不小于25MPa，温度不小于580℃。

二、超超临界机组的优势

1. 机组的运行效率

超超临界机组由于蒸汽参数高，所以运行效率高是其最显著的特点。一般认为亚临界燃煤火电机组的效率在37%左右，蒸汽参数为25MPa/540℃/560℃超临界火电机组，其效率为42%～43%，而蒸汽压力28～30MPa，温度580℃/600℃、600℃/600℃的超超临界机组，其效率均可达到45%，甚至以上。另外，超超临界机组如果采用二次再热循环，其效率还可进一步有所提高。

2. 机组的发电成本

火电厂的发电成本主要取决于电厂的投资与燃料价格。由于超超临界机组的蒸汽参数高，所以电厂的投资有所提高。因此，与亚临界机组和常规超临界机组相比，超超临界机组发电成本上的优势主要取决于材料与燃料的价格比。随着材料技术的不断提高和世界能源的日益紧张，超超临界机组发电成本上的优势日见突显。某电厂650MW机组采用亚临界参数和超超临界参数的技术经济比较如表 1-1 所示。

表 1-1　　　　某电厂 650MW 燃煤机组的技术经济比较

序号	项目	单位	亚临界机组	超超临界机组
1	功率	MW	650	650
2	蒸汽参数	MPa/℃/℃	18.0/540/540	27.0/580/600
3	电厂净效率	%	41.7	44.1
4	电厂投资	$/kW	750	775
5	每年度的发电成本	美分/kWh	3.06	3.02

3. 污染控制

对超超临界机组而言，运行效率的提高会使污染物的排放量相对减少，有利于烟气的净化和污染物的控制。

以表 1-1 中的机组为例，按年运行 7500h 计算，超超临界机组相比亚临界机组，每年节约国际通用煤（2500kJ/kg）115 000t，每年可减少 CO_2 排放量 270 000t。

4. 机组的调峰能力

超超临界机组具有良好的调峰能力。超超临界机组在 50%～100% 额定负荷之间的变负荷率可以达到 7%～8%/min，甚至比亚临界机组在同样负荷范围内的变负荷率 5%/min 还要好。

三、超超临界机组的发展简介

1. 国外超超临界机组的发展

超超临界机组的发展过程经历了 20 世纪 50 年代的起步阶段、80 年代的优化及新技术发展阶段和 90 年代的技术成熟阶段。20 世纪 90 年代以来，由于环境保护和节约能源的需要，超超临界机组又进入了新一轮的发展时期。

美国是发展超超临界机组最早的国家。从 20 世纪 50 年代起，以美国通用和西屋公司为代表的发电机组制造企业就开始了超超临界机组的生产。1959 年美国生产的 325MW 超超临界机组，其进汽压力 34.5MPa，进汽温度 649℃。

日本发展超超临界机组是采用引进美国和欧洲的技术，并进行了二次开发创新。目前日本已跃居世界发展超超临界机组技术的先进国家行列。日本 450MW 以上火力发电机组全部采用超超临界参数。俄罗斯 300MW 以上火力发电机组全部采用超临界或超超临界参数。从 20 世纪 90 年代开始，随着新技术和耐高温材料的出现，欧洲和日本燃煤发电企业进入一个采用更高参数的发展阶段。火力发电厂投入运行的机组主蒸汽温度最高达到 600℃，再热蒸汽温度最高达到 610℃。日本东芝公司 1989 年有 2 台 700MW 二次再热机组主蒸汽压力为 31MPa。欧洲除丹麦 1997、1998 年投入运行 2 台 29MPa 压力、二次再热的 415MW 机组外，西门子公司 1998 年后也有较高压力的业绩，但目前投入运行的大功率机组（包括 1025MW 机组）的主蒸汽压力均不大于 26.5MPa。

目前超超临界参数汽轮机电厂在主要工业化国家已经趋于成熟，并获得了广泛应用。

日本各制造公司已开始对参数为 34.5MPa/620℃/650℃、31MPa/593℃/593℃/593℃ 和 34.4MPa/649℃/593℃/593℃ 的超超临界机组进行全面研究，力求使其效率再进一步提高。据相关报道，丹麦投入运行的 2 台超超临界机组（一台燃煤机组、一台燃气机组），蒸汽参数为 28.5MPa/580℃/580℃/580℃，凝汽压力 2.3kPa，运行时热效率可以达到 47%。

2. 国内超超临界机组的发展

国内的超超临界机组是在常规超临界机组的基础上发展起来的。2002 年 9 月，国家"863"计划"超超临界燃煤发电技术"，依托华能玉环电厂开始启动。为了论证我国自主开发大型超超临界机能的技术方案，国内有关研究机构开展了超超临界火电机组技术开发可行性研究工作。对超超临界火电机组研制的关键技术和我国发展超超临界技术的基础进行了分析，提出了我国研制开发的超超临界机组选用 25～28MPa/600℃ 的蒸汽参数、一次再热方式，600～1000MW 的容量比较适宜。

接着国内各大动力制造企业相继引进了国外成熟的超超临界技术，目前均已具备百万千瓦级超超临界机组的制造能力。例如，我国四大汽轮机制造企业的上海汽轮机有限公司、哈尔滨汽轮机有限公司、东方汽轮机有限公司、北京北重汽轮机有限公司分别引进了西门子、东芝、日立及阿尔斯通公司的超超临界汽轮机制造技术，它们生产的超超临界机组已经在国内多个电厂投入了商业运行，其中还包括部分二次再热的超超临界汽轮发电机组。

第二节　瑞金电厂超超临界汽轮机简介

瑞金电厂二期工程 1000MW 汽轮机为上海汽轮机有限公司制造的二次再热超超临界汽轮机，其型号为 N1000-31/605/622/620。

一、汽轮机主要技术参数

机组主要技术数据如表 1-2 和表 1-3 所示。

表 1-2　　　　　　　　　　汽轮机主要技术数据汇总表

序号	项目	单位	数据
1	机组型式		超超临界、二次中间再热、五缸、四排汽、单轴、凝汽式
2	汽轮机型号		N1000-31/605/622/620
3	THA 工况	MW	1000
4	额定主蒸汽压力	MPa	31
5	额定主蒸汽温度	℃	605
6	超高压缸/高压缸额定排汽口压力	MPa	12.62/3.55
7	超高压缸/高压缸额定排汽口温度	℃	451/426.5
8	一次/二次再热蒸汽额定进口压力	MPa	11.83/3.23
9	一次/二次再热蒸汽额定进口温度	℃	622/620

续表

序号	项目	单位	数据
10	主蒸汽额定进汽量	t/h	2752.74
11	一次/二次再热蒸汽额定进汽量	t/h	1794.717/1805.355
12	额定排汽压力	MPa	0.004 75
13	配汽方式		全周进汽加补汽阀
14	设计冷却水温度	℃	22.3
15	额定给水温度（TRL）	℃	330.9
16	额定转速	r/min	3000
17	热耗率（THA）	kJ/kWh	6992
18	给水回热级数（高压加热器＋除氧＋低压加热器）		12
19	低压末级叶片长度	mm	1146
20	汽轮机总内效率	%	91.18
21	超高压缸效率	%	89.7
22	高压缸效率	%	91.66
23	中压缸效率	%	93.3
24	低压缸效率	%	89.75
25	超高压缸	级	13
26	高压缸	级	15
27	中压缸	级	2×14
28	低压缸	级	2×2×5
29	超高压转子临界转速	r/min	2190
30	高压转子临界转速	r/min	1788
31	中压转子临界转速	r/min	1542
32	低压转子临界转速	r/min	1302
33	机组轴系扭振频率	Hz	13.77/20.89/26.74/42.696/65.23/ 70.40/122.90/141.09
34	机组外形尺寸（长、宽、高）	m×m×m	约35×14×8.1
35	机组在出厂前是否经过总装	是/否	是
36	运行层标高	m	17
37	最大起吊高度	m	12.5（距汽轮机中心线）
38	冷态启动寿命消耗	%/次	0.0115
39	温态启动寿命消耗	%/次	0.0115
40	热态启动寿命消耗	%/次	0.0115

续表

序号	项目	单位	数据
41	极热态启动寿命消耗	%/次	不计
42	负荷阶跃大于10%负荷（THA）寿命消耗	%/次	不计
43	启动方式		超高、高、中低压联合启动
44	变压运行负荷范围		40%THA～THA
45	定压、变压负荷变化率	%/min	2～5
46	轴颈振动两个方向最大值	mm	0.076
47	临界转速时轴振动最大值	mm	0.15
48	最高允许背压值	kPa	20
49	最高允许排汽温度	℃	90
50	噪声水平	dB（A）	85

表 1-3　　　　　　　　　　　　　　**汽轮机其他相关技术数据**

序号	项　目		单位	数据
1	超高压主汽阀	数量	只	2
		内径	mm	285
		阀体材质		ZG12Cr10Mo1W1NiVNbN
		阀杆材质		12Cr10Mo1W1NiVNbN
2	超高压主汽调节阀	型式		提升式
		数量	只	2
		内径	mm	225
		阀体材质		ZG12Cr10Mo1W1NiVNbN
		阀杆材质		12Cr10Mo1W1NiVNbN
3	超高压缸排汽止回阀	数量	只	1
		内径	mm	DN850
4	高压联合汽阀	数量	只	2
		内径	mm	360/320
		阀体材质		ZG13Cr9Mo2Co1NiVNbNB（CB2）
		阀杆材质		13Cr9Mo2Co1NiVNbNB（FB2）
5	高压缸排汽止回阀			具体数据在设计阶段提供
6	中压联合汽阀	数量	只	2
		内径	mm	700/630
		阀体材质		ZG13Cr9Mo2Co1NiVNbNB（CB2）
		阀杆材质		13Cr9Mo2Co1NiVNbNB（FB2）

续表

序号	项　　目		单位	数据
7	超高压缸通风阀	数量	只	1
		内径	mm	DN150
		阀体材质		合金钢
		阀杆材质		不锈钢
8	高压缸通风阀	数量	只	1
		内径	mm	DN250
		阀体材质		合金钢
		阀杆材质		不锈钢
9	低压缸排大气阀	直径	mm	800
		厚度	mm	1.5
		材料		铅板
10	汽轮机排汽缸喷水量		t/h	15
11	机组重量	汽轮机本体	t	约1600
		超高压主汽阀、调节汽阀；高压主汽阀和高压调节汽阀；中压主汽阀和中压调节汽阀等	t	约210

二、机组设计的相关性能曲线

1. 主蒸汽流量与功率、汽耗率、热耗率的关系曲线

主蒸汽流量与功率、汽耗率、热耗率的关系曲线如图 1-1～图 1-3 所示。

2. 主蒸汽流量与再热蒸汽温度的关系曲线

主蒸汽流量与主蒸汽、再热蒸汽温度的关系曲线如图 1-4 所示。

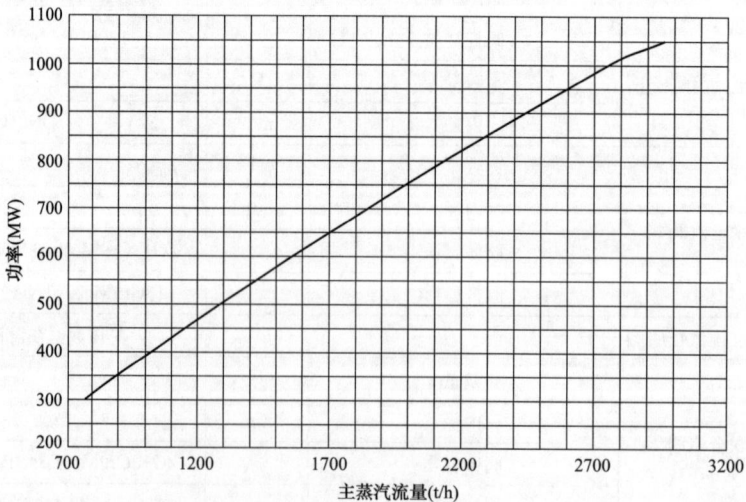

图 1-1　主蒸汽流量与功率的关系曲线

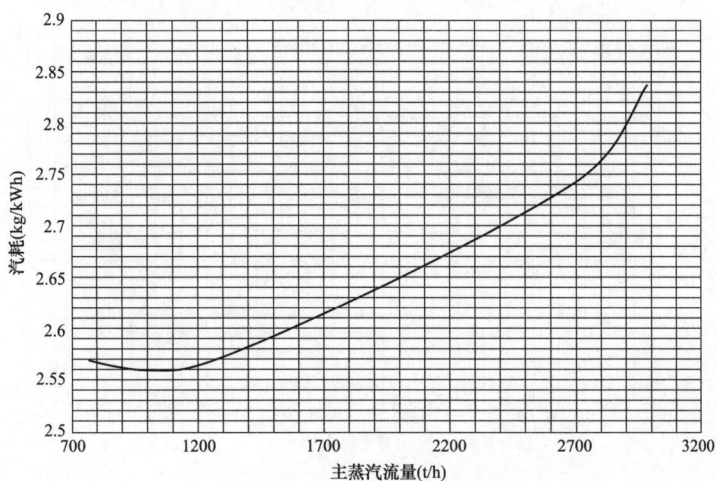

图 1-2 主蒸汽流量与汽耗率的关系曲线

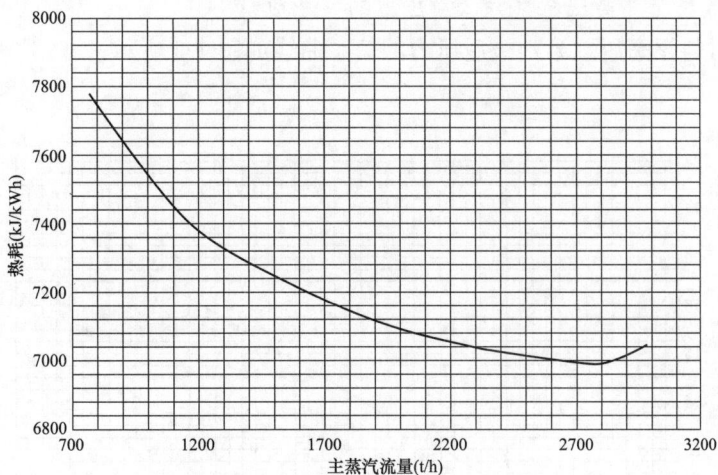

图 1-3 主蒸汽流量与热耗率的关系曲线

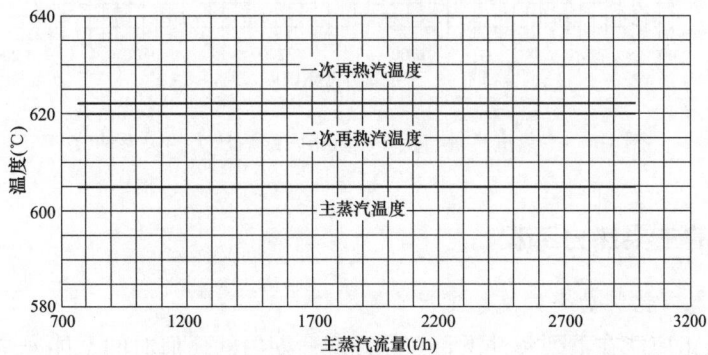

图 1-4 主蒸汽流量与主蒸汽、再热蒸汽温度的关系曲线

3. 汽轮机的内效率与主蒸汽流量的关系曲线

汽轮机的内效率与主蒸汽流量的关系曲线如图 1-5 所示。

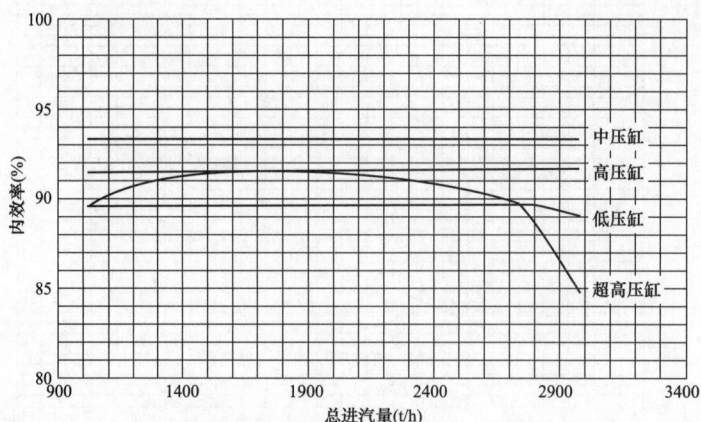

图1-5 汽轮机的内效率与主蒸汽流量的关系曲线

4. 主蒸汽流量与超高压缸第六级后压力的关系曲线

主蒸汽流量与超高压缸第六级后压力的关系曲线如图1-6所示。

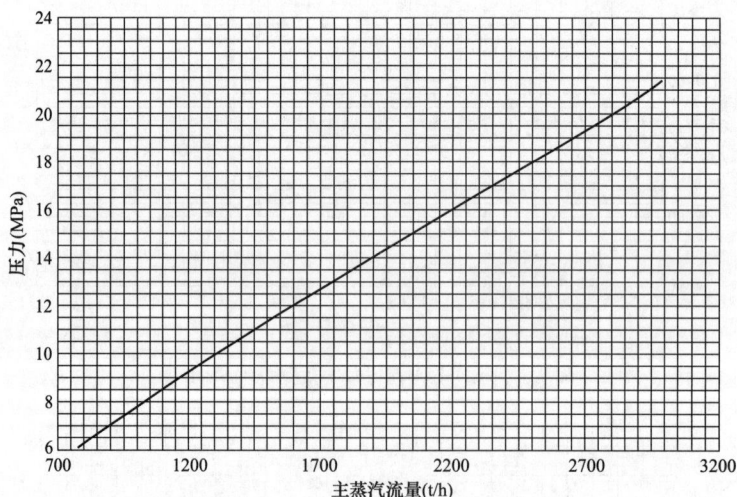

图1-6 主蒸汽流量与超高压缸第六级后压力的关系曲线

三、机组的主要热力工况

1. TRL工况（铭牌功率，夏季工况）

汽轮发电机组应能在下列条件下，在保证寿命期内的任何时间都能安全连续运行，主发电机输出铭牌功率1000MW级（应扣除静态励磁、电动主油泵及氢密封油泵的功耗），此工况称为铭牌工况（TRL工况），此工况下的进汽量称为铭牌工况进汽量。此工况为出力保证值的验收工况，其条件如下：

(1) 额定主蒸汽参数、再热蒸汽参数及所规定的汽水品质；

(2) 汽轮机低压缸排汽平均背压为 9.0kPa；

(3) 补给水量为 2%；

(4) 所规定的最终给水温度为 330℃；

(5) 全部回热系统正常运行，但不带厂用辅助蒸汽；

(6) 汽动给水泵满足额定给水参数；

(7) 在额定电压、额定频率、额定功率因数 0.9（滞后）、额定氢压时，发电机氢冷却器冷却水温为 33℃时，发电机效率为 99%。

2. TMCR 工况（最大连续功率）

汽轮机进汽量等于铭牌工况（TRL）进汽量，在下列条件下安全连续运行，主发电机输出功率为 1031.87MW（应扣除静态励磁、电动主油泵及氢密封油泵的功耗）称为最大连续功率（TMCR），其条件如下：

(1) 额定主蒸汽再热蒸汽参数及所规定的汽水品质；

(2) 汽轮机低压缸排汽背压为 4.75kPa；

(3) 补给水量为 0；

(4) 所规定的给水温度为 330℃；

(5) 全部回热系统正常运行，但不带厂用辅助蒸汽；

(6) 汽动给水泵满足规定给水参数；

(7) 在额定电压、额定频率、额定功率因数 0.9（滞后）、额定氢压时，发电机氢冷却器冷却水温为 33℃时，发电机效率为 99%。

3. VWO 工况（阀门全开功率）

汽轮发电机组应能在调节阀全开，其他条件同 TMCR 工况时，汽轮机的进汽量不小于 103% 的铭牌工况（TRL）进汽量，此工况称为调节门全开（VWO）工况。该进汽量为 2982.69t/h，此工况下汽轮机进汽量和锅炉 BMCR 工况匹配。

4. 高压加热器全切工况

汽轮发电机组应能在高压加热器全部停运时安全连续运行（并切除烟气余热利用系统），除进汽量及部分回热系统外，其他条件同 TMCR 工况时，应保证机组能输出铭牌功率。

机组在任何一台低压加热器停用，其他条件同 TMCR 工况时，应能输出铭牌功率；在多台低压加热器停用时，需要根据停用低压加热器的数量相应降低机组负荷，具体规范将在运行说明书中提供。汽轮发电机允许额定工况时瞬间改变主凝结水流量，满足电网短时调频要求，汽轮发电机能在额定负荷基础上安全短时超发电。

5. THA 工况（热耗率验收功率）

当机组功率（当采用静态励磁、电动主油泵时，应扣除各项所消耗的功率）为额定功率 1000MW 级时，除进汽量以外，其他条件同 TMCR 工况时，称为机组的热耗率验收（THA）工况。此工况为热耗率保证值的验收工况，也称为额定负荷工况。

各工况下汽轮机的特性数据如表 1-4 所示。

表 1-4 汽轮机特性数据

项　目	TRL 工况	TMCR 工况	VWO 工况	THA 工况	75％THA 工况
功率（MW）	1000	1031.871	1051.441	1000	750
热耗率（kJ/kWh）	7171	7027	7046	6992	7096
主蒸汽压力（MPa）	31.00	31.00	31.00	31.00	23.01
一次再热蒸汽压力（MPa）	12.31	12.42	12.75	11.87	9.02
二次再热蒸汽压力（MPa）	3.35	3.38	3.48	3.23	2.44
主蒸汽温度（℃）	605	605	605	605	605
超高压缸排汽温度（℃）	459.69	461.19	466.76	450.99	457.74
高压缸排汽温度（℃）	426.33	426.30	426.19	426.48	427.97
一次再热蒸汽温度（℃）	622	622	622	622	622
二次再热蒸汽温度（℃）	620	620	620	620	620
主蒸汽流量（t/h）	2895.815	2895.815	2982.690	2752.740	1985.439
一次再热蒸汽流量（t/h）	1863.576	1880.756	1932.520	1794.717	1355.247
二次再热蒸汽流量（t/h）	1874.531	1891.797	1943.804	1805.355	1363.079
超高压缸排汽压力（MPa）	13.10	13.22	13.58	12.62	9.60
高压缸排汽压力（MPa）	3.68	3.72	3.82	3.55	2.69
中压缸排汽压力（MPa）	0.48	0.48	0.49	0.46	0.35
低压缸排汽压力（kPa）	9	4.75	4.75	4.75	4.75
低压缸排汽流量（t/h）	1576.704	1567.165	1607.009	1500.713	1155.571
补给水率（％）	2	0	0	0	0
末级高压加热器出口给水温度（℃）	330.86	331.56	333.63	328.00	307.58
项　目	50％ THA 工况	40％ THA 工况	30％ THA 工况	高压加热器全 部停用工况	厂用汽 工况
功率（MW）	500	400	300	1000	1000
热耗率（kJ/kWh）	7340	7520	7783	7345	7218
主蒸汽压力（MPa）	15.32	12.33	9.36	26.74	31.00
一次再热蒸汽压力（MPa）	6.19	5.05	3.88	12.85	12.30

项　　目	50% THA 工况	40% THA 工况	30% THA 工况	高压加热器全部停用工况	厂用汽工况
二次再热蒸汽压力（MPa）	1.67	1.36	1.04	3.50	3.19
主蒸汽温度（℃）	605	605	605	605	605
超高压缸排汽温度（℃）	466.25	469.93	473.77	489.32	459.48
高压缸排汽温度（℃）	429.54	430.20	430.89	426.38	419.19
一次再热蒸汽温度（℃）	622	622	622	622	622
二次再热蒸汽温度（℃）	620	620	620	620	620
主蒸汽流量（t/h）	1284.990	1022.778	767.716	2198.055	2887.039
一次再热蒸汽流量（t/h）	924.477	752.123	577.512	1948.139	1870.382
二次再热蒸汽流量（t/h）	929.704	756.342	580.729	1959.185	1782.011
超高压缸排汽压力（MPa）	6.60	5.38	4.14	13.70	13.09
高压缸排汽压力（MPa）	1.84	1.49	1.15	3.85	3.50
中压缸排汽压力（MPa）	0.24	0.20	0.15	0.50	0.45
低压缸排汽压力（kPa）	4.75	4.75	4.75	4.75	4.75
低压缸排汽流量（t/h）	807.970	666.977	522.285	1639.044	1465.470
补给水率（%）	0	0	0	0	0
末级高压加热器出口给水温度（℃）	281.57	268.40	252.39	200.37	330.82

四、汽轮机运行模式

机组投入运行后，年利用小时数不小于 6500h，年平均运行小时数不小于 7800h。强迫停运率小于 0.5%。机组运行模式满足表 1-5 中的要求。

表 1-5　　　　　　　　　　　**机组运行模式**

序号	负荷（%）	每年小时数（h）
1	100	3100
2	75	4200
3	50	500

五、汽轮机总体结构特点

瑞金电厂二期工程的两台 N1000-31/605/622/620 型汽轮机，是由上海电气集团股份汽有限公司（上海汽轮机厂）生产的超超临界汽轮机，为二次中间再热、五缸四排汽、单轴、双背压、凝汽式。

本机组由一个超高压缸、一个高压缸、一个中压缸和两个低压缸组成。汽轮机组的三维外形布置图如图 1-7 所示，汽轮机的主要部件如图 1-8 所示。

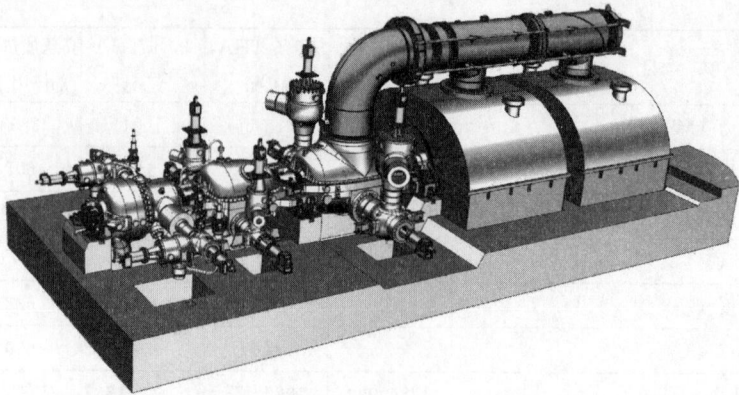

图 1-7　汽轮机组三维外形布置图

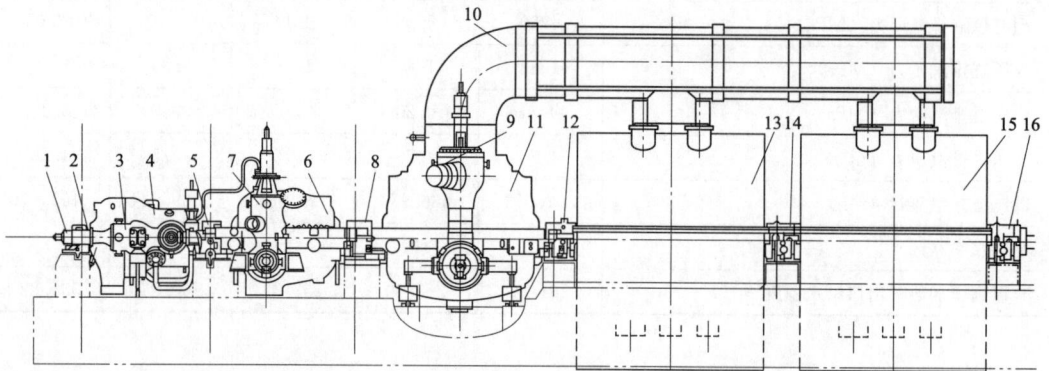

图 1-8　汽轮机组主要部件图

1—液压马达；2—1 号轴承座 ；3—超高压阀门；4—超高压缸；5—2 号轴承座；6—高压缸；
7—高压阀门；8—3 号轴承座；9—中压阀门；10—中低压连通管；11—中压缸；12—4 号轴承座；
13—1 号低压缸；14—5 号轴承座；15—2 号低压缸；16—6 号轴承座

本机组新蒸汽从下部进入置于机组两侧的两个超高压主汽调节联合阀，由每侧各一个调节阀流出进入超高压缸。进入超高压缸的蒸汽通过 13 个反动式压力级后，由外缸下部两侧排出进入一次再热器。再热后的蒸汽进入布置于机组两侧的两个高压主汽调节联合阀，每侧各一个调节阀流出进入高压缸。进入高压缸的蒸汽通过 15 个反动式压力级后，由外缸下部两侧排出进入二次再热器。再热后的蒸汽进入布置于机组两侧的两个中压主汽调节联合阀，然后由每侧各一个中压调节阀流出进入中压缸，进入中压缸的蒸汽经过正、反各 14 级反动式压力级后，从中压缸上部经过连通管进入两个低压缸。两个低压缸均为双分流结构，蒸汽从通流部分的中部流入，经过正、反向各 5 级反动级后，从四个排汽口向下排入凝汽器。

六、原则性热力系统

瑞金电厂上汽 N1000-31/605/622/620 型汽轮机原则性热力系统如图 1-9 所示。

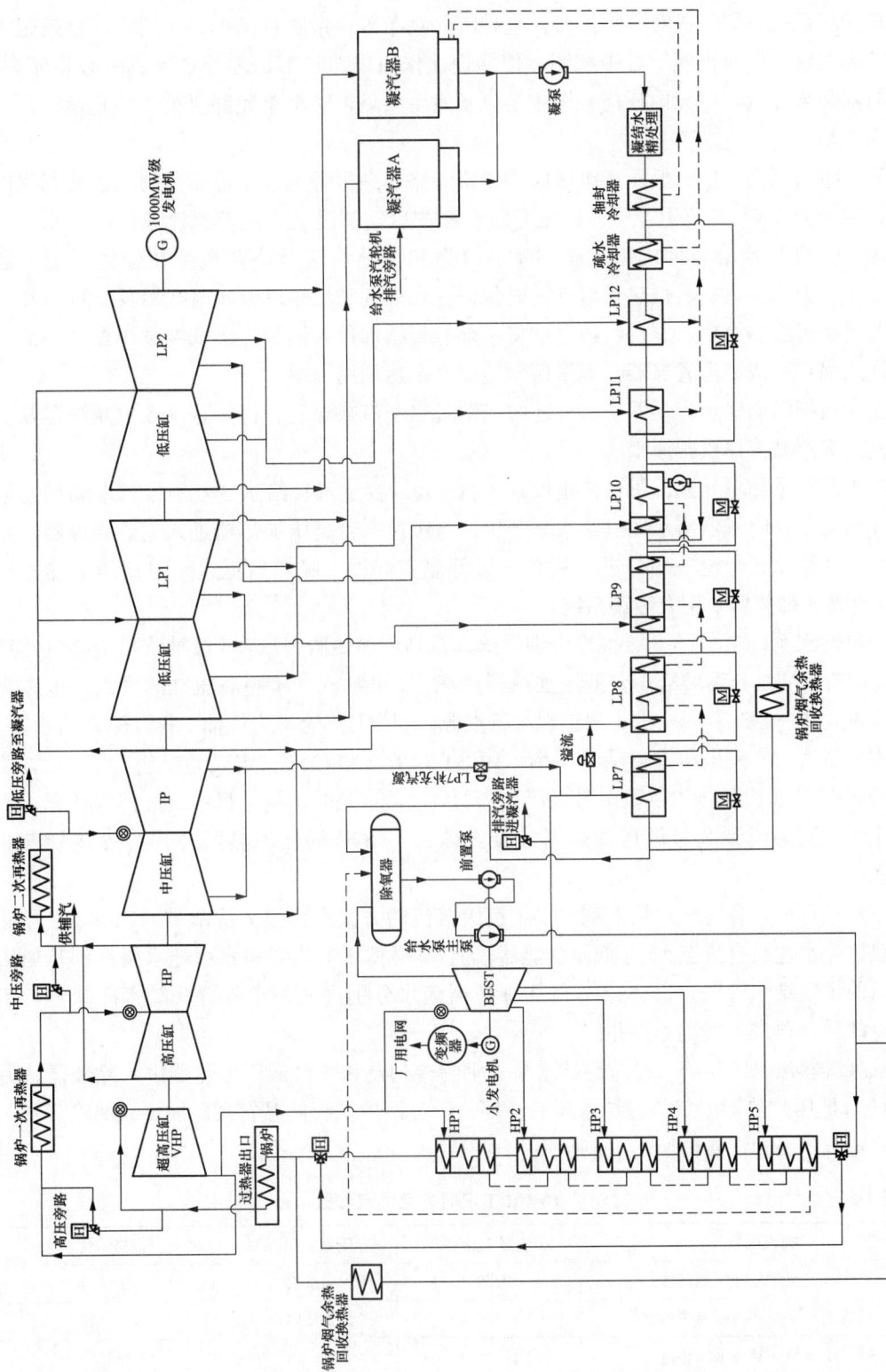

图 1-9 汽轮机原则性热力系统

该机组的热力系统除辅助蒸汽系统采用母管制外,其余主要系统均采用"锅炉—汽轮机"单元制系统,即一机对一炉连接。这种单元制布置,系统较简单、阀门少、管道阻力小、节约钢材,同时也便于集中控制,使管理操作简单。其不足之处是停机时必须停炉,停炉时则必须停机,单元中任何一个主要设备发生故障,整个单元都要被迫停止运行,运行灵活性差。

该机组采用高、中、低压三级串联汽轮机旁路,高压旁路采用带安全阀功能的三用阀系统,容量为100%BMCR,中、低压旁路容量按启动工况最大主蒸汽流量加减温水量之和考虑。旁路的容量满足机组安全启动、停运和负荷快速升降及机组在任何工况下启动(冷态、温态、热态、极热态启动)时保证主汽温度和汽轮机金属温度相匹配的要求。

为提高机组热效率,本机组还分别将一部分凝结水送入锅炉二级低温省煤器、一部分给水送入锅炉一级低温省煤器,即采用烟气深度余热利用方案。

给水系统除向锅炉省煤器供水外还向锅炉过热蒸汽减温器、再热蒸汽事故减温器及汽轮机高压旁路减温器供减温水。

给水系统采用单元制。每台机组设置1台100%容量汽动给水泵,不设置电动调速给水泵作启动泵。除氧器出水经给水泵升压,再经过5台高压加热器进入锅炉省煤器。给水泵出口的给水还分流一部分进入锅炉一级低温省煤器,吸热后汇入1号高压加热器出口。5台高压加热器采用大旁路系统。

回热抽汽系统中,1~5级抽汽分别供给5台高压加热器用汽,6级抽汽供给除氧器用汽,7~12级抽汽分别供给6台低压加热器用汽。1级抽汽(接超高压缸的排汽)也作为给水泵汽轮机(BEST汽轮机)的正常运行汽源。BEST汽轮机为5抽1排,驱动给水泵,多余发电量通过小发电机进行消纳平衡,BEST机有5级抽汽(定义为机组的2~6级抽汽)。BEST汽轮机的排汽供至7号低压加热器,汽量不足时,从主机中压缸排汽补充;汽量多余时,则溢流到8号低压加热器或凝汽器。7、8号低压加热器卧式布置在凝汽器喉部。

正常运行中,各高压加热器疏水采用逐级自流的方式最终进入除氧器。7、8、9号低压加热器疏水逐级自流至10号低压加热器,但10号低压加热器疏水由疏水泵打到其加热器出口的主凝结水管路。11、12号低压加热器疏水分别进入一个外置式疏水冷却器,疏水经冷却后,再进入凝汽器热井。

从凝汽器出来的凝结水经过凝结水泵、轴封冷却器和6台低压加热器进入除氧器。另外,11号低压加热器出口的凝结水还有一部分经过锅炉二级低温省煤器加热返回除氧器。

汽轮机各级抽汽参数如表1-6所示。

表 1-6   汽轮机 TMCR 工况时各级抽汽参数

抽汽级数	流量(t/h)	压力(MPa)	温度(℃)
第一级(至1号高压加热器)	221.929	13.22	461.19
第二级(至2号高压加热器)	183.917	9.43	414.20
第三级(至3号高压加热器)	172.397	6.35	358.55

续表

抽汽级数	流量（t/h）	压力（MPa）	温度（℃）
第四级（至 4 号高压加热器）	146.165	4.04	300.84
第五级（至 5 号高压加热器）	97.373	2.41	241.37
第六级（至除氧器）	81.598	1.30	191.74
第七级（至 7 号低压加热器）	83.480	0.81	171.05
第八级（至 8 号低压加热器）	67.106	0.48	327.45
第九级（至 9 号低压加热器）	54.223	0.26	259.94
第十级（至 10 号低压加热器）	62.244	0.15	197.83
第十一级（至 11 号低压加热器）	68.913	0.07	122.13
第十二级（至 12 号低压加热器）	81.072	0.03	65.32

第二章　汽轮机本体结构

汽轮机本体结构主要由两大部分组成：一部分为静止部分（静子），主要包括汽轮机进汽部分、汽缸、隔板、隔板套、喷嘴、轴承等（反动式汽轮机的静叶环、静叶持环相当于冲动式汽轮机的隔板、隔板套）；另一部分为转动部分（转子），主要包括汽轮机轴、叶轮、叶片、联轴器等。下面在介绍汽轮机本体结构的相关理论时，还针对瑞金电厂1000MW超超临界汽轮机的本体结构进行详细说明。

第一节　汽轮机的进汽部分

进汽部分通常是指调节阀后蒸汽进入汽缸第1级喷嘴这段区域。进汽部分是汽缸中承受蒸汽压力和温度最高的部分。

在选择汽轮机进汽部分的布置方式时，主要注意以下要求：蒸汽管道对汽缸的推力应在允许的范围内；管道和阀门在任何工况下的热应力和热变形应在允许的范围内，同时也不会使与之连接的汽缸产生不允许的热应力和热变形；调节阀后至配汽室的容积应尽可能小，避免调节阀快关后，阀后有过多的"余汽"进入汽轮机，造成汽轮机超速；安装、运行操作、检修方便；结构紧凑、整齐、美观。

瑞金电厂1000MW超超临界汽轮机的进汽部分由超高压、高压进汽部分各中压进汽部分构成。

一、超高压、高压进汽部分

（一）超高压主汽阀/调节阀

1. 布置

本机组超高压进汽部分有两个阀门组件，分别布置在超高压缸两侧，如图2-1所示。每个组件包括一个主汽阀、一个调节阀和一个补汽阀，它们共用一个整体铸造的阀壳。汽缸左右两侧水平布置两个进汽口，斜向对称布置两个补汽口，如图2-2所示。

2. 蒸汽通道

如图2-2所示，主蒸汽通过主蒸汽进口1进入超高压主汽阀和调节阀，超高压调节阀通过进汽插管和超高压缸相连，主蒸汽离开超高压调节阀通过进汽插管7进入超高压内缸。由于进汽插管很短，因此在超高压调门和超高压缸之间的封闭空间也就很小，这一点对超高压主汽阀关闭时的机组安全性非常有利。

3. 功能与设计

一个超高压主汽阀、一个超高压调节阀和一个补汽阀共用一个阀壳，组成联合阀结

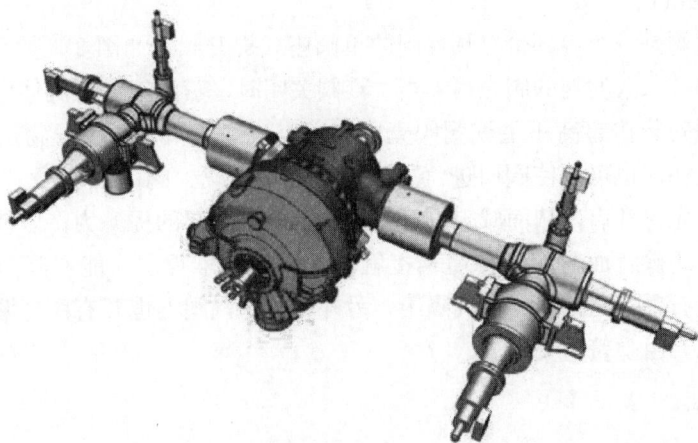

图 2-1　超高压主汽阀/调节阀布置形式

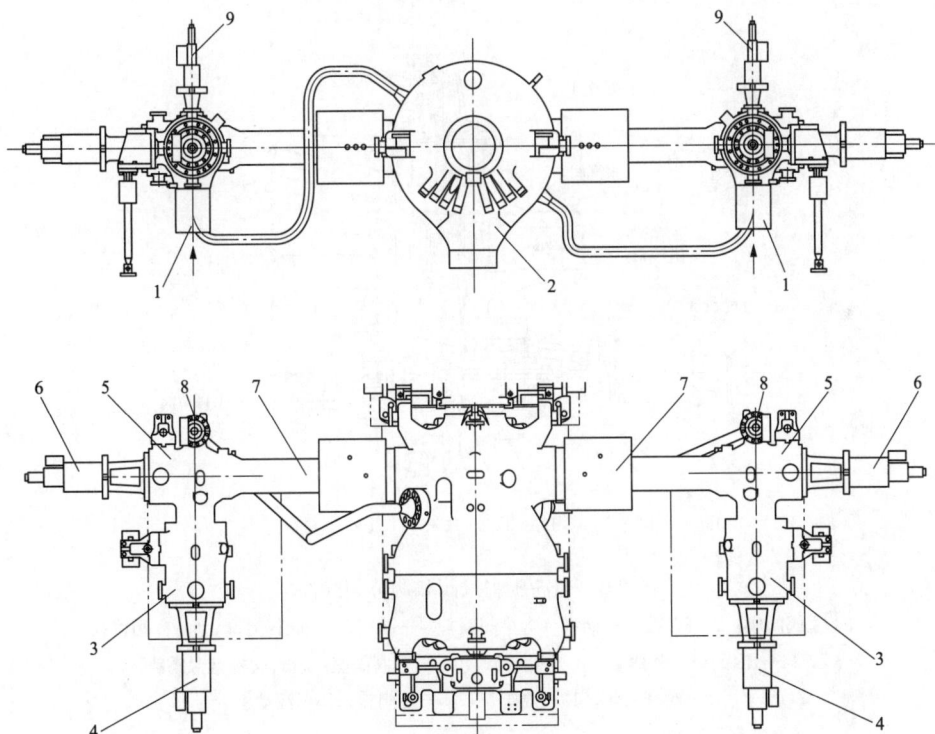

图 2-2　超高压主汽阀/调节阀构成详图

1—主蒸汽进口；2—超高压缸；3—主汽阀；4—主汽阀油动机；5—主调节阀；
6—主调节阀油动机；7—进汽插管；8—补汽阀；9—补汽阀油动机

构。主汽阀可以迅速关断以截止主蒸汽管道的蒸汽，主汽阀关闭时间极短且可靠性极高。
调节阀可根据机组负荷要求控制进入超高压缸的蒸汽流量。整个超高压主汽阀和调节阀组
件的设计理念是要求检修方便，并且要求尽量减小阀门的压损。

4. 超高压主汽阀

超高压主汽阀是一个内部带有预启阀的单阀座式提升阀，如图 2-3 所示。蒸汽经由主蒸汽进口进入装有永久滤网的阀壳内，当主汽阀关闭时，蒸汽充满在阀体内，并停留在阀碟外。永久滤网安装在超高压主汽阀阀壳内，用以过滤蒸汽，以免异物进入汽缸损伤叶片。另外，永久滤网也可以使阀门进汽更加均匀，从而减少阀门的压损。主汽阀打开时，阀杆带动预启阀先行开启，从而减少打开主汽阀阀碟所需要的提升力，以使主汽阀阀碟可以顺利打开。在阀碟背面与阀杆套筒相接触的区域有一堆焊层，能在阀门全开时形成密封，阀杆由一组石墨垫圈密封与大气隔绝，另外，在主汽阀上也开有阀杆漏汽接口。主汽阀由油动机开启，由弹簧力关闭。

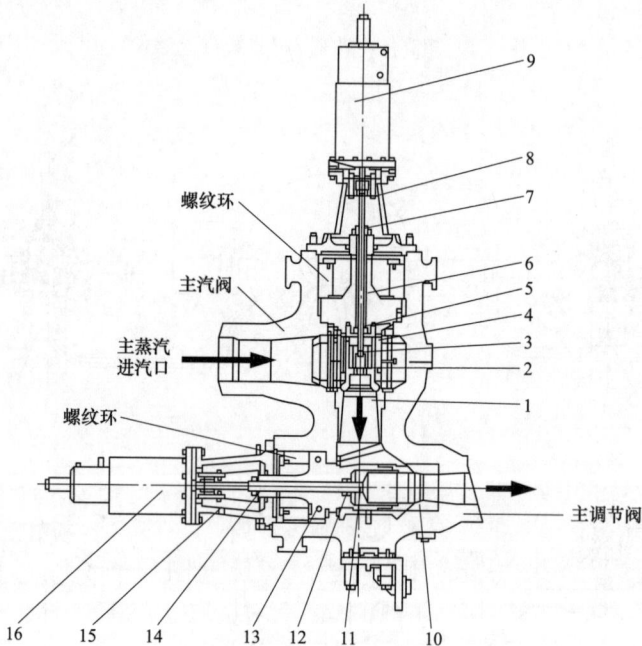

图 2-3   超高压主汽阀和调节阀组件

1—主阀阀座；2—阀碟；3—阀杆（含小阀碟）；4—滤网；5—阀杆衬套；6—内阀盖；
7、14—压板；8—外阀盖；9—油动机；10—调节阀座；11—阀杆（含阀碟）；
12—阀杆衬套；13—内阀盖；15—外阀盖；16—油动机

5. 超高压调节阀

如图 2-3 所示，带有中空阀碟的阀杆在位于内阀盖的阀杆衬套内滑动。在阀碟上设有平衡孔以减小机组运行时打开调节阀所需的提升力。阀碟背部同样有堆焊层，在阀门全开时形成密封面。在内阀盖里有一组垫圈将阀杆密封与大气隔绝。同样的，调节阀也由油动机开启，由弹簧力关闭，这样在系统或汽轮机发生故障时，主阀和调节阀能够立即关闭，确保安全。

6. 补汽阀

补汽阀相当于一个单独的调节阀，如图 2-4 所示，它在主汽阀完全开启时（额定功率下）运行，控制额外的蒸汽进入超高压缸以使汽轮机在额定功率外再增加一部分输出功率，使机组具有快速的调频性能。组合式超高压阀门包含补汽阀组件，蒸汽通过主汽阀后直接进入补汽阀，再从补汽阀出口流出，经过补汽阀管道流至布置在汽缸两侧斜向对称布置的补汽接口，如图 2-4 所示。

7. 油动机

每个超高压主汽阀、超高压调节阀和补汽阀都有各自对应的油动机。油动机安装在运转层上，方便察看和检修。超高压主阀和调节阀都有各自带电液调节的油动机，用以克服碟形弹簧力提升阀杆，一旦执行机构失效，弹簧力会迅速关闭阀门。

（二）高压主汽阀/调节阀

1. 布置

本机组高压进汽部分有两个阀门组件，分别布置在高压缸两侧，每个阀门组件包括一个高压主汽阀和一个高压调节阀，共用一个阀壳。高压主汽调/调节阀与汽缸布置形式和结构如图 2-5 和图 2-6 所示。

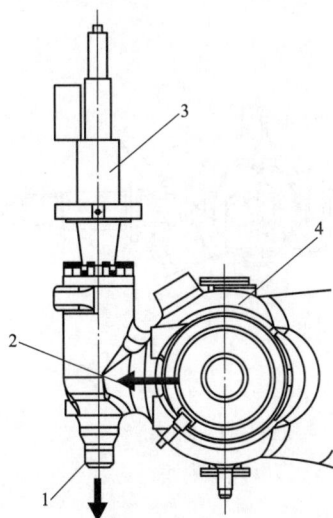

图 2-4　补汽阀

1—补汽阀出口；2—补汽阀进口；
3—补汽阀油动机；4—主调节阀

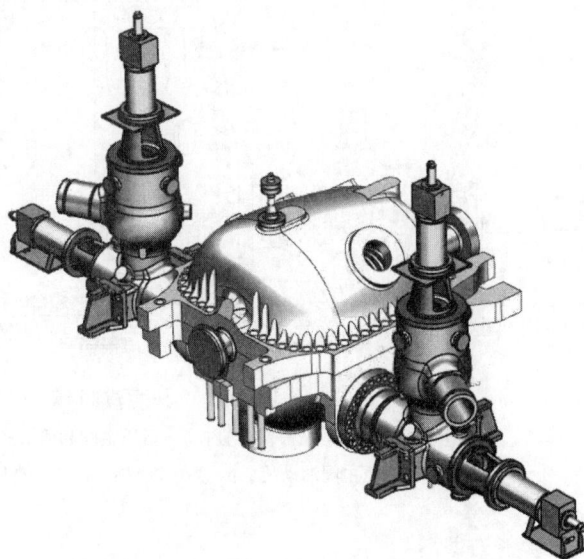

图 2-5　高压主汽调/调节阀与汽缸布置形式

2. 蒸汽通道

如图 2-6 所示，一次再热蒸汽进入再热蒸汽进口 1 通过高压主汽阀 8 和调节阀 7，每个调节阀由法兰连接至汽缸上，蒸汽通过进汽插管 6 进入高压内缸。因为进汽插管路径很短，在高压主调节阀和高压缸之间的封闭空间也就很小，这一点对主汽阀关闭时的机组安全性非常有利。

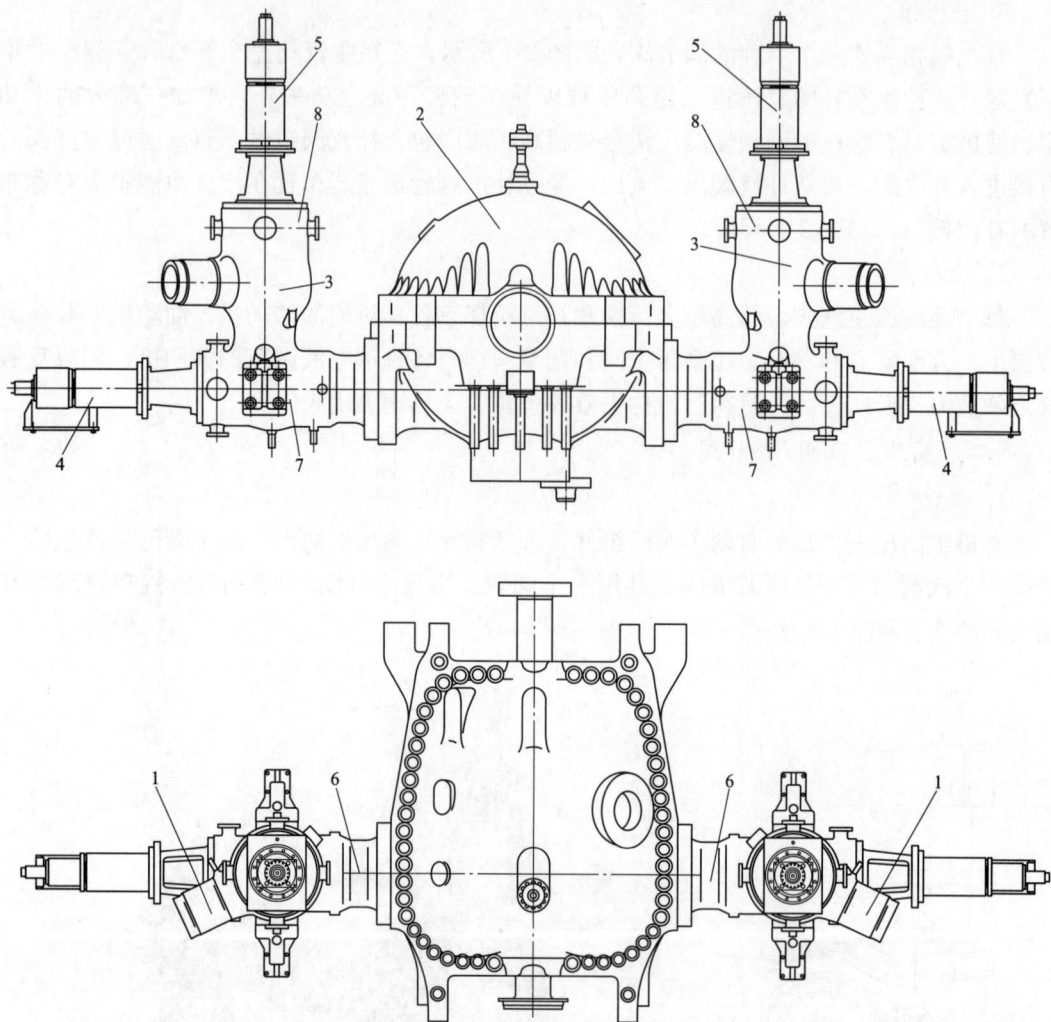

图 2-6   高压主汽阀/调节阀结构图

1—再热蒸汽进口；2—高压缸；3—高压主阀和调节阀组件；4—高压调节阀油动机；
5—高压主阀油动机；6—高压进汽插管；7—高压调节阀；8—高压主汽阀

3. 功能与设计

一个高压主汽阀和一个高压调节阀共用一个阀壳，组成联合阀结构。高压主汽阀可以迅速关断并截止来自再热蒸汽管道的蒸汽，高压主汽阀设计为有极短的关闭时间和稳定的可靠性。高压调节阀根据要求的机组负荷控制进入高压缸的蒸汽流量。整个高压主汽阀和调节阀组件的设计理念是要求检修方便，并且要求尽量减小阀门的压损。

4. 高压主汽阀

高压主汽阀是一个内部带有预启阀小阀的单阀座式提升阀，如图 2-7 所示。蒸汽经由再热蒸汽进口通过永久滤网进入阀壳内，如果此时高压主汽阀关闭，蒸汽仍充满在阀体内，并加载在阀碟上。阀杆带动预启阀打开以减少蒸汽加在高压主汽阀阀碟上的压力，以使高压主汽阀阀碟可以顺利打开。在阀碟的背面有堆焊层并能在阀门全开时与阀杆套筒端面形成密封面，阀杆由一组石墨垫圈密封与大气隔绝，另外，在高压主阀上也开有阀杆漏汽接口。高压主汽阀由油动机开启，弹簧力关闭。

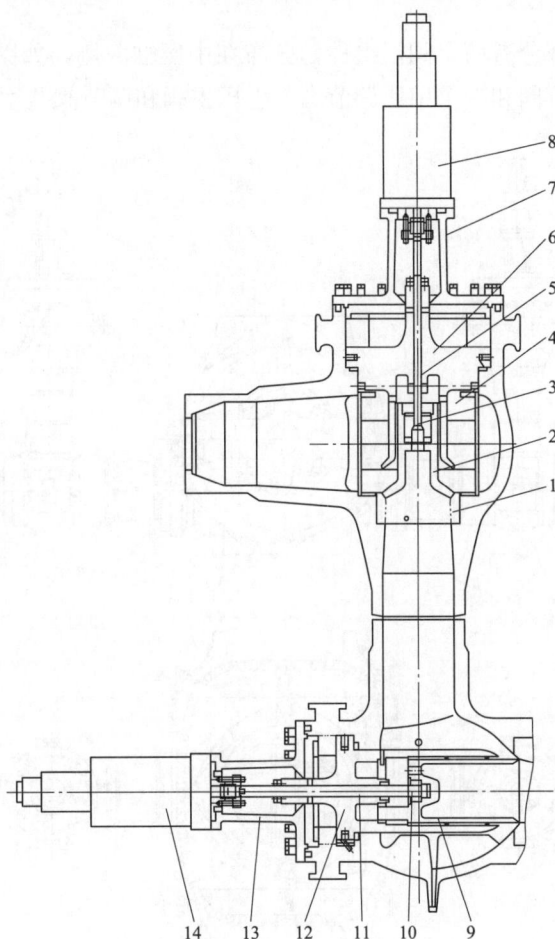

图 2-7 高压主汽阀和调节阀组件

1—阀座；2—阀碟；3—阀杆（带小阀碟）；4—蒸汽滤网；5—阀杆衬套；6—内阀盖；7—外阀盖；
8—主汽阀油动机；9—扩散器；10—阀杆；11—衬套；12—内阀盖；13—外阀盖；14—调节阀油动机

5. 高压调节阀

如图 2-7 所示，带有中空阀碟的阀杆在位于内阀盖的阀杆衬套内滑动。在阀碟上设有平衡孔以减小机组运行时打开调节阀所需的提升力。阀碟后部依然有堆焊层，在阀门全开时形成密封面。在内阀盖里有一组垫圈将阀杆密封与大气隔绝。同样的，调节阀也由油动机开启，弹簧力关闭，这样在系统或汽轮机发生故障时，高压主阀和调节阀能够立即关闭，确保安全。

6. 油动机

高压主阀和调节阀都有各自的油动机驱动，用以克服弹簧力提升阀杆，一旦执行机构失效，弹簧力会迅速关闭阀门。油动机安装在运转层高度上便于维护。

二、中压进汽部分

1. 布置

本机组中压进汽部分有两个阀门组件，分布在中压缸两侧，如图 2-8 所示。每个阀门组件包括一个中压主汽阀和一个中压调节阀。中压主阀和调节阀共用一个阀壳。

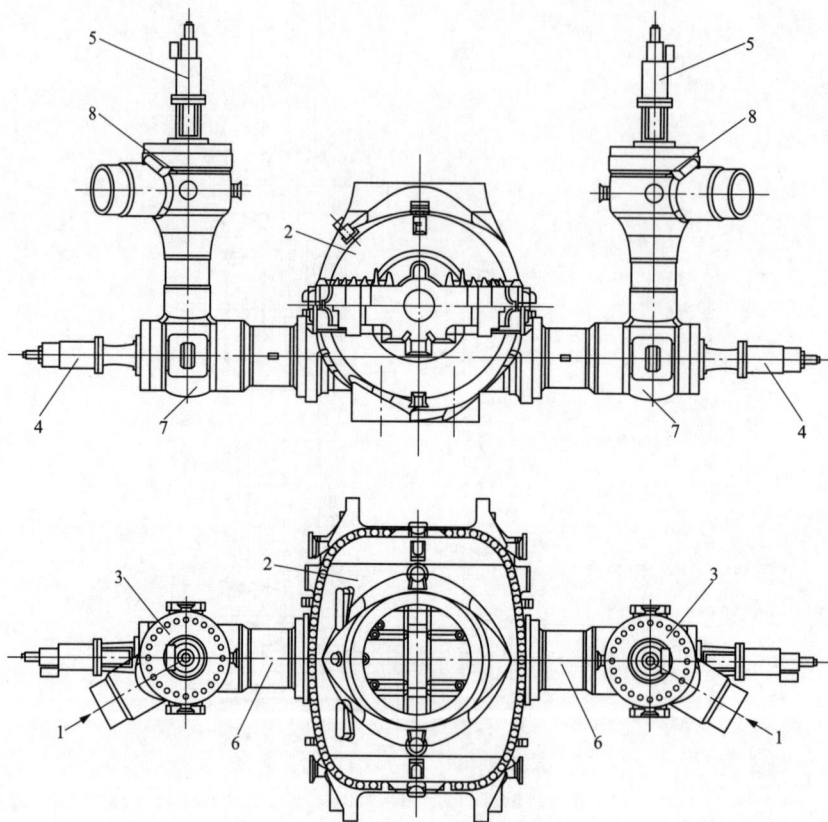

图 2-8　中压阀门布置

1—中压蒸汽进口；2—中压缸；3—中压主阀和调节阀组件；4—中压调节阀油动机；
5—中压主阀油动机；6—中压进汽插管；7—中压调节阀；8—中压主汽阀

2. 蒸汽通道

如图 2-8 所示，二次再热蒸汽进入再热蒸汽进口通过中压主汽阀和调节阀，每个调节阀由法兰连接至汽缸上，蒸汽通过进汽插管进入中压内缸。因为进汽插管路径很短，在中压主调节阀和中压缸之间的封闭空间也就很小，这一点对主汽阀关闭时的机组安全性非常有利。

3. 功能与设计

一个中压主汽阀和一个中压调节阀共用一个阀壳，组成联合阀结构。中压主汽阀可以迅速关断并截止来自再热蒸汽管道的蒸汽，中压主汽阀设计为有极短的关闭时间和稳定的可靠性。中压调节阀根据要求的机组负荷控制进入中压缸的蒸汽流量。整个中压主汽阀和调节阀组件的设计理念是要求检修方便，并且要求尽量减小阀门的压损。

4. 中压主汽阀

中压主汽阀是一个内部带有预启阀小阀的单阀座式提升阀，如图 2-9 所示。蒸汽经由再热蒸汽进口通过永久滤网进入阀壳内，如果此时中压主汽阀关闭，蒸汽仍充满在阀体内，并加载在阀碟上。阀杆带动预启阀打开以减少蒸汽加在中压主汽阀阀碟上的压力，以使中压主汽阀碟可以顺利打开。在阀碟的背面有堆焊层并能在阀门全开时与阀杆套筒端面形成密封面，阀杆由一组石墨垫圈密封与大气隔绝，另外，在中压主汽阀上也开有阀杆漏汽接口。中压主汽阀由油动机开启，弹簧力关闭。

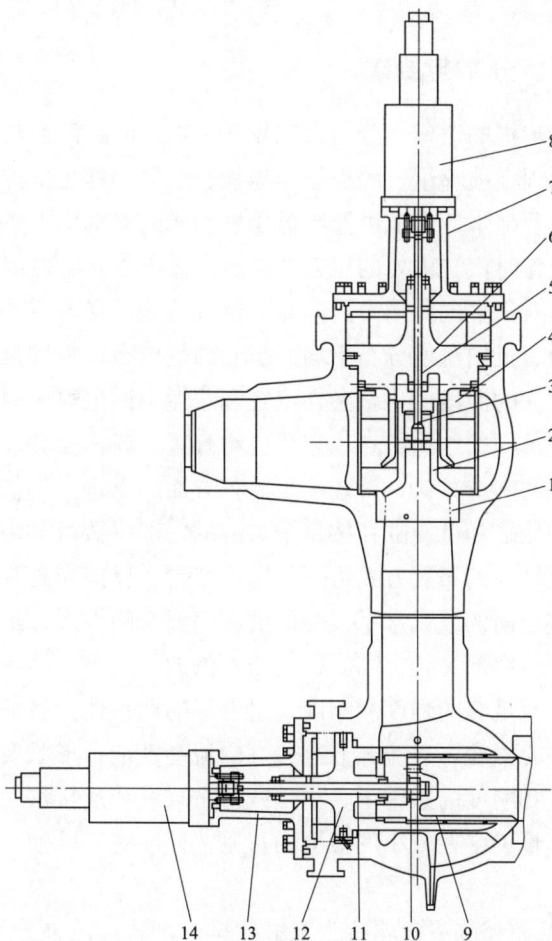

图 2-9　中压主汽阀和调节阀组件

1—阀座；2—阀碟；3—阀杆（带小阀碟）；4—蒸汽滤网；5—阀杆衬套；6—内阀盖；
7—外阀盖；8—再热主汽阀油动机；9—扩散器；10—阀杆；11—衬套；
12—内阀盖；13—外阀盖；14—再热调节阀油动机

5. 中压调节阀

如图 2-9 所示，带有中空阀碟的阀杆在位于内阀盖的阀杆衬套内滑动。在阀碟上设有平衡孔以减小机组运行时打开调节阀所需的提升力。阀碟后部依然有堆焊层，在阀门全开时形成密封面。在内阀盖里有一组垫圈将阀杆密封与大气隔绝。同样的，调节阀也由油动机开启，弹簧力关闭，这样在系统或汽轮机发生故障时，中压主阀和调节阀能够立即关闭，确保安全。

6. 油动机

中压主阀和调节阀都有各自的油动机驱动，用以克服弹簧力提升阀杆，一旦执行机构失效，弹簧力会迅速关闭阀门。油动机安装在运转层高度上便于维护。

第二节　汽缸及滑销系统

一、汽缸的作用、分类与要求

汽缸的作用是将汽轮机的通流部分与大气隔开，以形成蒸汽热能转换为机械能的封闭汽室，并在其内部支承固定喷嘴组、隔板套、隔板、汽封等静止部件。汽缸外部还连接着进汽、排汽、回热抽汽及疏水等管道以及与低压缸相连的支承座架等。汽缸应具有足够的强度和刚度，以承受工作时汽缸内外的压力差、蒸汽流出静叶时对静止部分的反作用力和各种连接管道热状态时对汽缸的作用力。同时，汽缸应能承受各零件的自重和管道的安装拉力，以及沿汽缸轴向、径向温度分布不均而引起的热应力。特别是在快速启动、停机和工况变化时，将引起很大的温度变化，会在汽缸和法兰中产生很大的热应力和热变形。

不同机组的汽缸有不同的结构特点，它受机组容量、新汽参数、排汽参数、是否采用中间再热以及制造厂家的制造方法、工艺水平等各方面的影响。例如，根据进汽参数的不同，可分为高压缸、中压缸和低压缸；按每个汽缸的内部层数可分为单层缸、双层缸和三层缸；按通流部分在汽缸内的布置方式可分为顺向布置、反向布置和对称分流布置；按汽缸形状可分为有水平接合面的或无水平接合面的圆筒形、圆锥形、阶梯圆筒形或球形等。

由于汽缸形状复杂，内部又处在高温、高压蒸汽的作用下，因此在其结构设计时，应满足以下几点：要保证有足够的强度和刚度，足够好的严密性；保证各部分受热时能自由膨胀，并能始终保持中心不变；通流部分有较好的流动性能；形状要简单、对称，壁厚要均匀，同时在满足强度和刚度的条件下，尽量减薄汽缸壁和连接法兰的厚度；节约贵重钢材消耗量，高温部分尽量集中在较小的范围内；工艺性能好，既便于加工制造、安装、检修，也便于运行运输。

瑞金电厂 1000MW 超超临界汽轮机为五缸四排汽型式，汽缸分为超高压缸、高压缸、中压缸和低压缸几部分。因进汽参数较高，为减小汽缸应力，增加机组启停及变负荷的灵活性，所有汽缸均采用双层缸结构。

二、汽缸的结构特点

（一）超高压缸

1. 结构与特点

超高压缸为单流、双层缸设计，包括超高压内缸和超高压外缸。超高压缸内共有 13

个反动级，没有调节级。两组主汽阀和调节阀组件通过大直径的连接螺母在机组水平中心线上和汽缸相连。主汽阀和调节阀组件也有另外的弹簧支座支撑。阀门通过扩散状的进汽插管将进汽压损减小到最低的水平，如图 2-10 所示。

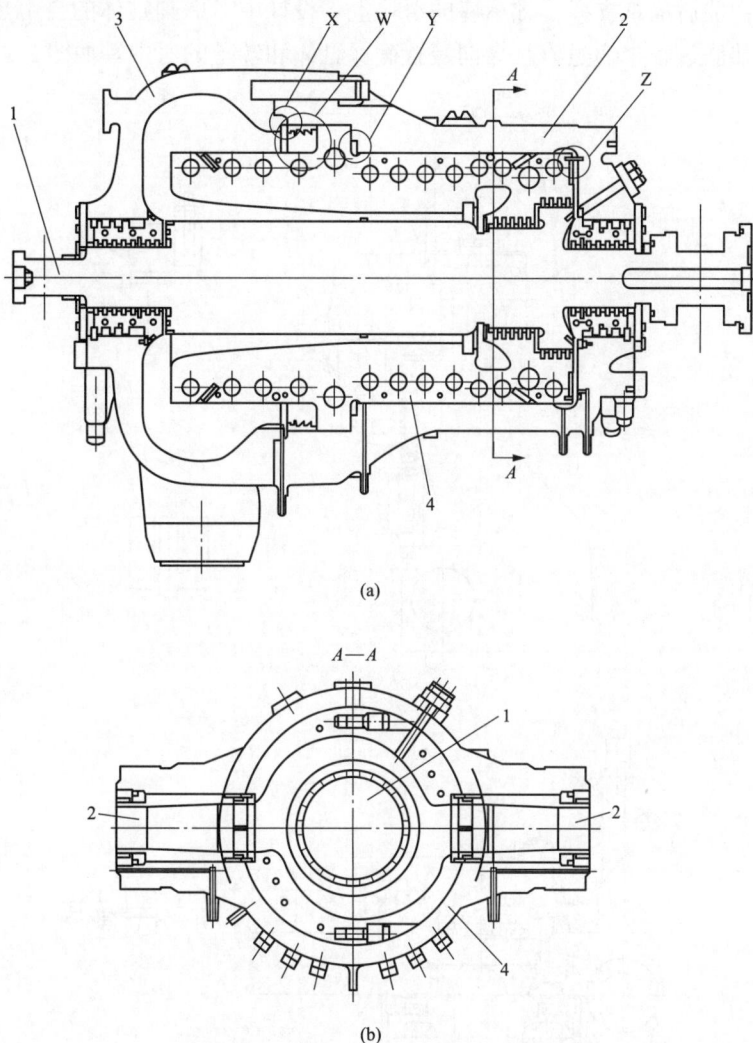

(a)

(b)

图 2-10　超高压缸纵剖面图及进汽插管

（a）超高压缸纵剖面图；（b）超高压缸进汽插管

1—超高压转子；2—超高压外缸进汽端；3—超高压外缸排汽端；4—超高压内缸；

W—螺纹密封环和 U 型密封环；X，Y—U 型密封环；Z—I 型密封环

外缸采用圆筒型结构，整个周向壁厚旋转对称，且无需局部加厚，避免了非对称变形和局部热应力，能够承受高温高压。

超高压蒸汽通过两个进汽口进入内缸，采用全周进汽方式进入第一级斜置隔板。

超高压缸排汽端下部设有两个排汽口用于超高压缸排汽，排汽口开有坡口并与超高压缸排汽管道焊接。

超高压缸设有内窥镜开口用于检查叶片，可以在不开缸时使用内窥镜检查进汽区域的叶片和末级叶片。

2. 支撑方式

超高压缸由前后猫爪支撑于轴承座的滑块上，设计中考虑到缸体的自由热胀，并且这种支撑方式在热胀过程中通过汽缸导向装置确保缸体和转子的对中，如图 2-11 所示。

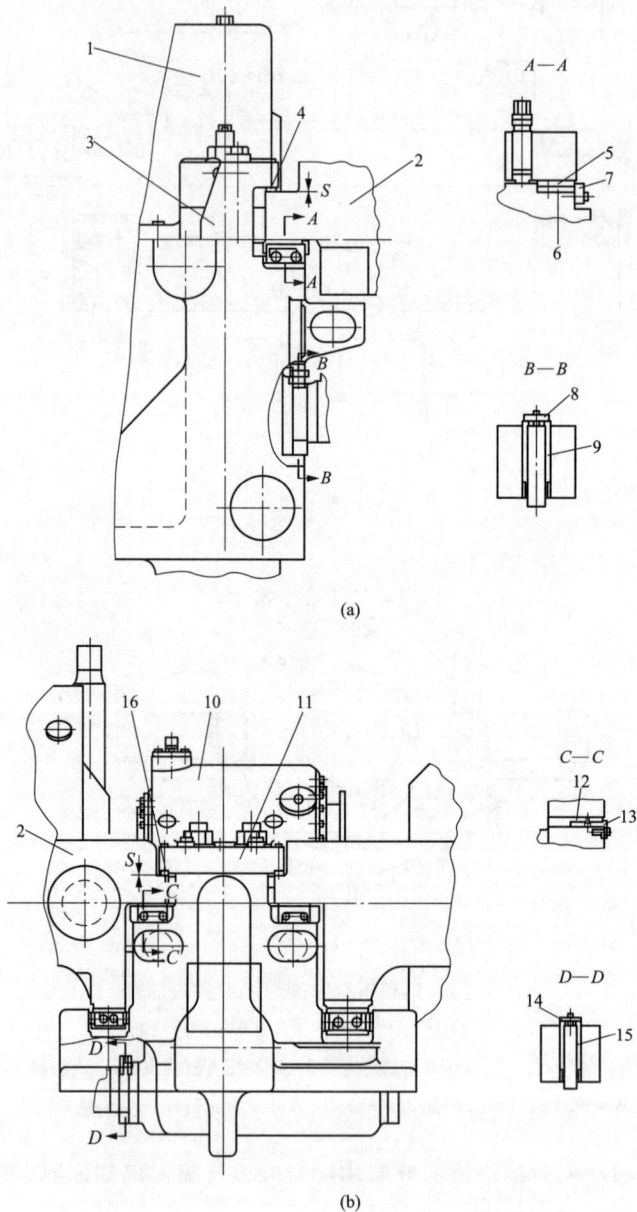

(a)

(b)

图 2-11　超高压缸的支撑方式

（a）超高压缸前猫爪及 1 号轴承座；（b）超高压缸后猫爪及 2 号轴承座

1—1 号轴承座；2—超高压缸；3、11—压块；4、16—调整垫片；5、12—滑块；6、13—支撑键；7—支撑块；

8、14—板；9、15—垫片；10—2 号轴承座

超高压缸的前、后猫爪分别定位并支撑在 1 号轴承座和 2 号轴承座的转子水平中心线上。这样，也确定了整个超高压缸的位置和高度。

在机组运行时缸体热膨胀，汽缸猫爪可以在和支撑键和支撑键组成一体的滑块和滑块上水平滑动。通过安装于 1 号轴承座和 2 号轴承座上适当的压块和压块压住汽缸猫爪来防止汽缸的上抬，调整垫片和垫片与猫爪之间的间隙值 S，需按要求调整。

3. 内部汽流

本机组超高压内缸的设计上，由于超高压通流采用单流设计，同时进汽压力非常高，因此为平衡转子轴向推力必须要采用大直径尺寸的平衡活塞。通常设计平衡活塞漏汽时采用其两侧由第一级静叶漏汽直接降压至超高压缸排汽压力的方法，由于蒸汽在汽封流道内是一个等焓节流过程，基本上是压力下降而温度变化很小，因此大直径的平衡活塞及其轮毂表面处工作温度就很高，容易热应力集中。在本机组设计中，采用将高压某级后约 550℃ 的蒸汽漏入内外缸的夹层，再通过夹层漏入平衡活塞前的方法，如图 2-12 中汽流 3 所示。而平衡活塞前的蒸汽，一路经平衡活塞向后泄漏至与高压缸排汽相通腔室，如图 2-12 中汽流 2 所示；另一路则经过前部汽封向前流动，与第一级静叶后泄漏过来的蒸汽混合后，经过内缸的内部流道接入高压冷却汽抽汽后一级处与主汽流混合，如图 2-12 中汽流 3 所示。经过内部流道的这一布置，使第一级后泄漏过来的高温蒸汽只经过小直径（约 790mm）的转子表面，同时大尺寸的外缸进汽端和转子平衡活塞表面的工作温度只有 550℃ 左右，降低了结构的应力水平，延长其工作寿命。

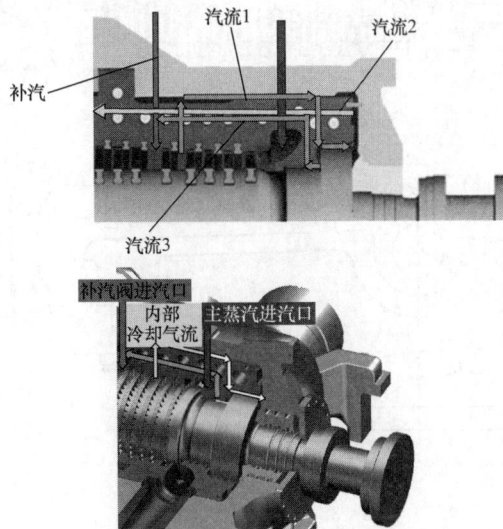

图 2-12　超高压缸内部蒸汽流道示意图

同时对于这样的内部蒸汽流道结构，由于夹层内的压力、温度比较高，还有一个明显的好处就是降低了高压内缸的内外压差与温差。因此，内缸中分面螺栓所需应力水平在 40～60MPa 之间，只是传统水平中分面汽缸螺栓所需密封应力的 1/3～1/2，所以不需要对螺栓等紧固件采用额外的冷却措施。预紧之后在设计温度之下工作 100 000h 仍能保证松弛性能合格，保证机组 100 000h 后才需要开缸大修。

（二）高压缸

1. 结构与特点

汽轮机高压缸如图 2-13 所示。高压缸内共有 15 个反动级。

高压缸从水平中分面分为上、下半，为双层缸结构。高压内缸为单流结构，并由高压外缸支撑。来自锅炉一次再热的再热蒸汽进入高压缸两侧的高压主汽阀和调节阀组件，再进入高压内缸第一级斜置静叶。在高压外缸下半缸的高压排汽口接高压排汽管道将蒸汽再次导入再热器。平衡活塞的布置可以起到抵消轴向推力的作用，而切向涡流进汽有效降低了蒸汽进口处转子的表面温度。

高压高温进汽仅限于内缸的进汽区域，而高压外缸只承受高压排汽的较低压力和较低温度，这样汽缸的法兰部分就可以设计得较小，且法兰区域的材料厚度等也可以减到最小，从而可避免机组启动和停机时因不平衡温升时引起法兰受热变形而导致故障。同时，外缸中的压力也降低了内缸水平中分面法兰螺栓的荷载，内缸只要承受内外缸压差即可。

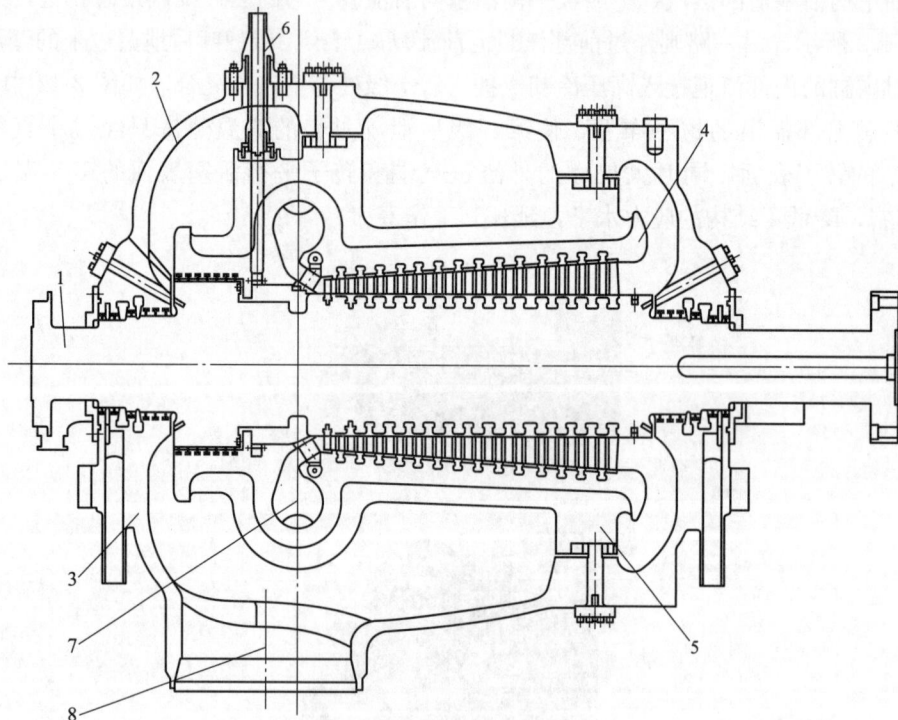

图 2-13　高压缸及通流部分

1—高压转子；2—高压外缸上半；3—高压外缸下半；4—高压内缸上半；5—高压内缸下半；

6—高压冷却汽管道接口；7—高压进汽口；8—高压排汽口

如图 2-14 所示，高压缸的进汽插管和内缸之间由 L 型密封环连接。L 型环的短边插入螺纹环后部，同时另一边装入高压内缸的环型凹槽内。

螺纹环的安装要求是要能够让 L 型密封环的短边在螺纹环和进汽插管之间自由的膨胀移动。L 型环内部的蒸汽压力压迫密封环抵住进汽插管的那一面，而起到自密封作用。高压内缸环型凹槽和 L 型环长边的配合公差尺寸经过仔细计算并加工，使 L 型环长边也可自由滑动。

　　L 型密封环在其内侧蒸汽压力的作用下自由膨胀，这样其外侧面可以抵住相应槽的密封面而起到所需的密封作用。这样的布置能够在提供密封功能的同时，允许内缸在各个方向上自由膨胀移动。

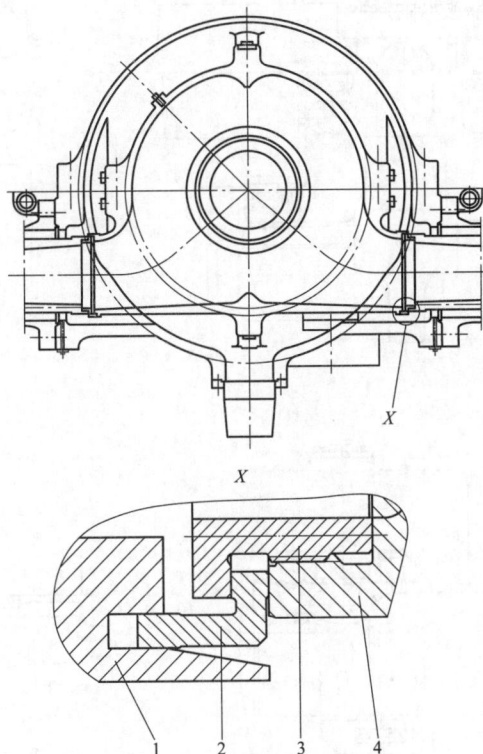

图 2-14　高压缸进汽插管及密封
1—高压内缸下半；2—L 型密封环；3—螺纹环；4—进汽扩散器

　　2. 支撑方式

　　如图 2-15 所示，高压缸的前后猫爪分别支撑在 2 号轴承座 2 和 3 号轴承座 13 的机组水平中心线上，以确定整个高压缸的位置和高度。在机组运行时缸体热膨胀，猫爪可以在和支撑键 6 和 14 组成一体的滑块 5 和 12 上水平滑动。通过将猫爪嵌入轴承座上安装的压块 4 和 10 中来限制缸体的顶起趋势，并应保证调整垫片 9 和 11 与猫爪之间的间隙值 S 正常。

　　（三）中压缸

　　1. 结构与特点

　　中压缸从水平中分面分为上、下半，为双层缸结构，如图 2-16（a）所示。中压内缸为双流结构，共有 28 个反动级，每侧 14 个反动级，并由中压外缸上半 2 和中压外缸下半 3 支撑。来自高压缸排汽的再热蒸汽进入中压缸两侧的再热主阀和调节阀组件，再进入中

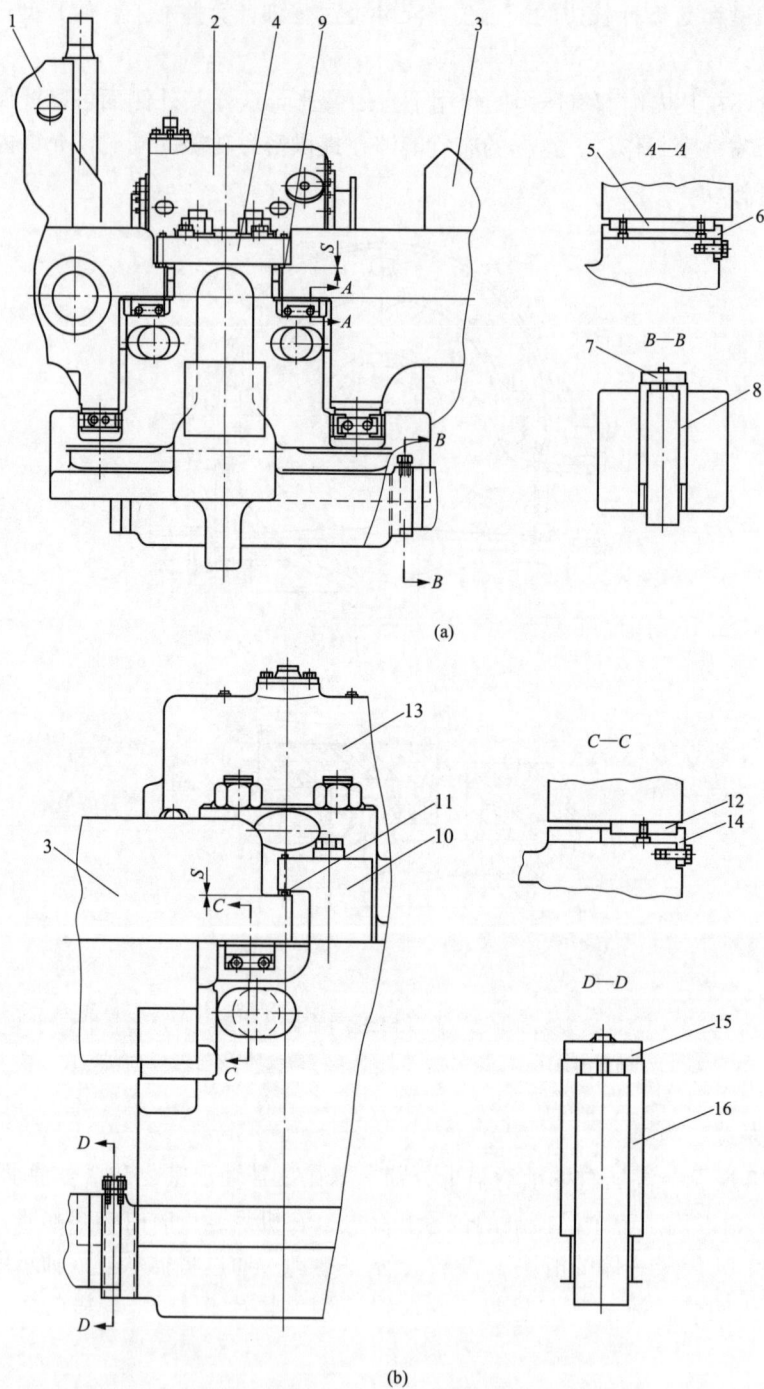

图 2-15　高压缸支撑方式

（a）高压缸前猫爪及 2 号轴承座；（b）高压缸后猫爪及 3 号轴承座

1—超高压缸；2—2 号轴承座；3—高压缸；4—压块；5、12—滑块；6、14—支撑键；7、15—板；8—调整垫片；
9、11—垫片；10—挡块；13—3 号轴承座；16—楔形调整垫片

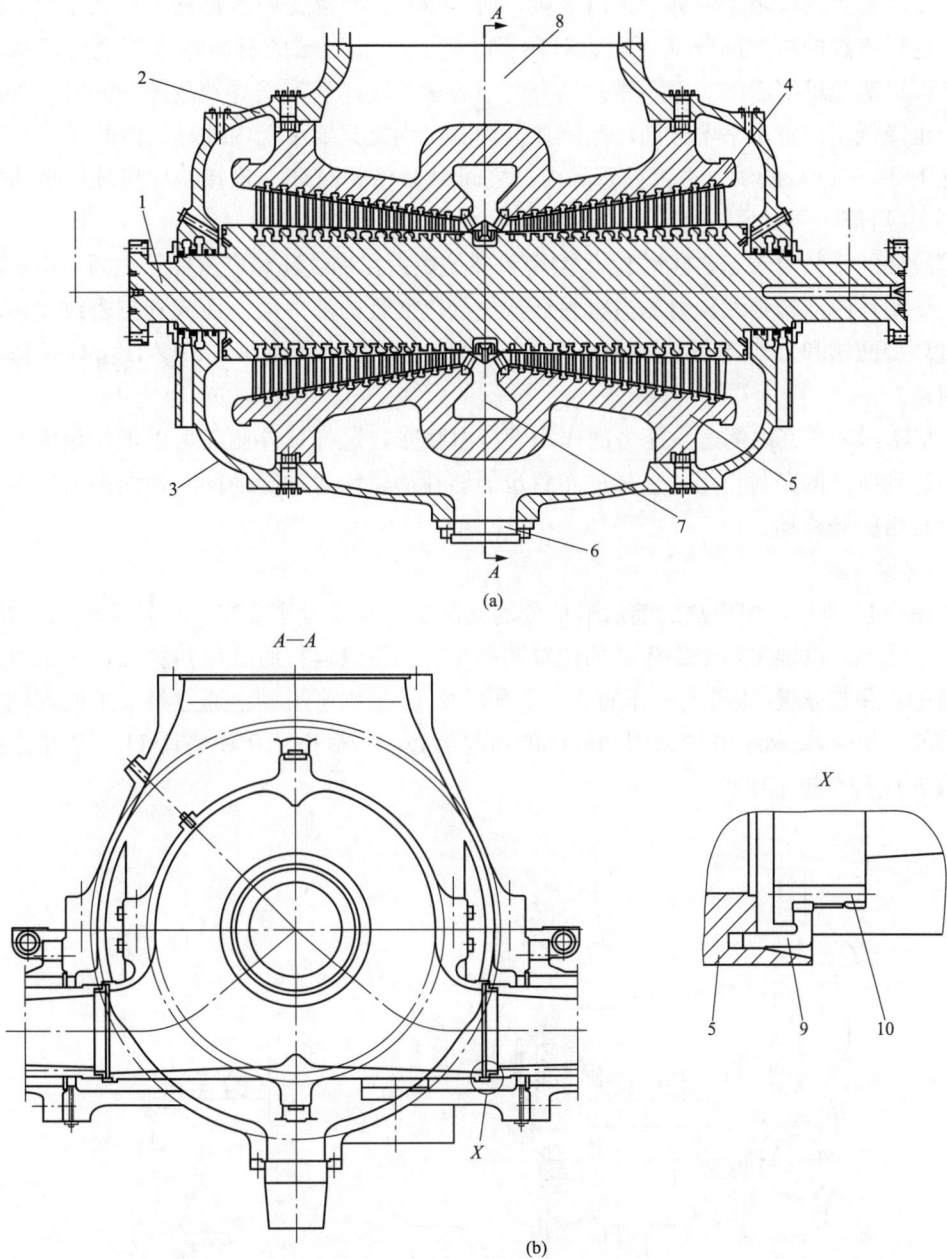

图 2-16 中压缸及进汽插管

（a）中压缸及通流部分；（b）中压缸进汽插管及密封

1—中压转子；2—中压外缸上半；3—中压外缸下半；4—中压内缸上半；5—中压内缸下半；
6—8 段抽汽口；7—中压进汽口；8—中压排汽口；9—L 型密封环；10—螺纹环

压内缸第一级斜置静叶。在中压外缸上半的中压排汽口接有中低压连通管将蒸汽导入低压内缸。双流叶片的布置可以起到抵消轴向推力的作用，而切向涡流进汽有效降低了蒸汽进口处转子的表面温度。

中压高温进汽仅限于内缸的进汽区域，而中压外缸只承受中压排汽的较低压力和较低温度，这样汽缸的法兰部分就可以设计得较小，且法兰区域的材料厚度等也可以减到最小，从而可避免机组启停时因不平衡温升时引起法兰受热变形而导致故障。同时，外缸中的压力也降低了内缸水平中分面法兰螺栓的荷载，内缸只要承受内外缸压差即可。

如图 2-16（b）所示，进汽插管和内缸之间由 L 型密封环 9 连接。L 型环的短边插入螺纹环 10 后部，同时另一边装入中压内缸下半 5 的环型凹槽内。

螺纹环的安装要求是要能够让 L 型密封环的短边在螺纹环和进汽插管之间自由的膨胀移动。L 型环内部的蒸汽压力压迫密封环抵住进汽插管的那一面，而起到自密封作用。中压内缸环型凹槽和 L 型环长边的配合公差尺寸经过仔细计算并加工，使 L 型环长边也可自由滑动。

L 型密封环在其内侧蒸汽压力的作用下自由膨胀，这样其外侧面可以抵住相应槽的密封面而起到所需的密封作用。这样的布置也能够在提供密封功能的同时，允许内缸在各个方向上自由膨胀移动。

2. 支撑方式

如图 2-17 所示，中压缸的前后猫爪分别支撑在 3 号轴承座 2 和 4 号轴承座 13 的机组水平中心线上，以确定整个中压缸的位置和高度。在机组运行时缸体热膨胀，猫爪可以在和支撑键 6 和支撑键 14 组成一体的滑块 5 和滑块 12 上水平滑动。通过将猫爪嵌入轴承座上安装的压块 4 和压块 10 中来限制缸体的顶起趋势，调整垫片 9 和垫片 11 与猫爪之间的间隙值 S 应符合规定要求。

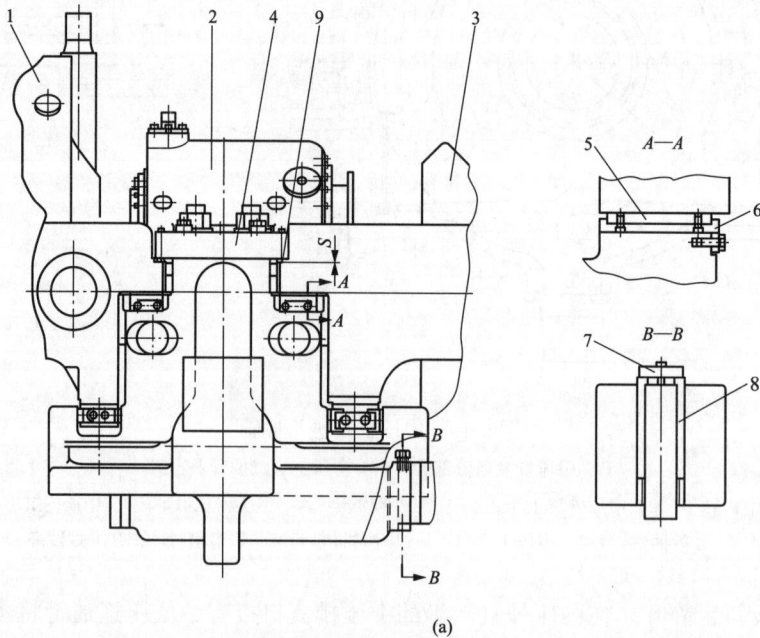

(a)

图 2-17　中压缸支撑方式（一）

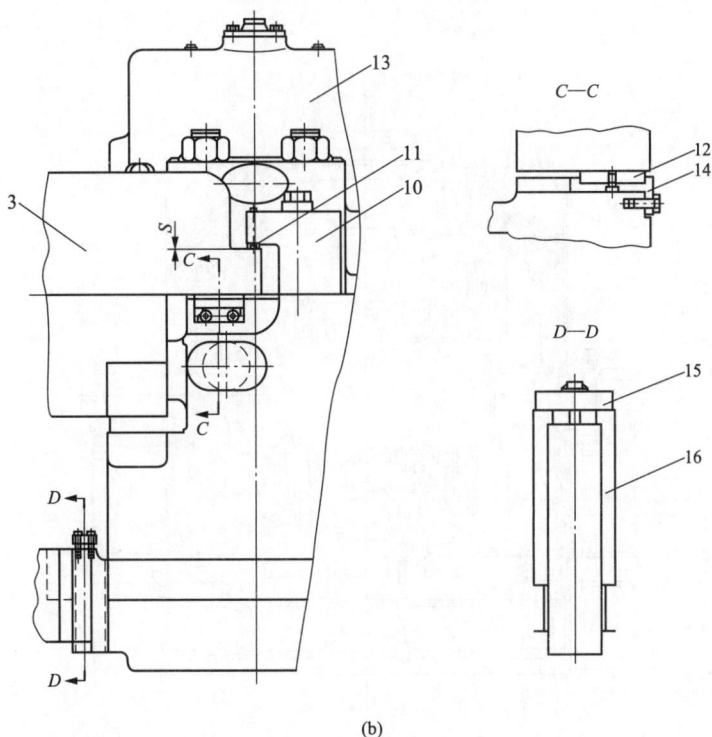

(b)

图 2-17　中压缸支撑方式（二）

（a）中压缸前猫爪及 3 号轴承座；（b）中压缸后猫爪及 4 号轴承座

1—高压缸；2—3 号轴承座；3—中压缸；4—压块；5、12—滑块；6、14—支撑键；7、15—板；
8—调整垫片；9、11—垫片；10—挡块；13—4 号轴承座；16—楔形调整垫片

（四）低压缸

1. 结构与特点

本机组包含两个低压缸，共有 20 个反动级。每个低压缸均为双流、双层缸设计。每个低压缸共 10 个反动级，每侧 5 级。低压内、外缸皆为焊接结构，外缸和低压内缸一样都是从水平中分面分开，如图 2-18 所示。

如图 2-19 所示，来自中压缸的蒸汽通过汽缸顶部的中低压连通管进入低压内缸（件号 3）。蒸汽从内缸的几个回热口抽出，通过抽汽管进入给水加热器或通过凝汽器颈壁到外面的管道。在中低压连通管和低压缸之间安装有膨胀节，用来

图 2-18　低压缸三维剖面图

吸收因为管道热胀位移产生的变形。蒸汽通过内缸排汽导流环离开叶片级，汽流在排汽蜗壳膨胀将排汽速度转化为压力以减少余速损失，蒸汽通过矩形的外缸排汽口进入下方的凝汽器。

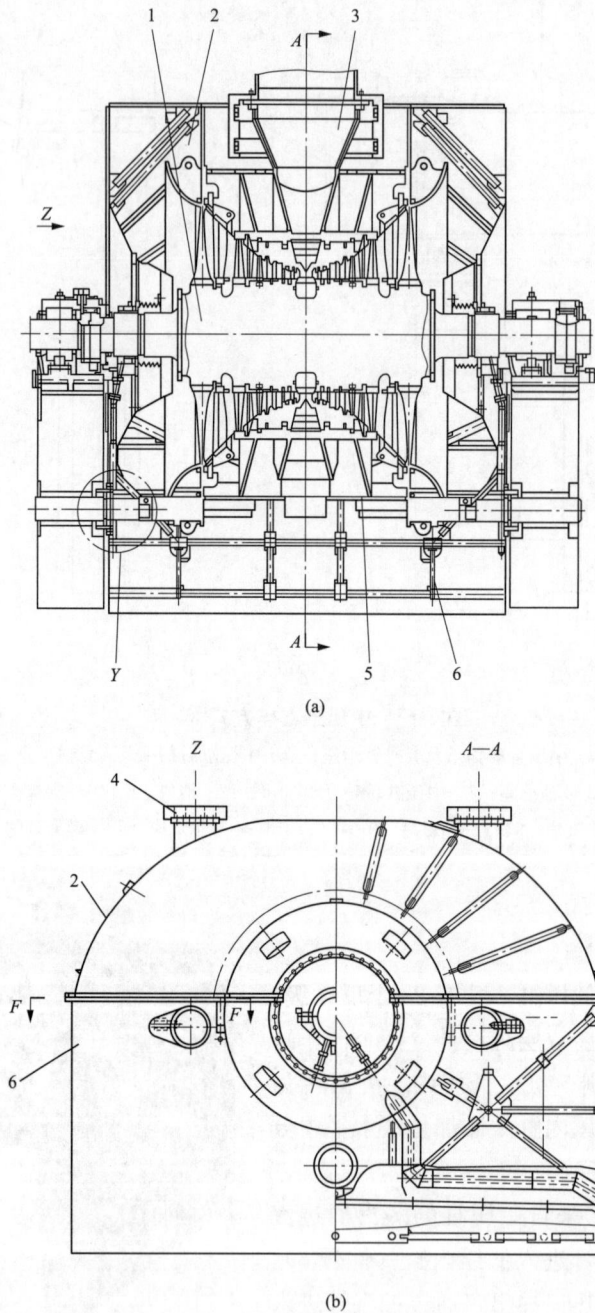

(a)

(b)

图 2-19 低压缸结构详图

（a）低压缸纵剖面图；（b）低压缸端面图

1—低压转子；2—低压外缸上半；3—低压内缸上半；4—排大气隔膜阀；

5—低压内缸下半；6—低压外缸下半

2. 支撑方式

低压外缸与凝汽器焊接并支撑在凝汽器上，所以，低压外缸的膨胀死点也在凝汽器的基座和导向装置上。低压外缸横向位移的死点位于汽轮机中心线，凝汽器和其基础底板之间的中心导向装置，轴向位移的死点位于接近低压缸调节阀端轴承座的凝汽器膨胀死点，垂直方向的膨胀的起点位于凝汽器的基础底板上的基座。外缸和轴承座之间的胀差通过在内缸猫爪处的汽缸补偿器、端部汽封处的轴封补偿器以及中低压连通管处的波纹管进行补偿。

由于基础沉降引起的偏移可以通过在凝汽器下添加垫片调节。液压千斤顶置于凝汽器基础底板和凝汽器之间，用以抬升凝汽器。

低压内缸为单层缸结构，内缸中的静叶持环和各种连接环经过对中定位，在内缸中自由热胀。

低压内缸的四个猫爪水平支撑在轴承座上。调节阀端的猫爪通过穿过轴承座的推拉杆和中压外缸或前一低压内缸相连，这样就可以使各汽缸的膨胀得到传递，并且累加了中压外缸的膨胀，从而达到减小动静胀差的目的。在猫爪和轴承座的支座之间设有润滑板，可以减小摩擦。

三、排大气阀

排大气阀装于汽轮机低压缸两端的汽缸的上半上，其用途是当低压缸的内压力超过其最大设计安全压力时，其隔膜自动破裂，进行危急排汽。

如图 2-20 所示，排大气阀用螺栓固定在汽缸法兰上。一个铅制的薄膜环 5，被压紧在环形垫片 6 和阀盖 7 之间的外密封面上，其内部也被螺钉 3 和压环 2 压紧在承压板 1 的内密封面上，承压板 1 对着外部大气，承受来自外部大气的压力，并由阀盖 7 固定，见图 2-20 的 A—A 视图。

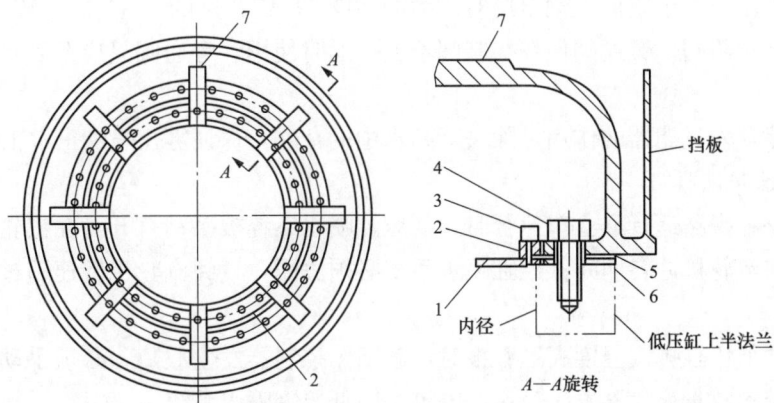

图 2-20 低压缸排大气阀

1—承压板；2—压环；3、4—螺钉；5—铅制的薄膜环；6—环形垫片；7—阀盖

如果排汽压力升高到超过预定值，承压板 1 被向外压，使铅制的薄膜环 5 在压环外缘

和阀盖内缘之间被剪断。铅制的薄膜环的断裂，使汽轮机后汽缸内的压力降低，蒸汽沿汽缸向上喷出。阀盖7可防止铅制的薄膜环、承压板和压环飞出伤人和损坏设备。外径处的罩板引导汽流向上喷出。

铅制的薄膜环5与一个自动低真空跳闸机构相连接。当排汽压力升高到预定点时，自动低真空跳闸机构使汽轮机停机。

四、低压缸喷水系统

1. 作用

汽轮机在启动、空负荷和低负荷运行时，流过低压缸的流量很小，不足以带走因摩擦鼓风所产生的热量，因此会引起排汽温度升高，排汽缸的温度也随之升高。排汽缸温度过高会引起汽缸热变形，使低压转子的中心线改变，造成机组振动，甚至发生事故。排汽温度过高还可能使凝汽器内冷却水管泄漏。为了防止汽轮机排汽温度过高，在低压缸内设有喷水降温装置，在排汽温度升高时将凝结水喷入排汽口，以降低汽缸温度。

本机组低压缸排汽温度的限定值：当低压缸排汽温度高至90℃时报警，高至110℃时跳机。

2. 主要组成设备及功能

低压缸喷水系统如图 2-21 所示。低压缸喷水系统主要由喷水减压阀、喷水控制阀、喷水旁路阀、过滤器等组成。

（1）喷水减压阀。减压阀的主要作用是降低凝结水的压力以达到低压缸喷水系统的要求。

（2）喷水控制阀。控制阀的开启控制：低压缸静叶环蒸汽温度高于140℃或低压缸缸体温度高于90℃。

控制阀的关闭控制：低压缸静叶环蒸汽温度低于100℃和低压缸缸体温度低于60℃；或低压缸进汽压力大于定值（额定绝对压力的20%）；或转速低于8%额定转速。

（3）喷水旁路阀。旁通阀仅在控制阀不能投运时使用，旁通阀只应开到足够维持计算的控制压力。

（4）过滤器。过滤器的作用是除去凝结水中的杂物，保证雾化喷嘴正常工作。

3. 使用维护说明

（1）如果在旁路运行或盘车运行时，低压缸喷水系统被手动打开，在汽轮机冲转之前必须关闭。在汽轮机冲转期间低压缸喷水系统必须关闭，直到汽轮机转速超过临界转速后方可再开启。

（2）当"低压缸排汽温度高"警报时，若回路控制器发生故障，必须手动开启喷水控制阀。直到蒸汽流量充足不发生鼓风，方可关闭低压缸喷水系统。

（3）若汽轮机在盘车运行期间，汽封供汽系统和旁路系统均工作，则低压缸喷水系统的运行没有任何限制。若汽轮机在盘车运行期间，汽封供汽系统工作而旁路系统不正常工作，如低压缸排汽温度超过了允许的极限值，则低压缸喷水时间限制在30min之内。

（4）如果盘车停止运行（转子停止），低压缸喷水系统必须关闭。

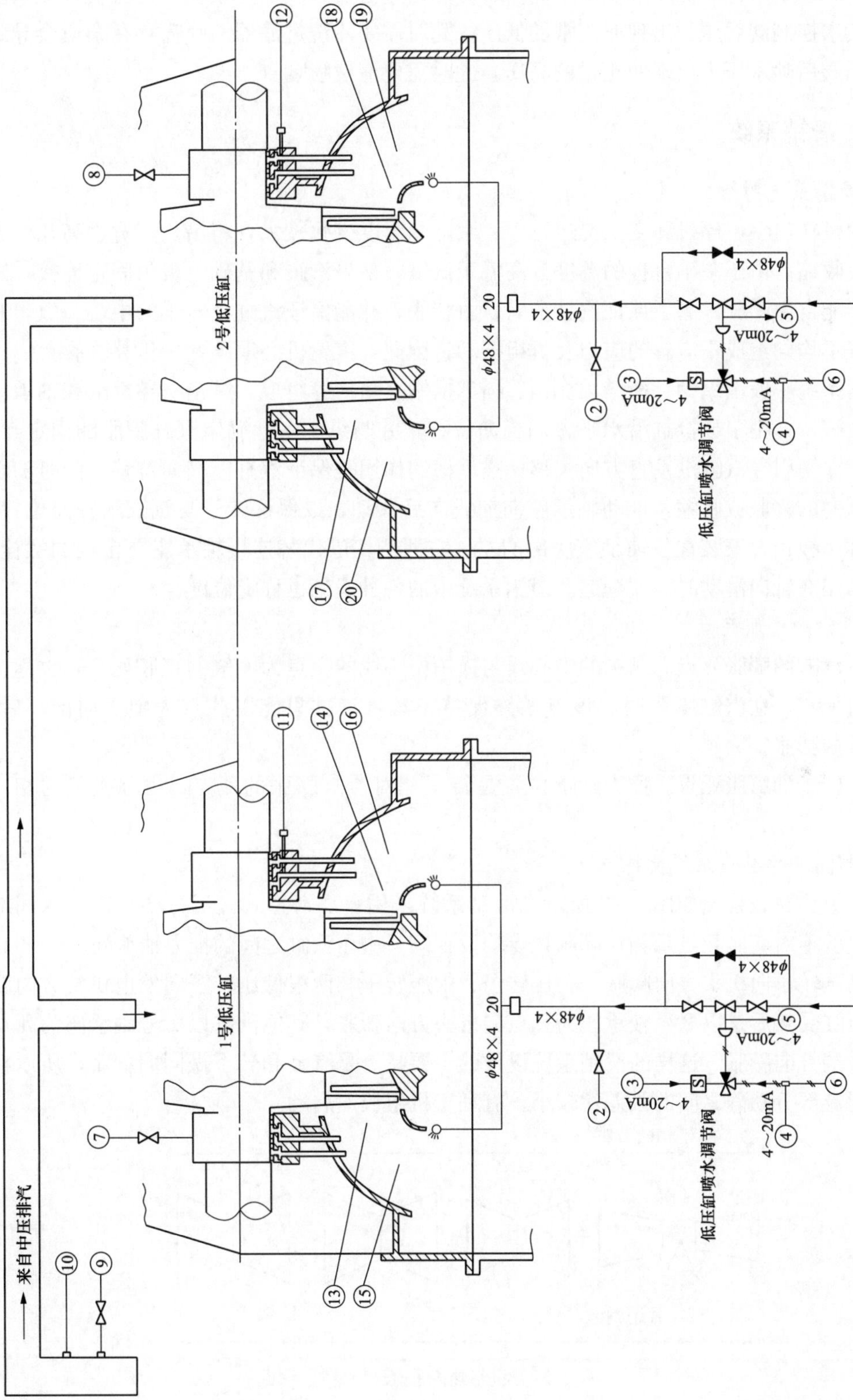

图 2-21 汽轮机低压缸喷水系统

（5）若正常运行时低压缸喷水不足，有可能是过滤器和喷嘴有杂质。过滤器存在杂质会导致喷水控制阀后压力出现非正常的低压，此时需要清洗过滤器。喷嘴存在杂质会导致喷水控制阀后喷水压力出现非正常的高压，此时需要清洗喷嘴。

五、滑销系统

1. 滑销系统的组成与作用

汽轮机在启动、停机和变工况运行中，汽缸的温度变化较大，将沿长、宽、高几个方向膨胀或收缩。由于基础台板的温度升高低于汽缸，如果汽缸和基础台板为固定连接，则汽缸将不能自由膨胀。为了保证汽缸定向自由膨胀，并能保证汽缸与转子的中心一致，避免因膨胀不均匀造成不应有的应力及机组振动，因此，汽轮机必须设置一套滑销系统。

滑销系统一般由纵销、横销、立销、猫爪横销、角销等组成。纵销引导汽缸和轴承座沿轴向位移；横销引导汽缸沿水平方向横向位移，并与纵销一起确定汽缸膨胀的固定点，称死点；立销引导汽缸沿垂直方向位移；猫爪横销作用是保证汽缸能横向位移，同时随着汽缸在纵向的膨胀或收缩，推动轴承座向前或向后移动，以保证转子与汽缸的轴向位置；角销也称压板销，安装在各轴承座底部的左、右两侧，以代替连接轴承座与台板的螺栓，防止轴承座在轴向滑动时一端翘起。滑销系统中的各种滑销也称定位键。

2. 机组的膨胀死点

（1）汽缸的膨胀死点。纵销的中心线与横销中心线的交点为汽缸的膨胀死点，也称机组的绝对死点。在汽缸膨胀时，该点始终保持不动，汽缸只能以此点为中心向前、后、左、右方向膨胀。

（2）转子的膨胀死点。推力轴承位置是转子相对汽缸膨胀的死点，也称机组的相对死点。

3. 本机组的滑销系统及特点

本机组热膨胀系统如图 2-22 所示。滑销系统采用自润滑型式，运行中无需注入润滑剂。机组的绝对膨胀死点及相对膨胀死点均设在高、中压汽缸之间的推力轴承处。

超高压转子向机头方向膨胀，高压转子、中压转子和两根低压转子向发电机端方向膨胀。高压缸受热后是以 2 号轴承座为死点向机头方向膨胀，其他汽缸以 2 号轴承座为死点向发电机端方向膨胀。这样的滑销系统设计的主要特点是汽缸和转子做同向膨胀，所以在运行中通流部分动静之间的胀差比较小，有利于机组快速启动。

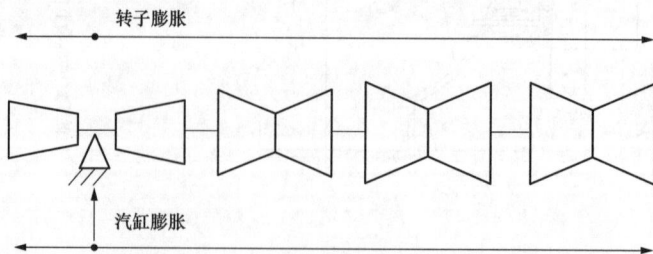

图 2-22   机组热膨胀示意图

第三节 汽轮机的通流部分

汽轮机的通流部分由各级所组成，即由隔板（静叶环）、隔板套（静叶持环）和动叶叶栅所组成。

一、隔板的作用及分类

（一）隔板的作用及结构特点

隔板的作用是固定喷嘴（静叶），并将汽缸内部空间分成若干个蒸汽参数不同的腔室。汽轮机从第二级以后的各级喷嘴叶栅都安装在隔板上。蒸汽通过喷嘴叶栅，其压力、温度逐级下降，将蒸汽的热能转变成动能，并以很高的速度进入动叶片做功。隔板在工作时，要承受其前后蒸汽压力差产生的均布载荷，因而隔板必须具有一定的刚度和强度。由于反动级的动叶栅反动度大，动叶栅前后压差大，为减小汽轮机的轴向推力，不采叶轮结构，其静叶栅做成隔板式结构，内外圆半径差较小。反动式汽轮机的隔板也称静叶环，其对应的隔板套也称静叶持环。

隔板由隔板体、喷嘴叶栅和隔板外缘组成。由于安装和拆卸需要，隔板从水平中分面分成上、下两半，分别称为上隔板和下隔板。为了使上、下隔板对准，并防止漏汽，在水平中分面上装有密封键和定位销。

（二）隔板的分类

隔板通常有焊接隔板和铸造隔板两大类，铸造隔板又分为铸钢隔板和铸铁隔板两种形式。

1. 焊接隔板

将铣制或精密铸造、模压、冷拉成型的静叶片嵌在冲有叶型孔槽的内、外围带上，焊成环形叶栅，然后再将其焊在隔板体与隔板外缘之间，如图 2-23 所示。

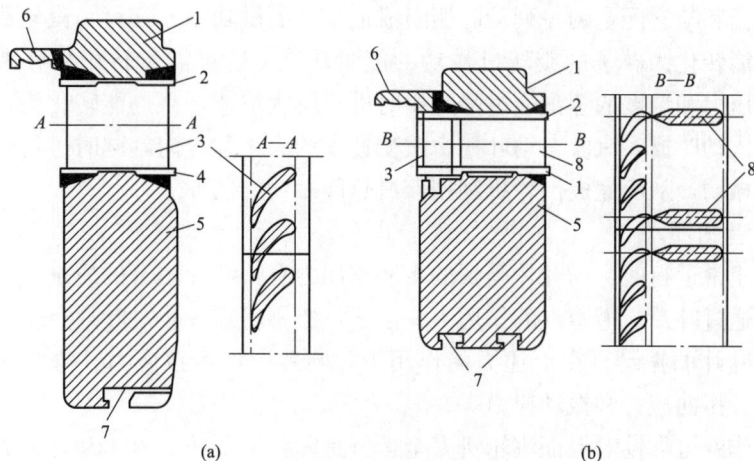

图 2-23 焊接隔板

（a）普通焊接隔板；（b）带加强筋的焊接隔板

1—隔板外环；2—外围带；3—静叶片；4—内围带；5—隔板体；6—径向汽封；7—汽封槽；8—加强筋

　　焊接隔板具有较高的刚度和强度，通常用于工作温度在350℃以上的高、中压级，有些汽轮机的低压级也采用焊接隔板。

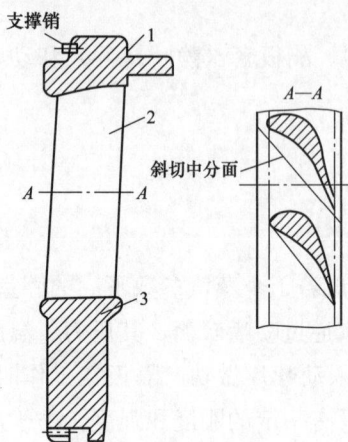

图 2-24　铸造隔板

1—外缘；2—静叶片；3—隔板体

2. 铸造隔板

铸造隔板是将已成型的静叶片在浇铸隔板体时同时铸入，如图2-24所示。这种隔板上、下两半的结合面做成倾斜形，以避免水平对开截断静叶片。铸造隔板加工制造比较容易，成本低，但通流表面光洁度较差，一般用于工作温度低于350℃的级。

二、隔板套的构成及作用

隔板套是用于固定隔板的，一个隔板套可以固定若干个隔板。现代高参数大功率汽轮机中常采用隔板套结构，即把相邻几级隔板装在隔板套内，再将隔板套装在汽缸上。隔板套也分为上、下两半，中分面具有法兰，用螺栓和定位销连接；为了保证隔板套的热膨胀，它与汽缸凹槽之间一般留有1~2mm的间隙，隔板在隔板套或汽缸内的支承和定位采用悬挂销和键支承定位结构。

　　采用隔板套不仅便于拆装，而且可使级间距离不受或少受汽缸上抽汽口的影响，从而可以缩短汽轮机的轴向尺寸，简化汽缸形状，有利于汽轮机启动、停机和负荷变化，并为汽轮机实现模块式设计创造了条件。

三、动叶片的作用及要求

1. 动叶片的作用

动叶片是汽轮机的重要部件之一，是汽轮机中数量、类型最多的零件。在汽轮机中，由一列喷嘴叶栅和与它配合的一列动叶栅组成最基本的做功单元，称为汽轮机的级。级完成将蒸汽的热能转化为转子的旋转机械功的能量转换。这种能量转化又分为两个阶段进行：具有一定压力和温度的蒸汽通过静叶栅时进行膨胀加速，将热能转化为动能；然后以一定的方向进入动叶栅，汽流在动叶栅中改变速度的大小和方向，同时进行膨胀加速，将动能转变成机械功，从而完成汽轮机利用蒸汽热能做功的任务。

2. 对动叶片的要求

汽轮机在正常运行时，动叶片受到的主要作用力有：叶片本身的质量和围带、拉筋质量的离心力；通过叶片流道蒸汽的作用力；由于汽流不稳定，会对叶片产生周期性的激振力，从而引起叶片的振动。在上述力的作用下，叶片内产生拉应力、弯曲应力、挤压应力、剪切应力、扭曲应力和振动应力等。

动叶片工作的可靠性对保证汽轮机安全运行是非常重要的。由于动叶片处在绕主轴高速旋转的工作状态，又受汽流的作用而承受较高的静应力和动应力，其工作条件恶劣，受力情况复杂，所以在设计制造动叶片时，除了要使叶片有良好的型线和工艺性能，以达到较高的效率外，还要有足够的强度，使叶片内的应力不超过材料的许用应力。对于高温区工作的叶片，还应考虑材料的蠕变问题；对于在湿蒸汽区工作的叶片，还应考虑材料受到湿蒸汽冲蚀的问题。在运行和维护工作中，也要掌握不同叶片各部位的受力情况，进行合理的运行维护，防止叶片长期在低频状况下运行。任何一个叶片若在工作时断裂都有可能造成严重事故，必须引起足够的重视。

设计动叶片时已经充分考虑了动叶片的弯曲应力和拉伸应力，因此，只要运行中不发生严重超载，一般是不会发生问题的。振动应力比较复杂，对不调频叶片只要不超载；对调频叶片只要不在共振条件下工作，振动应力很小，不会影响叶片的工作安全。但是由于装配不当或运行中叶片某些缺陷，可能使调频叶片自振频率改变而发生共振，损坏叶片。

四、动叶片的结构及分类

动叶片一般由叶根、工作部分（或称叶型部分）、叶顶连接件（围带或拉筋）组成，如图 2-25 所示。

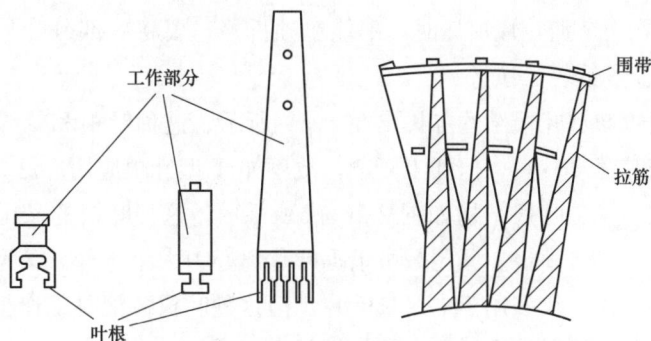

图 2-25 动叶片结构

1. 叶根部分

叶根的作用是将叶片固定在叶轮或转鼓上。现代汽轮机常用的叶根有 T 型、菌型、叉型、枞树型等几种型式，如图 2-26 所示。叶根的选用主要取决于强度、加工条件和转子的形式。

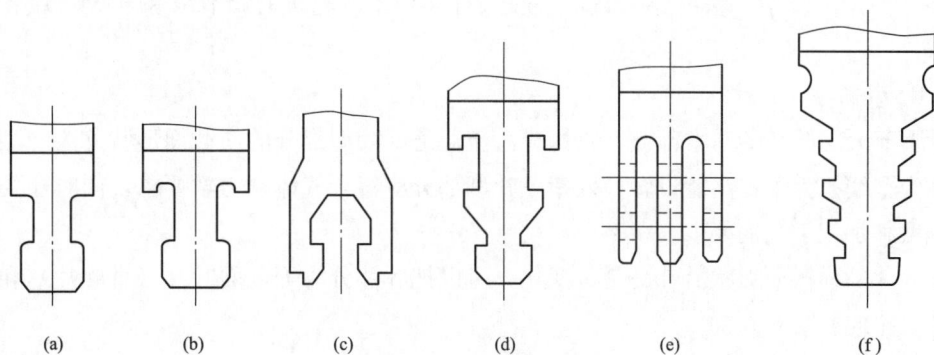

图 2-26 叶根结构形式

（a）T 型叶根；（b）外包凸肩 T 型叶根；（c）菌型叶根；（d）外包凸肩双 T 型叶根；（e）叉型叶根；（f）枞树型叶根

（1）T 型叶根。

普通 T 型叶根，如图 2-26（a）所示。此种叶根结构简单，加工装配方便，工作可靠。但由于叶根承载面积小，叶轮轮缘弯曲应力较大，轮缘有张开的趋势，故常用于受力不大的短叶片。

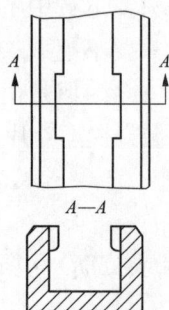

图 2-27 T 型叶根
的锁口结构

带凸肩的单 T 型叶根，如图 2-26（b）所示。其凸肩能阻止轮缘张开，减小轮缘两侧截面上的应力。

带凸肩的双 T 型叶根，如图 2-26（d）所示。由于增大了叶根的承力面，故可用于较长的叶片中。

T 型叶根属周向装配方式，叶根的装配轮缘槽上开有一个或两个缺口（或称切口），以便将叶片从该缺口依次装入轮缘槽中，如图 2-27 所示。装在缺口处的叶片称为封口叶片（或末叶片），用两根铆钉将其固定在轮缘上。周向装配式的缺点是：叶片拆换必须通过缺口进行，当个别叶片损坏时，不能单独拆换，要将一部分叶片拆下重装，增加了拆装工作量。

（2）菌型叶根。菌型叶根结构如图 2-26（c）所示。这种叶根和轮缘的载荷分布比 T 型叶根合理，因而其强度较高，但加工复杂，故不如 T 型叶根应用广泛。

（3）叉型叶根。叉型叶根结构如图 2-26（e）所示。这种叶根的叉尾直接插入轮缘槽内，并用两排或三排铆钉固定。叉尾数可根据叶片离心力大小选择。叉型叶根强度高，适应性好，更换叶片方便，较多用于中、长叶片。但这种叶根装配时工作量大，且钻铆钉孔需要较大的轴向空间，所以整锻转子和焊接转子不宜采用。

（4）枞树型叶根。枞树型叶根结构如图 2-26（f）所示。这种叶根和轮缘的轴向缺口设计成尖楔形，以适应根部的载荷分布，使叶根和对应的轮缘面都接近于等强度。叶根两侧齿数可根据叶片离心力大小选择，叶根沿轴向装入轮缘相应的枞树槽中，底部打入楔形垫片向外胀紧在轮缘上，同时，相邻叶根的接缝处有一圆槽，用两根斜劈的半圆销对插入圆槽内，将整圈叶根周向胀紧。所以这种叶根承载能力大，强度适应性好，拆装方便，但加工复杂，精度要求高，一般只有大功率汽轮机的调节级和末级叶片才使用此叶根。

2. 叶型部分

叶型部分是叶片的基本部分，它构成汽流通道。叶型部分的横截面形状称为叶型，其周线称为型线。为了提高能量转换效率，叶型部分应符合气体动力学要求，同时还要满足结构强度和加工工艺的要求。

按叶片的横截面形状沿叶高是否变化，可以把叶片分为等截面叶片（直叶片）和变截面叶片（扭曲叶片）。

（1）等截面叶片。等截面叶片也称直叶片，叶片的横截面积沿叶高是不变的。这种叶片虽然使效率稍受影响，但加工方便，制造成本低，强度易于保证，一般用于短叶片。

（2）变截面叶片。变截面叶片的横截面积沿叶高是变化的。在变截面叶片中，若叶片沿叶高绕各截面形心的连线发生扭转，则称为扭曲叶片，如图 2-28 所示。

扭曲叶具有较好的气动特性及强度，但制造工艺较复杂，主要用于长叶片。随着加工工艺的不断进步，变截面的扭曲叶片逐渐用于短叶片中。

3. 叶顶连接件

叶顶连接件指的是围带和拉筋。用围带、拉筋连在一起的数个叶片称为叶片组，不用围带、拉筋连接的叶片称为自由叶片。采用围带或拉筋将叶片连接可增加叶片的刚性，降低叶片蒸汽力引起的弯应力，调整叶片的频率。围带还构成封闭的汽流通道，防止蒸汽从叶顶逸出。

（1）围带。常用的围带形式有整体围带和铆接围带。整体围带与叶片为一个整体部件，叶片装好后顶板互相靠紧即形成一圈围带，围带之间可以焊接，也可以不焊接，如图 2-29（a）所示。

铆接围带由扁钢制成。通常将 3~5mm 厚的扁平钢带，用铆接方法固定在叶片顶部，如图 2-29（b）所示。采用铆接围带结构的叶顶必须做出与围带上的孔相配合的凸出部分（铆头），以便于铆接。考虑到时运行中有热膨胀存在，各成组叶片间应留有约 1mm 的膨胀间隙。

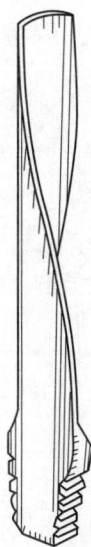

图 2-28 变截面扭曲叶片

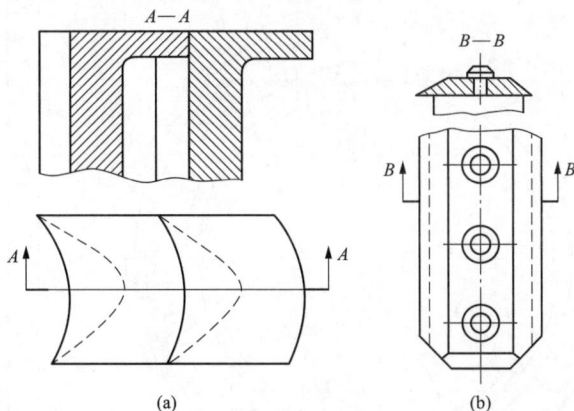

图 2-29 叶片围带结构形式
(a) 整体围带；(b) 铆接围带

（2）拉筋。拉筋一般为 $\phi 6 \sim 12$ 的实心或空心金属杆，穿在叶型部分的拉筋孔中。拉筋与叶片之间可以采用焊接结构（焊接拉筋），也可以采用松装结构（松装拉筋或阻尼拉筋）。拉筋处在汽流通道中间，将影响汽流在叶片内流动；同时，拉筋也削弱了叶片的强度。所以，在满足叶片振动和强度要求的情况下，应尽量避免采用拉筋，基于此，有些长叶片就设计成自由叶片。

五、瑞金电厂汽轮机通流部分

（一）超高压通流部分

超高压通流部分由超高压第一级静叶环和若干个压力级叶片组成。超高压通流部分示意图如图 2-30 所示。

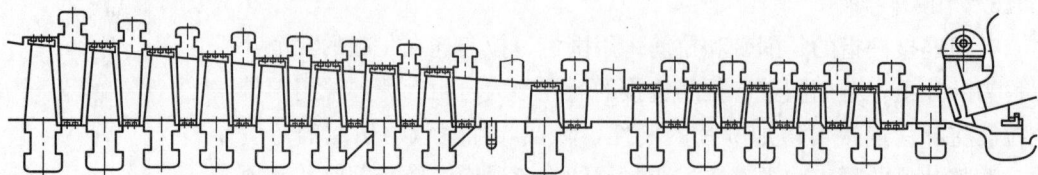

图 2-30　超高压通流部分示意图

超高压通流采用全周进汽，第一级静叶环由于叶型有一定的倾斜角，可以有效地将进口蒸汽的流向从径向导流为轴向，从而改善流体的流动特性，减少蒸汽在折转处的冲击损失。第一级静叶环是超高压通流中承受汽温最高的叶片，且为低反动度静叶，可有效地解决第一级动叶和转子的强度问题。它采用整体铣制加工，可增强自身的强度。第一级静叶环在天、地方向和上、下半的中分面处均有开槽，用于装配时固定在气缸上。超高压第一级静叶环的结构示意图如图 2-31 所示。

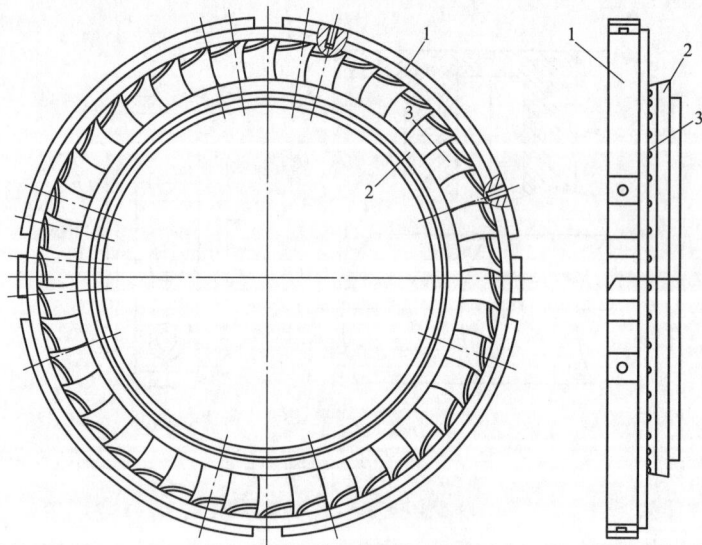

图 2-31　超高压第一级静叶环
1—外环；2—内环；3—叶型

压力级叶片安装在内缸和转子上，约有 50% 反动度。叶片均由叶根部分、型线部分和叶顶围带部分组成，超高压静叶和动叶都为 T 型叶根。静叶和动叶依次插入超高压内缸及转子的叶根槽并使用填隙条填充定位。整圈装配最后一片动叶由螺钉锁紧。

（二）高压通流部分

高压通流部分由高压第一级静叶环和若干个压力级叶片组成。高压通流部分示意如图2-32所示。

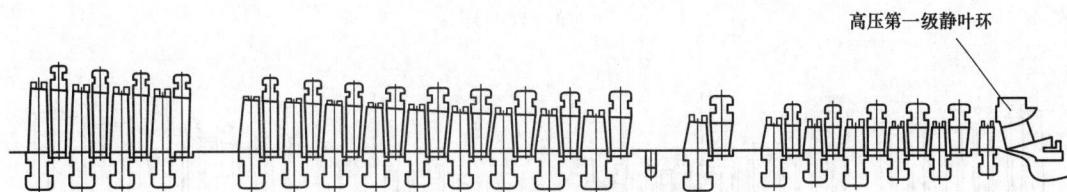

图 2-32　高压通流部分示意图

高压通流采用全周进汽，第一级静叶环由于叶型有一定的倾斜角，可以有效地将进口蒸汽的流向从径向导流为轴向，从而改善流体的流动特性，减少蒸汽在折转处的冲击损失。第一级静叶环是高压通流中承受汽温最高的叶片，且为低反动度静叶，可有效的解决第一级动叶和转子的强度问题。它采用整体铣制加工，可增强自身的强度。第一级静叶环在天、地方向和上、下半的中分面处均有开槽，用于装配时固定在汽缸上。高压第一级静叶环的结构如图2-33所示。

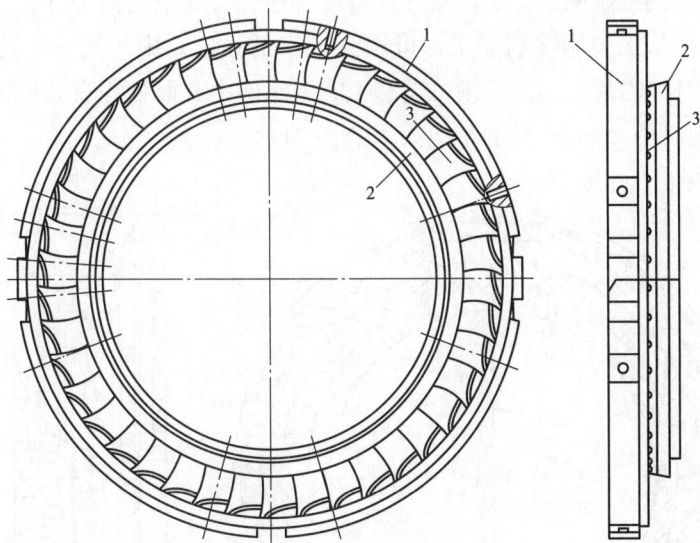

图 2-33　高压第一级静叶环
1—外环；2—内环；3—叶型

压力级叶片安装在内缸和转子上，约有50％反动度。叶片均由叶根部分、型线部分和叶顶围带部分组成，高压静叶和动叶都为T型叶根。静叶和动叶依次插入高压内缸及转子的叶根槽并使用填隙条填充定位。整圈装配最后一片动叶由螺钉锁紧。

（三）中压通流部分

中压通流部分为双流非对称通流，通流由中压第一级静叶环和若干个压力级叶片组成。中压通流示意图如图 2-34 所示。

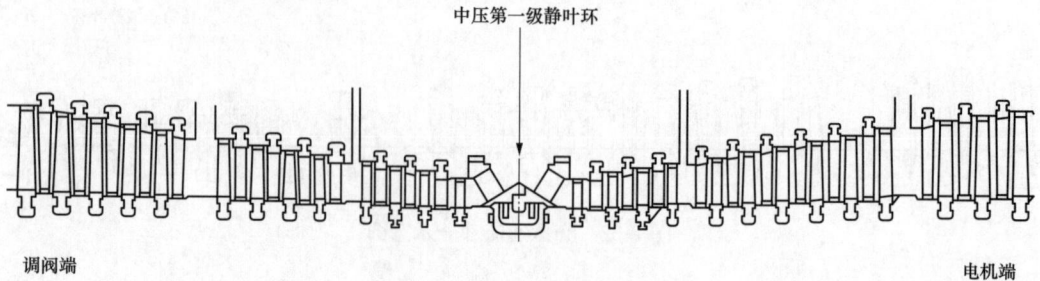

中压第一级静叶环

调阀端   电机端

图 2-34   中压通流部分示意图

中压通流采用全周进汽，第一级静叶环由于叶型有一定的倾斜角，可以有效地将进口蒸汽的流向从径向导流为轴向，从而改善流体的流动特性，减少蒸汽在折转处的冲击损失。中压第一级静叶环由中压第一级静叶环（左旋）、中压第一级静叶环（右旋）和防护环三部分组成，它是中压通流中承受汽温最高的叶片，且为低反动度静叶，可有效地解决第一级动叶和转子的强度问题。中压第一级静叶环还开有 8 个涡流冷却孔，可降低中压进口转子的温度。它采用整体铣制加工，可增强自身的强度。中压第一级静叶环（左旋）、中压第一级静叶环（右旋）在天、地方向和上、下半的中分面处均有开槽，用于装配时固定在气缸上。中压第一级静叶环的结构如图 2-35 所示。

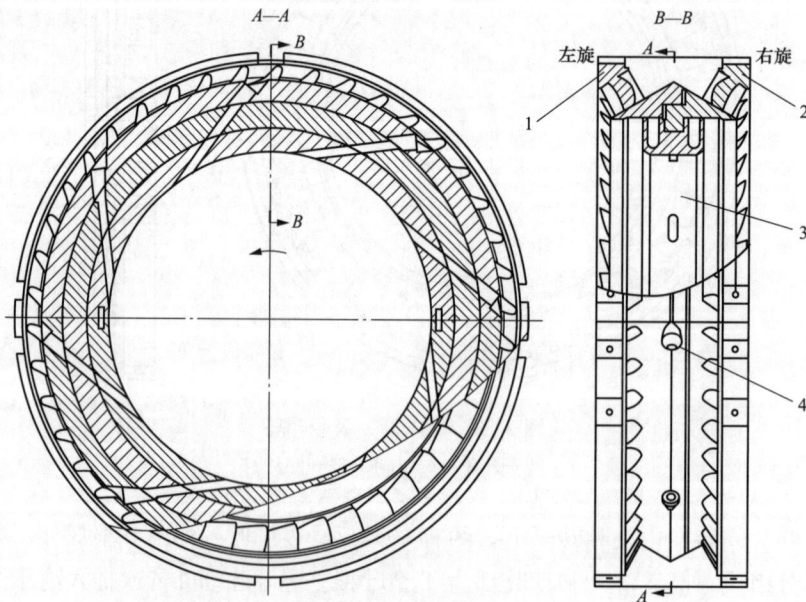

图 2-35   中压第一级静叶环

1—静叶环左旋；2—静叶环右旋；3—防护环；4—涡流冷却孔

压力级叶片安装在内缸和转子上，约有 50% 反动度。叶片均由叶根部分、型线部分和叶顶围带部分组成，中压静叶和动叶都为 T 型叶根。静叶和动叶依次插入中压内缸及转子的叶根槽并使用填隙条填充定位。整圈装配最后一片动叶由螺钉锁紧。

（四）低压通流部分

如图 2-36 所示，低压通流为双流布置，它由装在低压内缸及静叶持环上的 2×5 级静叶片和装于转子上相同级数的动叶片组成。整个机组有两个低压缸，两个低压缸的叶片结构形式相同。

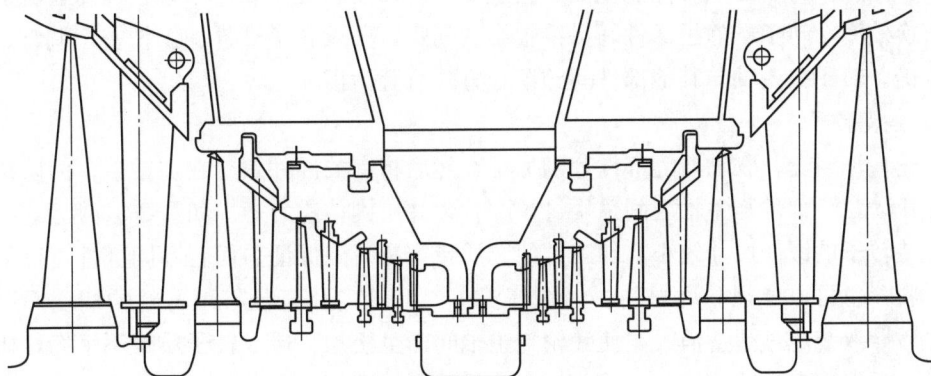

图 2-36　低压通流部分

低压通流部分采取双分流结构。每边前 4 级静叶环装在一个静叶持环上，静叶持环再固定在低压内缸上。叶片均由叶根部分、型线部分和叶顶围带部分组成，低压静叶为 L 型叶根，动叶为 T 型叶根。静叶和动叶依次插入低压静叶持环及转子的叶根槽并使用填隙条填充定位。整圈装配最后一片动叶由螺钉锁紧。

次末级静叶片精铸后经机械加工而成，为变截面马刀型扭叶片。次末级静叶环内、外环由若干钢板分别焊接成上、下半环，静叶片直接装于内外环之间，根、顶部与内外环焊接在一起，成为上、下半静叶环。下半隔板悬挂安装在低压内缸上，转子装入下汽缸后安装上半静叶环，上、下半静叶环通过水平中分面处的双头定位螺栓连接。

考虑到要防止末级动叶片水滴侵蚀，末级静叶片设计为空心静叶，为变截面马刀型扭叶片。末级静叶环内、外环由若干钢板分别焊接成上、下半环，静叶片直接装于内、外环之间，根、顶部与内、外环焊接在一起，成为上、下半静叶环。空心静叶型面上开有若干抽吸缝，可将叶片表面的水膜吸入叶片内部，减少末级动叶的水蚀。下半静叶环悬挂安装在低压内缸上，转子装入下汽缸后安装上半静叶环，上、下半静叶环通过水平中分面处的双头定位螺栓连接。

末两级动叶片精锻后，经机械加工而成，为变截面扭叶片，次末级采用侧装式整体围带，末级采用侧装式自由叶片。次末级和末级动叶片装入叶轮后，在每只叶根底部进出汽侧装有填密件，将叶片径向顶紧。

第四节 转　子

一、转子的分类

转子是所有转动部分的总称。汽轮机是高速旋转的机械，转子在高温高压的环境下工作，转子的任何缺陷都会影响机组的安全经济运行。转子除了在动叶通道完成能量转换、传递扭矩外，还要承受很大的离心力、各部件的温差引起的热应力，以及由于振动产生的动应力。因此，转子必须用性能优良、高强度、高韧性的金属制造。为了提高通流部分的能量转换效率，转子、静子部件间保持较小的间隙，要求转子部件加工精密，调整、安装精细准确。转子按主轴与其他部件间的组合方式可分为以下几种：

1. 套装转子

叶轮、轴封套、联轴器等部件分别加工，然后将有关部件热套在主轴上。为防止配合面发生松动，各部件与主轴之间采用过盈配合，并用键传递力矩。如图 2-37 所示。

套装转子的锻件尺寸较小，加工方便，质量容易得到保证。而且不同部件可以采用不同的材料，也可以合理利用材料。但在高温下，叶轮内孔直径将因材料的蠕变而逐渐增大，最后导致装配过盈量消失，使叶轮与主轴间产生松动，造成转子质量不平衡，机组产生振动，且快速启动适应性差。因此，套装转子不宜用于高温、高压汽轮机的高、中压转子，只适用于中压汽轮机或高压汽轮机的低压部分。

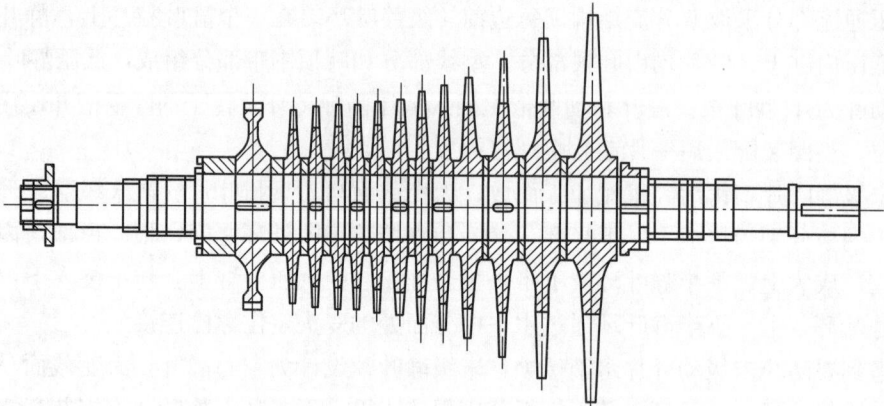

图 2-37　套装转子

2. 整锻转子

整锻转子的叶轮、主轴、轴封套、联轴器等部件由一整体锻件加工而成（对反动式汽轮机而言，除调节级外，其他各级均无叶轮），如图 2-38 所示。整锻转子无热套部件，因而消除了叶轮等部件高温下可能松动的问题，对启动和变工况的适应性较强，适于在高温条件下运行。整锻转子强度和刚度均大于同一外形尺寸的套装转子，且结构紧凑、轴向尺寸短、机械加工和装配工作量小。其缺点是锻件尺寸大，工艺要求高，加工周期长，且大锻件的质量难以保证，不利于材料的合理利用。

整锻转子又分为带中心孔的整锻转子和无中心孔的整锻转子两种。

在转子中心开孔的目的主要是为除去转子中心材质最薄弱的部位，同时也便于探伤检查。但转子开中心孔后也带来一定的弊端，例如，中心孔的存在使孔面的离心应力增加一倍以上，工作应力的上升还使工作在高温区转子的材料蠕变损伤速度加快。

随着炼钢、锻造、热处理以及探伤技术水平的提高，无中心孔的整锻转子结构得到了广泛的应用。德国、俄罗斯、日本等国都相继采用了无中心孔的整锻转子结构。美国汽轮机制造厂家，特别是西屋电气公司曾极力反对取消转子中心孔，但自 20 世纪 80 年代以来，也改变了观点并积极采用无中心孔转子的结构。

无中心孔的整锻转子与有中心孔的整锻转子相比具有如下优点：工作应力低；安全性能好；有利于使用更长的叶片；可延长机组的使用寿命；有利于改善机组的启动性能，缩短启动时间；造价便宜。

整锻转子多用于大型汽轮机的高、中压转子，甚至有的大型汽轮机的低压转子也采用整锻转子。

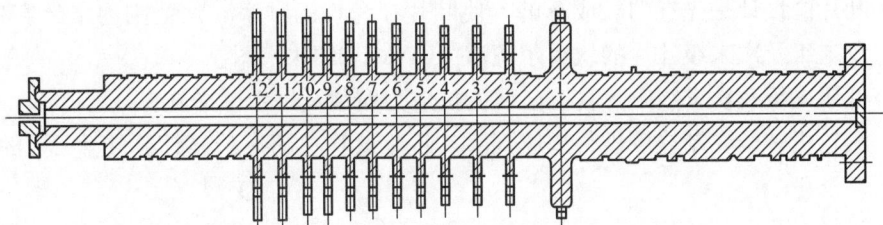

图 2-38 整锻转子

3. 焊接转子

焊接转子主要由若干个叶轮和两个端轴拼焊而成，如图 2-39 所示。焊接转子的优点是采用无中心孔的叶轮，可以承受很大的离心力，强度高，相对质量小，结构紧凑，刚度大。焊接转子的工作可靠性取决于焊接质量，故要求焊接工艺高，材料焊接性能高。焊接转子多用于大型汽轮机的低压转子，但对反动式汽轮机而言，也有全部采用焊接转子的实例。

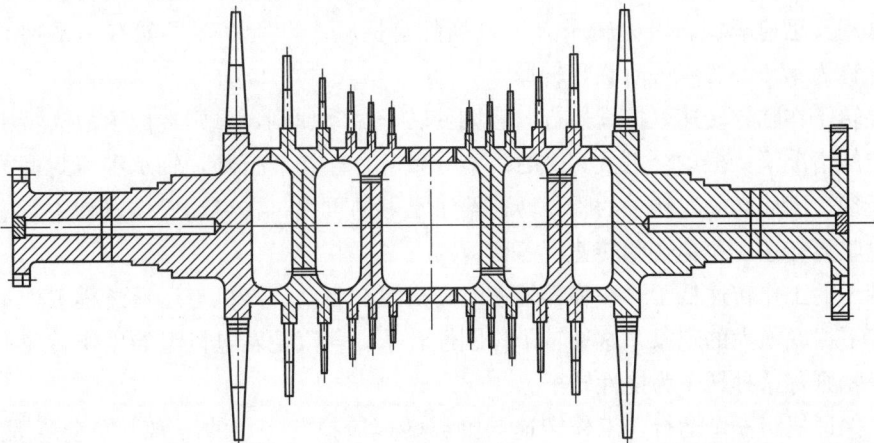

图 2-39 焊接转子

二、上汽 1000MW 超超临界机组汽轮机转子设计特点

（1）汽轮机各转子均采用整锻式无中心孔转子。超高压转子锻件为 12Cr10Mo1W1NiVNbN 材料，其脆性转变温度 FATT（50％为脆性）≤50℃；高、中压转子锻件为 FB2 材料，其 FATT（50％为脆性）≤116℃；低压转子锻件材料为 3.5NiCrMoV 钢。其 FATT（50％为脆性）≤−7℃。

（2）汽轮机允许不揭缸进行转子的动平衡。汽轮机各转子在出厂前进行高速动平衡试验，试验精度达到 1.0mm/s。

（3）汽轮发电机组的轴系各阶临界转速与工作转速避开−15％～＋15％的区间。轴系临界转速值的分布保证能有安全的暖机转速和进行超速试验转速，单轴和轴系失稳转速高于额定转速 125％。在工频和二倍工频±10％范围内无扭振自振频率。轴系能承受由于发电机和主变压器短路产生的扭矩冲击。

（4）转子相对推力瓦的位置设标记，以便容易地确定转子的位置。

（5）叶片的设计是先进的、成熟的，使叶片在允许的频率变化范围内不致产生共振，并配有低压末级及次末级叶片的坎贝尔频谱（CAMPBELL）图。

（6）低压末级及次末级叶片具有必要的抗应力腐蚀及抗水蚀措施。

（7）汽轮机转子在制造厂进行超速试验，超速试验在超过最高计算转速 2％的情况下进行。

三、转子的临界转速

在汽轮机转子制造和装配过程中，不可避免地会存在局部的质心偏移。当转子转动时，这些质心偏移产生的离心力就成为一种周期性的激振力作用在转子上，使转子产生强迫振动。当激振力的频率与转子系统在转动条件下的自振频率合拍时，转子就会发生共振，振幅急剧增大，产生剧烈振动，此时的特定转速就称为转子的临界转速。它在运行中表现为：汽轮机启动升速过程中，在某个特定的转速下，机组振动急剧增大，超过这一转速后，振动便迅速减小。在另一更高的转速下，机组又可能发生较强烈的振动。继续提高转速，振动又迅速减弱。因为转子有一系列的自振频率，所以转子就有一系列的临界转速，依次称为第一、二……阶临界转速。

如果转子在临界转速下持续运行，轻则使转子振动加剧，重则造成事故。特别在转子平衡较差的情况下，振动会更大。这时可能导致叶片碰伤或折断，轴承和汽封磨损，甚至使大轴断裂。因此必须对转子的临界转速给予足够的重视，在启动操作过程中，应使机组迅速通过临界转速，避免在此转速下停留。

当转子的工作转速低于第一临界转速时，机组在启动、停机与运行过程中均不会出现临界转速下振幅增大的现象，这种转子称刚性转子。若汽轮发电机组的工作转速大于第一临界转速，则称这种转子为挠性转子。

为了保证机组安全运行，工作转速与临界转速应拉开一定的距离（安全范围）。设计时可根据理论计算出转子的自振频率，从而近似确定转子的临界转速，最后临界转速值的

精确要通过现场试验确定。

一般来讲，转子临界转速的大小与转子的直径、重量、两端轴承的跨距、轴承的支承刚度等因素有关。转子的直径越大，重量越轻，跨距越小，支承刚度越大，则转子的转速值越高，反之则临界转速的值会越低。

汽轮发电机组在运行中，各转子是用联轴器连接在一起的，形成了一个轴系。在轴系中，各转子会相互影响、相互制约，轴系中各转子的临界转速与转子单独转动时的临界转速有所不同。上汽 1000MW 超超临界汽轮机各转子临界转速的设计值如表 2-1 所示。

表 2-1　　　　　　　　　　　汽轮机各转子临界转速设计值

轴段名称	轴系一阶临界转速（r/min）	轴系二阶临界转速（r/min）
超高压转子	2190	>4500
高压转子	1788	>4500
中压转子	1542	>4500
低压转子Ⅰ	1302	3978
低压转子Ⅱ	1302	3936

上海汽轮机厂 1000MW 超临界汽轮机发电机组在启动升速时应严格监视各轴承振动，机组通过轴系一阶临界转速时，轴颈双振幅振动值不得超过 0.15mm，轴承振动值应小于 0.07mm。升速时不得在临界转速附近停留。

汽轮机在所有稳定运行工况下（转速为额定值）运行时，在任何轴颈上所测得的双振幅振动值不大于 0.05mm，轴承振动值应小于 0.025mm。

第五节　汽封与轴封系统

一、汽封的作用、种类及工作原理

（一）汽封的作用

汽轮机运行时，转子高速旋转，汽缸、隔板（或静叶环）等静止部分固定不动，因此转子和静止部分需留有适当的间隙，以避免相互碰磨。然而间隙的存在就会导致漏汽（漏气），这不仅会降低机组的效率，而且还会影响机组安全运行。为阻止汽缸高压端蒸汽外漏、汽缸低压端空气漏入汽缸，以及减少通流部分各级间的漏汽损失，因而设有汽封装置。

（二）汽封的种类及工作原理

1. 汽封按结构分类

汽封按结构可分为曲径式（也称迷宫式）、碳精式和水封式三种。现代大型汽轮机广泛采用曲径式汽封。

图 2-40 为常见的几种曲径式汽封的结构简图，它们的工作原理是相同的。蒸汽流经相应的汽封齿和相应的汽封凸肩形成的狭窄通道时，反复连续受到节流，逐步降压和膨胀加速，并在各齿隙后面的腔室内通过涡流摩擦将蒸汽的动能转变为热能。由于汽封前后的

总压降（p_1-p_2）平均分配给每个汽封齿上，使得每个汽封齿前后的压差较小，而且汽封齿动静间隙 δ 又较小，所以安装汽封后，能有效地减少蒸汽的泄漏量。

曲径汽封一般由汽封套（或汽封体）、汽封环及轴套（或称汽封套筒）三部分组成。汽封套固定在汽缸上，内圈有 T 形槽道（隔板汽封一般不用汽封套，在隔板体上直接安有 T 形槽）；汽封环一般沿圆周分为 6～8 个弧段（汽封块），安装在汽封套 T 形槽道内，并用弹簧片压住；在汽封环的内圆和轴套（在高温区不用轴套而是轴的外圆）上，有相互配合的梳齿及凹凸肩，形成蒸汽曲道和涡流室。

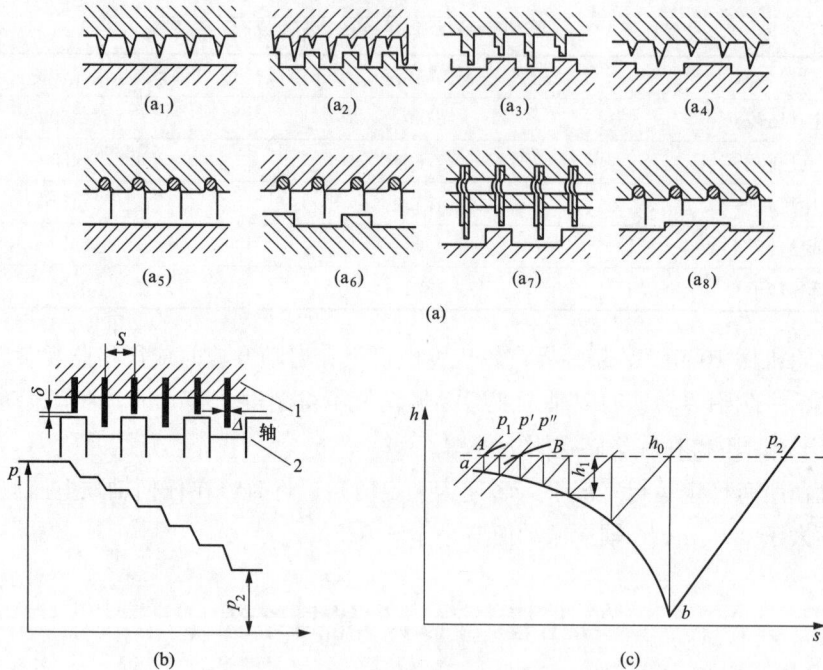

图 2-40　迷宫式汽封结构及工作原理

(a) 常见的迷宫式汽封结构 [（a_1）、（a_5）为平齿汽封，（a_2）、（a_3）、

（a_6）、（a_7）为高低齿汽封，（a_4）、（a_8）为双低齿汽封]；

(b) 迷宫式汽封中蒸汽压力下降图；(c) 蒸汽在迷宫式汽封中的膨胀过程

1—汽封套；2—轴

2. 汽封按其安装位置不同分类

汽封按其安装位置不同可分为通流部分汽封和轴端汽封（简称轴封）。另外，对反动式汽轮机采用平衡活塞平衡轴向推力时，还包括平衡活塞汽封。通流部分汽封又分为叶栅汽封和隔板（静叶环）汽封，如图 2-41 所示。叶栅汽封包括动叶片围带处径向、轴向汽封以及动叶片根部轴向汽封。隔板（静叶环）汽封位于隔板（静叶环）内孔与轴之间。轴封位于轴和汽缸的两端，是轴封系统中的重要部件。

叶栅汽封相对于隔板（静叶环）汽封和轴端汽封，其汽封前后压差较小，装设部位狭小，因而结构简单，一般情况叶顶径向汽封梳齿嵌压在静止件上，它与围带维持着较小的间隙，构成简单的叶顶轴向汽封。低压长叶片的往往不装设围带，采用减薄叶片的顶部厚度，缩小顶部间隙的办法减小漏汽。叶根汽封一般由叶根直接车出齿尖，与静止件构成。

对于大型汽轮发电机组，由于轴向长度较长，设置动叶叶根轴向汽封已失去意义，就将动静叶根汽封改为径向汽封，既保证轴向膨胀不受影响，又起到汽封作用。

隔板（静叶环）汽封相对于叶栅汽封，其前后的压差大，汽封梳齿较多，结构较为复杂。最常见的汽封结构为，由装在隔板（静叶环）内孔的汽封圈和转子上的凸台形成。其中汽封齿可直接和汽封圈一体车出，也可利用镶嵌的办法将梳齿固定在汽封圈上。汽封圈沿圆周分成几段，有隔板水平结合面处装入隔板 T 型槽内，并用弹簧板将其压住，在 T 型槽的侧面开有小孔，运行时，蒸汽进入槽内，对汽封圈产

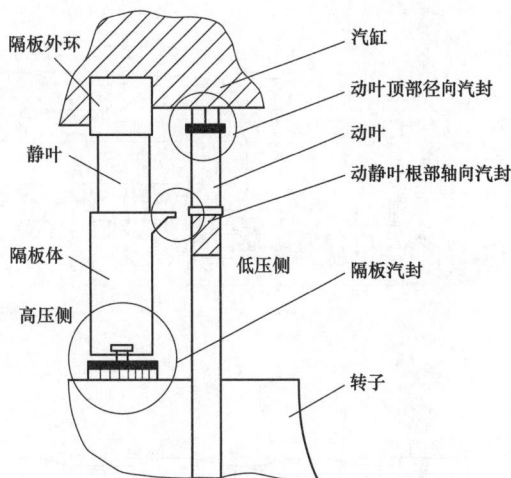

图 2-41　汽轮机通流部分汽封的示意图

生附加力，是汽封圈始终向心。一般大型汽轮机组都采用弹性隔板汽封，梳齿呈现高低分布，蒸汽在汽封中流动成曲折形。隔板（静叶环）汽封的径向间隙一般选用 $0.4 \sim 0.7\text{mm}$，轴向的间隙可依据通流部分的轴向间隙考虑原则选取。

轴端汽封位于汽缸的端部。轴封的形式一般分成镶片式汽封和梳齿式汽封两种。镶片式汽封主要由镶于转子和汽封圈上的梳齿、汽封圈、汽封体组成，汽封圈分段装设在水平中分面的汽封体的 T 形槽中。这种汽封结构，由于制造工艺和材质的原因运行中往往发生汽封被吹倒和局部脱落的现象，达不到预期的目的。梳齿形汽封的结构和隔板汽封的结构相同，根据汽封齿安装的位置不同，分成三类：①汽封齿安装在转子上；②汽封齿安装在定子上；③汽封齿在定、转子上均安装。梳齿形汽封主要优点是结构简单，便于加工，材质可以选用刚性较高的金属。但这种汽封齿在摩擦时容易使转子局部过热而发生转子弯曲的现象。

二、上汽 1000MW 超超临界机组的动叶顶部汽封

汽轮机各汽缸的通流部分，除末级自由叶片外，其他各级叶顶均采用了迷宫式汽封，在每一个汽封齿后的腔室产生适当的涡流，以减少叶顶漏汽损失。迷宫式汽封由围带以及转子和内缸上镶嵌的汽封片组成。当机组运行不当导致动静摩擦时，这些汽封齿会轻微磨损掉而不会产生任何温升。在机组运行一段时间后（如大修），可以方便地更换汽封片并安装到要求的间隙。

三、上汽 1000MW 超超临界机组轴封、平衡活塞汽封及轴封系统

（一）超高压缸轴封

超高压缸前后有两个端部汽封，如图 2-42 所示。它们在超高压外缸两端将汽缸内腔密封，使之与外部大气隔离。转子和汽缸之间的密封形式为非接触式汽封。

在超高压缸进汽端（B），使用平齿和高低齿的汽封片，交错安装在端部汽封和转子上，组成了迷宫式汽封。汽封片依次镶嵌在分段的汽封环 5 和相对的转子 1 上。

在超高压缸排汽端（A），使用平齿和斜齿汽封片，交错安装成平齿式汽封，汽封片

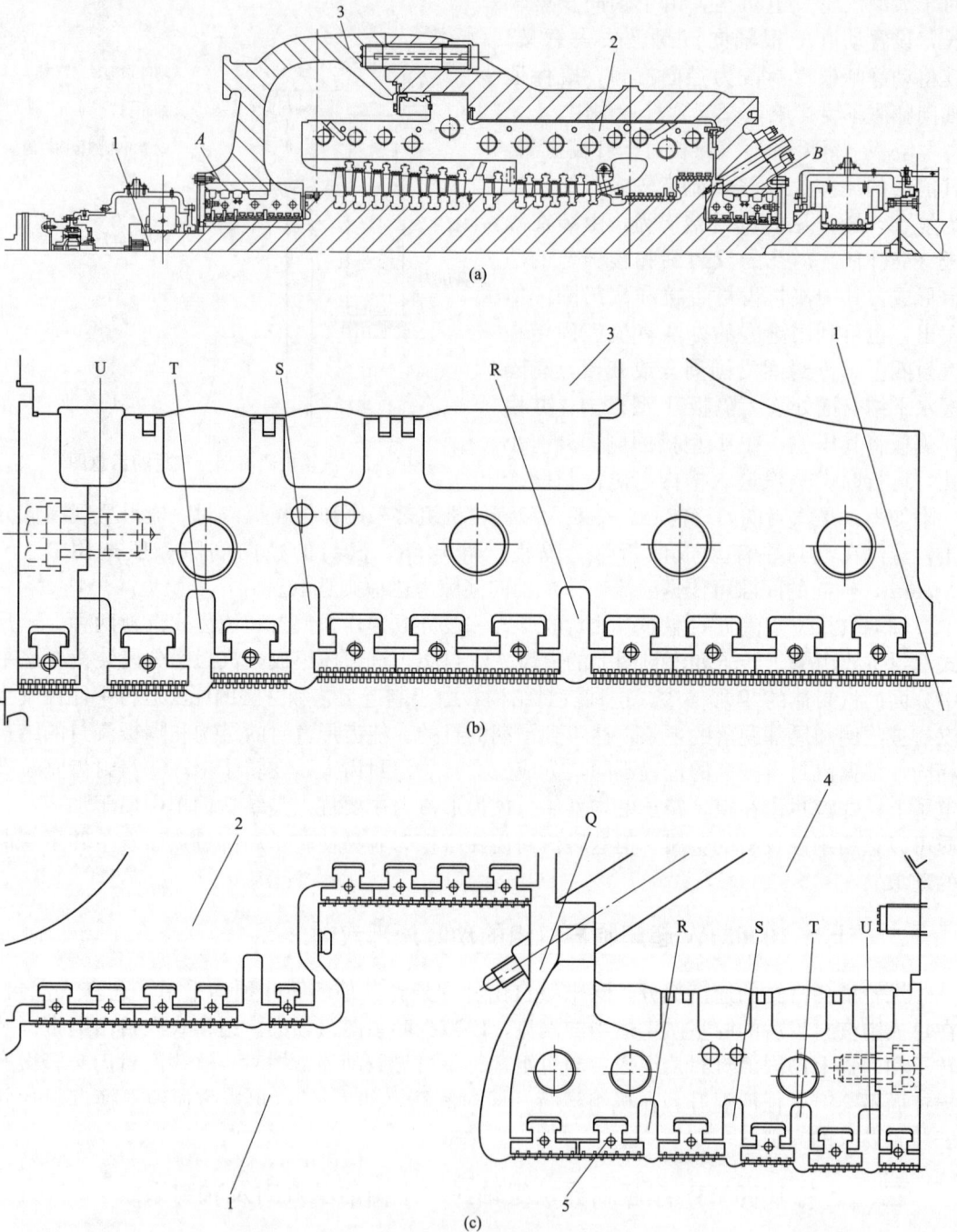

图 2-42 超高压缸轴封

(a) 超高压缸纵剖面图及轴封位置；(b) 超高压缸排汽端轴封（A 向放大）；(c) 超高压缸进汽端轴封（B 向放大）

1—超高压转子；2—超高压内缸；3—超高压外缸排汽端；4—超高压外缸进汽端；5—汽封环；

U、T、S、R、Q—腔室

也镶嵌在转子 1 和分段的汽封环 5 上。

　　超高压缸进排轴封内有很多蒸汽腔室。腔室 Q 的蒸汽穿过超高压内缸上的通孔进入超高压末级叶片后的排汽端，腔室 R 的漏汽通过汽封管路引至高压缸排汽，腔室 S 的漏汽通过汽封管路引至低压缸（联通管上的接口）。密封蒸汽母管与腔室 T 连通在机组启动时向轴封供汽，极少的漏汽进入腔室 U 并被排至汽封冷却器。

　　（二）超高压缸平衡活塞汽封

　　超高压缸在进汽口前侧设有平衡活塞汽封，其前后压差所产生的力用于抵消部分超高压通流部分的轴向推力，平衡活塞汽封的有效直径符合平衡轴向推力的要求。

　　转子和汽缸之间的密封形式为轴向的非接触式汽封。汽封片依次镶嵌在分段的汽封环 7 和相对的转子 1 上，采用高低齿，组成了迷宫式汽封，如图 2-43 所示。

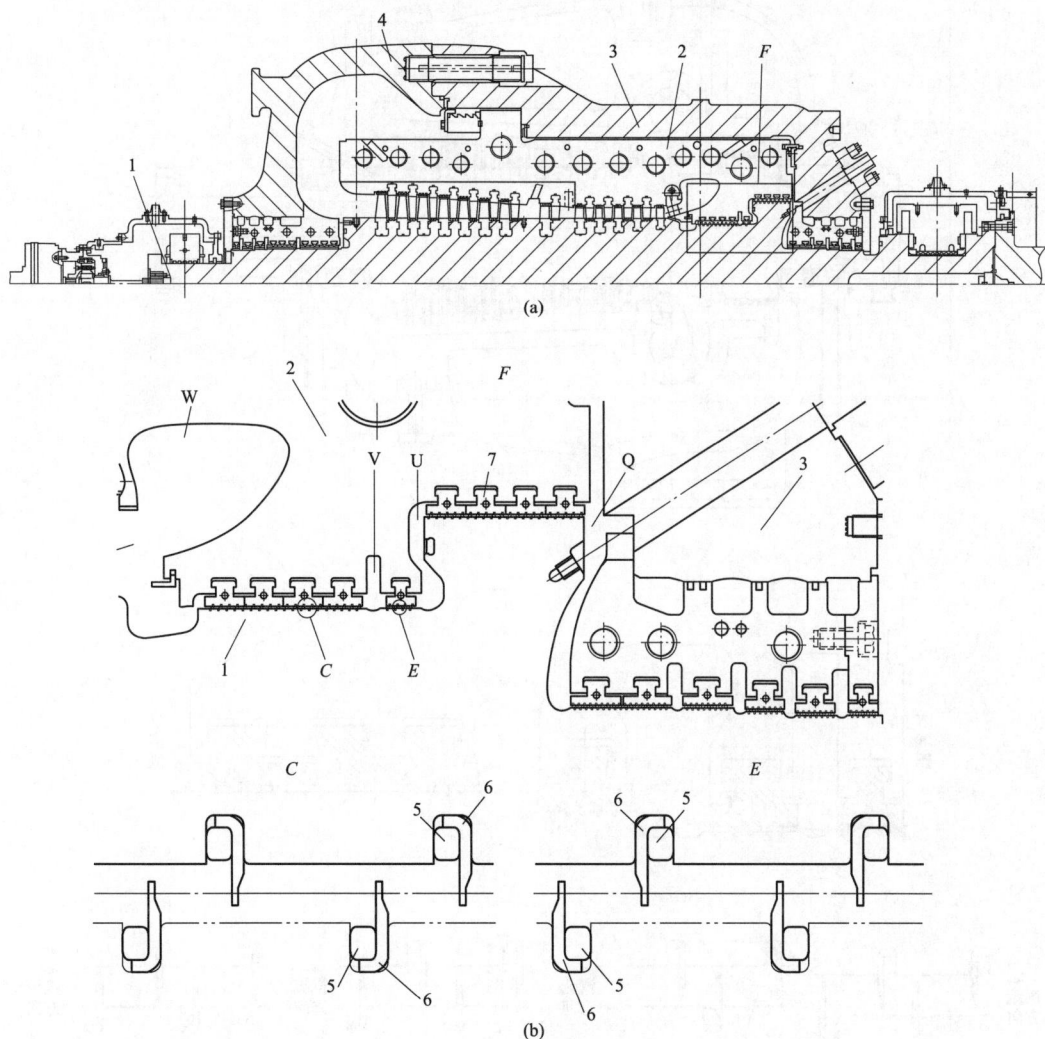

图 2-43　超高压缸平衡活塞

（a）超高压缸结构及平衡活塞位置；（b）超高压缸平衡活塞汽封（F 向放大）

1—超高压转子；2—超高压内缸；3—超高压外缸进汽端；4—超高压外缸排汽端；5—塞紧条；6—汽封片；7—汽封环；
U、V、W、Q—腔室

汽轮机动静之间的密封通过装在汽封环 7 和转子号 1 的汽封片 6 来实现。

平衡活塞汽封内有很多蒸汽腔室。腔室 Q 的蒸汽穿过超高压内缸上的通孔进入超高压末级叶片后的排汽端，腔室 U 通过内缸上的开孔与内外缸夹层腔室相通，腔室 V 的漏汽引至超高压缸的夹层汽的后一级通流中，腔室 W 连通至超高压斜置静叶后。

（三）高压缸轴封

高压缸的调节阀端和电机端各有一个端部汽封，其作用是将汽缸内部的蒸汽在汽缸两端轴颈处与大气密封隔离。高压缸轴封布置如图 2-44 所示。

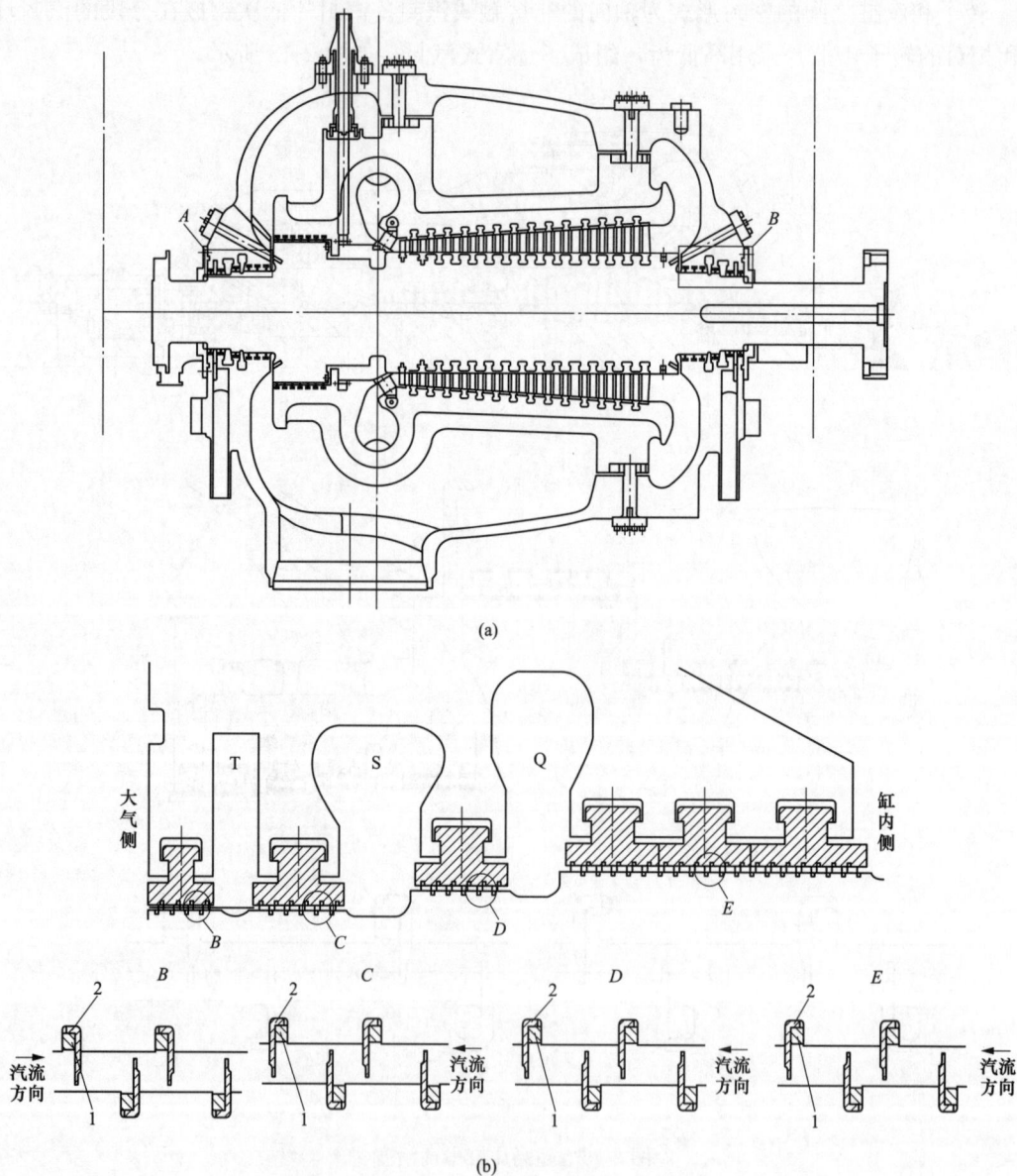

(a)

(b)

图 2-44　高压缸轴封（一）

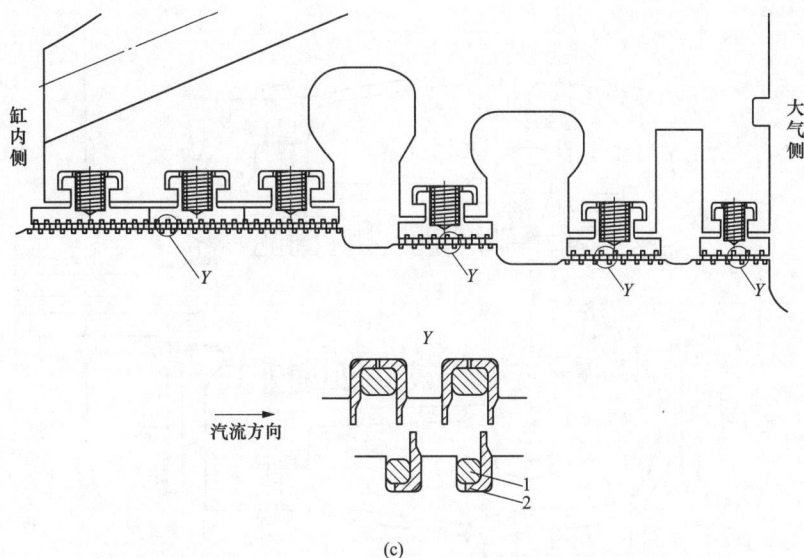

图 2-44 高压缸轴封（二）

（a）高压缸纵剖面图及轴封位置；（b）高压缸前轴封（*A* 向放大）；（c）高压缸后轴封（*B* 向放大）

1—塞紧条；2—汽封片；Q、S、T—腔室

蒸汽轴向流过非接触式汽封片达到转子和汽缸之间的密封。因为高压缸运行参数较高，不同工况下动静差胀情况复杂，为了更好地降低漏汽量，因此，调节阀端端部汽封使用高低齿结构，电机端使用平齿结构。汽封片相对地镶嵌入高压转子和装于外缸上的汽封环中，并确保有足够间隙在热膨胀时仍能自由移动。

在高压端部汽封中也有蒸汽腔室。腔室 Q 漏汽至中压排汽，汽封供汽母管与腔室 S 相连，通过汽封齿后仍有少量蒸汽漏至腔室 T，排至汽封冷却器。

（四）高压缸平衡活塞汽封

高压缸采用单流结构，平衡活塞设置用于平衡高压模块通流的推力。转子和汽缸之间的密封形式为轴向的非接触式汽封。汽封高压侧压力为斜置静叶后压力，低压侧为高压排汽压力，采用高低齿。如图 2-45 所示。

（五）中压缸轴封

中压缸的调节阀端和电机端各有一个端部汽封，其作用是将汽缸内部的蒸汽在汽缸两端轴颈处与大气密封隔离。蒸汽轴向流过非接触式汽封片达到转子和汽缸之间的密封。中压缸轴封布置如图 2-46 所示。

因为中压缸累加了高压缸传递的胀差，动静胀差较大，所以采用了平齿汽封。汽封片相对地镶嵌入中压转子和装于外缸上的汽封环中，并确保足够间隙在热膨胀时仍能自由移动。

在中压端部汽封中也有蒸汽腔室。汽封供汽母管与腔室 S 相连，通过汽封齿后仍有少量蒸汽漏至腔室 T，排至汽封冷却器。

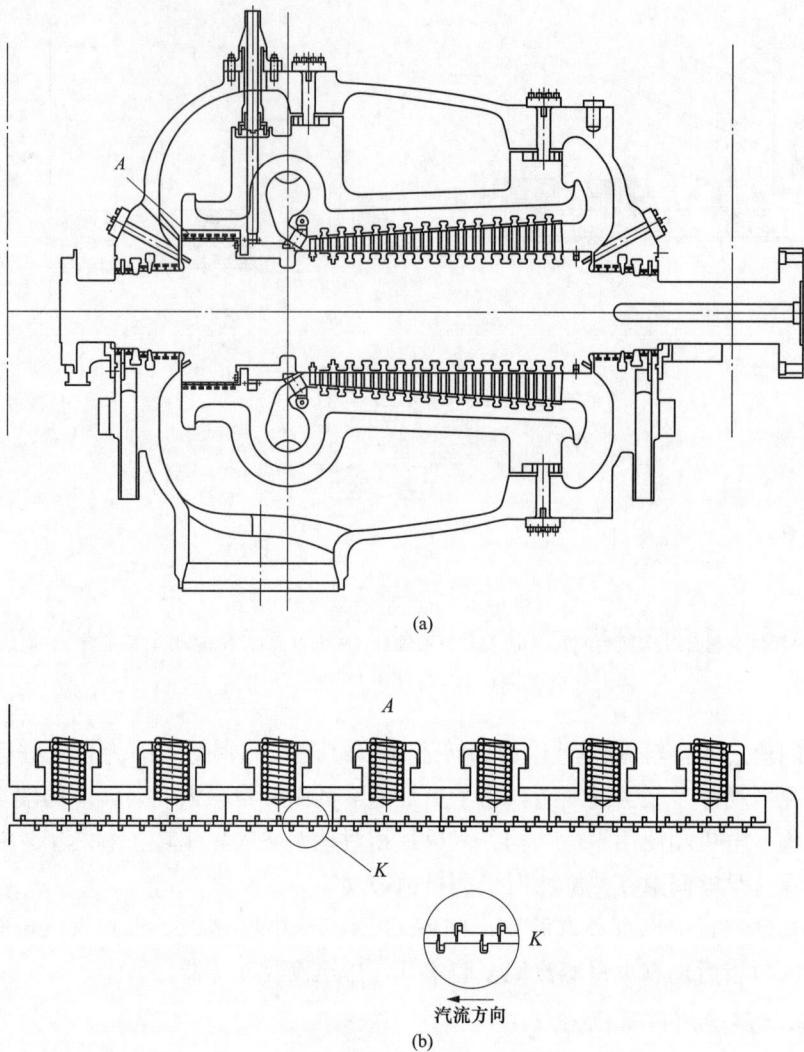

(a)

(b)

图 2-45　高压缸平衡活塞

（a）高压缸结构及平衡活塞位置；（b）高压缸平衡活塞汽封（A 向放大）

（六）低压缸轴封

低压外缸两端各安装有一个端部汽封，如图 2-47 所示。端部汽封安装于轴承座和外缸补偿器之间，用于在转子穿出外缸的部位将缸体内部的蒸汽与大气密封隔离。密封型式蒸汽轴向流过非接触式汽封片来达到低压缸动静组件之间的密封，低压端部汽封设计成相对的平齿汽封。汽封片（件号 3）分别镶嵌入转子的环形汽封槽和端部汽封体（件号 1）的环形汽封槽内。在蒸汽通过由汽封齿组成的许多腔室时，压降转换为汽流速度（动能），进入腔室后，由于涡流的作用将动能直接转化为热能，从而降低经过汽封齿的蒸汽压力，减少汽封漏汽。

在机组启动和运行时，轴封供汽进入腔室 Q 以阻止空气进入缸内。少量的泄漏蒸汽通过汽封齿进入腔室 R 再排至轴封冷却器。

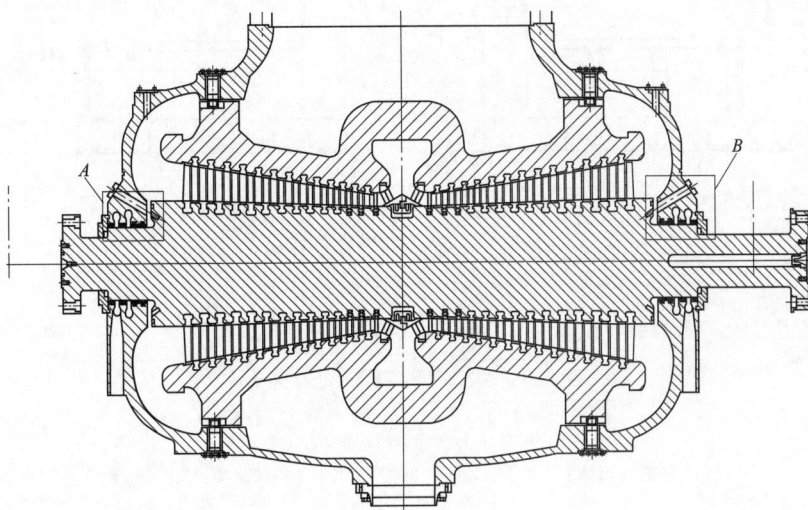

(a)

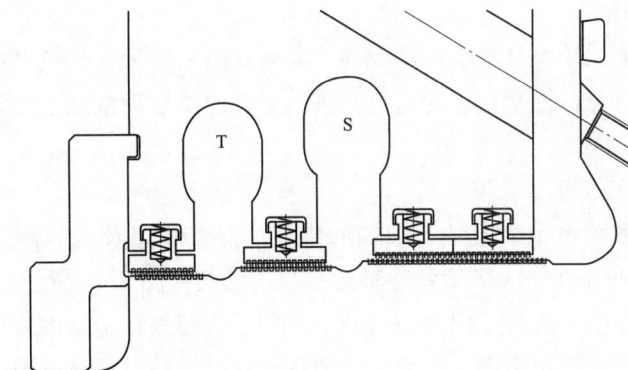

(b)

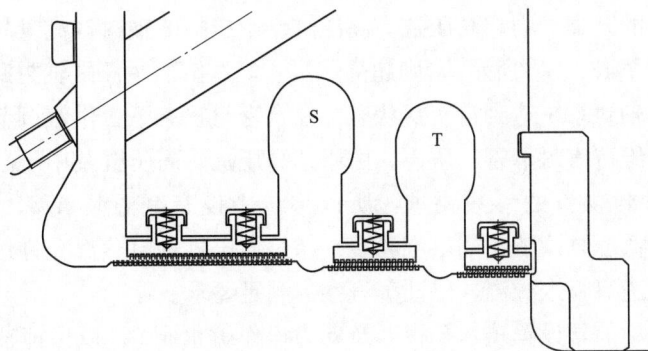

(c)

图 2-46　中压缸轴封

（a）中压缸纵剖面图及轴封位置；（b）中压缸前轴封（A 向放大）；（c）中压缸后轴封（B 向放大）

S、T—腔室

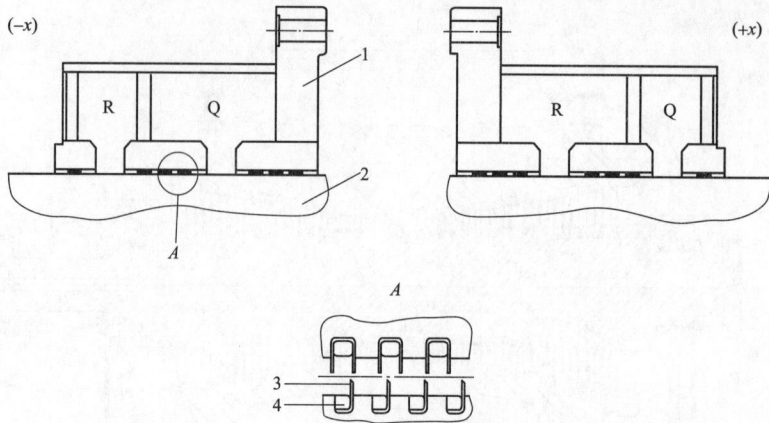

图 2-47　低压缸轴封

1—低压端部汽封体；2—低压转子；3—汽封片；4—塞紧条；R、Q—腔室

（七）轴封系统

1. 轴封系统的作用

防止从汽轮机来的轴封蒸汽溢出至大气，并防止空气进入汽轮机和凝汽器；回收轴封系统的漏汽工质和热量，提高机组的运行经济性；汽轮机启动前抽真空时向轴封供汽，快速建立凝汽器真空。

2. 轴封系统的组成及工作原理

本机组的轴封系统由轴封装置、轴端的供汽、漏汽管路及调节阀、轴封冷却器等组成。轴封系统的原理图如图 2-48 所示，轴封系统的详图如图 2-49 所示。

在汽轮机启动和低负荷时 [图 2-48（a）所示]，所有汽缸中压力都低于大气压力。密封蒸汽通过轴封供汽调节阀 1 进入汽封母管为各个缸提供轴封蒸汽。通过轴封冷却器 6 上排气风机 7 建立微负压，将空气及蒸汽混合物抽出，防止轴端冒汽及漏空气。

随着机组负荷的升高，当超高压缸、高压缸、中压缸的轴封排汽量超过低压缸轴封所需的供汽量时 [图 2-48（b）所示]，则超高压缸、高压缸、中压缸轴封漏汽给低压缸轴封供汽，此时机组的轴封系统达到自密封状态。在自密封状态下，供汽调节阀 1 关闭，溢流调节阀 3 打开，以维持汽封母管的压力。由于超高压缸、高压缸及中压缸轴封漏汽混合后温度高于低压缸轴封供汽的参数要求，所以系统中设有减温装置 5，当减温装置后温度（测点位于 1 号低压缸调节阀端供汽腔室）超过低压缸轴封蒸汽允许运行温度时，减温喷水调节阀对蒸汽进行喷水减温，保证蒸汽参数满足要求。

轴封供汽阀门站前常设置疏水孔板 8 及动力操作疏水阀 9，以保证辅助蒸汽处于热备用状态。

3. 轴封系统压力和温度的控制

（1）轴封供汽压力控制。本机组轴封系统设有轴封供汽阀门站。轴封供汽阀门站由一个气动供汽调节阀，以及旁路阀、隔离阀等组成，保证汽轮机各个工况下轴封系统的供汽。

(a)

(b)

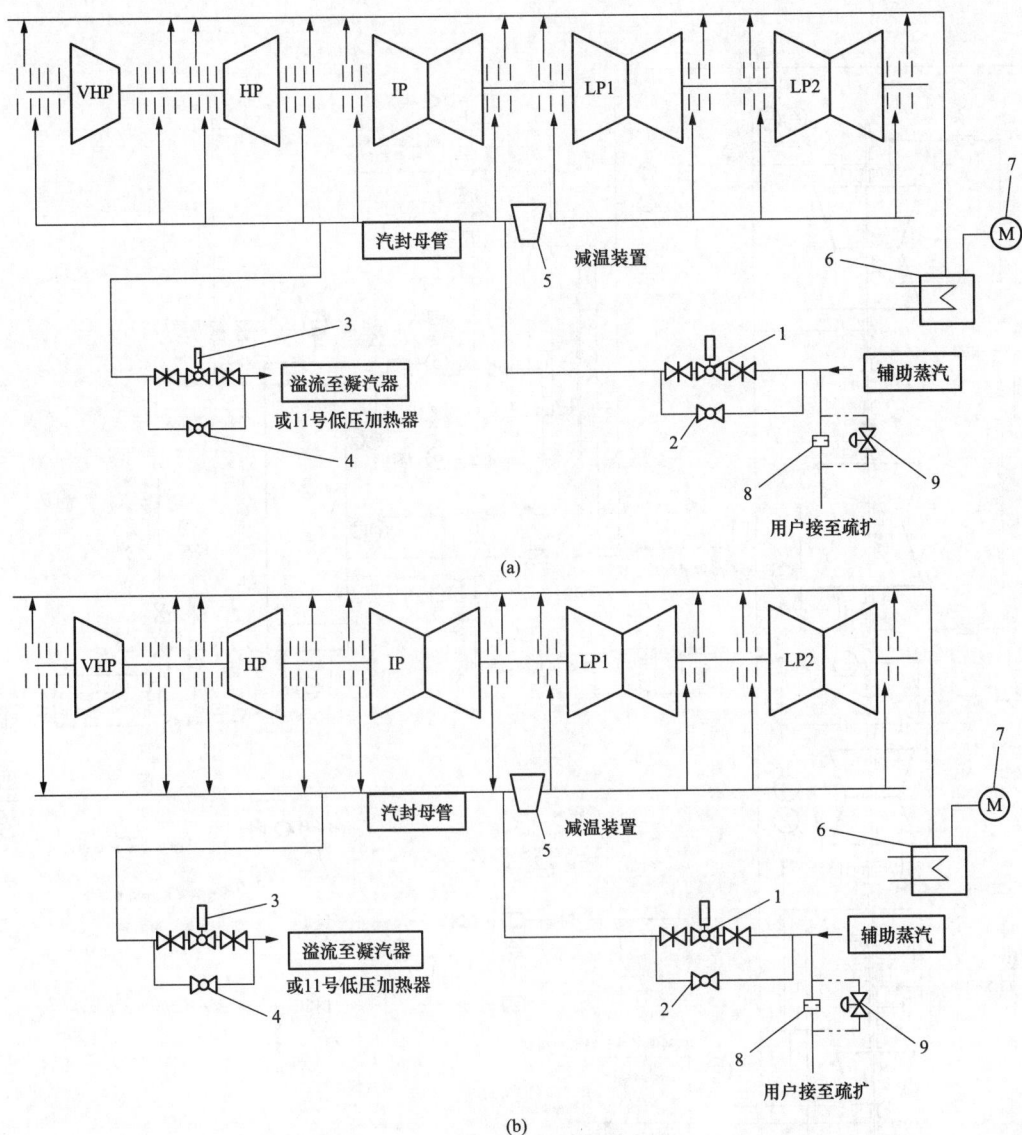

图 2-48 汽轮机轴封系统原理图

(a) 初始供汽状态；(b) 正常运行状态

1—供汽调节阀（气动）；2—供汽调节阀（手动）；3—溢流调节阀（气动）；4—溢流调节阀（手动）；

5—减温装置；6—轴封冷却器；7—排气风机；8—节流孔板；9—动力操作疏水阀

　　每个调节阀的气动执行机构设有一个定位器（装于阀上）、一个空气过滤减压阀及行程开关、阀位反馈等附件。减压阀向定位器提供恒定压力的控制气，定位器再用该空气产生一个可变的输出，该输出随汽封蒸汽供汽母管上的压力信号的变化而变化。因此，气动调节阀就能在所有汽轮机运行工况下，维持汽封母管压力为由控制器整定点所建立的压力。

　　每个气动调节阀的定位器接收供汽母管的压力信号。如果汽源有汽，气动供汽阀根据汽轮机的蒸汽和负荷要求，按其整定值来维持供汽母管的压力。母管压力低于整定范围，供汽调节阀自动增加开度；高于整定范围，供汽调节阀自动减小开度。

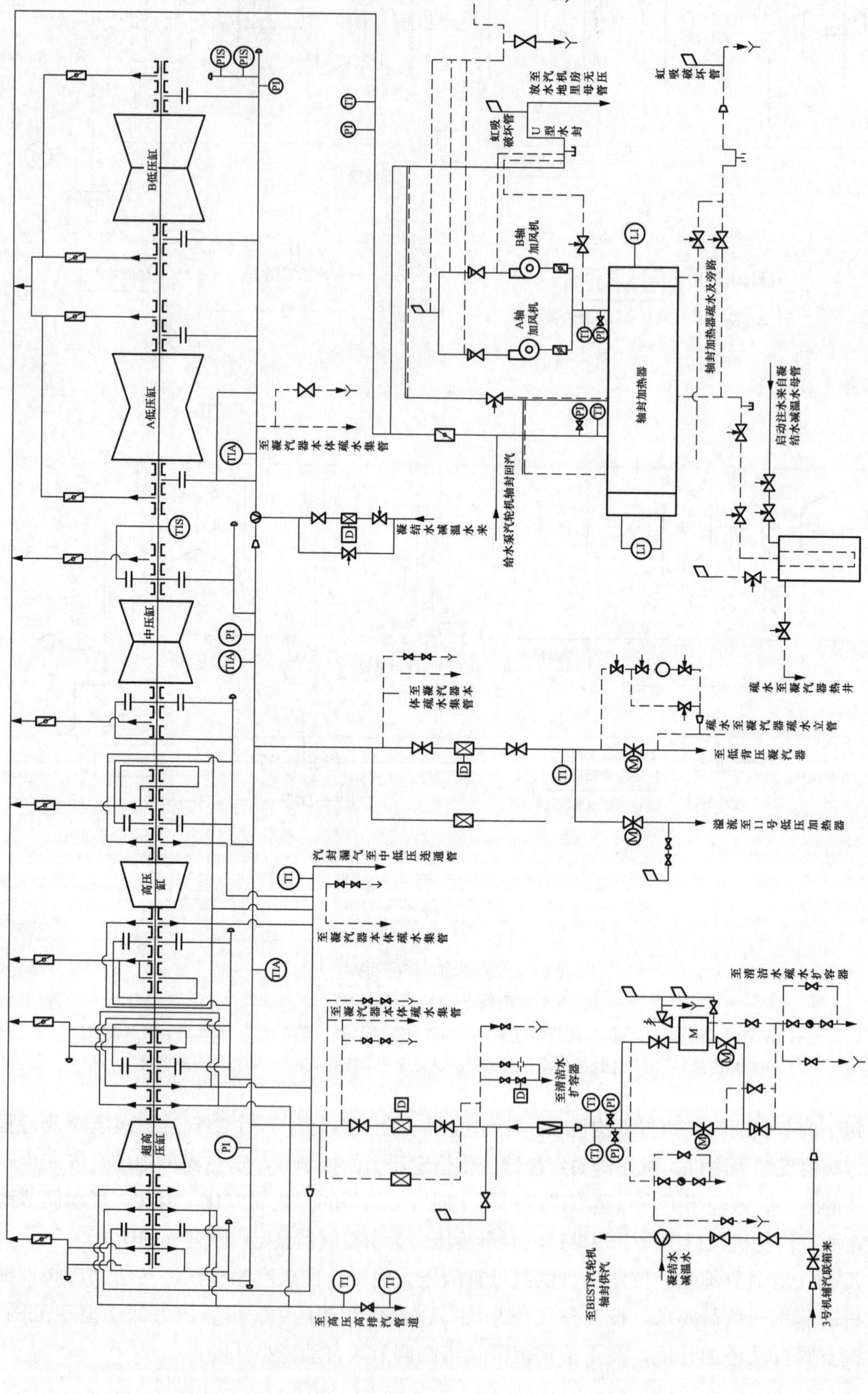

图 2-49　汽轮机轴封系统

在机组达到一定的负荷，汽封供汽调节阀关闭，汽轮机组由超高压、高压、中压缸汽封的漏汽作为低压汽封的供汽。如果超高压、高压、中压缸的漏汽量超过低压缸汽封的需求，其压力值反馈到 DCS/DEH 控制系统，由 DCS/DEH 控制系统将调节指令发送到溢流调节阀，打开并调节该阀门开度，以维持汽封母管稳定的压力。

（2）轴封供汽温度控制。本机组轴封供汽来源厂内辅助蒸汽，为一路汽源。轴封系统上配置一套既简便又十分可靠的调温装置，以满足向超高压、高压、中压缸和低压缸各轴封的供汽参数要求。减温器具有防止误操作引起的轴封蒸汽温度快速下降的措施，同时保证在凝结水泵变频降压运行时不影响调压调温装置的雾化效果。

根据转子温度的不同，超高压、高压和中压部分以及低压部分汽封供汽要求需分别满足如下要求：

1）超高压、高压及中压缸汽封供汽温度要求：当超高压转子温度小于 200℃时，汽源温度范围为 240～300℃；当超高压转子温度大于 400℃时，汽源温度范围为 320～350℃；当超高压转子温度在 200～400℃之间时，汽源温度范围在上述区间内变化。

2）低压汽封供汽温度要求：当超高压转子温度小于 200℃时，汽源温度范围为 240～300℃；当超高压转子温度大于 300℃时，汽源温度范围为 280～320℃；当超高压转子温度在 200～300℃之间时，汽源温度范围在上述区间内变化。

第六节　汽轮发电机组轴承

一、轴承分类及作用

（一）轴承的分类

汽轮机作为高速旋转机械，其轴承是一个重要组成部件。为保证汽轮机转子在汽缸内的正常工作，汽轮机采用了径向支持轴承（支持轴承）和推力轴承。也就是说，汽轮机的轴承可分为支持轴承和推力轴承两大类。支持轴承通常又分为圆筒形轴承、椭圆形轴承、三油楔轴承和可倾瓦轴承。

由于汽轮机转子的重量和轴向推力都较大，旋转速度又高，不论支持轴承还是推力轴承都采用以动压液体润滑理论为基础的滑动轴承，借助具有一定压力的润滑油在轴颈与轴瓦之间所形成的油膜而建立起液体润滑。这种轴承承载能力大，使用寿命长，制造容易，可靠性好，可满足汽轮机安全稳定工作的需要。

1. 圆筒形轴承

圆筒形轴承是指轴瓦的内圆为正圆。即轴瓦的内孔呈圆柱形。圆筒形轴承按其自身的支承方式可分固定式和自位式（又称球面式）两种。

自位式圆筒形轴承的结构简图如图 2-50 所示。该轴承主要由轴承体、轴瓦、支持垫块、垫片和挡油环等组成，轴承体和轴瓦均分为上、下两半，轴承共有四块支持垫块，以便在轴承座中调整中心，垫块上的垫片就是调整轴瓦径向位置用的。轴承在工作中，当转子的挠度变化引起轴颈倾斜时，轴承体可作相应转动，自动调整位置，从而使轴颈和轴瓦之间的间隙在整个轴瓦的长度范围内保持不变。

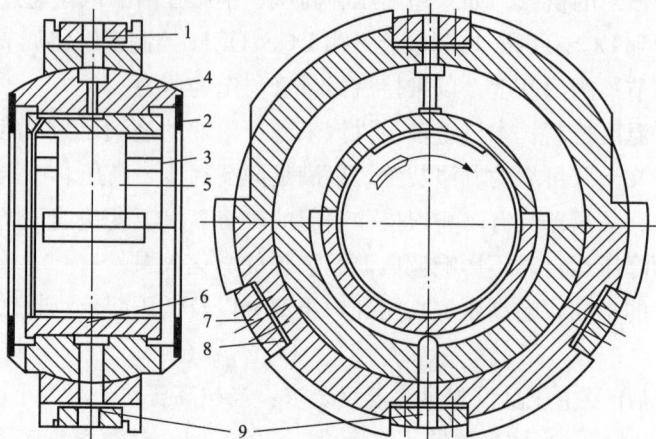

图 2-50 自位式圆筒形支持轴承

1—温度计插孔；2—挡油环；3—轴瓦缺口槽；4—轴承体；
5—轴瓦槽道；6—轴瓦；7—支持垫块；8—垫片；9—进油孔

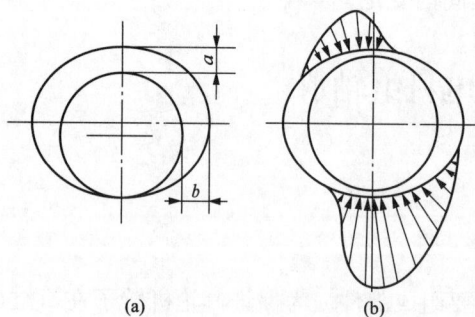

图 2-51 椭圆形轴承示意图

(a) 椭圆形轴承间隙；(b) 椭圆形轴瓦油楔压力分布

2. 椭圆形轴承

椭圆形轴承是指轴瓦的内圆为椭圆形，其示意图如图 2-51 所示。椭圆形轴承多采用球面支持的自位式，在结构上与圆筒形自位式轴承基本相同。当轴承内圆乌金浇铸完毕车准轴瓦内孔时，在上、下两半中分面间加了一层厚为 0.8～1.0mm 的垫片，撤走垫片，两半重新组合后，内孔便于工作呈椭圆形状。

图 2-51 中 a 和 b 分别为轴瓦的顶部间隙和侧面间隙。由于轴瓦的内圆呈椭圆形，这就使得轴瓦顶部间隙 a 小于轴瓦侧面间隙 b。一般情况下，轴瓦顶部间隙 a 为轴颈直径的 1/1000～1.5/1000，侧面间隙 b 约为顶部间隙的 2 倍。由于侧面间隙加大，楔形间隙比圆筒形轴承收缩更为急剧，这有利于形成液体摩擦及提高油膜的压力，增大了轴承的承载能力。又由于顶部间隙减小，这样在顶部便出现了一个副油楔，如图 2-51 (b) 所示。在两个油楔的相互作用下，使轴承的工作稳定性得以提高。椭圆形轴承由于有两个油楔，所以又称为双油楔轴承。

3. 三油楔轴承

三油楔轴承的结构简图如图 2-52 所示，其加工工艺为：在轴瓦的圆柱形内孔上加工出三个固定油楔，三个油楔的油膜压力分三个方向作用在轴颈上，可使轴颈比较稳定地在轴承中运转，所以这种轴承具有良好的抗振性，承载能力较大，其比压可达到 3MPa，适用于较高转速及中载轴承。为了便于油楔的加工，中分面倾斜了 35°，这种设计给安装检修带来不便。近年来，随着加工工艺水平的提高，有些三油楔轴承的中分面已改成水平的了。

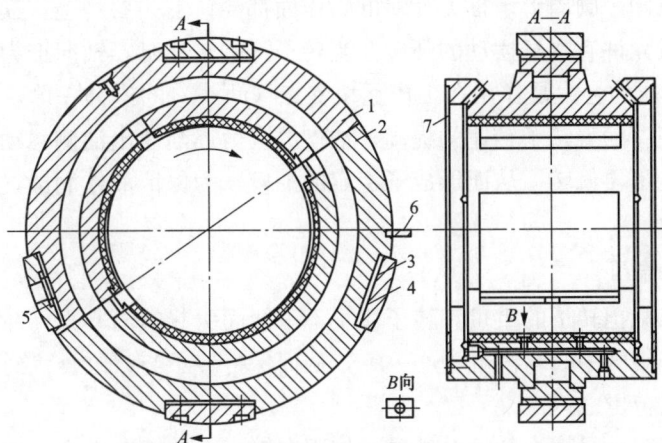

图 2-52　三油楔轴承结构

1—上半轴承；2—下半轴承；3—垫块；4—垫片；5—节流孔板；6—锁饼；7—油挡

4. 可倾瓦轴承

可倾瓦轴承又称活支多瓦轴承，通常是由 3～5 块或更多块能在支点上自由倾斜的弧形瓦块组成，其工作原理如图 2-53 所示。

该轴承瓦块在工作时，可以随着转速或载荷及轴承温度的不同而自由摆动，在轴颈四周形成多油楔。若忽略瓦块的惯性、支点的摩擦力及油膜剪切摩擦阻力的影响，则每个瓦块作用到轴颈上的油膜作用力总是通过轴颈中心的，因而具有较高的稳定性，甚至可完全消除轴承工作时油膜振荡的可能。可倾瓦轴承的减振性能很好，承载能力大，摩擦功耗小，能承受各个方向的径向载荷，且其制造简单、检修方便，因而它越来越多地用在现在大功率汽轮机上。

5. 推力轴承

图 2-54 是推力轴承工作的示意图。在转于推力盘 1 的两侧各有 8～12 块推力瓦。这些

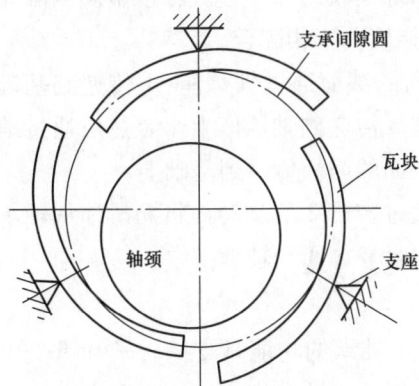

图 2-53　可倾瓦支持轴承原理图

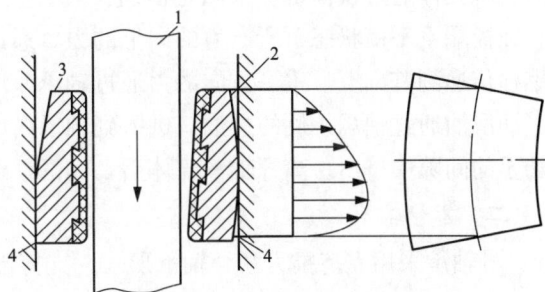

图 2-54　推力轴承工作示意图

1—推力盘；2—工作瓦块；

3—非工作瓦块（定位瓦块）；4—轴承体

推力瓦块都均布在同一圆周上。推力瓦块的工作面都浇铸上一层乌金，其背面在偏向润滑油的出油侧有一条允许它本身摆动的凸棱。当转子开始转动时，轴向推力经过油膜传给工作瓦块 2。起初油压的合力是作用在工作瓦块支点（凸棱）的进油一侧，并使工作瓦块略微偏转而形成油楔。随着转子转速的提高，油楔的合力逐渐向出油侧移动。当其合力作用在支点上时工作瓦不再偏转，从而形成了稳定的油楔。为保证液体润滑，推力瓦块通常能自动地摆动。

（二）轴承的作用

支持轴承用来承担转子的重量和转子质量不平衡而引起的离心力，并确定转子的径向位置，以保持转子旋转中心与汽缸中心一致，从而保持转子与汽缸、汽封、隔板等静止部件的间隙在合理的范围之内。

推力轴承是用来承受蒸汽和发电机磁场作用在转子上的轴向推力，并确定转子的轴向位置，以保证通流部分动静间的轴向间隙正确。所以，推力轴承被看作转子的定位点，或称汽轮机转子对静子的相对死点。

二、上汽 1000MW 超超临界机组轴承结构特点

本机组轴承支撑形式为单支点支撑，即汽缸间仅有一个支持轴承。支持轴承为单侧（或双侧）进油的油膜润滑轴承。1、2 号轴承为椭圆轴承，可以为重量相对较小的超高压转子提供稳定的运行特性。中低压部分轴承为改良型椭圆轴承，具有较低的摩擦损失和良好的系统阻尼，且运行中所需的润滑油量较少。支持推力联合轴承（2 号轴承）位于超高压缸和高压缸之间。

为了避免在启动和低转速运行时轴承与转子的接触，并且为了减少启动力矩，各轴承配有顶轴油孔，通过把高压油引入到轴承下半瓦和转子之间的间隙来顶起转子。

（一）1 号支持轴承

1 号支持轴承由上半壳体 1 和下半壳体 4、球面垫块 5 和定位键组成，如图 2-55 所示。轴承壳体内侧浇铸有巴氏合金，上、下半通过圆锥销和螺栓联结在一起。轴承金属测温元件采用热电偶。采用球面座 10 支撑轴承并保证和转子挠度曲线相配合。

轴承壳体通过横向键 7 来固定横向位置。竖直方向的载荷通过轴承座 11 传递到基础上。在极端不平衡状态下所产生的向上的力，通过平键 6 传递到轴承座上半，然后通过地脚螺栓传递到基础上。水平方向的力通过轴承座底部平面的筋板传递到基础上。

润滑油通过轴承一侧的进油口进入到轴承内部。通过转子 3 的旋转，将润滑油从轴承和转子的间隙中挤出。离开轴承壳体后，润滑油通过油封环 2 回到轴承座中。

（二）2 号轴承

2 号轴承采用支持推力联合轴承形式。支持推力联合轴承的功能是支撑转子和承受由轴系产生的而平衡活塞不能补偿的残余轴向推力。轴承所承受轴向推力的大小和方向取决于汽轮机的负荷情况。汽轮机转子轴系的设计需考虑热膨胀和推力轴承运行所需的轴向间隙。

支持推力联合轴承布置在超高压缸和高压缸之间，由轴承壳体 1、推力瓦块组件和轴

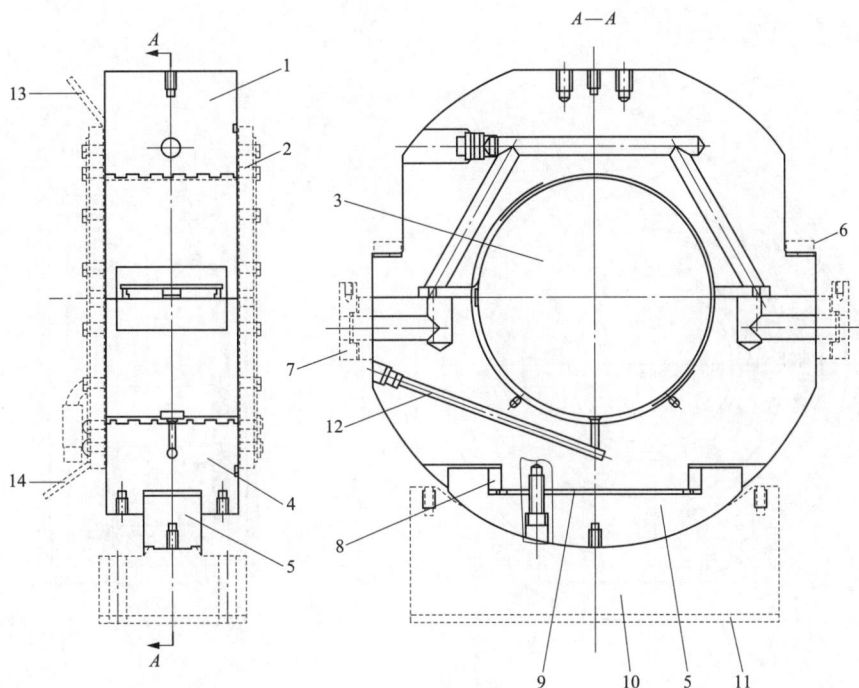

图 2-55　1 号支持轴承

1—轴承壳体上半；2—油封环；3—转子；4—轴承壳体下半；5—球面垫块；6—平垫块；7—横向垫块；
8、9—调整垫片；10—球面座；11—轴承座；12—顶轴油孔；13、14—热电偶

承体组成，如图 2-56 所示。

推力瓦块组件分汽轮机端和发电机端两组，分布在轴承体的两端。每组有 14 个瓦块，由瓦块定位套固定在持环，持环安装在轴承体 3 上。

推力瓦块背部有平衡块，通过平衡块的摆动，使轴向负荷平均分布于各推力轴承瓦块上，从而使浇有巴氏合金的推力轴承瓦块表面的负荷中心都处于同一平面内，因此，每一推力轴承瓦块均承受着相同的负荷。这种结构并不要求全部轴承瓦块的厚度必须严格相同，在推力盘轴线与轴承座内孔并不完全平行时，通过各平衡块累积的位移，推力轴承瓦块上的负荷也能得到均匀分布。推力轴承的间隙可通过调整垫片来保证。

轴承体为椭圆型支持轴承。轴承体通过外缘的凹槽与轴承壳体装配在一起。轴承壳体制成两半，在水平中心线处分开并用螺栓和定位销连接在一起。下半通过球面垫块安装在轴承座内，球面座确定轴承的轴向位置。球面座与轴承壳体间有调整垫片，用于调整轴承位置，以确定转子的中心。

整个支持推力联合轴承可以在不吊走转子的情况下拆卸。在吊去轴承座上盖并拆除测温元件后，可拆下连接上、下半壳体的销钉和螺钉，吊走径向推力联合轴承壳体的上半部。拆下轴承体中分面的销钉和螺栓即可卸下轴承体的上半。推力瓦块松散地装在两边的衬环内，在吊起该部件时轴承瓦块不会脱落。

在轴承的下半有 2 个进油口（单侧进油，进油口根据油管路的位置选取），通过环绕

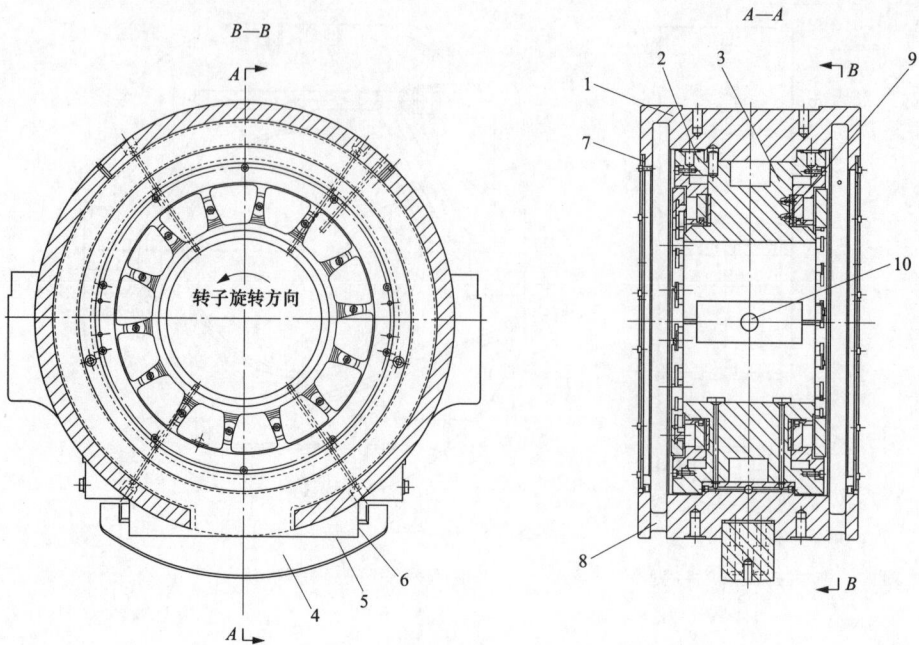

图 2-56　2 号支持推力联合轴承

1—轴承壳体；2—推力瓦块组件；3—轴承体（径向轴承）；4—球面垫块；

5、6—垫片；7—挡油环；8—泄油口；9—调整垫片；10—进油口

着轴承体的油环向轴承各组件供油。从这个油环，润滑油通过 2 个大的水平孔进入径向轴承的油囊，供给径向轴承润滑。轴承体油环侧面各有 8 个油孔，润滑油通过油孔进入推力轴承持环上的油环，再经过持环上 14 个油孔向 14 个推力瓦之间的油嘴喷油。进入径向轴承的润滑油再通过两端排油向推力轴承辅助供油。所有润滑油通过轴承两端的泄油孔排入轴承座，轴承两端装有挡油环，防止润滑油大量泄出。

支持推力联合轴承共有 8 个热电偶，可方便地测得推力瓦块和轴承体的金属温度。其中推力部分装于顶部的 4 块轴承瓦块上，调节阀端和电机端各 2 块，每个瓦块内各装有 1 只；径向部分有 4 只热电偶，成 45°角方向分布在径向轴承的四周。

为了减小启动力矩，以及防止在盘车时汽轮机轴承与转子之间发生干摩擦，轴承设有顶轴油系统，用以低转速时顶起转子。

（三）汽轮机其他支持轴承（3、4、5、6 号支持轴承）

总体上说，其他支持轴承也分成上半壳体、下半壳体及球面垫块，如图 2-57 所示。

轴承的工作面浇铸有巴氏合金，是机械加工面，不允许进行刮削。轴承上、下壳体通过圆锥销定位，通过螺栓联结。

球面垫块和垫片通过螺栓紧固在轴承壳体上，可以据此调整轴承壳体，以保证与转子相匹配。测量轴承金属温度采用热电偶。

润滑油通过轴承一边的润滑油口直接给轴承供油，或在轴承上半部分通过内部油道来

供油在巴氏合金与转子之间形成油膜，并通过回油通道回流到轴承座中。

在不起吊转子的情况下，轴承壳体上、下半都可以拆卸。在轴封间隙的范围内，使用顶起装置将转子稍微顶起，然后通过适当的设备，轴承壳体下半能绕转子旋转并拆卸。

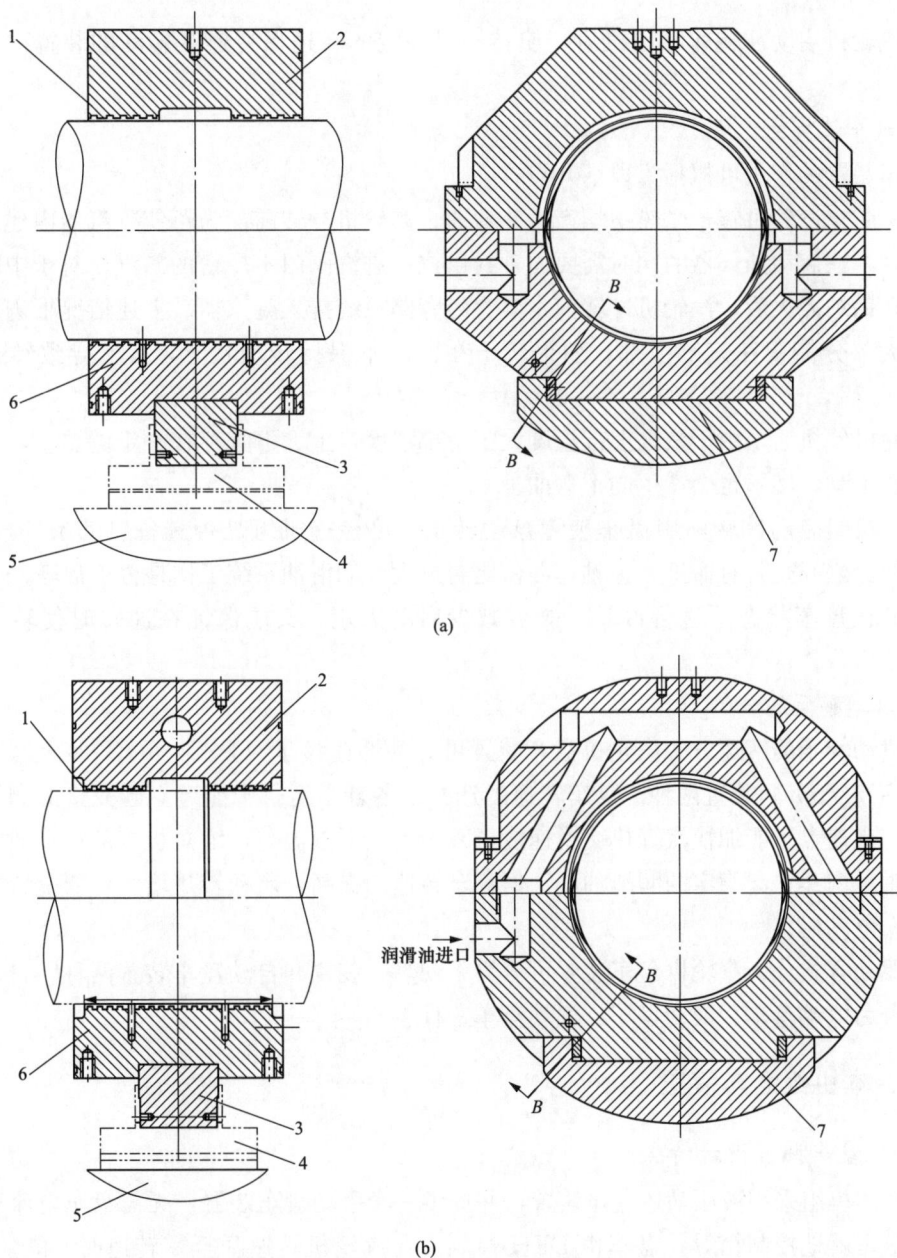

(a)

(b)

图 2-57　其他支持轴承

(a) 无内部油道，适用于右侧进油（机组顺时针旋转）；(b) 有内部油道，适用于左侧进油（机组顺时针旋转）

1—巴氏合金；2—轴承壳体上半；3—球面垫块；4—轴承座垫块；5—轴承座下半；6—轴承壳体下半；7—垫片

第七节　盘　车　装　置

一、盘车装置的作用与分类

在汽轮机启动冲转前和停机后，使转子以一定的转速保持连续转动的装置称为盘车装置。

1. 盘车装置的作用

盘车装置的作用可概括为以下几点：

（1）防止汽轮机转子受热不均产生热弯曲。汽轮机冲转前，为了使凝汽器内建立一定的真空度，在启动抽气器的同时需要向轴封供汽；进汽阀门不严密的漏汽；对于中间再热机组，在锅炉点火后、汽轮机冲转前，蒸汽经旁路系统排入凝汽器。上述情况下进入汽缸的蒸汽大部分滞留在汽缸上部，如果转子在此时不保持转动状态，必然导致转子向上弯曲。

汽轮机停机后，由于汽缸上部温度大于下部温度，上、下缸存在一定的温差，若此时转子静止不动，转子也会产生向上弯曲。

（2）机组启动冲转前用盘车装置盘动转子，可检查机组是否具备启动条件，例如，动、静部分之间是否有摩擦，主轴弯曲值是否过大，润滑油系统工作是否正常等。

（3）在盘车状态下进行冲转，既可减少启动力矩，又能保证在冲转时使转子平衡升速。

2. 盘车装置的分类

按盘动转子的转速分，汽轮机盘车装置可分为低速盘车（3～5r/min）装置和高速盘车（40～70r/min）装置两种。盘车转速的选择以各轴承运行中能建立起完整的润滑油膜为下限。高速盘车能加快汽缸热交换速度，减小上、下缸温差，缩短机组的启动时间，并在支持轴承内建立起稳定的润滑油膜。但盘车转速的提高，启动转矩增大，要配置功率较大的盘车电动机。

按驱动方式分，汽轮机盘车装置可分为手动盘车装置和自动盘车装置两种。自动盘车装置又分为电动盘车、液动盘车、气动盘车三种。

二、本机组盘车装置

（一）盘车装置设计特点

（1）本机组采用液压马达盘车装置，并提供一套手动盘车装置，无需盘车电流表、转速表、盘车就地控制箱等。盘车由 DEH 控制。在汽轮机转速降至零转速时，既能 DEH 远程液压盘车，也能手动盘车。

（2）盘车装置是自动啮合型的，能使汽轮发电机组转子从静止状态转动起来，并能在正常轴承油压情况下维持在推荐转速连续运行。

（3）盘车装置的设计能做到在汽轮机冲转达到一定转速后自动退出，并能在停机时自动投入。盘车装置与顶轴油系统、发电机密封油系统间设联锁。

（4）本机组采用液压马达盘车装置，油源采用润滑油，在油压未建立之前无法启动盘车，因此无需压力变送器和压力联锁保护装置。

（5）盘车转速为 48～54r/min。

（二）盘车装置结构及工作原理

上汽 1000MW 超超临界汽轮机所采用的液动盘车装置的结构如图 2-58 所示。液压齿轮马达通过罩壳及汽缸与轴承座相连。液压齿轮马达的旋转通过特殊外形轴及联轴法兰传递到超速离合器的外环。外环通过缸体环及球形轴承支撑在汽缸上。超速离合器的内环直接固定到轴的端部。

超速离合器的啮合件封装在箱体内，在投入盘车装置时，它们向内旋转，从而使内外座圈之间产生刚性连接。轴线则由液压盘车装置马达通过特殊外形轴、联轴法兰及超速离合器驱动。在汽轮机升速时，离合器的夹紧件向外旋转，断开连接。在更高转速下，离心力使随内环一起旋转的啮合件收缩直至与外环不再接触，这样在汽轮机运行过程中就不会产生磨损。

液压盘车装置的供油由顶轴装置提供。在顶轴装置启动时，液压盘车装置也开启。盘车速度是由液压盘车马达供油管上一个可调节流阀来控制。

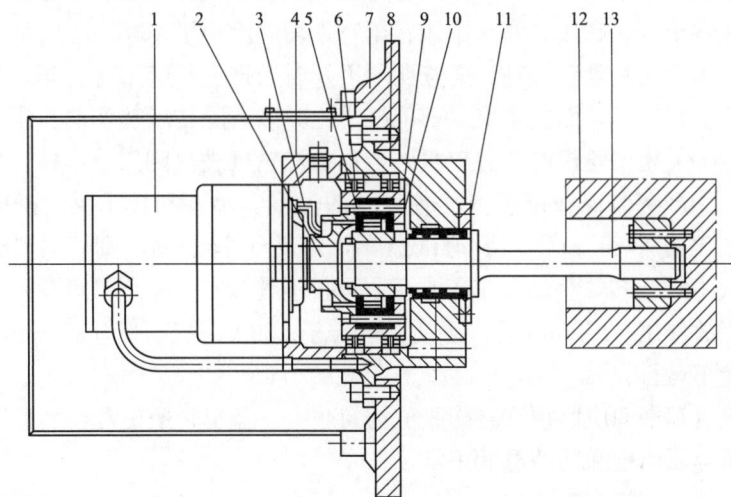

图 2-58　液压盘车装置结构

1—液压齿轮马达；2—特殊外形轴；3—泄漏油管；4—罩壳；5—联轴法兰；6—球形轴承；

7—轴承座；8—缸体；9—缸体环；10—超速离合器；11—轴承；12—滑环轴；13—轴

除了液压盘车装置外，机组还配备手动盘车装置，使组合轴系可以手动旋转。它既可以用于启动汽轮发电机组旋转，又可以使轴系旋转给定的角度。手动盘车装置布置在汽轮机低压缸前轴承座中，其结构如图 2-59 所示。

手动盘车装置由齿轮传动和制动杆组成。当开动控制杆上的杆时，制动杆啮合齿轮传动装置旋转轴系。图 2-59 中所示是制动杆处于未啮合状态，控制杆靠在止挡上。不使用时，控制杆被门闩销锁定在此位置，罩壳关闭。

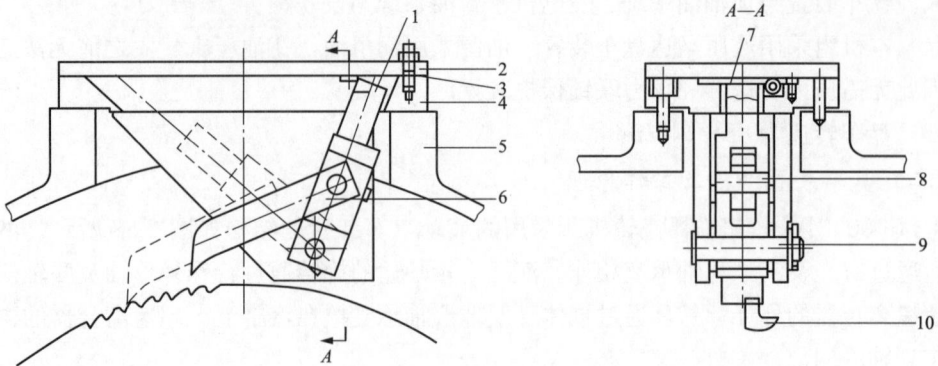

图 2-59　手动盘车结构

1—控制杆；2—罩壳；3—垫圈；4—法兰；5—轴承座；6—制动杆；7—门闩销；

8、9—圆柱销；10—汽轮机转子

（三）盘车运行规定

（1）汽轮机转子（超高压、高、中压转子）平均温度小于150℃，允许手动盘车替代自动盘车运行。若要临时停用盘车，时间应控制在15～30min以内，并密切监视转子偏心度。发现偏心度较大后手动盘车180°，待偏心度正常后及时投入连续盘车。

（2）汽轮机转子（超高压、高、中压转子）平均温度小于100℃时，可以停用盘车。

（3）盘车投入后无法盘动大轴，应查明原因及时处理。严禁采用行车、通新蒸汽或是压缩空气等方法强行盘车，而应采取以下闷缸措施，以清除转子热弯曲：①隔离汽轮机本体的内外冷源。②关闭汽轮机的所有疏水阀，包括汽轮机进汽阀门、本体、抽汽管道疏水阀，进行闷缸。③严密监视和记录汽缸各部分的温度、温差和转子晃动随时间的变化情况。④上、下缸温差小于50℃可手动试盘车，若转子能盘动，则盘转180°校直转子。⑤当转子偶数次180°盘转，手动盘车正常后，可投连续盘车。⑥严禁盘车停运时向轴封送汽。⑦在转子因故停用"t"min后，手动盘动转子180°，并延时"$t/2$"min后，才允许重新投入连续盘车运行。

（4）汽轮机盘车期间应监视汽缸膨胀值均匀减少，盘车转速正常，润滑油温度为38～50℃，检查轴承金属温度和回油温度正常。

（5）汽轮机转子（超高压、高、中压转子）平均温度小于100℃，可停运盘车，转子静止后可停止润滑油、顶轴油系统。

（6）在连续盘车期间，汽缸内有明显摩擦声，应立即停止连续盘车运行并进行直轴。

（7）汽轮机盘车运行期间，主机润滑油系统和发电机密封油系统必须保持连续运行。

（8）汽轮机盘车期间，严格按规定记录汽轮机本体参数及就地各轴承顶轴油压情况。

（四）盘车装置常见故障及处理

汽轮机盘车装置运行中常见故障、原因及处理方法如表2-2所示。

表 2-2　　　　　　　　　　　汽轮机盘车装置常见故障、原因及处理

序号	故障种类	故障原因	处理方法
1	盘车装置不工作	机械传动部件故障	检查液压系统中的油压。如果油压超过安全阀的设置压力，泄掉压力
		工作油压较低，没有达到足够的扭矩	检查液压系统的压力等级，如有必要调整限压阀的压力限制
		马达没有提供足够的功率	检查液压系统
2	盘车装置旋转方向相反	液压进油口和回油口的方向接反	正确连接
3	盘车装置工作不顺畅	液压系统中的压力或产生的力波动	寻找液压系统或机械传输系统中的问题
4	盘车装置噪声过大	分配器分配不均匀	经过初期运行时间，产生噪声的接触面不均匀分配就会消失
		升压压力过低	按要求调整升压阀的压力
		马达中有残留空气	初期运行后去除混合在油中的空气
		内部管道共振	优化与马达相连管路的直径和连接形式。联系供应商
		轴承问题	在不带负荷时能听到轴承转动的声音，当带负荷后会消失。轴承损坏，与供应商联系
5	外部漏油	盘车装置结合面漏油（被动漏油或残留油）	清洁马达，检查漏油问题是否还存在
		盘车装置壳体渗油	与盘车装置供应商联系
		油封环漏油	与盘车装置供应商联系

第三章　汽轮机调节及保护系统

第一节　汽轮机调节系统概述

一、调节系统的作用

汽轮发电机组的任务是根据用户的用电要求，提供质量合格的电能，而电能一般不能大量储存，因此，汽轮机必须进行调节，以适应外负荷变化的要求。

概括起来讲，凝汽式汽轮机调节系统的作用有两个：一个是根据外界用户的需要提供足够的电力；另一个是调整汽轮机的转速，使其维持在规定的范围内。供电质量有频率和电压两个指标。频率是与转速一一对应的，电压也与转速有关，但不是一一对应的，通常靠电气人员调发电机励磁电流来保证电压。所以，调节系统前一个任务体现的是保证供电的数量的问题，后一个任务体现的是保证供电的质量问题。

二、中间再热式汽轮机调节的特点

现代高参数、大功率的汽轮机都毫无例外地采用中间再热式。来自锅炉的蒸汽在高压缸膨胀做功后，经中间再热管道送到锅炉再热器再过热，再过热的蒸汽送至汽轮机中低压缸继续膨胀做功，最后排入冷凝器。中间再热的采用，给调节系统带来了一系列的新问题。

1. 中间再热容积的影响

中间再热机组有往返再热管道和再热器（这是一个很大的中间容积），在机组甩负荷以后，即使高压缸调节阀能及时完全关死，但中间容积储蓄有蒸汽，这些蒸汽膨胀做功，其能量足以使汽轮机超速 40%～50%。显然，在这样的转速下，转子各部件受到的离心力已经大大超过了部件材料所允许的强度极限。因此，中间再热机组调节系统的设计必须考虑这个问题，即要加设中压缸调节阀。中间再热机组设置高、中压缸调节阀以后，一旦机组甩负荷，同时关闭高、中压缸调节阀，克服了巨大中间容积使机组超速的可能性，保证了机组的安全。

2. 中间再热机组的功率滞后

中间容积的存在，会导致机组功率滞后，如图 3-1 所示。对于中间再热机组来说，当外界负荷变化引起调节阀突然开大时，高压缸的功率 P_1 很快就发生变化。但是，中低压缸的功率 P_2 却只能随着中间容积中蒸汽压力的逐渐升高而逐渐增加。由于中间容积很庞大，所以中间再热压力变化是相当慢的。因此，汽轮机功率的变化也相当的慢。通常，中间再热汽轮机中、低压缸的功率占总功率的 2/3～3/4。这样，中、低压缸的功率滞后现象就大大地降低了中间再热汽轮机参加电网一次调频的能力。所以，在调速系统中必须考虑功率滞后问题。就是希望在外界负荷变动时，高压缸的功率 P_1 在动态过程开始阶段有所过调，即在动态过程开始阶段让高压缸调节阀多开大或关小一些，暂时弥补中、低压缸的功率滞后，待中间容积中蒸汽参数逐渐增加，中、低压缸的功率逐渐增加，再将高压缸动态过调逐渐消除，如图 3-1（b）所示。如果设计合理，高压缸的动态过调就能刚好弥补中低缸的功率滞后。调节系统中能使高压缸实现动态过调的装置称为动态校正器。

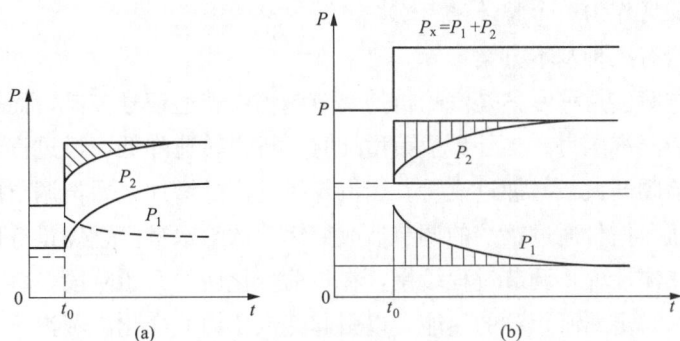

图 3-1 中间再热机组的功率滞后及调节过程

（a）功率滞后；（b）高压缸的动态过调

3. 机炉相互配合问题

现代大功率中间再热机组都采用单元制，即一台锅炉向一台汽轮机供汽。汽轮机的空载汽耗量远小于锅炉的最低蒸发量，但还必须考虑有一定的蒸汽量通过再热器，以保证再热器的冷却。这样，中间再热机组都设置有旁路系统，以弥补锅炉和汽轮机这一特性的差别。中间再热式汽轮机的旁路系统如图 3-2 所示。其中，Ⅰ为高压旁路，Ⅱ为低压旁路，从锅炉来的蒸汽，经过Ⅰ级旁路流进再热器，然后再经过Ⅱ级旁路流入冷凝器。

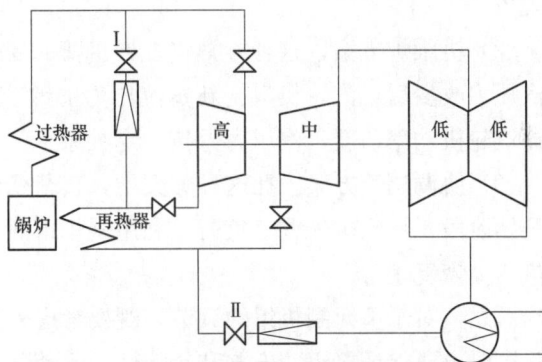

图 3-2 中间再热式汽轮机的旁路系统

旁路上用的阀门是能快速减温减压的阀门，在汽轮机突然甩负荷后能快速打开，以放出锅炉多余的蒸汽。机组甩负荷时，调速系统动作，同时有信号给快速减温减压阀，使之快速开启。在快速减温减压阀打开的同时打开喷水减温，保证再热器、冷凝器不会超温。旁路系统的容量要根据锅炉特性及机组运行要求确定。如果设置旁路系统只是为了保证锅炉安全，则容量可以小一些，一般为额定流量的 30%；若考虑到机组今后要参加调峰，经常启停时用，则容量要大一些。

4. 机炉协调控制

对于单元制机组来说，当汽轮机的功率改变时，希望锅炉输出的蒸汽量也相应改变，以满足汽轮机工况变动的要求。但是，由于锅炉热惯性比较大，当汽轮机功率增加时，除开始阶段能利用锅炉内的一部分蓄热外，只有等到锅炉的供汽量相应地增加之后，汽轮机的功率才有可能增加。不然新蒸汽压力将会降低，导致汽轮机功率降低。但是汽轮机和锅炉两者的动态响应时间相差很大，汽轮机的动态响应时间常数只有 $7\sim10s$，而锅炉的动态响应时间常数却有 $100\sim250s$。因此，在设计汽轮机调速系统时，必须考虑锅炉的动态响应时间常数，把二者作为一个整体来考虑。

机炉联合运行有三种基本方案：

（1）炉跟机方案。这种方案是汽轮机的调节阀仍由转速信号控制，而锅炉的调节信号取自调节阀前的新蒸汽压力。当外界负荷增加时，机组转速降低，经过汽轮机调速系统动作后使汽轮机调节阀开大，增加进汽量。当汽轮机进汽量增加之后，调节阀前的蒸汽压力将会降低。这一压力信号通过锅炉的调节器改变锅炉的给水量、燃烧量等以改变锅炉的出力。由于锅炉的热惯性大，调节过程缓慢，在负荷变化后的开始阶段，蒸发量的变化主要来自锅炉中汽、水和金属所积蓄的热能，以引起蒸汽压力的变化。蒸汽压力太低对汽轮机的安全是不利的，所以当新蒸汽压力低于某一限度时，压力信号将控制调节阀，使之关小。为了加速锅炉调节过程，汽轮机功率信号同时送锅炉的调节系统。这样，在负荷改变时，虽新蒸汽压力不能及时改变，但由于负荷信号的超前作用，能部分补偿锅炉调节的迟缓现象。

（2）机跟炉方案。这种方案将外界负荷的变化信号先送到锅炉，当锅炉出力改变使新蒸汽压力改变后，汽轮机根据新蒸汽压力的改变再相应地调节负荷，可以维持压力不变，即让汽轮机功率与新蒸汽压力保持一定关系。

（3）协调调节方案。在这种方案中，负荷变化信号同时送到锅炉和汽轮机。在负荷变化开始阶段，汽轮机先调节负荷，利用锅炉蓄热。锅炉根据提前信号，加速进行调节以使蒸汽压力恢复正常。

总之，对于单元制机组的调节，既要考虑外界负荷的需要，利用锅炉蓄热参加一次调频；同时也要保证机组的安全和经济性，不使新蒸汽参数波动过大。

第二节　汽轮机 DEH 调节系统

一、汽轮机调节系统发展简介

汽轮机上所采用的调速器，自第一代控制原动机转速的机械离心式调速器沿用至今已有一百多年。为了改善调节系统的性能，20 世纪二三十年代出现了液压式调节系统，这可以称之为第二代调节系统。随着大容量汽轮机的发展，为了适应电站自动化的需要，在20 世纪 50 年代又出现了电液调节，它是由固态集成电子元件制成的电气装置和使用高压抗燃油的供油装置及伺服系统相结合，构成一套可靠性高、灵活性好的模拟式电液调节系统，使汽轮机的响应特性大为提高，这可以说是第三代调节系统。随着电子计算机技术的发展，微型计算机的广泛应用，汽轮机的调节系统已经迈入一个崭新的时代，DEH 控制系统的应用可谓第四代了。

以往汽轮机常用的调节系统是根据汽轮机的转速信号，控制油动机的行程，确定调节阀的开度，以调节汽轮机的功率，故这种调节系统通常又称为调速系统。对于调速系统，由于只是根据转速信号确定调节阀的开度，使进汽量与调节阀的开度成比例变化，这只有在新蒸汽参数、排汽压力以及其他一些运行条件不变的情况下，才能保证转速与功率有一个一一对应的关系。但是，中间再热机组由于采用单元制，锅炉的热惯性使新汽压力不能再保持恒定，当锅炉压力变动时，在转速不变的条件下，则不能保持功率不变，这种现象称为调速系统不能抗内扰（相对于电厂外界负荷变动时的扰动而言）。另外在动态过程中，由于中间再热机组有较大的中间容积，会引起动态过程的延迟，也不能保证转速与功率有一一对应的关系。产生这种现象的根本原因是只有油动机位移信号，并没有真正根据功率进行调节的信号。

由于调速系统有上述缺点，不能保证汽轮机功率按运行的要求进行调节，故现代大型汽轮机其调节系统改为根据转速（发电机频率）和功率进行调节。这种调节系统称为功率—频率调节系统，简称功频调节系统。功频调节系统将单冲量的频率调节改为双冲量的功率—频率调节。

当调节系统中引入功率信号后，必然引入电气信号，加上现代电子技术的进步，用电子技术来综合、运算、调整、调节信号以及整定的方便准确等原因，使功频调节系统中信号的运算处理部分都是利用电子技术；而调节系统最后的执行部分，需要力量大、动作快，也即要求功率很大。目前尚不能由电子、电气或电磁等方法来完成，故仍保留油动机作为执行机构。使系统中电液并存，故称为电液调节系统。电液调节系统是将电气调节元件和液压执行机构结合起来，中间用电液转换器来联系电和液，把电气信号转变为液压信号，使油动机动作。

在电液功频系统刚开始时，电功率和转速等信号，都是用电压等电气信号的大小来量度，故对转速和功率等信号而言，电气信号是一模拟量，是用模拟量来进行运算的。这种系统由专门模拟式电子调节器、电液伺服机构和抗燃油供油装置等三部分组成，它具有转速调节、功率调节及机炉协调控制等功能，这种系统称为 AEH（analog electro-hydraulic control）。

随着数字式计算机的出现和发展，20 世纪 70 年代初，美国西屋公司在 AEH 的基础上开发了一种 DEH-Ⅰ控制系统（digital electro-hydraulic control），后来又相继研制成功 DEH-Ⅱ。DEH-Ⅱ控制系统，用一台小型计算机来代替 AEH 中模拟式电子调节器，将模拟量改换成数字量来运算处理，它除了能完成转速、功率控制外，还能按机组允许的条件，实现自动启停、并网、加减负荷、阀门管理、运行工况监测等，计算机的作用是综合各种参数进行运算，然后发出指令，通过模拟电路去操纵电液伺服机构。这种系统的特点是集调节、控制、监测及数据处理结合在一起，形成一种综合控制系统。

另外，德国西门子公司的 DEH 调节系统也是一种很先进的控制系统，在电厂大机组中获得了广泛的应用。目前，我国 660MW 及以上机组应用较多的还是德国西门子公司的 DEH 控制系统。

瑞金电厂 1000MW 超超临界机组的 DEH 调节系统采用进口产品，为德国西门子公司的 DEH 系统。DEH 调节包括转速、应力和负荷控制、阀门管理和试验、汽轮机辅助系统控制。汽轮机辅助系统控制的范围包括润滑油系统、顶轴油系统、汽封系统、本体疏水系统、EH 供油系统、高压缸排汽通风阀（减温减压）、抽汽止回阀、低压缸喷水系统、盘车、凝汽器水位、真空破坏阀等。

汽轮机组的转速和负荷是通过改变主汽阀和调节汽阀的位置来控制的。汽轮机控制系统（DEH）将要求的阀位信号送至伺服油动机，并通过伺服油动机控制阀门的开度来改变进汽量。DEH 接收来自汽轮机组的反馈信号（转速、功率、主汽压力等）及运行人员的指令，进行计算，发出输出信号至伺服油动机。

DEH 留有与分散控制系统（DCS）、汽轮机监测保护（TSI）、汽轮机事故跳闸（ETS）、自动同期装置（ASS）及其他设备的硬接线和通信接口，接口数量满足控制要求。

DEH 调节系统满足以下性能保证指标：转速调节范围为 $0\sim3500$r/min；转速控制回路的控制精度不大于 1.0r/min；最大升速率下的超调量不大于 3r/min；控制系统的转速迟缓率小于 0.06%；甩满负荷下转速超调量小于 7%；负荷控制范围为 $0\sim115\%$；负荷控制精度为 $\pm0.5\%N$（在蒸汽参数稳定的条件下）；静态特性转速不等率可调，其整定范围不少于 $3\%\sim6\%$。

下面针对瑞金电厂 1000MW 超超临界机组的 DEH 调节系统进行详细说明。

二、DEH 系统组成

DEH 调节系统主要由 DEH 控制柜、操作员接口、伺服油动机、保护系统等组成，包括微机处理单元、过程输入输出通道、系统软件、图形化的画面和逻辑组态工具软件、控制软件、数据通信系统、人—机接口、液压伺服系统和必要的就地仪表等。

1. 数字式控制器及控制柜

数字式控制器主要包括数字计算机、混合数模插件、接口、电源等设备。这些设备分别放在不同的控制柜内。数字式控制器是 DEH 系统的核心设备。数字式控制器除能完成基本的数据采集、处理和运算，发出流量请求指令，并转换成阀位开度指令外，还能完成运行参数的检测、图像生成、转子应力计算和机组自动启动程序控制等任务。

控制柜结构符合 IEC 标准。控制室和电子室内不低于 IP52，厂房内现场环境不低于 IP56，并设计成经底部进出电缆。端子单元能适应截面积为 1.5mm^2 芯线的连接，端子排、电缆夹头、电缆走线槽及接线槽均由阻燃型材料制造，端子排的安装位置便于接线，距柜底不小于 300mm，距柜顶不小于 150mm，排与排之间距离不小于 200mm。

控制柜内设置排气风扇或内部循环风扇，并设温度检测开关，当温度过高时进行报警。

为保证系统运行的可靠和留有扩展的余地，控制柜内每种类型的 I/O 点通道都留有

25%的备用；每个控制柜内有20%的模件插槽备用量，该备用插槽配置必要的硬件，保证一旦插入模件就能投入运行；控制柜内处理器的处理能力有65%的余量，处理器的内部存储器有60%的余量，外部存储器有70%的余量；50%电源余量，电源分配柜考虑不少于25%的回路备用量；继电器柜中备用继电器的数量不仅与DO点备用量相匹配，且留有一定的备用位置（包括继电器安装底座和接线端子排）以便扩展。

2. 工作站

工作站是DEH系统的外围设备，也称操作台，包括终端设备、显示器、键盘和打印机等，是操作员运行监视和操作的平台。工作站包括操作员站和工程师站。

操作员站的基本功能：监视系统内每一个过程点；显示并确认报警；显示操作指导；建立趋势画面并获得趋势信息；控制驱动装置；自动/手动控制方式的选择；调整过程设定值和偏置等。

操作员站能使运行人员可以在LCD上直接调出DEH各种所需画面及发出阀门试验、操作员自动、限值设定、参数修改、超速试验等各种控制指令。

运行人员通过键钮或鼠标等手段发出的任何操作指令均能在1s或更短的时间内从I/O通道输出；从发出指令到已被执行的确认信息在2s内在LCD上反映出来。

工程师站能调出任一已定义的系统显示画面。在工程师站上生成的任何显示画面和趋势图等，均能通过通信总线加载到操作员站。

工程师站能通过通信总线，即可调出系统内任一分散处理单元的系统组态信息和有关数据，还可将组态数据从工程师站上下载到各分散处理单元。

3. 液压伺服系统

液压伺服系统是DEH系统的一个重要组成部分。液压伺服系统包括供油系统及液压执行机构两部分。供油系统是向液压执行机构等提供符合标准的压力油。

液压执行中，每一个进汽阀门都配置一套液压伺服系统，用于控制阀门的开度。液压执行机构由电液转换器、液压油缸、位移传感器LVDT及电磁阀等部件组成，所有LVDT装置采用进口技术产品，阀门LVDT装置采用双重冗余配置，电液转换器采用双线圈，油动机采用单侧进油式油动机。根据各阀门的作用，该系统又分为控制（伺服）型和开关型两类。开关型执行机构的阀门只有开或关两个位置，没有控制功能，所以无需配置电液转换器和位移传感器。

4. 保护系统

当机组运行中出现异常情况，危及设备安全时，系统发出保护信号，使危急折断系统的电磁阀动作，汽轮机进汽阀快速关闭。

三、DEH系统的功能

1. 转速控制

DEH系统能保证汽轮机采用极热状态的进汽条件和允许的汽轮机寿命消耗相适应的最大升速率，实现汽轮机从盘车到额定转速的自动升速控制。

汽轮机升速过程中升速率由DEH系统根据汽轮机的热状态自动选择，能实现转速控制达到目标转速。自动升速系统的设计，充分考虑了蒸汽旁路系统的影响，以适应投入蒸汽旁路系统和不投旁路运行的启动升速方式。

转速控制回路能保证自动地迅速冲过临界转速区。具有与自动同期装置的接口，能实现发电机的自动同期和并网。

只要发电机从电网脱离，DEH 控制器进入转速控制方式，当断路器合上，则进入负荷控制方式。

在下列状态时进行转速控制：启动阶段；同步阶段；甩负荷时防止超速；停机，从电网脱开后；在带负荷时进行频率控制。

2. 负荷控制

DEH 系统能在汽轮发电机并入电网后，实现汽轮发电机从带初始负荷到带目标负荷的自动控制，并能根据电网要求，参与一次调频和二次调频任务，对频差的响应有可切换的不同的死区。

系统具有控制阀门开度和控制实发功率的两种控制方式来改变汽轮发电机的负荷。

系统的目标负荷能由运行人员设定，也可直接接受 MCS 系统来的负荷指令（4～20mA 对应负荷 0～1150MW）。

变负荷率可由运行人员在 LCD 上的操作画面设定，也可由 DEH 系统根据热应力计算系统自动限制变负荷率的大小，具有最大、最小和负荷变化率限值的功能。

负荷限制。当机组的运行工况或蒸汽参数出现异常时，为避免损坏机组，并使机组的运行尽快恢复正常，控制子系统能对机组的功能或所带负荷进行限制：①变负荷率限制：根据在线热应力计算的结果，自动监视运行过程中机组应力裕度的情况，当裕度系数降至规定数值时，限制回路能自动按比例降低人工选定的变负荷率，使裕度系数稳定或回升，必要时，发出跳闸信号使机组退出运行。②最高、最低负荷限制：限值由人工给定，并可根据需要随时改变。③加速度限制：除负荷控制回路外，另设加速度限制回路，产生与转速加速度成反比的阀门开度指令，以便在机组突然甩去部分负荷时，迅速减小阀门开度。④主汽压力限制：当主汽压力降低到规定限值时，主汽压力控制回路投入工作，输出减小汽阀开度指令去限制负荷，协助锅炉尽快恢复主汽压力。此时，汽阀控制回路不再接受负荷控制回路的指令。

甩负荷维持空转。当机组从满负荷甩至零负荷时，系统能自动控制汽轮机转速，防止机组超速跳闸，等待重新并网或升负荷。

系统在带负荷运行中，能使汽轮发电机组及其主要辅助设备按设定要求自动启停。

3. 自动保护

（1）甩负荷控制功能。

1）瞬间甩负荷快控（power load unbalance，PLU）。运行中的汽轮机当由于电力系统故障导致发电机跳闸和电网解列或大幅甩负荷时，DEH 系统能立即快速关闭高压调节阀和中压调节阀，并在延时一段时间后，再自动将高、中压调节阀自动开启，维持汽轮机在同步转速下空转，保证汽轮机迅速重新并网。

2）超速保护控制。当汽轮机转速超过额定转速，并加速度超过限值时，系统作用于快关阀门回路，自动关闭高、中压调节阀，当转速恢复正常时再开启这些阀门，如此反复，直到正常转速控制可以维持额定转速。

（2）危急遮断系统（ETS）。当机组的某些运行参数达到极限值时，ETS动作，汽轮机各进汽阀自动关闭，实现紧急停机。

4. 阀门试验

运行人员可在操作台上对阀门进行试操作，可实现阀门开闭状态的在线离线试验。

除此之外，DEH系统还具有最新规程要求的所有试验功能（包括甩负荷试验、调节系统仿真试验、注油试验、阀门严密性试验、ATT在线活动试验等）。

5. 热应力计算

DEH系统能利用汽轮机及其转子的物理模型和数学模型，求得汽轮机转子的实时热应力，作为监视和控制汽轮机启动、运行和的依据。

DEH系统能提供应力控制功能，能根据转子热应力的情况自动修正升速率和升负荷率。

热应力控制是实现汽轮机的自启停和负荷自动控制的基础。热应力计算所得结果能在操作员站上显示出来。

6. 机组和DEH的监控

DEH系统能连续采集和处理所有与汽轮机组的控制和保护系统有关的测量信号及设备状态信号。DEH的操作显示画面装载在机组DCS的操作员站上，运行人员能通过DCS操作员站在升速过程的任何阶段进行控制监视，同时系统能连续监视升速过程，并能显示所有与升速相关的参数，对运行人员提供指导。在升速和带负荷过程中的任何阶段都能进行自动切换选择。

显示、报警：DEH系统能在操作员站LCD上综合显示字符和图像信息，机组运行人员通过LCD/键盘可以实现对汽轮机相关运行过程的监视；操作员LCD上的每幅画面能显示过程变量的实时数据和设备的运行状态，显示的颜色或图形随过程状态的变化而变化，棒状图和趋势图能显示在任意一个画面的任何一个部件上；提供对机组运行工况的开窗显示、滚动画面显示和图像缩放显示，以便操作人员能全面监视，快速识别并正确进行操作；操作画面紧凑、全面，并符合工艺流程、操作习惯的需要，以方便运行人员的使用；显示操作采用多层结构，使操作人员能方便地翻页；在技术上相关的模拟量和数字量，组合成成组显示画面，成组显示有色彩增亮显示和棒状图形显示；棒状图画面是以动态棒状图的外形尺寸来反映各种过程变量的变化。当测量值越过报警限值时，越限部分变为红色并闪亮；一幅趋势显示画面中，在同一时间轴上，能采用不同的显示颜色，同时显示8个模拟量数值的趋势，趋势显示画面中还同时用数字显示出变量的数值；报警显示按时间顺序排列。报警点按不同的优先级别，用不同的颜色加以区分。采用闪光、颜色变化等手段，区分未经确认的报警和已经确认的报警。报警确认能通过一次击键完成。

制表记录：DEH系统的制表记录功能由程序指令或操作人员指令控制。系统数据库中所具有的所有过程点均可制表记录。

操作指导：系统能在LCD上用图像和文字显示出机组正常启动、停运及事故跳闸工况下的操作指导，包括提供当前的过程变量值和设备状态、目标值、不能超越的限值、异常情况、运行人员进行的操作步骤、对故障情况的分析和采取的对策等。

7. 其他功能

具有双微处理机容错功能，以及手动、自动切换功能。

四、DEH 系统的运行方式

DEH 装置具有自动（ATC）、操作员自动、协调控制三种运行方式。

控制系统按分级分层控制的原则设计，以便高一级控制系统故障退出时可降至低一级运行方式继续维持机组安全运行。运行方式之间能进行无扰切换。

1. 自动（ATC）

在此方式下，能实现由 ATC 程序将机组从盘车转速升到同步转速，并网后，再由初负荷带到目标负荷。

目标转速、升速率和升负荷率都由内部计算程序决定或从外部设备获得。

ATC 运行方式能接受来自外部的机组协调控制系统的输入，完成外部系统所要求的负荷变化。此时，ATC 程序将根据对汽轮机运行状态的在线监视实行控制。

2. 操作员自动

在此方式下，DEH 能实现汽轮机的转速和负荷的闭环控制，具有各种保护功能。可接受机炉协调控制系统的各种控制指令。

运行人员根据汽轮机高压内缸的温度值的大小，选择"冷态""温态""热态""极热态"四种典型的启动曲线。运行人员并根据机组的情况，选择汽轮机的目标转速、目标负荷、升速率和升负荷率。DEH 则按预定的曲线进行自冲转至带满负荷的全过程的自动控制。

在此运行方式下，能实现 ATC 监视，即由 ATC 程序连接监视汽轮机发电机的各种参数、显示、打印所得的信息，进行各种计算，提供转子力预计值，实际值，预计胀差，ATC 计算加速度和负荷变化率等数据，作为指导运行人员操作的依据。

3. 协调控制方式

DEH 与机组 DCS 系统配合，实现协调控制。在协调控制方式下，由 CCS 的目标设定值控制机组负荷，DEH 处于跟踪状态。

五、汽轮机主要控制子程序的描述

1. 转速（NT）实际值的处理

布置在汽轮机轴周围的传感器测量汽轮机的转速。这些传感器对汽轮机转子上加工出来的测速盘的槽的运动引起的磁场变化作出感应。传感器的输出信号是方波交流电压，它的频率是槽数和转子转速的乘积。生成的频率信号通过 3 个通道读入汽轮机控制器。一个 3 选 1 的功能模块选择其中的一个值用作控制器转速的实际值。

机组一启动，借助瞬态监控功能监控通过临界转速范围的汽轮机转速。以防止汽轮机叶片和轴系遭受共振。如果转速低于瞬态的设定转速但在临界转速范围内，转速设定值跟踪转速实际值减去转速的设定裕度。当转速又落在临界转速范围之外时，通过确认信号使转速上升。

3 个转速实际值信号 NT1、NT2、NT3 在汽轮机保护系统 DTS 外部电子硬件中处理并直接输入汽轮机控制器。通过高阶低通滤波器过滤掉输入信号中的次谐波。在 3 选 1 功能中，从 3 个输入值选出转速 NT1 的实际值。

如果转速测量值的第一通道发生故障，选择器功能立即发现故障，转速实际值从第 1 通道平稳地转入第 2 通道。另外，显示实际转速 1 的故障信息 STNT1。如果第 2 实际值通道也失效，第 3 通道启动，并显示实际转速 2 的故障信息 STNT2。如果只有第 2 通道有故障，实际转速 2 的故障信息 STNT2 示出。如果只有第 3 通道失效，实际转速 3 ST-NT3 显示。

转速 NT 的实际值提供给下列模块和自动处理单元，作为机组的实际转速值：转速/负荷控制器 NPR；转速设定值 NS；运行和监控系统 OM；汽轮机主控程序 DTS；汽轮机保护系统 DTSZ；汽轮机应力评估 WTG；汽轮机控制阀（EHA 控制装置）。

2. 负荷实际值 PEL 的处理

发电机负荷通过功率传感器来测量。3 个实际值直接被读入汽轮机控制器。通过 3 取 1 功能的选择、过滤，选择一个值作为下一步负荷真实值代表。三个实际负荷值 PEL1、PEL2 和 PEL3 从变送器直接读入汽轮机控制器。在正常的运行中，三个负荷实际值通过 3 取 1 功能的选择、过滤，并输出到下列的模块和自动设备中，作为负荷 PEL 的实际值：甩负荷识别 LAW；转速设定值 NS；负荷设定值 PS；转速/负荷控制器 NPR；运行和监控系统 OM；机组协调级 BLE；透平主控程序 DTS；汽轮机应力评估 WTG。

监视三个实际值的故障和偏差，如果一个值故障，汽轮机仍然可以继续运行。如果实际值发生故障，负荷测量故障信息 STPEL 输出到 OM 画面。

3. 转速设定值 NS

通过子组控制或同步装置，转速设定值可以在控制室用手动在某个固定的范围内进行调整。

延迟的转速设定值在转速设定值形成功能中产生，作为各种运行模式的函数并输出到转速控制器。

设定值控制时间常数和转速的变化率作为允许的"壁温"（TSE 的温度裕度）的函数被限制。在机组同步期间，由同步装置将转速设定值控制的变化率与电网频率匹配。

同步之后，切换到负荷设定值（达到最小负荷），转速设定值设为额定转速。

为使汽轮发电机在机组跳闸后准备启动并确保安全、可靠关闭控制阀，跟踪转速设定值至低于转速实际值。

通过 OM 画面，采用转速手动信号设定 VGNS 对转速设定值进行手动设定，只要该信号不被任何其他信号闭锁。设定值控制通过温度裕度子模块 WTF 计算出的梯度跟踪该值：转速上升裕度 OFBN；转速下降裕度 UFBN。

延迟的转速设定值 NSV 加到转速/负荷控制器。

在汽轮机主控制程序 DTS 发出设定转速设定值保持的命令 NSWART，转速设定值设置于保持转速 NWART 暖机，然后用温度裕度子模块 WTF 确定的梯度跟踪设定值控制。

如果 TSE 发生故障，而且机组转速不在临界转速区 NTASP，转速设定值将跟踪延迟的转速设定值 NSV，停止启动。在这种跟踪状态下，产生转速设定值跟踪信号 NSABGL，允许温度裕度子模块 WTF 激活和闭锁温度裕度。

同时，设定转速设定值到同步转速的指令 NSYNC，用来设置使转速设定值稍微超过额定频率，即同步转速设定值 NSYN。这用来防止发电机倒拖，即并网时发生逆功率。借助于同步装置和同步命令同期转速升 HIGHER SYH 和同期转速降 LOWER SYT，设定值可以在转速设定值下限 NSUG 和转速设定值上限 NSOG 之间的范围内，由转速设定值的同步梯度 NSVGSY 改变。在转速控制时，同期装置由上限和下限值限制。在负荷运行时，同期装置被闭锁。

同期后，在转速/负荷控制器子模块 NPR 中产生负荷运行信号 LB，当最小负荷限值 PMIN 到达时，转速设定值置于额定转速 NNOM。在带转速控制器负荷运行期间甩负荷时 LALBNR，转速设定值也置于额定转速 NNOM。

4. 负荷设定值 PS

为了形成负荷设定值，产生操作员期望的或运行必要的负荷设定值并输出到负荷控制器。负荷设定值可以通过各种不同的功能在设定值控制器上确定。然后，设定值控制用相应的梯度对此值进行跟踪。该设定值控制的输出形成延迟的负荷设定值。

设定值控制的时间常数，也即控制阀的变化率被限制为许可的壁温差（TSE 的温度裕度）和设定的瞬态负荷的函数。设定值变化率的限制对启动和关闭两个方向同样有作用，并可在启动方向采取负值，使控制阀关闭，汽轮发电机减荷。

通过 OM 画面用手动设置负荷设定值 VGPS 信号设定负荷设定值，只要该信号不为其他任何信号所禁。设定值控制用温度裕度子程序 WTF 计算的梯度跟踪该值：OFBP 负荷上限；UFBP 负荷下限。

延迟的负荷设定值 PSV 作为有效负荷设定值 PSW 送到于转速/负荷控制器。

在某些工况下，有效的负荷设定值可以从 OM 操作画面或机组协调控制，通过来自最大负荷设定值子模块 PSMX 的负荷设定值限制信号 PSV 来减小。负荷设定值 PS 和延迟的负荷设定值 PSV 自动跟踪这个限值。限制功能动作信号 BEGRIE 使温度裕度闭锁并产生相应的 OM 指示。

如果设定值控制已到达设定值，发出负荷设定值匹配信号 PSABGL，使温度裕度子模块 WTF 中的温度裕度投入或切除，并使负荷设定值梯度子模件 PSG 中的负荷设定值梯度动作。

通过外部负荷设定值 PSX 和外部负荷设定值投入 PSXE 信号，负荷设定值可以从机组协调级 BLE 设置。该设定值控制跟踪与相应的梯度一致的该值。

汽轮机主控制程序 DTS 在启动程序中将负荷设定值调整为最小输出 PSMIN。如果负荷设定值 PS 低于可调整的最小负荷 PSKMIN，并且负荷切换开关设定为 GLSE，负荷设定值也设定为最小值 PSKMIN。

在同期之前，设定值为零。同期之后，发电机断路器以及负荷运行 LB 动作，使设定值控制动作并跟踪预置的目标设定值。

主控制程序 DTS 通过用关闭汽轮机信号 STILL 使汽轮机停机。负荷设定值低限 PSUG 作为设定值自动设定。负荷设定值控制根据温度裕度子模件 WTF 计算的梯度跟踪此值。

在带负荷控制器的负荷运行与带有转速控制器的负荷运行之间切换时，用设定指令 SB 和负荷设定值 SVPS 信号将负荷设定值 PS 和延迟的转速设定值设定至适当的计算值。这将使不同运行方式之间的无扰切换。

应用具有一次调频响应信号 PSF 的延迟的负荷设定值作为锅炉控制负荷设定值 PSKE 传递到机组协调控制。当汽轮机在初压控制方式下运行时，禁止锅炉控制负荷设定值的信号 SPPSK 禁止此负荷设定值。这将使汽轮机控制器从机组协调控制中断开。

当发生下列任一条件时，外部负荷设定值闭锁信号 PSXAB 产生，闭锁外部负荷设定值：汽轮机停机 STILL；TSE WTS 故障；限制功能起作用 BEGRIE；锅炉控制 SPPSK（只要限制压力模式或带有负荷控制器的负荷运行不起作用）闭锁负荷设定值。

OM 画面显示（即时）负荷设定值 PS 和延迟的负荷设定值 PSV。

5. 温度裕度 WTF

汽轮机增加负载和减少负载必须尽可能快地完成，但应把应力影响减小到最低。为此，汽缸和转子的温差通过汽轮机上特定点进行测量。模块 MAY 10 中汽轮机应力功能的测量结果被用来计算速度变化率的最大值和设定值所对应的温度差。然后以这些温度差子模块中的差值来计算出可能的最大变化率。

从汽轮机应力评估 WTG 中产生的负荷增加温度裕度 WTO 和负荷降低温度裕度 WTU，在 MIN 或 MAX 选择功能块中，与最大允许裕度 FBMAX 进行比较。选出的信号乘以延迟的转速设定值梯度 NSVG 以产生转速设定值控制的速率。在负荷运行期间，该因子切换到延迟的负荷设定值速率 PSVG：升速方向转速上限裕度 OFBN；降速方向转速下限裕度 UFBN。

限制转速设定值上限裕度 OFBN 最小值，以确保在升速期间转速梯度监控不作出响应。

在带负荷控制器的负荷运行 LB 时，取消减少转速设定值以响应负的温度裕度，这种情况下切换为最大允许裕度 FBMAX。

在带有负荷控制器的负荷运行中，通过负荷设定值梯度子模块 PSG，由运行人员设定的期望的内部负荷设定值梯度 PSGI，与限制温度裕度 WTO 和 WTU 及最大允许裕度 FBMAX 在 MIN 或 MAX 选件模块中进行选择。选择的信号乘以延迟负荷设定值梯度 PSVG，以产生负荷设定值控制的梯度：加负荷方向负荷上限裕度 OFBP；减负荷方向负荷下限裕度 UFBP。

6. 压力限制/初始压力模式切换 GDVD

根据电厂的运行模式，主蒸汽压力控制器用作压力限制控制器或初始压力控制器。在压力限制模式，汽轮机侧设定机组负荷并且锅炉跟随（锅炉跟随模式）。汽轮机控制器调节输出，压力控制器用来抵消任何不允许的主汽压力突降。在初始压力控制模式，锅炉侧设机组负荷和汽轮机跟随（汽轮机跟踪模式）。汽轮机控制器调节汽轮机前主蒸汽压力（初压方式）。可以通过汽轮机主控制系统自动执行或通过操作画面手动执行压力限制/初压模式之间的切换。可以用以下指令通过透平主控制程序自动执行，或通过 OM 画面手动执行，压力限制/初始压力模式之间的切换动作。

压力限制模式投入指令 GDB，初始压力模式投入指令 VDB。

选件的状态显示在 OM 画面：压力限制模式已投入 GDE，初始压力模式已投入 VDE。

一旦选择了压力限制模式，主蒸汽压力控制器作为限制控制器运行。然后主蒸汽压力设定值由压力限制幅度偏置值 DGD 向下修正，形成压力限制值。当主蒸汽压力控制偏差 FDXW 到达有关限值时，发出压力限值到达信号 GWGDER，使压力限值达到的信号 GDER 发出，停止负荷设定值控制。

如果选择了初始压力模式，主蒸汽压力控制器投入，负荷控制器切除。

在切换过程完成以及主蒸汽压力控制器投入后，该跟踪负荷设定值信号 PSNF 用来跟踪负荷设定值至实际负荷值。

在汽轮机自动停机期间，用"汽轮机停机"信号 STILL 从透平主控制程序选择初始压力模式。

7. 转速/负荷控制器 NPR

通过设定转速和负荷设定值，转速/负荷控制器调节到汽轮机的蒸汽流量，以实现转速和负荷的控制，同时，也与电网消耗的发电机负荷匹配。当电网频率和额定频率相对应时达到平衡。如果电网频率高于额定频率，发电机功率将减小。如果电网频率低于额定频率，发电机功率将增加。转速/负荷控制器通过带不等率的一次调频来调节功率输出。不等率的设定根据电网频率与额定频率的偏差需要增加或减少的输出功率而定。5%的不等率意味着 5%的频率偏差将会引起机组 100%的额定负荷的变化。

转速/负荷控制器 PI 调节，是一个两变量控制器。在下列工况下用于调节汽轮发电机的转速或负荷：机组启动；同期；机组带负荷；甩负荷；机组停机。

运行员可以在画面上选择机组负荷由转速控制器或负荷控制器控制。从转速控制器的负荷运行切换到负荷控制器的负荷运行，两个设定值自动匹配，以保证两种运行方式的无扰切换。

在另一个控制器工作之前，这个控制器通过阀位控制器的低选功能块设定到汽轮机的蒸汽流量。

转速/负荷控制器从设定值形成模块 NS 和 PS 接受延迟转速设定值 NSV 和有效负荷设定值 PSW 以及从各处理模块 NT 和 PEL 中接受经处理的汽轮机转速实际值 NT 和负荷实际值 PEL。

转速控制从 NSV 和 NT 值中产生转速控制偏差，通过转速控制器不等率 STATNR K4 作用于控制器输入并通过转速比例前馈部件 KDN 直接作用于控制器输出 YNPR。

负荷控制偏差从 PSW 和 PEL 值中产生，同样作用于控制器输入。PSW 值通过负荷比例前馈部件 KPS 直接作用于控制器输出 YNPR。

运行人员可以在 OM 画面上，在两个控制器中选择任一个控制机组负荷。通常选择带负荷控制器的负荷设定运行 LBPR。如果用转速控制器调节负荷，就必须选择带有转速控制器的负荷运行 LBNR。

8. 主蒸汽压力控制器 FDPR

主蒸汽压力控制器实现两个不同的功能：在限压模式中，用来防止主蒸汽压力实际值降到压力极限值之下，以支持锅炉控制；在初压模式中，控制主蒸汽压力。主蒸汽压力控制器有一个 PI 控制器。通过设定值形成模块的中央低选功能，调节汽轮机蒸汽流量直至另一个控制器起作用。

主蒸汽压力控制器接受从主蒸汽压力设定值子模块 FDS 来的延时主蒸汽压力设定值 FDSV，以及主蒸汽压力实际值处理模块来的主蒸汽压力实际值信号 PFD。从 FDSV 和 PFD 两个值中产生主蒸汽压力控制偏差并作用于 PI 控制器。在进汽设定值形成模块 OSB 中，控制器输出 YFDPR 作用于中央 MIN 选择功能 YR。

当主蒸汽压力控制器不起作用时，控制器输出 YFDPR 设置为中央低选模块输出 YR 加上增加的主蒸汽压力控制偏差，这将使主蒸汽压力控制器从运行的控制器中断开。当主蒸汽压力控制器有效时，控制器输出上限作为校正的主蒸汽压力信号 PFDK 的函数。

主蒸汽压力一旦跌到允许值之下，控制偏差就成为负值。主蒸汽压力控制器立刻起作用并适当关小控制阀，使压力不再下降。从进汽设定值形成模块 OSB 中产生主蒸汽压力控制器动作信号 FDPRIE 并输出到 OM 画面。该信号也用来结束主蒸汽压力控制器运行。

当发电机断路器和电网断路器闭合 GLSE，该信号将控制器输出低限从主蒸汽压力控制器输出值限值 1 YFDPG1 切换到主蒸汽压力控制器高限输出限值 2 YFDPG2。

9. 频率支持

对"负荷设定值频率影响 PSF"功能可以用以下命令通过 OM 画面投入和切除：负荷设定值/一次频率影响投入指令 PSFEB 请求投入；命令负荷设定值/一次频率影响切除指令 PSFAB 请求切除。相关的信号状态显示在 OM 画面上：一次频率响应投入 PSFE；一次频率响应切除 PSFA。

频率响应只有在带负荷控制器的负荷运行期间才有效。当从该模式切换到带转速控制器的负荷运行或切换到初压控制器的运行，该影响会自动切除（如果先前投入）。

如果汽轮发电机组参与频率支持，频率响应必须切除。如果发生频率偏差，该功能会在设定的范围之间调整功率输出以与电力消耗匹配。

如果电网频率太高，转速控制偏差为负——乘以一次频率响应不等率 STATPFK1，作用于控制器输入并通过转速比例前馈 KDN 直接作用于控制器输出，减少机组的出力。

如果电网频率太低，转速控制偏差为正——乘以一次频率响应不等率 STATPFK1，作用于控制器输入并通过转速比例前馈 KDN 直接作用于控制器输出，增加机组出力。

为避免不必要的阀门动作，该信号结合一个死区。频率支持范围值，死区以及不等率设定值都是可调的。

为了在频率偏离大时保护汽轮机，将限制频率响应。这将跨越一次频率的响应并采用两个独立的死区和不等率。相关参数如下：低于频率 STATLF 的不等率 K_2 及超过额定频率 STATHF 的不等率 K_3。

通过选择回路 AUSW 将一次频率和限制频率影响作用于控制器输入并通过转速比例前馈 KDN 直接应用于控制器输出。

10. 运行模式的切换

在某些情况下，有必要退出带负荷控制器的负荷运行 LBPR 并手动切换成带转速控制器的负荷运行 LBNR。用 OM 操作画面上带转速控制器的负荷运行指令投入按钮 LBNRB 可以实现该转换，并在 OM 画面上显示该切换。

对于带转速控制器的负荷运行来说，相当于设定的不等率，负荷设定值要降低，转速设定值要增加。

带转速控制器的负荷运时，以下程序自动运行：取消负荷运行信号 LB，切除有效的负荷设定值 PSW，投入转速比例前馈 KDN；当前的实际负荷值 PEL、转速控制器不等率 STATNR 以及实际转速值 NT，用来计算设定值控制子程序 NS 的转速设定值设定 SVNS；转速设定值控制 NS 开始设定转速设定值 SVNS；然后新的延迟转速设定值 NSV 和机组转速 NT 用来产生新的转速控制偏差；通过输入端的转速控制器不等率 STATNR 应用于控制器，并通过转速比例前馈 KDN 直接作用于控制器输出；当设定 PI 控制器积分时，在切换期间产生脉冲信号设定指令 SB，考虑到该信号在控制器输入和输出中的变化。

如果带转速控制器的负荷运行 LBNR 中断，可以用带负荷控制器的负荷运行投入指令按钮 LBPRB 执行。

对于带负荷控制器的负荷运行来说，负荷设定值重新起作用，转速设定值重新设置为额定转速。

带负荷控制器的负荷运行时，以下程序自动运行：转速设定值 SVNS 设定为额定转速 NNOM；转速设定值控制 NS 设定到新值；当前实际负荷 PEL 和一次频率影响 PFE 用来计算适当的负荷设定值 SVPS；负荷设定值控制 PS 设定为该新值；产生负荷运行信号 LB 并重激活有效负荷设定值 PSW 和一次频率响应 PSF；有效负荷设定值 PSW 通过负荷比例前馈部件 KPS 直接加控制器输出；有效负荷设定值 PSW 和负荷实际值 PEL 用来产生作用于控制器的新控制偏差；当设定 PI 控制器积分时，在切换期间产生脉冲信号设定指令 SB，考虑到该信号在控制器输入和输出中的变化。

如果带负荷控制器正常运行时，发电机从联网断路器断开时，控制方式自动切换到带转速控制的负荷运行，以响应解除信号发电机油开关并网 GSE。

如果发生大的负荷突降，在甩负荷识别子模块产生瞬间电网中断信号 KU，在负荷控制器的负荷运行工况下，有效的负荷设定值 PSW 临时禁止，在带转速控制器的负荷运行工况下，执行延时的转速设定值。在这两种工况下，控制器的输出减小到零，关闭控制阀。

当转速/负荷控制器不起作用时，控制器输出 YNPR 受限于设定值形成模块 OSB 内的中央低选功能块的输出 YR 加上增加的控制偏差。使转速/负荷控制器从运行的控制器中断开。当转速/负荷控制器起作用时 NPRIE，转速/负荷控制器上限输出 YNPR 设为测量范围最大量程 BEGME 的最大值，作为校正的主蒸汽压力信号 PFDK。

为在初压控制模式中，确保转速/负荷控制器和主蒸汽压力控制器断开，用初压控制模式的偏置值 DVD 修正有效的负荷设定值 PSW。该值在限压模式中复置为零。

如果主蒸汽压力发生波动（当主蒸汽压力控制器起作用时），为了确保负荷控制器能快速成为一个整体，主蒸汽压力控制器有效信号 FDPRIE 将控制器积分时间从（额定）积分时间 NPRTN 切换为低值快速积分时间 NPRTNS。对发电机断路器闭合 GSE 和联网断路器闭合 LSE 两个信号进行监视，信号的不一致以及在监视特征响应时，将发电机断路器故障 STGS 和电网连接断路器故障 STLS 的故障信息送至 OM 画面。

如果出现带有转速控制器的负荷运行信号 LBNR 和电网断路器断开的信号 LSA，在带转速控制器负荷运行期间产生甩负荷信号 LALBNR。

11. 汽轮机调节阀阀位控制器

（1）超高压调节阀阀位控制器。超高压调节阀阀位控制器的作用是根据汽轮机运行模式来设定阀位值，以确保超高压蒸汽流量总是能够达到设定的要求。通过主控制器中的设定值形成模块或者也可以直接由阀位限制子模块来确定最终的阀位。主要的应用如下：阀位指令越大，允许进入超高压缸的蒸汽越多，汽轮机的出力也越大。通过位移转换器可以得到电液油动机（EHA）的位移实际值。

控制阀的阀位控制器通过电液转换器执行，阀位控制器是比例调节。它通过电压/电流转换器来控制伺服阀的工作线圈。为了增加可靠性，两个工作线圈分别通过单独的电压/电流转换器来控制。

在甩负荷时，汽轮机控制阀必须快速关闭以限制超速，因为在这种情况下，通过伺服阀来关闭油动机的速度不够快，控制器将启动快速动作功能。在阀位控制指令与反馈偏差大时（如超过 25%），激活在关闭方向上的快速动作控制功能，因此，相应油动机开始单独快速关闭。为了确保在这些工况下（阀门开启顺序的改变导致高压调节阀在中压调节阀之后关闭，从而可能导致一个延时的响应）高压和中压调节阀同时关闭，高压调节阀快速动作控制功能与中压调节阀的快速动作功能同时触发。当调节阀试验时引起直接来源控制偏差的快速动作信号（阀位控制器的高电路），切换到阀位限制设定值。快速动作控制功能仅当达到最小运行允许值时才有效。

在汽轮机跳闸或油动机单独快关时，油动机的压力油不能与油箱回油相通过久，因为这会导致汽轮机供油压力的突然降低。为了避免发生这种情况，伺服阀门处于关闭的位置（以支持压力）。

当压力油供油装置不能运行或当防火保护系统激活时，伺服阀向打开的位置动作。

（2）高压调节阀阀位控制器。高压调节阀位控制器的作用是根据汽轮机运行模式来设定阀位值，以确保高压蒸汽流量总是能够达到设定的要求。通过主控制器中的设定值形成模块或者也可以直接由阀位限制子模块来确定最终的阀位。主要的应用如下：阀位指令越大，允许进入高压缸的蒸汽越多，汽轮机的输出也越大。通过位移转换器可以得到电液油动机（EHA）的位移实际值。

高压调节阀阀位控制器的原理与超高压调节阀阀位控制器原理相同。

（3）中压调节阀阀位控制器。中压调节阀位控制器的作用是根据汽轮机运行模式来设定阀位值，以确保中压蒸汽流量总是能够达到设定的要求。通过主控制器中的设定值形成模块或者也可以直接由阀位限制子模块来确定最终的阀位。主要的应用如下：阀位指令越大，允许进入中压缸的蒸汽越多，汽轮机的输出也越大。通过位移转换器可以得到电液油动机（EHA）的位移实际值。

中压调节阀阀位控制器的原理与超高压调节阀阀位控制器原理相同。

12. 汽轮机补汽阀阀位控制器

补汽控制阀阀位控制器的作用是根据汽轮机运行模式来设定阀位值，以确保高压蒸汽流量总是能够达到设定的要求。通过主控制器中的设定值形成模块或者也可以直接由阀位限制子模块来确定最终的阀位。主要的应用如下：阀位指令越大，允许进入高压缸的蒸汽越多，汽轮机的出力也越大。通过位移转换器可以得到电液油动机（EHA）的位移实际值。

补汽阀常在下述工况中开启：夏季超发；一次调频；阀门ATT试验。补汽阀阀位控制器的原理与超高压调节阀阀位控制器原理相同。

六、汽轮机自启动及负荷自动控制（ATC）

汽轮机自启动及负荷自动控制功能是指具有以最少的人工干预，实现将汽轮机从盘车转速带到同步转速并网，直到带满负荷的能力。

1. 基本要求

（1）DEH的ATC系统能根据机组当前的运行状态，特别是转子应力（或应变）的计算结果，自动地变更转速、改变升速率、产生转速保持、改变负荷变化率、产生负荷保持，直至带满负荷。

（2）DEH的ATC系统能与汽轮机盘车控制系统、疏水控制系统、汽轮机旁路控制系统、发电机励磁控制系统、发电机自动同期系统协同工作，提供必要的接口和指令，以实现汽轮机组从盘车状态直至带满负荷的全部自动操作。

2. ATC启动控制

ATC系统的启动程序将完成汽轮机从盘车转速升速到同步转速的任务。其间能完成下列动作：

（1）在汽轮机脱离盘车装置之前，核对有关参数，直至所有参数均在要求范围之内。

（2）在升速过程中，如遇有关参数超过报警限值，将立即发生转速保持。如该转速落入叶片共振或临界转速上，则在转速保持以前，将转速下降到共振范围以下。

（3）按程序规定加速。

（4）如果需要暖机，汽轮机能自动地被暖机一段经计算确定的时间。

（5）在加速期间，升速率由实际转子应力和预计的转子应力控制。

（6）若采用主汽阀启动，从主汽阀控制向调节汽阀控制的转换，在某一转速下自动进行。

（7）使汽轮机加速到接近同步转速，然后向自动同期装置发出请求信号，并由自动同期装置控制汽轮机转速的升/降，准备同期。

汽轮发电机的并网由自动同期装置发出指令来完成。并网后DEH控制汽轮发电机带初始负荷。

3. ATC 负荷控制

ATC 系统的负荷控制完成从汽轮发电机带初始负荷直到带上由运行人员或用其他方式事先指定的目标负荷为止的任务。

（1）ATC 负荷控制能用最短的时间实现所需的负荷变动。

（2）ATC 控制的负荷变化率取下列 3 种变化率的最低值：由转子应力变化所决定的负荷变化率；由运行人员根据各种原因，包括基于电厂其他设备的运行状况而给出的负荷变化率；由 DCS 系统给出的负荷变化率。

（3）在 ATC 负荷控制期间，ATC 连续地监视汽轮机动态参数，如压力、温度、热应力、振动、膨胀等的变化，超限时报警打印。

（4）当 DEH 接受 DCS 的指令来控制负荷时，ATC 系统能监视负荷的变化，并具有超越控制的能力。

七、DEH 汽轮机启停步骤

（一）汽轮机 SGC 程控启动操作步序

第 1 步：启动初始化。

第 2 步：检查阀位，启动抽汽止回阀控制子程序。

（1）指令：投入抽汽止回阀控制 SLC。

（2）检查：①抽汽止回阀 SLC 投入；②超高压主汽阀/调节阀控制 SLC 投入；③高压主汽阀/调节阀控制 SLC 投入；④中压主汽阀/调节阀控制 SLC 投入；⑤所有主汽阀、超高压缸排汽、高压缸排汽止回阀关闭，或所有的主汽阀开启；⑥所有调速汽阀、超高压缸排汽、高压缸排汽止回阀关闭，或汽轮机已启动；⑦所有抽汽止回阀开度小于 5% 或（主汽阀开且汽轮机转速大于 2850r/min）。

第 3 步：汽轮机限制控制器动作；监测时间：5s。

（1）指令：①投入超高压叶片级压力限制控制器；②投入超高压缸排汽温度控制器；③投入高压缸排汽温度控制器。

（2）检查：①超高压叶片级压力限制控制器投入；②超高压缸排汽温度控制器投入；③高压缸排汽温度控制器投入。

第 4 步：汽轮机疏水 SLC 动作；等待时间：5s。

（1）指令：投入汽轮机疏水 SLC。

（2）检查：汽轮机疏水 SLC 投入。

第 5 步：打开预暖疏水门；监测时间：100s；等待时间：90s。

（1）指令：①开启超高压调节阀前疏水阀；②开启高压调节阀前疏水阀；③开启中压调节阀前疏水阀。

（2）检查：①A 超高压调节阀前疏水阀已开启；②B 超高压调节阀前疏水阀已开启；③A 高压调节阀前疏水阀已开启；④B 高压调节阀前疏水阀已开启；⑤A 中压调节阀前疏水阀已开启；⑥B 中压调节阀前疏水阀已开启。

（3）旁通条件：①汽轮机启动限制器大于62%；②所有主汽阀已开启。

第6步：空步序。

第7步：空步序。

第8步：润滑油泵试验及辅助系统检测；监测时间10s。

（1）指令：启动油泵试验SGC。

（2）检查：①油泵试验SGC已投入；②所有主汽阀关闭，或汽轮机转速大于840r/min。

（3）旁通条件：120r/min小于汽轮机转速小于870r/min，所有主汽阀关闭且汽轮机启动限制器小于0.1%。

第9步：空步序。

第10步：空步序。

第11步：启动发电机励磁机干燥器SLC，等待蒸汽品质合格（主蒸汽控制指标：SiO_2 ≤$10\mu g/L$；Fe^+≤$20\mu g/L$；Na^+≤$5\mu g/L$；Cu^+≤$2\mu g/L$；电导率≤$0.2\mu S/cm$）。

（1）指令：蒸汽品质按钮未锁定。

（2）检查：①X1准则满足：X1a准则满足或不带超高压缸启动；X1b准则满足。②根据启动状态，检测温度条件（蒸汽需满足最小过热度，以避免阀体中湿气的存在）：主蒸汽温度减去当前主蒸汽压力加1MPa计算出的饱和温度大于30℃；一次再热蒸汽温度减去当前一次再热蒸汽压力加1MPa计算出的饱和温度大于30℃；二次再热蒸汽温度减去当前二次再热蒸汽压力加1MPa计算出的饱和温度大于30℃。③润滑油系统油泵试验完成，无故障。④超高压调节阀阀体平均温度小于350℃或汽轮机转速大于870r/min；或当超高压调节阀阀体温度大于350℃时，本步必须释放蒸汽品质合格按钮，否则步序无法进行下去。步序下行后15步完成主汽阀开启，至20步结束后主机立即冲转。⑤汽缸无严重变形：-45℃小于超高压缸上下温差小于30℃；-45℃小于高压缸上下温差小于30℃；-45℃小于中压缸上下温差小于30℃。⑥阀位限制器对调节阀阀位无限制作用：1号超高调节阀阀位限制等于105%；2号超高调节阀阀位限制等于105%；1号高调节阀阀位限制等于105%；2号高调节阀阀位限制等于105%；1号中调节阀阀位限制等于105%；2号中调节阀阀位限制等于105%。⑦汽轮机辅助系统正常：汽轮机EH油供油装置正常；EH油泵运行正常且油压建立正常，EH油冷却泵就绪；汽轮机疏水系统无故障；汽轮机润滑油系统正常；汽轮机转速大于9.6r/min；无汽轮机保护停机条件；仪用压缩空气气压大于0.4MPa；闭式水系统运行正常；轴封系统投入自动；凝结水系统运行正常。

特别地，在第11步到第20步间循环，循环等待直到蒸汽纯度达标，当蒸汽纯度没有达标时，第11步到第20步会循环几次。如果蒸汽品质不合格，主汽阀最初是开启的，此时就会关闭。主汽阀保持关闭直到蒸汽品质达标为止，主汽阀开启信号作为旁通此步的准则。

第12步：打开超高压主汽阀前疏水阀；监测时间：100s；等待时间：90s。

（1）指令：①打开超高压主汽阀前疏水阀；②打开高压主汽阀前疏水阀；③打开中压主汽阀前疏水阀。

（2）检查：①A、B超高压主汽阀前温度大于360℃；②A、B高压主汽阀前疏水阀打开或高压主汽阀前温度大于360℃；③A、B中压主汽阀前疏水阀打开或中压主汽阀前温度大于360℃。

（3）旁通条件：汽轮机启动限制器大于62％且所有主汽阀开启。

第13步：确认主蒸汽管道和再热蒸汽管道暖管完成。

（1）指令：无。

（2）检查：①主蒸汽过热度大于10℃时间超过30min；②一次再热蒸汽过热度情况：一次再热蒸汽过热度大于10℃超过30min或一次再热蒸汽压力大于0.5MPa，两侧高压调节阀前疏水阀打开时间超过5min；③二次再热蒸汽过热度情况：二次再热蒸汽过热度大于10℃超过30min或二次再热蒸汽压力大于0.5MPa，两侧中调节阀前疏水阀打开时间超过5min；④X2a、X2b标准满足或所有主汽阀打开，若X2a、X2b准则不满足则自动投入调节阀预暖SGC；⑤调门预暖SGC没有投入或汽轮机转速大于840r/min，所有主汽阀打开。

第14步：打开主汽门前疏水阀；监测时间：100s；等待时间：90s。

（1）指令：①打开高压主汽阀前疏水阀；②打开中压主汽阀前疏水阀。

（2）检查：各主汽阀前疏水阀均打开。

（3）旁通条件：汽轮机启动限制器大于62.5％且所有主汽阀开启。

第15步：开启主汽阀；监测时间：90s。

（1）指令：①设置汽轮机控制器负荷设定值大于5％；②启动汽轮机启动装置。

（2）检查：①汽轮机控制器负荷设定值大于5％；②提升启动装置大于62.5％。

说明：①如果是热态启动，汽轮机在启动后立即升速到额定转速并带负荷。为了消除汽轮机无负荷或者低负荷运行时汽轮机超高压缸鼓风的危险，并确保可靠同期，必须在启动前检查确认适当的加载动作信号是否已发出，即汽轮机控制器负荷设定值大于5％。②在5％＜TAB＜7.5％值开始拉升时，将对汽轮机保安跳闸系统及超速模块进行自检，DEH将自检一次，并自动跳闸一次，之后主机会自动复位，此时应注意旁路开启，防止因汽轮机跳闸而导致MFT。③汽轮机启动装置TAB＞42％，开启主汽阀准备；汽轮机启动装置TAB＞62.5％，注意检查汽轮机转速不上升，若出现汽轮机转速达到300r/min，应立即手动打跳主机。④主汽阀在第15步到第20步之间开启，对主汽阀阀体预热，开启时间长短取决于加热温度和蒸汽品质，开启时间可能由几种情况决定。DEH能忽略某些步骤，在第16步到第19步之间任一点关闭主汽阀，程序到第20步终止（调节阀不会在第20步之前开启，蒸汽品质合格后才开启调节阀），返回至第16步重新走程序。⑤主蒸汽压力小于2MPa时，主汽阀全开后保持；主蒸汽压力大于2MPa时，主汽阀开后，延时后关闭；当主蒸汽压力在2～3MPa之间时，且高压调节阀温度小于210℃，暖阀30min；当主蒸汽压力在3～4MPa之间时，且高压调节阀温度小于210℃，暖阀15min；主蒸汽压力大于2MPa时，主汽阀立即关闭。⑥当主蒸汽品质合格后，主汽阀开启时间不得超过60min，若在60min内第16步至第20步未执行完，主汽阀将关闭，并导致汽轮机重新启动。⑦发电机并网前，汽轮机转速控制器限制调节阀最大开度小于62.5％，发电机并网后，转速控制器不再限制调节阀开度，调节阀开度转由负荷控制器控制条件。

第16步：检查主汽阀开启；监测时间：30s。

（1）指令：无。

（2）检查：①所有主汽阀开启或蒸汽品质不合格；②超高压缸排汽、高排通风阀关闭或汽轮机在额定转速。

第17步：空步序。

第18步：开启调节阀前，合适的蒸汽流量；等待时间：1s。

（1）指令：无。

（2）检查下列任一条件满足：①超高压转子平均温度小于400℃且主蒸汽流量大于10%；②超高压转子平均温度大于400℃且主蒸汽流量大于15%（热态启动）。

（3）旁通条件：汽轮机转速大于840r/min。

第19步：空步序；监测时间：60s。

第20步：开启调节阀前，等待蒸汽品质达标，检查蒸汽纯度和系统条件。

（1）指令：通过运行人员释放蒸汽品质按钮。

（2）检查，同时满足下列条件，执行步序21：①蒸汽品质合格按钮已释放或汽轮机转速大于840r/min；②高、低背压凝汽器压力均小于20kPa；③汽缸无严重变形；④-45℃小于超高压缸上下温差小于30℃；⑤-45℃小于高压缸上下温差小于30℃；⑥-45℃小于中压缸上下温差小于30℃；⑦TSE温度裕度大于30K；⑧主蒸汽过热度（Z3准则）大于30℃；⑨一次再热蒸汽过热度（Z4准则）大于30℃；⑩二次再热蒸汽过热度（Z5准则）大于30℃；⑪X4a、X4b标准满足（防止湿蒸汽进入超高压缸）；⑫X5标准满足（防止超高压缸冷却）；⑬X6a、X6b标准满足（防止高压缸、中压缸冷却）；⑭主蒸汽温度高未动作；⑮一、二次再热蒸汽温度高未动作；⑯主蒸汽压力限制未动作；⑰超高压缸排汽温度保护未动作，高压缸排汽温度保护未动作；⑱汽轮机润滑油系统正常且润滑油温度大于37℃；⑲汽轮机启动限制器大于62%；⑳汽轮机转速不在临界转速区；㉑所有主汽阀开启或汽轮机处于暖机转速大于840r/min；㉒辅助系统运行正常；汽轮机控制供油装置正常；EH油冷却泵正常且油压建立正常；EH油泵运行正常且油压建立正常；汽轮机疏水系统无故障；汽轮机润滑油系统正常；汽轮机转速大于9.6r/min；无汽轮机保护停机条件；仪用压缩空气气压大于0.4MPa；闭式水系统运行正常；轴封系统投入自动；凝结水系统运行正常。

（3）检查，同时满足下列条件，返回步序11：①蒸汽品质合格已确认，延时5s；②汽轮机转速小于400r/min；③所有主汽阀关闭；④汽轮机启动限制器小于35%。

（4）等待蒸汽品质过程中，下列情况下将关闭主汽阀（冷态启动，同时满足下列条件，延时15min，关闭主汽阀）：①蒸汽品质确认按钮未释放；②超高压调节阀阀体平均温度小于210℃；③主汽阀开启；④主蒸汽压力大于3.0MPa；⑤蒸汽品质合格，延时60min，步序不能进入第21步，主汽阀关闭。

第21步：开启调节阀，升速至暖机转速；监测时间：5s。

（1）指令：①转速控制动作；②增加转速设定值至870r/min，开启调节阀。

（2）检查下列条件任一满足：①转速设定大于 840r/min 且无升速率太低报警；②转速—负荷调节器输出大于 0.5％ 且机组转速大于 867r/min；③机组转速大于 2850r/min。

注：①冲转后注意主机油温变化，适时投入主机冷油器水侧；②适时投入发电机氢冷器及密封油冷油器；③注意检查机组振动、轴向位移、轴承温度等主要参数的变化；④开调门冲转到暖机转速为 870r/min。若是冷态，则在此转速下暖机等待 X7 准则全部满足；若是热态则直接将"REL NOMINAL SPEED"SLC 投入，释放转速到额定；⑤冲至870r/min 时，锅炉汽温尽量保持稳定，防止汽轮机裕度变小；⑥升速过程中 DEH 若出现"STOP/BLOCK"信号，及时复位，防止汽轮机跳闸。

第 22 步：退出蒸汽品质确认 SLC。

（1）指令：退出蒸汽品质确认 SLC。

（2）检查：①蒸汽品质确认 SLC 已退出；②汽轮机转速大于 870r/min。

第 23 步：保持暖机转速，增加超高压缸的暖机程度。

（1）指令：通过运行人员手动释放额定转速。

（2）检查：①额定转速已释放；②中压转子温度大于 20℃；③X7 标准满足（暖超高压缸转子、汽缸）；④主蒸汽过热度（Z3 准则）大于 30℃；⑤一、二次再热蒸汽过热度（Z4、Z5 准则）大于 30℃；⑥TSE 最小的上升温度裕度大于 30K；⑦主蒸汽流量大于15％；⑧高、低背压凝汽器绝对压力均小于 12kPa。

（3）旁通条件：汽轮机转速大于 2850r/min。

第 24 步：空步序。

第 25 步：升速到同步转速；监测时间：5s。

（1）指令：增加转速设定值到同步转速。

（2）检查：转速设定值大于 3009r/min。

（3）旁通条件：发电机已并网且汽轮机转速大于 2850r/min。

第 26 步：关闭超高压、高压、中压阀前疏水；监视时间：60s。

（1）指令：①关闭超高压主汽阀前疏水阀；②关闭超高压调节阀前疏水阀；③关闭高压主汽阀前疏水阀；④关闭高压调节阀前疏水阀；⑤关闭中压主汽阀前疏水阀；⑥关闭中压调节阀前疏水阀。

（2）检查：①超高压调节阀 A 前疏水阀已关闭；②超高压调节阀 B 前疏水阀已关闭；③高压主汽阀 A 前疏水阀已关闭；④高压主汽阀 B 前疏水阀已关闭；⑤高压调节阀 A 前疏水阀已关闭；⑥高压调节阀 B 前疏水阀已关闭；⑦中压主汽阀 A 前疏水阀已关闭；⑧中压主汽阀 B 前疏水阀已关闭；⑨中压调节阀 A 前疏水阀已关闭；⑩中压调节阀 B 前疏水阀已关闭。

第 27 步：切除额定转速设定 SLC。

（1）指令：切除额定转速设定 SLC。

（2）检查：额定转速设定 SLC 已退出。

（3）旁通条件：发电机已并网且汽轮机转速大于 2850r/min。

第 28 步：调压器动作。

（1）指令：无。

（2）检查：调压器在自动位。

（3）旁通条件：发电机已并网。

第29步：发电机同期前保持在额定转速。

（1）指令：无。

（2）检查：①X8标准满足（暖高、中压转子）；②TSE最小的上升温度裕度大于30K；③励磁系统无故障。

第30步：准备并网；监视时间：5s。

（1）指令：无。

（2）检查：励磁系统已投入。

第31步：并网；监测时间：400s。

（1）指令：启动同期装置。

（2）检查发电机已并网：

1）发电机与系统并列的条件：发电机电压与系统电压相等；发电机频率与系统频率相等；发电机相位与系统相位相同；发电机相序与系统相序一致。

2）发电机与系统并列的方式：自动升压、自动准同期并列。

3）发电机的升压方式：励磁调节器"恒电压"模式自动升压。

4）发电机"自动方式"升压，自动准同期与系统并列。

5）发电机并列操作：①确认机组转速达3000r/min，并且允许并网；②检查励磁系统灭磁电阻柜启励电源开关在工作位置合闸；③确认主变压器高压侧隔离开关确已合好；④确认发电机励磁调节柜就地控制盘指示正确，无异常报警；⑤确认发电机励磁调节器控制方式为"远方""自动"；⑥点击DCS励磁系统控制面板中"励磁"按钮；⑦单击DCS励磁系统控制面板"励磁投入"按钮；⑧检查发电机灭磁开关确已合好；⑨单击DCS励磁系统控制面板中"远方建压"按钮；⑩检查发电机励磁系统投入正常；⑪检查发电机电压自动升至27kV；⑫检查发电机三相电压平衡，无零序电压，核对发电机空载参数；⑬单击DCS画面"同期装置"按钮；⑭检查DCS画面"DEH允许同期投入"信号发出；⑮单击同期控制面板"同期装置上电"按钮；⑯单击同期控制面板"DCS启动同期"按钮；⑰检查500kV主变压器开关自动同期合闸；⑱检查发电机三相电压、电流平衡；⑲检查500kV主变压器三相电压、电流平衡；⑳汇报值长，发电机并网完成。

第32步：提高汽轮机启动限制器的限值；监测时间：30s。

（1）指令：增加汽轮机启动限制器的限值。

（2）检查：汽轮机启动限制器大于99%。

第33步：完成汽轮发电机组的启动程序。

（1）指令：无。

（2）检查：①发电机已并网；②汽轮机转速大于2850r/min；③主蒸汽流量大于20%；④高压旁路关闭或高压调节阀开度大于97%。

第34步：检查汽轮机控制器。

（1）指令：无。

（2）检查：转速控制器切至负荷控制器动作。

随着汽轮机进汽量的增加，高压旁路阀位逐渐关小直至全关，当 DEH 判断高压旁路阀位小于 5%，且转速/负荷控制器切为负荷控制，汽轮机自动切换进入初压控制。

第 35 步：启动程序结束。

（二）汽轮机 SGC 停运程序控制操作步序（西门子公司将 36～50 步予以保留，便于增加启动控制程序）

第 51 步：超高压缸、高压缸排汽止回阀释放。

（1）超高压缸排汽止回阀释放。

（2）高压缸排汽止回阀释放。

（3）超高压缸排汽温度控制释放。

（4）高压缸排汽温度控制释放。

（5）检查超高压缸排汽止回阀/高压缸排汽止回阀分别不大于 85% 或关闭。

（6）检查超高压缸/高压缸排汽温度控制分别未投入。

注：超高压缸排汽止回阀在汽轮机功率输出减小之前释放，将保证超高压汽轮机的压力能够像所要求的那样减小。

第 52 步：设定负荷控制器降负荷。

（1）负荷设定值降低。

（2）切除下降的温度裕度对减负荷速率的影响。

（3）检查控制器中下降的 TSE 裕度为 30K。

（4）检查机组负荷设定值等于 0%。

（5）检查转速控制器已投入。

（6）检查发电机未并网。

（7）检查下降的 TSE 裕度小于 -10K。

（8）检查超高压缸排汽温度大于 530℃。

（9）检查高压缸排汽温度大于 530℃。

（10）检查汽轮机停机动作。

注：以上条件只要任一条满足即可。

第 53 步：阀门泄漏试验，等待发电机出口开关跳闸。

（1）检查转速控制器投入。

（2）检查下降的 TSE 裕度小于 -10K。

（3）检查超高压缸排汽温度大于 530℃。

（4）检查高压缸排汽温度大于 530℃。

（5）检查汽轮机停机动作。

（6）检查发电机未并网。

注：以上条件只要任一条满足即可。

第 54 步：关闭主汽阀，继续等待发电机出口开关跳闸。

（1）汽轮机停机动作。

（2）切除励磁系统。

检查确认：①汽轮机停机系统已遮断；②汽轮机启动装置输出等于0％；③所有主汽阀关闭；④励磁系统已切除；⑤发电机未并网。

第55步：启动SLC汽轮机疏水子程序。

检查汽轮机疏水SLC投入。

第56步：顶轴油泵准备完毕。

（1）检查顶轴油泵的控制投入且不小于两台顶轴油泵运行，出口母管压力大于12.7MPa。

（2）检查汽轮发电机的速率小于120r/min。

（3）检查汽轮发电机的速率小于9.6r/min。

（4）汽轮机转速下降到510r/min时顶轴油泵自启动。

第57步：油泵启动试验。

（1）启动油泵试验SGC。

（2）核对油泵试验SGC已启动。

第58步：油泵试验无故障。

（1）SGC油泵试验已停用。

（2）油泵试验无故障信号。

第59步：汽轮机冷却。

检查超高压调门壳体温度小于200℃。

注：汽轮机停机后，所有疏水阀关闭进行闷缸，直到缸体温度降至200℃，方可打开疏水阀。

第60步：开启暖管疏水阀。

（1）超高压调节阀A前疏水阀开。

（2）超高压调节阀B前疏水阀开。

（3）高压调节阀A本体疏水阀开。

（4）高压调节阀B本体疏水阀开。

（5）中压调节阀A本体疏水阀开。

（6）中压调节阀B本体疏水阀开。

注：预暖疏水阀在高压调节阀温度大于200℃前不打开。

第61步：停机程序完成。

第三节　DEH的液压伺服系统

液压伺服系统是DEH系统的一个重要组成部分，以抗燃油作为工作介质，如图3-3所示。液压控制系统中有伺服型和开关型两类控制机构：伺服型控制机构，根据DEH系

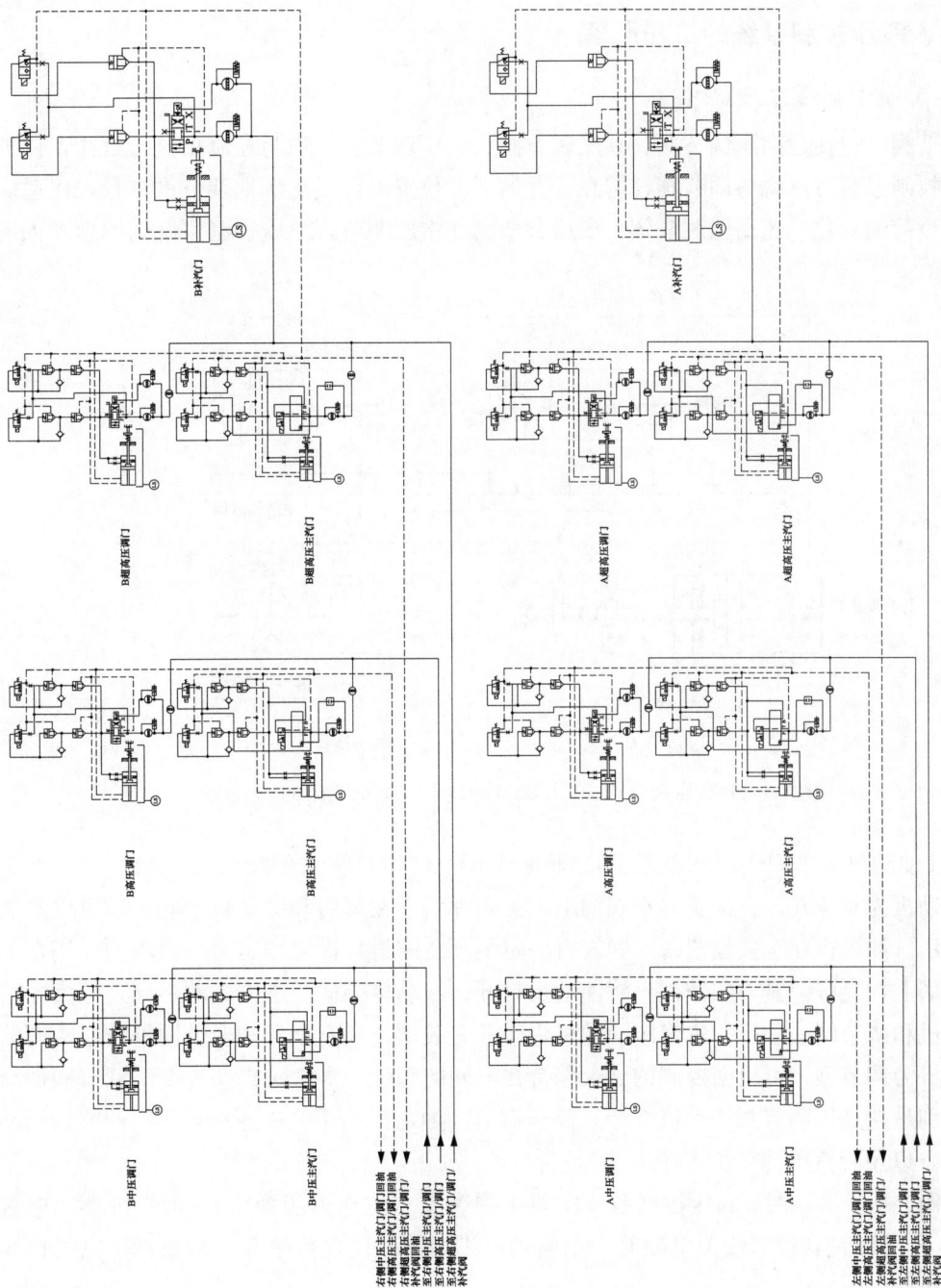

图 3-3 主机阀门控制油系统

统数字控制器发出的指令控制相应阀门（超高压调节阀、高压调节阀、中压调节阀、补汽阀）的开度；开关型控制机构，控制阀门（超高压主汽阀、高压主汽阀、中压主汽阀）全开或关闭。

一、液压控制系统的工作原理

（一）调节阀液压控制系统

调节阀（包括超高压调节阀、高压调节阀、中压调节阀）均为控制型执行机构，调节阀液压控制系统可以将各调节阀控制在任意的开度位置上，成比例地调节进汽量，以适应转速或负荷的变化。超高压调节阀、高压调节阀和中压调节阀液压控制系统的原理图如图3-4所示。

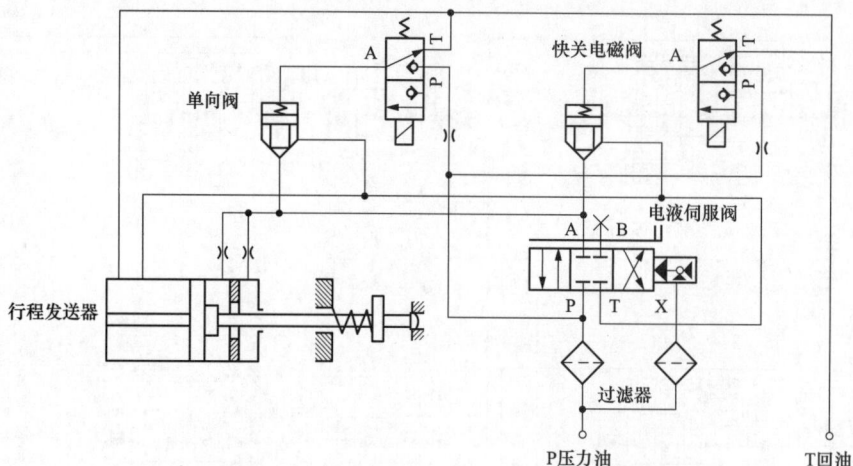

图3-4 超高压调节阀、高压调节阀和中压调节阀液压控制系统

EH油动机为单侧作用的油动机，即通过 EH 供油系统来的压力油开启，弹簧力关闭。油动机为直装式，直接安装在阀门上，关闭弹簧室在阀门和油动机中间，还可以起隔热的作用。油动机在全关位置时，弹簧有一定的预压缩量，提供预压力。高压油作用在油缸的活塞上，克服弹簧力的作用，将油动机打开。油动机根据控制方式的不同，分为主汽阀油动机和调节阀油动机。主汽阀油动机为全开全关型，只有全开和全关两种位置。调节阀油动机为调节型，可根据控制的要求保持在不同的阀位。本汽轮机共有 7 个调节阀油动机，分别是超高压调节阀油动机 2 个，高压调节阀油动机 2 个，中压（再热）调节阀油动机 2 个，以及补汽阀油动机 1 个。

如图 3-4 所示，调节阀压控制系统主要由弹簧室（包括关闭弹簧）、油缸缸体、电液伺服阀（电液转换器）、快关电磁阀、单向阀、过滤器、位移传感器、漏油盘、电气接线盒等组成。

从供油系统来的压力油经过过滤器后分为两路：一路到快关电磁阀，一路到电液伺服阀。快关电磁阀共两只，冗余配置，接收汽轮机保护系统来的信号。正常工作时电磁阀为带电状态，失电后阀门快关。当快关电磁阀接收到保护系统的信号失电后，电磁阀将控制单向阀的压力油接通回油，使单向阀打开。单向阀连接着油缸活塞的上、下腔室，使活塞上、下腔室连通，使活塞两边的油压力平衡。油动机在弹簧力的作用下迅速动作，油缸下部的油迅速返回到上部，加快了回油速度，使整个油动机的关闭时间控制在 0.2s 之内。

电液伺服阀接受控制系统来的电信号，根据需要将压力油通到活塞打开阀门，或将压力油从油缸中放出，使阀门关闭。控制系统接受阀门的位置反馈信号，与阀位的指令信号比较，发出指令到电液伺服阀，从而精确的将阀门控制在所需要的开度。

为了防止油中的杂质进入油动机，压力油在进入电磁阀和电液转换器前，分别经过精度为 $25\mu m$ 和 $10\mu m$ 的滤芯。

电液伺服阀的结构示意图如图 3-5 所示。电液伺服阀为 2 级伺服方向阀，由带永久磁铁控制马达的第一级液压放大机构和设计成喷嘴挡板阀的液压放大器，用于控制主流量的第二级液压放大机构。先导控制为喷嘴/挡板式放大器。当力矩马达不运行时，扭管使挡板和电枢处于中位。挡板从喷嘴之间的中间位置移动，由此产生的压差作用于控制阀芯的端面。由于压差的作用，控制阀芯改变其位置。固定在电枢上的反馈杆插在控制阀芯的沟槽内。控制阀芯改变其位置，直到反馈扭矩和电动机扭矩相平衡，这时压差降低到零。由此，控制阀芯的行程与输入信号成比例。从阀到执行机构的实际流量取决于阀的压差。外部电子放大器（伺服放大器），用于控制。将模拟输入信号（给定信号）放大，使来自控制电子发大器的输出信号能够用于控制伺服阀。

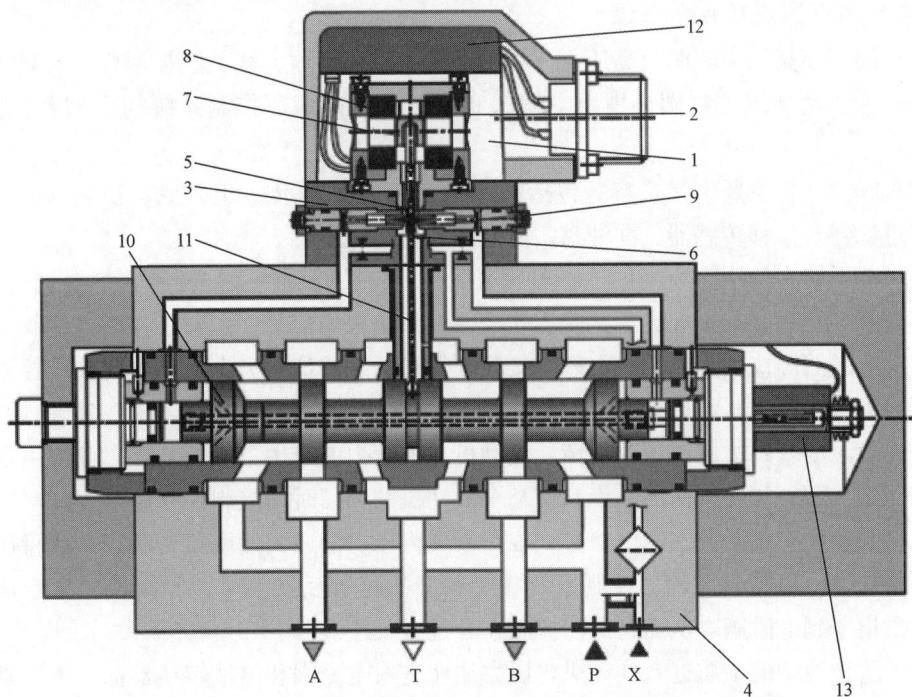

图 3-5　电液伺服阀的结构示意图

1——级液压放大机构；2—力矩马达；3—喷嘴连接装置；4—二级液压放大机构；5—扭管；6—挡板；7—电枢；8—线圈；9—喷嘴；10—控制阀芯；11—反馈杆；12—电动机；13—控制阀芯外部接头

电磁阀块安装在油缸缸体上，上面安装有快关电磁阀、止回阀和插装式单向阀。电磁阀块通过内部油路和油缸体油路相连。快关电磁阀为二位三通电磁阀，电磁阀接受保护系统来的控制信号。在线圈带电时，压力油 P 口和控制油口 A 相通，将压力油作用在单向阀上。在线圈失电时，电磁阀的阀芯动作，将压力油 P 口封闭，将控制油口 A 和回油口 T 接通，将作用在单向阀上的压力油接回油，从而将单向阀打开，将控制油 X1 接通回油 T。在电磁阀压力油口 P 处，还安装有 $\phi0.8$ 的节流孔。在电磁阀控制油 X 通过止回阀直接到控制油 X1，以保证在电磁阀带电后，控制油 X1 直接建立压力。

为了加快油动机在关闭时的速度，在单向阀后又增加了一个通流面积更大的单向阀。

位移变送器采用磁致伸缩型变送器，为内置非接触式结构。其特点是精度高、可靠性高，且不易损坏。该装置主要由测杆、电子舱和套在测杆上的非接触的磁环组成，磁环固定在油动机活塞杆上，随活塞一起移动。通过测量电子仓和磁环间的脉冲时间差，可精确测出位移。其输出信号为 $4\sim20\text{mA}$ 信号，送到控制系统作为反馈用。

电气接线盒装在油动机油缸块上，所有电气信号（电磁阀、电液伺服阀、液位开关、位移传感器）接到接线盒，再通过电缆接到控制柜。

油动机的回油通过回油管直接回到油箱。

油动机在制造厂装配时，必须保证清洁，不含任何杂质。在电厂安装后，不再进行油冲洗。

（二）主汽阀液压控制系统

主汽阀（超高压主汽阀、高压主汽阀、中压主汽阀）均为开关型控制机构，只有开或关两个位置。超高压主汽阀、高压主汽阀和中压主汽阀液压控制系统的原理图如图 3-6 所示。

主汽阀油动机主要由弹簧室（包括关闭弹簧）、油缸缸体、电磁阀、快关电磁阀、单向阀、过滤器、位移传感器、漏油盘、电气接线盒等组成。

从供油系统来的压力油经过过滤器后分为两路：一路到快关电磁阀；一路到电磁阀。快关电磁阀共两只，冗余配置，接受汽轮机保护系统来的信号。正常工作时电磁阀为带电状态，失电后阀门快关。当快关电磁阀接收到保护系统的信号失电后，电磁阀将控制单向阀的压力油接通回油，使单向阀打开。单向阀连接着油缸活塞的上、下腔室，使活塞上、下腔室连通，活塞两边的油压力平衡。油动机在弹簧力的作用下迅速动作，油缸下部的油迅速返回到上部，加快了回油速度，使整个油动机的关闭时间控制在 0.2s 之内。

电磁阀接受控制系统来的电信号，根据需要将压力油通到活塞打开阀门，或将压力油从油缸中放出，使阀门关闭。控制系统接受阀门的位置反馈信号，和阀位的指令信号比较，发出指令到电磁阀，从而将阀门控制在开位或关位。

为了防止油中的杂质进入油动机，压力油在进入电磁阀和电液转换器前，也分别经过一个过滤器进行过滤。

电磁阀块安装在油缸缸体上，上面安装有快关电磁阀、止回阀和插装式单向阀。电磁阀油路及原理见上面的叙述。

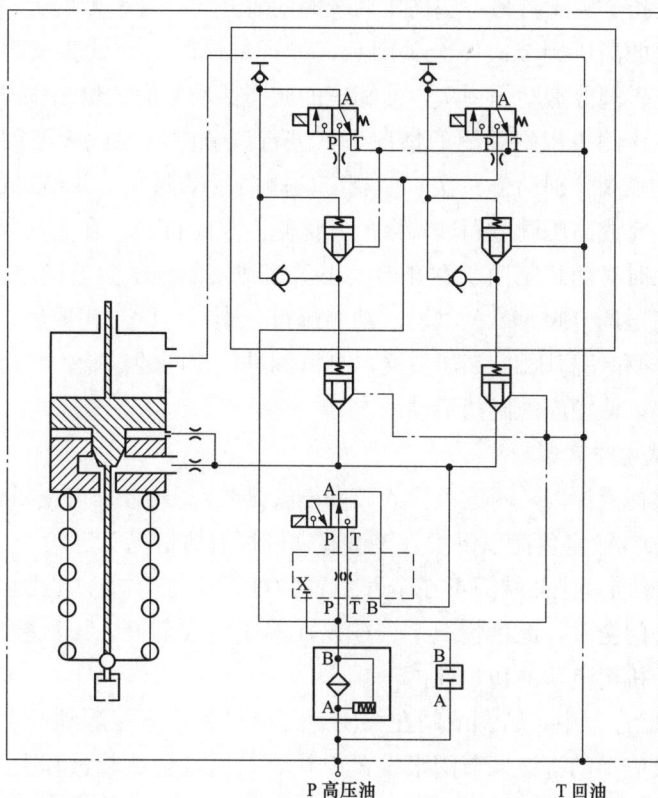

图 3-6　超高压主汽阀、高压主汽阀、中压主汽阀液压控制系统

（三）补汽阀液压控制系统

补汽阀为控制型执行机构，主要由油动机、电液伺服阀、快关电磁阀、单向阀、过滤器、位移传感器等组成，如图 3-3 所示。

补汽阀液压控制系统的原理与调节阀液压控制系统的原理类似，这里不再说明。

二、阀门活动试验

1. 阀门活动试验方法

汽轮机阀门活动性试验（ATT）共有 12 组，分别包括左侧超高压主汽阀和超高压调节阀 MAA1、右侧超高压主汽阀和超高压调节阀 MAA2、左侧高压主汽阀和高压调节阀 MAB1、右侧高压主汽阀和高压调节阀 MAB2、左侧中压主汽阀和中压调节阀 MAB3、右侧中压主汽阀和中压调节阀 MAB5、左侧补汽阀、右侧补汽阀、超高压缸排汽止回阀、高压缸排汽止回阀、超高压缸通风排汽阀、高压缸通风排汽阀。当要进行某组 ATT 试验时，只需将其控制子环 SLC 投入（SELECT ATT），然后选择 ATT 试验开始即可（ATT ESV/CV），ATT 试验将自动进行，完成后发试验成功信号（TEST OK），如在进行某组阀门活动试验的过程中未能成功或者中断，则 ATT 试验控制子组将自动恢复。

以高压主汽阀和高压调节阀 ATT 试验为例进行说明。当进行高压缸阀门组试验时，该侧高压调门根据指令关闭，另一侧高压调节阀同时开大，其开度的大小根据负荷指令进行控制。当被试验的高压调节阀完全关闭后，进行主汽阀活动试验及跳闸电磁阀活动试验，阀门的两个电磁阀分别动作一次，使相应的阀门活动两次。给出试验成功的反馈，主汽阀试验完成。在该侧主汽门关闭的情况下，进行调节阀活动试验及跳闸电磁阀活动试验，阀门的两个电磁阀分别动作一次，使相应的阀门活动两次，并给出试验成功的反馈，调节阀试验完成。完成高压调节阀试验之后，该侧主汽阀打开，在主汽阀全开后，高压调节阀开始打开，同时对侧高压调节阀开始关小，直到恢复到试验前的状态。补汽阀试验，在高压主汽阀和高压调节阀 MAA 试验成功后进行；阀门组试验完成后，对超高压缸排汽/高压缸排汽止回阀和超高压缸/高压缸通风排汽阀进行相同的试验，每个阀门的两个电磁阀均分别动作一次，使相应的阀门活动两次。

2. 阀门活动试验注意事项

（1）由于反馈标定原因，不建议投入超高压缸排汽/高压缸排汽止回阀 SLC。

（2）要求在 80％额定负荷以下投入该试验，可视具体情况而定。

（3）ATT 试验前，保证阀门不在全开位置，对于倾向于初压方式运行的机组，在机组参数较低时，阀门全开，此种情况下，建议在限压模式下投入该试验，汽轮机控负荷，以确保试验过程中机组负荷的稳定性。

（4）ATT 试验过程中，若调节阀在关闭后开启过程中不能顺利开启，若此时 EH 油压下跌，运行人员应手动将该调节阀限设置为 0％，以避免试验过程中 EH 油压低跳机。试验过程中，要密切关注 EH 油压。

（5）建议在做主汽阀调节阀 ATT 试验时，EHC 油箱应有专人监视操作。如果发生快关电磁阀故障情况，除了 DEH 程序自动采取措施关闭油动机伺服阀的同时，还应及时关闭对应油动机的供油阀门，切断油路并进行检修。集控室 DEH 运行人员也应将故障油动机的阀限设为零，避免检修结束后恢复时油动机瞬间快开对系统造成冲击。

（6）ATT 试验也可以分开每组独立完成。

第四节　汽轮机危急遮断系统（ETS）

一、汽轮机危急遮断系统（ETS）的作用及构成

汽轮机危急遮断系统监视汽轮机的重要运行参数，当这些参数超过运行限制时，发出停机信号，快速关闭汽轮机进汽阀门，使汽轮机组处于安全状态，以避免设备进一步的损坏，造成更大的损失。

超超临界机组保护系统（ETS），主要由超速保护装置、数据采集与处理系统及 EH 停机系统组成。

二、超速保护系统

超速保护系统取消了传统的机械危急遮断器，由两套电子式的超速保护装置构成。超

速保护装置采用德国 BRAUN 公司的 E16 三通道转速监测系统，如图 3-7 所示。每套超速保护装置包括三个转速模块和一个测试模块。三个转速通道独立地测量显示机组转速。每个转速模块不仅接收本通道的测速信号，而且接收其他两个通道的信号。监控模块持续地检查三个通道信号的数值。如果某通道的测量值同时与其他两通道的数值有明显偏差，则认定该通道传感器故障，任何一个故障都发出报警信号。每套超速保护系统还包含一个独立的数字信号发生器，用以模拟转速信号，在机组运行时，定期对转速模块进行测试。通过面板上的触摸式按钮，可对系统进行设置。

图 3-7　超速保护装置

两套超速保护装置控制汽轮机进汽阀门油动机上的快关电磁阀的电源供应。当其中任何一套装置动作后，所有油动机的快关电磁阀将失电，阀门在关闭弹簧的作用下快速关闭，使汽轮机组停机。

转速模块发出的动作信号通过继电器回路，进行硬件的三取二逻辑处理。两套处理系统串连进快关电磁阀的电源供给回路，直接切断电磁阀的电源，快速停机。

超速保护装置的动作信号还同时送到保护系统的处理器，在软件里再进行三取二的逻辑处理，和其他保护信号一起，通过输出卡件控制油动机的快关电磁阀。

三、数据采集处理及危急遮断

数据处理采集处理系统包括输入、输出卡件，处理器及相关的逻辑处理。汽轮机现场及其他系统来的保护信号，提供至输入卡件继而送到控制处理器，进行相关的逻辑处理，形成最终的汽轮机保护动作信号，通过输出卡件控制相关的停机电磁阀，从而使机组迅速停机。

由于本机组停机系统不设专用的停机电磁阀，从 ETS 发出单独的动作信号到每个快关电磁阀。另外，本机组不采用 OPC 电磁阀，从 DEH 发出的超速控制指令直接作用到调节阀的快关电磁阀，将所有调节阀快关。

数据系统处理及危急遮断系统由冗余的处理器、输入/输出卡件、超速保护装置等组成，如图 3-8 所示。

汽轮机保护系统接收传感器、热电偶等重要的汽轮机保护信号。保护信号通过输入卡件送入控制器。冗余的保护信号分配到不同的卡件，在控制器中进行三取二逻辑处理，最终动作信号通过故障安全型卡件（FDO）输出，控制油动机快关电磁阀。当这些信号超过预设的报警值时，发出报警。当参数继续变化超过遮断值时，发出遮断信号，动作停机电磁阀，遮断机组。

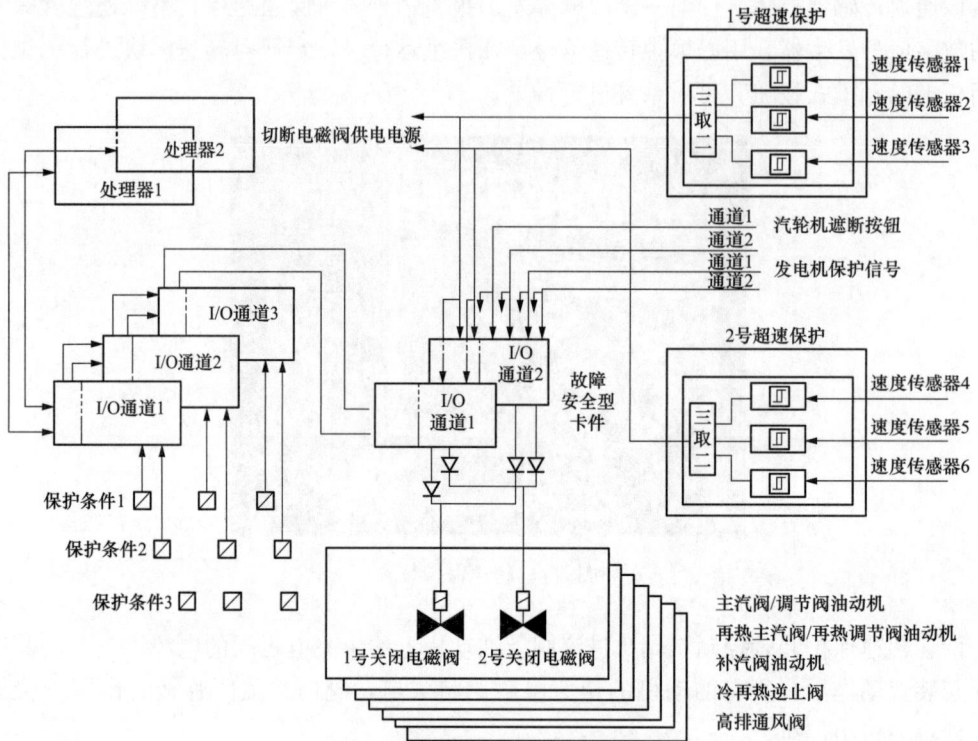

图 3-8   数据系统处理及危急遮断系统

标准的保护包括三取二组态（除振动信号采用二取二）。它们包括数据测量采集设备、信号处理、限止信号产生、遮断信号产生和保护信号输出。汽轮机保护条件通过模拟量测量，信号不间断地进行监视和比较。通过数字化自动系统执行信号处理。采用这种设计，可以精确完成所有汽轮机组保护回路而不需要另外的试验设备。汽轮机组的保护条件，由汽轮机组安全运行的需要决定，这些保护回路没有投入，机组将不允许运行。这些信号汇总后，形成汽轮机保护停机信号送到 TTS 系统（turbine trip system）进行处理。

TTS 系统接受保护的开关量信号，包括超速保护、发电机保护、锅炉保护 MFT、紧急停机按钮及汽轮机保护信号，通过故障安全型的输入模块（FAILSAFE DI）送到处理器，在处理器进行运算处理。形成最终的停机信号，通过故障安全型的输出模块（FAIL-SAFE DO），控制油动机的快关电磁阀，使阀门迅速关闭。TTS 的逻辑处理在处理器中独立的区完成。该区的功能块是专业用，和其他的处理功能块不通用。

故障安全型模块每个信号都是双通道，具有自诊断功能，包括断线诊断、短路诊断、接地诊断、失电诊断、供电故障诊断、通信故障诊断等。同时，每个油动机上配备有两个冗余的快关电磁阀，只要有一个快关电磁阀动作，阀门将快速关闭。这两个电磁阀由保护系统不同的输出信号控制，做到从通道到电磁阀的冗余配置，以确保安全停机。故障安全型输入模件每个信号进入模件的两个通道，故障安全型输出模件每个信号输出到两个通道，这两个通道再经过二极管后直接带动电磁阀。

四、EH 停机系统

本机组的 EH 停机系统，每个油动机是独立的，单独动作。在每个油动机上设置了两个串联的快关电磁阀。只要其中的一个电磁阀动作，该阀门就迅速关闭。每个电磁阀分别接受 ETS 来的动作信号，将阀门快速关闭。电磁阀常带电，失电动作。电源采用 24V DC，由 ETS 的 DO 卡件直接提供。

五、保护项目

1. 手动停机

手动停机取消了原来的危急遮断器、危急遮断油门、隔膜阀等诸多部套，在汽轮机头部无法通过机械遮断装置手动停机。因此，本机组在机头设置了 1 个紧急停机按钮，有 3 副 NC 和 1 副 NO 触点，该紧急停机按钮和集控室的紧急停机按钮一起构成手动停机回路。这些按钮送到 ETS 系统，当需要手动紧急停机时，通过这些按钮，使快关电磁阀失电，遮断机组。集控室按钮采用双按钮形式，每个按钮有 4 副 NC 和 1 副 NO 触点。其中 3 副 NC 触点和机头按钮的 3 副 NC 触点组合进入处理器（软回路），作三取二后跳机。集控室按钮还有一路 NC 信号接到电磁阀供电回路，作硬回路断电，直接动作电磁阀。所有的动合（NO）触点用作报警。

2. 机组超速保护

机组超速保护构成及原理见上面所述。

3. 凝汽器真空低保护

为了保护汽轮机低压缸末级叶片，以及防止凝汽器超压，需要对凝汽器真空进行限制，当凝汽器真空超限时，保护动作停机。

凝汽器低真空保护采用一个固定的设定值和可变的设定值。真空一旦低于固定的设定值立即发出保护信号。可变的凝汽器真空设定值和低压缸进汽压力（即流通管压力）相关。当超过动作值后延时 5min 发出保护信号。

凝汽器真空和低压缸进汽压力都采用三个变送器。凝汽器共两个，分别设置。

4. 机组轴向位移大保护

在汽轮机 2 号轴承座处安装有三个轴向位移探头，通过 TSI 装置处理后将三个模拟量信号送到 ETS 系统，进行三取二处理。

5. 轴承润滑油压力低保护

轴承润滑油采用三个变送器进行测量，将 4~20mA 信号送到 ETS，进行三取二处理。测量轴承油压的变送器全部集成在润滑油箱上。润滑油压力测点在滤油器后的母管上。具体的动作值在调试时根据润滑油的实际工作压力确定。

6. 汽轮机 EH 油压低保护

在每个 EH 油泵出口设置一个压力变送器。当两个压力都低于设定值，延时 5s 后发出保护信号。

7. 轴承温度高保护

在机组的每个轴承上安装两个测量轴承金属温度的三支热电偶（其中1、2号轴承安装有上、下部各2只），推力轴承在正负推力面各装有两只三支热电偶。每个热电偶的三个信号全部进入ETS系统，在处理器中对每个温度点进行三取二处理，当温度超限后动作。

8. 润滑油箱油位保护

润滑油箱油位采用三个变送器进行测量，将4～20mA信号送到ETS，进行三取二处理。油位的变送器全部集成在润滑油箱上。

9. 机组振动保护

本机组采用轴承座落地结构，汽轮机基础采用柔性基础，因此，轴承保护采用轴承座振动（绝对振动）保护，而轴振动（相对振动）仅用来报警。如轴振动大，运行人员认为需要停机，可采取手动停机。

轴承座振动探头安装在45°方向，在相近的位置设置了两只振动探头。这两个信号通过TSI装置处理后将4～20mA模拟信号都送入ETS保护系统，进行二取二处理，即两个振动信号都超限，保护动作。

另外，TSI还发出通道报警信号，振动通道故障后通道OK信号动作。该信号和振动超限信号一起，即同一轴承的两个振动信号超限或发生故障，振动保护动作。

X、Y方向的两个轴振动探头信号送到TSI装置，进行合成处理后再送到DEH进行报警。

10. 高压缸排汽温度高保护

二次再热高压缸排汽温度测量采用3只热电偶，当温度超过报警值时，高压缸排汽温度控制器激活，增大高压缸流量降低高压缸排汽温度；若温度超过保护值，则三取二汽轮机跳闸动作。

11. 低压缸排汽温度高保护

为了防止末级压叶片温度过热，在每个低压缸末端安装3支热电偶，监测末级叶片温度。当末级压叶片温度升高到一定值时，打开低压缸喷水电磁阀降低此处温度，若温度继续升高超过限值，则汽轮机保护动作。

12. DEH保护停机

当DEH处理器死机不执行程序，DPU通信发生故障，系统将发出停机信号，此时汽轮机两侧各有一个油动机上的电磁阀会失电，系统保护停机。

13. 汽轮机、发电机制造厂要求的其他保护项目

保护系统接受其他系统来停机信号，包括发电机保护停机，锅炉MFT停机，发电机断水保护等。

六、超速脱扣试验

汽轮机超速脱扣硬件试验通过键"超速脱扣试验ON命令"PSS在OM画面上发出。

这只有在发电机断路器打开（OFF）时才能进行。当在 OM 画面上显示超速脱扣试验 ON 的信号 PSSE，开始运行以下步骤：

（1）"转速设定值上限" NSOG 设定到 "超速脱扣试验转速设定值 NSS" 较高值进行试验。

（2）转速设定值梯度限制的温度裕度 OFF，"超速脱扣试验转速设定值梯度" NSGP 被锁定。

（3）只要透平转速超过汽轮机保护系统的超速限制，"汽轮机脱扣" 信号 SS 就发出。

（4）当 "汽轮机" 脱扣信号 SS 有效，转速设定值设定到 "额定设定值" NNOM，以下参数成为超速脱扣试验之前的值，"转速设定值上限" NSOG 和 "超速脱扣试验转速梯度" NSGP。

（5）通过键 "超速脱扣试验 OFF 命令 RSS" 可从 OM 画面停止试验。

如果需要 "超速脱扣试验" 功能，该软件必须预先通过参数 "超速脱扣试验有效" FGUEN 有效。

第五节　汽轮机监测系统（TSI）

一、使用 TSI 的目的

由于随着科学技术的不断发展，电能需求的日益增加，单机容量的不断扩大等原因，大型发电机组要求更高的可靠性和自动化水平，否则它的事故将给电网造成巨大的损失，因此，在大型机组中，监视和保护系统（TSI 和 ETS）是非常重要的。它不仅可以提高劳动生产率和电能质量，还能降低发电成本，改善劳动条件，并为大型机组的安全、经济运行提供了可靠的保证。TSI 系统能连续地监测汽轮机的各种重要参数，如可对转速、超速保护、偏心、轴振、轴位移、胀差等参数进行监视，帮助运行人员判明机器故障，使得这些故障在引起严重损坏前及时遮断汽轮发电机组，保证机组安全。另外 TSI 监测信息提供了动平衡和在线诊断数据，维修人员可通过诊断数据的帮助，分析可能的机器故障，帮助提出机器预测维修方案，预测维修信息能推测出旋转机械的维修需要，使机器维修更有计划，减少维修时间，其结果是减少了维修费用，提高了汽轮机组的可用率。

二、本机组 TSI 设置特点及功能

1. TSI 设置特点

TSI 系统提供汽轮发电机组的本体状态监测。该系统采用进口优质产品，TSI 仪表按照美国本特利的 3500 系列、美国艾默生的 CSI6500 系列、VIBROMETER VM600 系统选型。

（1）监视项目齐全、性能可靠。TSI 系统测点分布时考虑测点分布，模件通道分布，提高系统的整体可靠，风险分散，不允许单个模件或电源故障导致系统停机事件隐患存在。

（2）配用先进的安全监测保护装置，该装置与机组所使用的信号，使保护系统具有统一性和完整性。保护装置及其输出到指示仪表的信号准确可靠。

（3）电子装置机柜能接受由二路交流 220V(1±10％)，50Hz±2.5Hz 的单相电源。这两路电源均来自不停电电源（UPS）。

（4）除能接受上述二路电源外，在 TSI 机柜内配置相应的冗余电源切换模件和回路保护设备，并用这二路电源在机柜内馈电。

任一路电源故障都报警，在一路电源故障时自动切换到另一路，切换时间不大于 5ms，以保证任何一路电源的故障均不会导致系统的任一部分失电。

（5）模拟量信号采用 4～20mA 统一输出，同一信号输出 2 路，不包括该装置本身所需的信号。

（6）TSI 装置留有与汽轮机 DEH、分散控制系统（DCS）、汽轮机紧急跳闸系统（ETS）、汽轮机振动数据采集和故障诊断系统的信号接口（硬接线/通信）。

2. TSI 的主要功能

（1）转速测量。本机型转速测量功能在 DEH/ETS 内实现，转速探头安装在 2 号轴承处，分布在轴承座两侧，其中控制、保护用 6 只，备用 1 只。6 路转速信号分为两组，进入超速保护装置进行三取二保护回路。另外，超速保护装置输出 3 路转速脉冲信号进入 DEH 转速卡中用于控制。在机尾安装一套就地转速表。

（2）轴承振动监测。按机组轴承数装（包括发电机），装设测量轴承在垂直方向上以及测量轴在 X、Y 两个方向上振动的装置，可连续指示、记录、报警和保护。轴的相对振动和盖振可在 TSI 上显示和输出。有轴振测量装置（包括两只正交布置的探头）和瓦振测量装置。探头及延长电缆采用耐高温型。

（3）轴向位移监测。通过一个参考点对大轴位移进行监测，可连续指示、记录、报警和保护。

（4）轴偏心监测。监测转子的弯曲值，可连续指示、记录、报警和保护。

（5）汽缸膨胀监测。测量 2 号低压缸的远端膨胀量，可连续指示、记录、报警和保护，装有就地仪表。

（6）键相。除 TDM 系统需要的键相位信号外，还应提供单独的键相信号用于功角测量。

第六节　汽轮机主辅机振动数据采集和故障诊断系统（TDM）

一、TDM 的功能

主辅机振动数据采集和故障诊断系统（TDM），用于诊断汽轮机及辅机故障和指导运行操作。两台机组合设一套，并提供和一期数据整合的功能，提供和原生产系统总部通信整合功能及联络光纤。

数据管理系统 TDM 是具有采集启动/停机数据能力的系统。在机组稳态和瞬态（启动和停机）运行的条件下，可自动采集并处理振动和过程数据。TDM 以 PC 机为基础的，它直接连到监测系统的框架上，PC 机可采集、储存、显示并以不同的格式打印出机组的数据及图形。TDM 系统包括组态软件、数据采集和显示软件。TDM 功能范围还应包括送风机、一次风机、引风机、给水泵、BEST 机、磨煤机、循环水泵、凝结水泵等重要辅机的振动数据采集和故障诊断。

二、本机组 TDM 设置的特点

由于在汽轮发电机组及相关辅助设备的各个轴承上（含发电机）都安装有两个相互垂直的观察轴振的涡流探头，因此，通过 PC 机，把数据传到采集数据的计算机中，就可通过显示软件来显示下列数据或图形：

（1）当前值——可提供与机组相关联的各测点当前测量值的数据清单。

（2）棒状图——显示的是监测器前面板表头的模拟情况以及从数字通信线路得到的，由表头显示的过程变量的数值。

（3）机组的图形——由用户组态的机械图形，具有适当位置的振动和测点的标签，并具有当前的全部监测值和报警状态。

（4）快速趋势图——可显示采样的趋势，包括对稳态测点的一般监测值以及对动态测点的综合监测/过程数值和 1X、2X 的振幅和相位。

（5）趋势图——在某一趋势期间内所储存的测量值。

（6）多变量趋势图——除了与趋势图相同之外，在同一张图上可画有八个变量的趋势，这对于观察过程数据与振动数据的相关是非常有用的。

（7）可接受区图——一个特殊的趋势图。

（8）时基图——用来显示时域波形。

（9）轴心轨迹/时基图——轴心轨迹是轴的中心线在轴承间隙之内的动态路线，而时基图表示的是两个信号的波形。轴心轨迹就是由这两个波形产生的。

（10）轴中心线图——轴中心线相对于轴承间隙的平均位置。

（11）频谱/全频谱——显示的是振动信号中的频率成分。

（12）X 与 Y 的关系曲线图——任一振动或过程变量与另一个振动或过程变量的关系曲线。

（13）瀑布/全瀑布图——显示频谱趋势的图形。

（14）波特图——从瞬态数据得到的。它可以是一倍频或二倍频的振动幅值和相位，在机组启动或停机时，取自由用户选择的轴的转速范围内的数据。

（15）极坐标图——来自瞬态数据，以极坐标的形式显示具有振幅和相位的 1X 或 2X 矢量。

（16）级联图/全级联图——来自瞬态数据，显示的是一系列频谱。

根据管理系统所提供的数据与图形，故障诊断专家就可以非常方便地进行机组振动特征分析，并诊断出机组的振动故障，如不平衡、热弯曲、轴瓦不稳定、油膜振荡、动静摩擦等。

第四章 供 油 系 统

汽轮机的调节和保护装置的动作是以油作为工作介质的，同时支持轴承和推力轴承也需要大量的油来润滑和冷却，所以汽轮发电机组都设有供油系统。供油系统必须在任何情况下，即不论在机组正常运行、停机、事故甚至当厂用电中断时，都能保证供油。对于高速旋转的汽轮机发电机组，哪怕是短暂时间（如几秒钟）的供油中断，也会引起重大事故。

汽轮机供油系统有两种类型：一种是润滑油和控制油全部都采用传统的汽轮机透平油，润滑油系统和控制油系统合二为一；另一种是润滑油采用透平油，控制油采用高压抗燃油，润滑油系统和控制油系统分开设置。

大机组通常将润滑油系统和控制油系统分开设置，其理由如下：

（1）大型机组供油动机用的控制油和轴承用的润滑油压力相差很大。提高油动机的油压是缩小油动机尺寸、加快油动机动作速度的有效措施。而对汽轮机的润滑油压的要求要比控制油压小得多。

（2）从安全、经济方面考虑。随着控制油压的提高，若动力油仍采用透平油，则一旦压力油管路破裂，极易造成火灾，所以控制油采用高压抗燃油作为工作介质；由于润滑油系统相当庞大，加上抗燃油价格昂贵、润滑性能较差，因此润滑油仍采用透平油。

（3）控制用油比润滑用油要求更高的清洁度。由于控制油的油压高，故各部件间的间隙更小，要求油质特别清洁。

另外，抗燃油还存在某些毒性，所以抗燃油系统应采用单独密封的动力油系统。

瑞金电厂1000MW超超临界汽轮机的供油系统采用独立的抗燃油系统和润滑油系统。抗燃油系统作为控制用油的供油系统，而采用透平油的供油系统仅用于提供轴承润滑油和发电机氢密封油等。

第一节 润 滑 油 系 统

一、润滑油系统的作用

润滑油系统的基本功能是为机组全部轴承和盘车装置提供润滑油，为发电机氢密封系统供油，为顶轴油系统提供压力油。在机组正常运行时，润滑油系统由主轴带动的主油泵供油。随着制造技术的提升，电动油泵组的可靠性大幅度提高，现在一些大型机组也直接采用电动油泵作为主油泵。大多数采用小汽轮机带动给水泵的机组，其主机和小汽轮机不采用联合使用的润滑油系统。瑞金电厂1000MW超超临界火电机组用小汽轮机驱动给水泵，其小汽轮机的润滑油系统独立于主汽轮机的润滑油系统。

二、润滑油系统的组成及原理

瑞金电厂润滑油系统主要由油箱、主油泵（2×100％交流离心泵）、危急油泵（1×100％直流离心泵）、冷油器、润滑油过滤器、顶轴油泵（3×50％交流叶片泵）、顶轴油过滤器、油烟净化排放装置等设备及其控制装置、连接管道、附件等组成，如图4-1和图4-2所示。

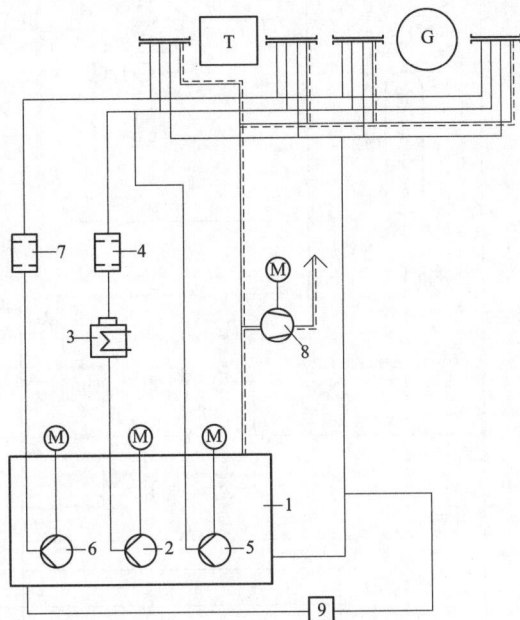

图4-1 润滑油系统原理示意图

1—主油箱；2—主油泵；3—冷油器；4—润滑油过滤器；5—直流危急油泵（直流润滑油泵）；6—顶轴油泵；
7—顶轴油过滤器；8—油烟净化排放装置；9—油处理系统；T—汽轮机；G—发电机；M—电动机

汽轮机润滑油从主油箱中由交流润滑油泵经由冷油器和润滑油过滤器送到汽轮机发电机组中各轴承。润滑油压力和流量由节流阀调节。

在电力故障情况下，直流危急油泵不经过冷油器和润滑油过滤器直接供油给轴承。

在机组启动、停机以及低转速下盘车运行时，轴承还需顶轴油供油。顶轴油由顶轴油泵经由顶轴油过滤器供油到轴承下部。

润滑油和顶轴油流出轴承，经由回油管道流回主油箱。油烟净化排放装置维持润滑油系统中的微负压。油处理系统通过旁路净化部分流量的润滑油。

汽轮机润滑油系统各部件均采用不锈钢材料，应是强度足够的厚壁管，至少应按提高一个压力等级进行设计，最低设计压力应不小于1.6MPa，尽量减少法兰及管接头连接。润滑油管道采用套装油管型式。油管路的焊接采用全氩弧焊工艺，油系统中的附件不得使用铸铁件。法兰采用对焊式法兰。仪表和控制回路上的油管一律使用不锈钢。管道有足够的支撑和紧固以使振动影响减到最低限度。回油管道应足够大，并向油箱一侧向下倾斜布置，回油管道倾斜坡度不小于3％～5％，以保证回油通畅。润滑油套装油管内支架要求采用不锈钢。

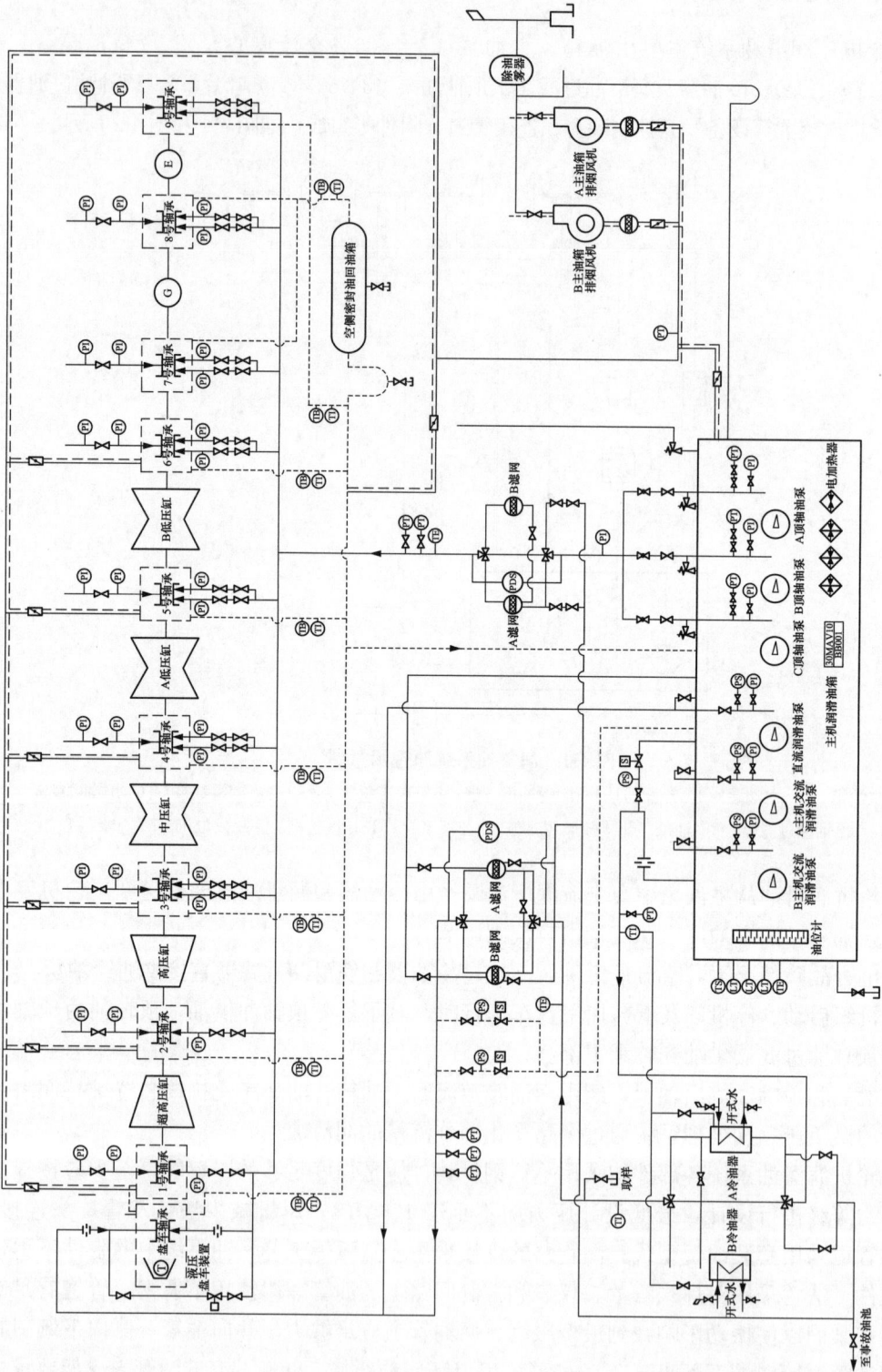

图 4-2 汽轮机润滑油系统

第二节　润滑油系统主要设备

一、主油箱

主油箱采用模块化设计，是大型的钢制容器，汽轮发电机组所需的全部润滑油均储存在该容器内。本机组的主油箱布置在汽轮发电机组中心线以下。油泵由电机驱动从主油箱里抽取润滑油供至各轴承，各轴承所有回油均回到油箱模块。主油泵、危急油泵、电加热器、油位指示器、油位变送器、顶轴油泵、温度开关等各种设备及仪表都装在主油箱上。各个油泵出口都安装有止回阀用以防止油流从系统中回流。主油泵吸入口及主油箱回油腔室设有滤网帮助除去系统中的大颗粒杂质。主油箱顶部设有人孔以便检修。底部有主放油口和危急放油口。主油箱运输过程中，所有接口均用法兰盖封堵。主油箱容量的大小，可保证当厂用交流电失电的同时冷油器断冷却水的情况下停机时，机组安全惰走，此时润滑油箱中的油温不超过75℃。正常运行时主油箱的循环倍率通常为8次/h。

本机组润滑油及主油箱的主要技术参数如表4-1所示。

表4-1　　　　　　　　　　　　　润滑油及主油箱主要技术参数

序号	项目	单位	技术参数
1	采用的油牌号、油质标准		ISO VG46
2	油系统需油量	m³	40
3	轴承油循环倍率		8
4	轴承油压	MPa	0.01~0.15
5	油箱型式		方形
6	油箱容量	m³	48
7	油箱外形尺寸（长×宽×高）	mm×mm×mm	11 000×3600×4000
8	油箱设计压力	MPa	大气式
9	油箱材料		不锈钢
10	油箱质量	kg	38 500
11	回油流量	kg/h	221 760

主油箱内设置电加热器。SRYA-10系列加热器是专门用于加热油液的加热器，采用多根电热元件，将电热元件放置在保护套内，维修时无须放掉油箱模块内润滑油，且该加热器属于单独控制，所以维修时简单方便，可单独维修，无须停机。并设计有超温报警探头，可有效地防止电加热器因温度过高烧坏及表面结碳。由于加热管是流体状安排的，通过空烧传导热量，因此，加热器可以对加热介质进行很均匀的加热。可更换的电加热管插在护套管内，加热器的表面负荷较低，可以避免加热介质产生气泡和碳化。当油箱油温低于10℃，油不能循环时，投入相应的加热装置加热温度到40℃。

主油箱装有油位指示器。油位指示器采用磁翻板油位计（带 4～20mA 远传），安装在主油箱侧边。它具有耐腐蚀、无须电源、结构简单、安装方便等特点。该油位计根据浮力原理和磁性耦合，当油箱模块油位升降时，油位计主导管中的浮子也随之升降，浮子内的永久磁钢通过磁耦合传递到指示器，驱动红白翻柱翻转 180°，当油位上升时，翻柱由白色转为红色，当油位下降时，翻柱由红色转为白色，指示器的红、白界位处为油箱油位实际高低，实现就地的指示和记录。

主油箱设有油位变送器。油箱顶部装有三只油位变送器，对油位进行实时监控。目前配置的油位变送器有导波雷达油位变送器或电容式油位变送器两种。若油箱模块顶部装有三只导波雷达油位变送器，则是利用时域反射原理对油位进行测量，并根据高油位或低油位接通开关机构。该油位变送器接入用户线路，并可按用户要求与报警或脱扣装置线路相连。在三只油位变送器中有任意两只发出停机信号时发出停机信号。若油箱顶部装有三只电容式油位变送器，则是利用油位高低变化影响电容值变化的原理进行测量，并根据高油位或低油位接通开关机构。该油位变送器接入用户线路，并可按用户要求与报警或脱扣装置线路相连。在三台油位变送器其中有任意两台发出报警信号时发出停机信号。

主油箱内部还设置用于区分回油区和净油区的回油滤网，并设置双联过滤器（过滤精度 $25\mu m$），可以在运行中进行清扫而不影响过滤润滑油，且过滤后的油质能达到汽轮机对油品的要求。本机组主油箱回油槽内装有一个圆桶形的回油滤网，过滤精度 80 目，如图 4-3 所示。它由外覆一层金属筛网的带孔金属板组成，嵌装在油箱模块回油腔室内，回油靠重力流进回油滤网，并从滤网侧面和底部进入油箱，滤网顶部设有手柄，通过检修口可将滤网取出进行清洗。

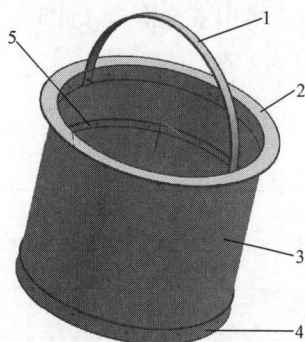

图 4-3　回油滤网
1—把手；2—上法兰；3—滤网装置；
4—下法兰；5—支撑骨架

二、主油泵

润滑油系统的主油泵由两台交流电机驱动的离心泵组成，安装在主油箱顶部，正常运行时两台油泵一台运行一台备用。主油泵为立式，其结构如图 4-4 所示。该油泵设计成能满足自动启动、遥控及手动启停的要求，并且有独立的压力开关，停止—自动—运行按钮控制开关以及具有能用电磁阀操作油泵自启动的试验阀门。系统油温通常在 10～82℃之间，油箱中的油温低于 10℃时禁止启动油泵，此时可以投入电加热器，将润滑油温度加热到 10℃以上，之后再开启主油泵，并加热使润滑油温度升高到规范允许值。

本机组的主油泵选用的是立式浸入式油泵，构造简洁、紧凑，采用常规的单壳式壳体。油泵出口止回阀处设有放气孔，该设计结构可防止因润滑油中含有空气而影响泵的性能。采用单吸入式叶轮构造，并设有平衡孔以避免产生推力载荷。油泵的轴承由上轴承和下轴承两部分组成，上轴承采用深沟球轴承，可以承受油泵的残余轴向力，该轴承从油泵出口引压力油强制润滑。下轴承是圆柱滚子轴承，浸没在油里，内外圈可以滑动，用来消除油泵由于热膨胀等原因产生的偏差。

主油泵及电动机的主要技术参数如表 4-2 所示。

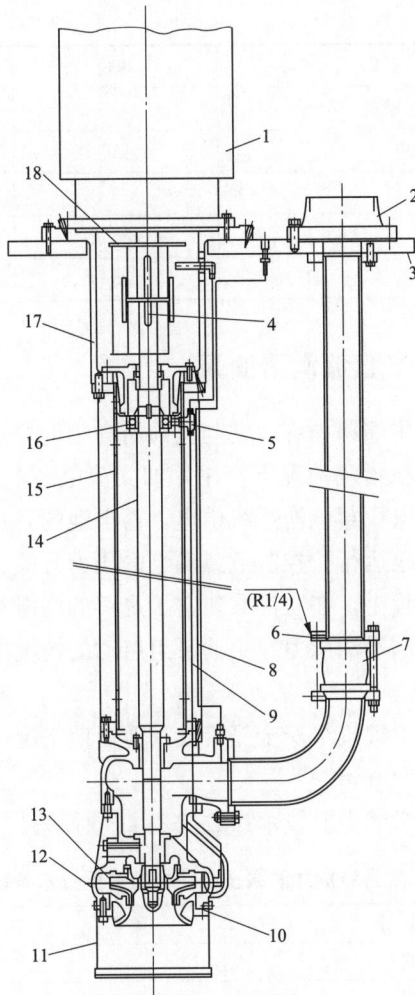

图 4-4　主油泵的结构

1—电动机；2—接口法兰；3—泵安装板；4—齿形联轴器；5—润滑油喷嘴；6—排油接口；

7—止回阀；8—测压管路；9—轴承润滑油管路；10—O 形密封圈；11—吸油过滤器；

12—离心泵罩壳；13—叶轮；14—离心泵轴；15—离心泵轴套；16—轴承；17—联轴器罩；18—挡油板

表 4-2　　　　　　　　　　　　　主油泵及电动机的主要技术参数

序号	项　目	单位	技术参数
1	型式		电动离心泵
2	数量	台	2
3	容量	m³/h	252
4	出口压力	MPa	0.57～0.6
5	转速	r/min	2950
6	外壳材料		碳钢
7	轴材料		锻钢
8	叶轮材料		不锈钢

续表

序号	项　目	单位	技术参数
9	电动机型式		防爆
10	功率	kW	132
11	电压	V	380
12	转速	r/min	2950
13	总重	kg	2200（泵＋电动机）

三、直流危急油泵（直流润滑油泵）

直流危急油泵安装在主油箱顶部，它与上面所介绍的主油泵具有相同的结构，是主油泵的备用泵。危急油泵只在紧急情况下使用，如交流电断电或轴承油压低于设定值时等。危急油泵的直流电动机由电厂蓄电池系统供电，蓄电池的容量应能满足在正常惰走过程中提供足够的动力供危急油泵运行。控制危急油泵的压力开关整定值低于控制主油泵的压力开关整定值。机组启动过程中，在主油泵建立了足够的润滑油压力以后，将危急油泵的控制开关放在自动上。如果润滑油压力在主油泵组启动的情况下，仍达不到低限要求，危急油泵就会投入运行。

直流危急油泵仅用于保护机组安全停机或其他短期工况。在非危急情况下，应避免危急油泵连续运行时间大于 90min。

直流危急油泵及电动机的主要技术参数如表 4-3 所示。

表 4-3　　　　　　　　直流危急油泵及电动机的主要技术参数

序号	项　目	单位	技术参数
1	型式		电动离心泵
2	数量	台	1
3	容量	m³/h	252
4	出口压力	MPa	0.25
5	转速	r/min	2800
6	外壳材料		碳钢
7	轴材料		锻钢
8	叶轮材料		不锈钢
9	电动机型式		立式
10	功率	kW	36
11	电压	V	220DC
12	转速	r/min	2800
13	总质量	kg	2500（泵＋电动机）

四、冷油器及换向阀

1. 冷油器

本机组润滑油系统中配有两台 100％容量的冷油器，一台运行、另一台备用，用来调节润滑油的温度。冷油器入口直接与主油泵出口连接，出口与润滑油过滤器连接。通过调节水侧流量来控制冷油器出口油温，若配置三通温度调节阀（选用设备）时，则可通过调整冷热油量，将冷油器出口油温控制在一个稳定值。正常情况下，在冷油器进油温度为60～70℃时，出口温度不大于50℃。

本机组采用进口品牌的板式冷油器，其板材采用不锈钢材料，板片及密封圈采用原装进口产品。冷油器板片可以承受一定的压差，板片间有无数个触点相互支撑，在正常的水压波动范围内不会发生板片变形从而导致油压波动。密封圈设计成双密封导向系统，使转换口的两种物料彼此分离，增加密封性；如发生泄漏，泄漏区将流体通过泄漏槽（密封圈间隙）排放，便于操作者立即发现。此冷油器具有换热效率高、可靠性强、结构紧凑、冷却水量小、经济性高等优点。

每台冷油器根据汽轮发电机组在设计冷却水流量和最高冷却水温、水侧清洁系数为0.85、面积余量20%情况下的最大负荷设计。冷油器能承受1.5倍设计压力的水压试验压力。冷油器的设计和管道布置方式允许在一台运行时，另一台停用的冷油器能排放、清洗或更换、检修。冷油器的冷却水采用开式循环冷却水（循环水水质）。

冷油器寿命按30年设计，密封垫圈采用优质产品，寿命至少满足一个大修周期的寿命要求。冷油器润滑油进出口管道设有放气、放水和取样系统。

冷油器主要技术参数如表4-4所示。

表4-4 冷油器主要技术参数

序号	项目	单位	技术参数
1	型式		板式
2	制造厂		ALFALAVAL，SONDEX，APV，GEA
3	数量	台	2
4	冷却面积余量	%	20
5	冷却水入口设计温度	℃	20
6	出口油温	℃	50
7	冷却水流量	m³/h	350
8	油量	m³/h	252
9	水阻	MPa	≤0.08
10	水侧清洁系数		0.85
11	水侧设计压力	MPa	1.0
12	油侧设计压力	MPa	1.0
13	水侧设计温度	℃	33
14	油侧设计温度	℃	100
15	板片材料		TP304
16	框架材料		碳钢
17	密封垫材料		NBR
18	外形尺寸（长×宽×高）	mm×mm×mm	1900×780×2165

2. 换向阀

在汽轮机润滑油供油系统中，换向阀是切换两台冷油器运行方式的重要设备，它具有操作简便，不会由于误动作而造成润滑油系统断油的特点。当运行中的冷油器结垢较严重，使冷油器出口油温偏高时，可以通过切换换向阀工作位置，启动另一台冷油器。

换向阀是由阀体、阀芯、手轮、密封架等零部件组成的 L 形三通切换球阀，润滑油从换向阀入口进入，经冷油器冷却后，由换向阀出口进入润滑油供油母管。换向阀阀芯所处的位置，决定了相应的冷油器投入状况，在需要做切换动作时，需要先把换向阀上的平衡阀打开，确保备用冷油器充满油，待两边的冷油器压力平衡时，才能转动手轮，进行切换操作，在换向阀内，密封架上设置了止动块，用以限制阀芯的转动，当手轮搬不动时，表明换向阀已处于切换后的正常位置，此时关闭平衡阀。

五、过滤器

润滑油过滤器安装在冷油器与润滑油供油管道之间，对润滑油进行不间断过滤，滤除油液中的固体颗粒污染物，有效控制系统油液清洁度，防止轴承及转子的磨损。润滑油过滤器由左右两个滤筒和中间三通球阀组成，左右滤筒一备一用，由三通球阀切换过滤器工作状态。

润滑油过滤器具有以下特点：过滤器上盖与壳体之间采用快速拆卸提升装置，便于维护；进油侧与出油侧均设有排污口；顶部设有放气口；设有压力平衡阀，用于备用过滤器注油，同时也便于转动换向阀手柄；球阀结构独特，操作方便，密封可靠；带进出口差压开关。

润滑油过滤器的差压开关将发讯器和其他设备连接起来。两级压差整定值分别为报警点和阻塞点。

六、顶轴油泵

顶轴油泵为 3 台 50％容量高压容积泵，正常运行时 2 台运行、1 台备用。顶轴油泵的作用是向汽轮机及发电机各轴承提供压力油，以承受转子的重量，并在盘车运行期间为盘车装置的液压盘车马达提供驱动油，在机组盘车时和跳闸后都能顺利投入运行。

顶轴油泵为高压叶片泵，布置在主油箱顶部合适的位置，从主油箱内直接吸油，出口设有顶轴油过滤器、压力控制阀组件、仪控设备等，如图 4-5 所示。

为确保顶轴油系统能提供持续稳定的高压油，顶轴油泵出口还配备有压力控制组件。压力控制组件是集成在一起的一个控制单元，包含压力控制阀、流量控制阀、高压板式球阀等，如图 4-6 所示。压力控制阀组件压力控制阀整定值为 17.5MPa。为了保证顶轴油系统的清洁度，系统还设有顶轴油过滤器。顶轴油过滤器配有球阀、排污阀等，在设备检修时可以将过滤器中剩余的润滑油排净，便于更换滤芯。过滤器配有压差开关，在滤芯堵塞时可以通过电气控制发出报警，提醒操作人员更换滤芯，以保证油液的清洁。顶轴油过滤器与压力控制组件组合在一起，这样既可以实现集中控制，也方便运输、操作、安装、检修。

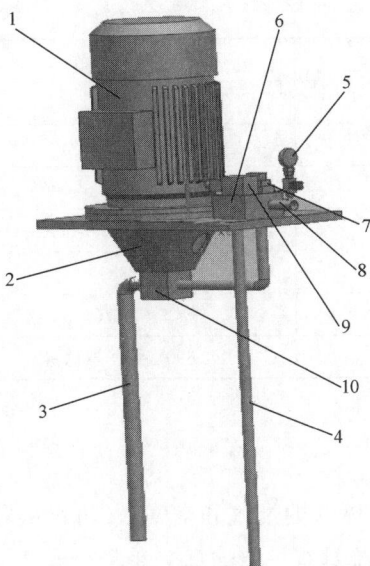

图 4-5 顶轴油泵结构简图

1—电动机；2—联轴器罩；3—吸油管路；

4—阀块泄油管路；5—压力表；6—阀块组件；

7—压力控制阀；8—止回阀；

9—电磁换向阀；10—顶轴油泵泵体

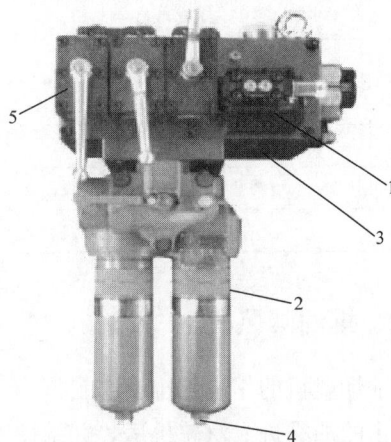

图 4-6 阀块组件结构简图

1—压力控制阀；2—顶轴油过滤器；

3—阀块组件；4—排污口；

5—高压板式球阀

机组在启动盘车前应先启动顶轴油泵，利用 12.7～17.5MPa 的高压油将轴颈顶离轴瓦（0.05～0.08mm），消除两者之间的干摩擦，同时可以减少盘车的启动力矩。汽轮机和发电机轴承均设有顶轴油。在每个轴承的顶轴油供油管上配置了止回阀和节流调节阀，顶轴油系统退出后，可利用该系统测定各轴承油膜压力，以了解轴承的运行情况。

在汽轮机转子转速低于 510r/min(8.5r/s) 时必须启动顶轴油泵以避免轴承损坏。在转子速度超过接近 540r/min(9r/s) 时关闭顶轴油泵。

当汽轮机的控制系统收到一个火警信号时，顶轴油泵会自动切断，在顶轴油泵再一次开启之前，危急油泵必须处于热备用状态。

顶轴油泵及电动机的主要技术参数如表 4-5 所示。

表 4-5 顶轴油泵及电动机的主要技术参数

序号	项 目	单位	技术参数
1	顶轴油泵型式		叶片容积泵
2	制造厂		Parker，DENISON
3	数量	台	3
4	容量	kg/h	5500
5	出口压力	MPa	17.5
6	转速	r/min	1475
7	壳体材料		碳钢

序号	项　目	单位	技术参数
8	轴材料		碳钢
9	柱塞材料		合金钢
10	电动机型式		防爆立式
11	功率	kW	55
12	电压	V	380
13	转速	r/min	1475
14	总质量	kg	690（泵＋电动机）

七、排油烟风机

排油烟风机的作用是排出来自润滑油系统中的气体（油烟气和空气），防止从转子油封处排出的油雾进入汽轮机房，并维持整个润滑油系统具有一定的真空度。

主油箱上设置 2 台全容量的交流电动机驱动的抽油烟机和油烟分离器，排烟风机为立式风机。两台排油烟风机一台运行一台备用，其吸入管伸进油箱顶部易积聚油雾的区域，并通过排油烟管路与轴承座相连。运行时，风机产生一个微负压，油雾被风机抽出，并通过与风机出口管道相连的用户管道排向大气。油烟分离器（除油雾器）装在吸入侧，依靠气体穿过一系列安装在除油雾器内部的滤网，从而分离出气体中夹带的液体，并将其送回油箱。每个除油雾器有一个"风门式"蝶阀，装于吸入侧。此阀由手动控制，调节通过风机的空气流量，并由此调节油箱模块和汽轮机轴承座中的真空度。此阀应在启动前调节使汽轮机最末端轴承处达到 25～75mm 水柱的真空度。

当汽轮发电机组启动和运行前，排油烟风机必须投入使用。在汽轮发电机组运行期间，如果排油烟风机失灵或关闭，油雾和/或润滑油有可能从油封环溢出而进入汽轮机房。在这种情况下，操作人员应考虑将汽轮发电机组停机，直至排除排油烟系统的故障。

油烟气体中的润滑油都是由除油雾器去除的，油雾分离不充分通常是由油烟量过大造成的。因此，在排油烟管道中的蝶阀不必开得太大，且油箱的所有接口必须密封。使用排油烟管道中的蝶阀可调节油烟气体的流量，建立并维持润滑油系统的微负压在适当范围，使除油雾器的油分离能力不被过大的流量所减弱。

排油烟风机的运行是由排油烟风机上游的压力变送器监控的。如果达到了整定值，备用排油烟风机就自动启动。

排油烟风机及电动机的主要技术参数如表 4-6 所示。

表 4-6　　　　　　　　　排油烟风机及电动机的主要技术参数

序号	项　目	单位	技术参数
1	风机型式		立式
2	制造厂		杭州科星
3	数量	台	2

续表

序号	项　目	单位	技术参数
4	容量	m³/h	＞800
5	电动机型式		立式防爆
6	功率	kW	3
7	电压	V	380
8	转速	r/min	2950
9	总质量	kg	1150（整套装置）

八、仪控设备

1. 压力开关

压力开关为机械式的压力控制器，用于检测测点的压力值是否正常。如果压力值比所设定的压力值低时，则发出警报信号以启动备用装置或提醒操作人员来处理。

主油箱出口供油管上装有 2 个压力开关，它通过测量供油管道的压力来控制备用主油泵和直流危急油泵何时投入运行。当主油泵运行并产生小于 0.25MPa（参考汽轮机中心线）的供油压力时，压力开关发讯启动备用主油泵。当备用主油泵运行并产生小于约 0.22MPa（参考汽轮机中心线）的供油压力时，压力开关发讯启动直流危急油泵。

主油泵出口母管上装有 1 个压力开关，当泵出口母管压力低于设定值时，压力开关发讯启动辅助主油泵和直流危急油泵。

2. 压力变送器

压力变送器用于检测测点的压力值，并发出对应当时压力值的 4～20mA 电流信号，通过设定压力报警点来实现对润滑油系统的控制，以此检查润滑油系统是否工作正常。

润滑油供油管道上设有 3 个压力变送器，采取三取二的保护逻辑。当供油压力小于 0.25MPa（参考汽轮机中心线）时发出报警信号，供油压力小于 0.23MPa（参考汽轮机中心线）时，主机跳机。

顶轴油系统中设 1 个压力变送器，压力变送器布置在顶轴油供油管道上，用来测量供油压力是否满足要求，通过整定值来判断顶轴油系统是否正常工作。

排油烟系统中设有 1 个压力变送器，布置在排油烟风机入口处。用来测量主油箱及轴承座负压，判断油箱及轴承座是否正常维持负压、风机是否正常工作。

3. 温度开关

主油箱上装有 1 个温度开关，可以设定要求的温度范围，用以和油箱内的润滑油温度保持在一定的范围内。若温差较大，温度开关会发出电信号报警，联锁或提示电加热器启动或停止。

4. 铂电阻/热电偶

主油箱及供、回油管道典型位置处装有铂电阻/热电偶，用来测量各位置的油温。

1 个铂电阻/热电偶用于测量油箱模块内润滑油的温度；1 个铂电阻/热电偶用于测量冷油器或三通温度调节阀（选用设备）出口润滑油温度；1 个铂电阻/热电偶用于测量顶

轴油过滤器出口的顶轴油温度；9个铂电阻/热电偶用于测量各个轴承回油温度。

5. 压力表

在主油箱及供、回油管道典型位置处，分布有多个压力表，用于就地指示系统各位置的压力。

1个压力表（MAV21CP501）用于指示主油泵出口供油总管压力；3个压力表分别用于指示主油泵及危急油泵出口压力；3个压力表分别用于指示3台顶轴油泵出口压力；1个压力表用于指示顶轴油供油母管压力；18个压力表分别用于指示润滑油供油母管及各轴承供油管道压力；1个压力表用于指示排油烟管压力。

6. 温度计

在油箱模块及供、回油管道的典型位置处，分布有多个温度计，用于就地指示各位置的油温。

1个温度计用于指示主油泵出口母管的润滑油温度；1个温度计用于指示冷油器出口润滑油温度；9个温度计用于指示各轴承回油温度。

第三节　润滑油系统的运行

一、润滑油系统启动和盘车时间

盘车装置投入前必须先启动润滑油系统。盘车装置必须在蒸汽进入轴封之前投入运行，以防止在停机过程中由于一侧加热而造成汽轮机的转子发生弯曲。

另外，在汽轮发电机组启动前，润滑油油温必须高于35℃，建议油温为45℃。油系统及盘车的启动和油箱内油的初始温度有关，盘车运行期间油温的预期变化速率对其也有影响。如油箱里初始油温为15℃，油温变化速率大约5℃/h，则盘车必须在汽轮机组启动前4h投入运行。

二、启动润滑油系统

按照电厂操作规程来启动油系统。

1. 做好运行前准备工作

启动前，确认系统所有的启动准备工作已完毕。

2. 停机后油系统充油和泄放

（1）直流危急油泵对润滑油系统进行充油和泄放。当油系统长期停止工作时，油管路中的润滑油会回流至主油箱，使油管路中充满空气。如果启动主油泵对油系统充油和泄放，轴承座内气压会相应升高，导致润滑油从轴承座油封环处漏出。

因此，长期停机后，需要使用直流危急油泵对油系统进行缓慢地充油和泄放，以防止轴承座内压力过高。危急油泵必须通过副控制回路启动，这样可以同时检查副控制回路。油系统泄放过程中必须运行排油烟风机。

（2）用顶轴油泵来填充和泄放顶轴油系统。清空油箱之后必须将顶轴油系统进行排空。

（3）启动主油箱排烟风机。只要发电机内充有氢气，就必须运行排油烟风机。

（4）启动润滑油系统。开启一台主油泵用来启动润滑油系统。只要轴系在旋转，主油泵和直流危急油泵的副控制回路就必须在自动模式。

（5）启动盘车装置。启动盘车装置前必须对发电机密封环供给密封油。启动盘车时必须启动一组顶轴油泵。如果有必要，也可以使用手动盘车装置来使轴系旋转。

三、润滑油系统运行

油系统运行包括根据汽轮发电机组的运行状态来执行下列转换操作：

1. 汽轮发电机组转速达到额定盘车转速，盘车装置退出

汽轮发电机组上升到合适转速后，液压马达首先退出，顶轴油泵也停止运行。供给液压马达润滑油，使其继续以低转速旋转。

2. 汽轮发电机组停机后启动盘车装置

停机时，汽轮发电机组下降到合适的转速后，启动一组顶轴油泵，同时为液压马达提供动力油。

汽轮机停机后金属逐渐冷却，投入盘车装置，可以防止轴受热不均产生热弯曲。若条件允许，汽轮发电机组可以在该条件下的任何时刻随时启动。

四、润滑油系统退出

当轴承座和转子的测量点温度下降到100℃以下时，可退出盘车装置和油系统。按下列步骤来退出盘车装置和油系统：

1. 退出盘车装置

盘车装置处于联锁状态，供给液压马达的顶轴油将随着盘车退出而切断，但是整个轴系在顶轴油工作状态下惰走至停止。

必须避免在失去顶轴油的情况下轴系惰走。如果顶轴油系统不工作，而轴系惰走至停止，那么必须在停机和下次启动时监测轴承温度。如果轴承温度高于先前的监视值，就必须检查轴承。

2. 油系统退出

主油泵、直流危急油泵和顶轴油泵的联锁切换到手动模式，主油泵和顶轴油泵退出。只要发电机内有氢气，排油烟风机就必须运行。

五、润滑油系统运行数据及影响因素

在额定转速或盘车运行期间，润滑油系统和顶轴油系统部套的性能可以参考下面的数据进行监视和评定。

在额定转速或盘车运行期间：运行主油泵下游油压；润滑油过滤器下游油压；润滑油过滤器两端压差；润滑油温度；主油箱油位。

盘车运行期间：盘车速度；顶轴油过滤器下游油压；顶轴油过滤器两端压差；轴承顶轴油压。

在额定转速或盘车运行期间，润滑油系统和顶轴油系统任何部分如果偏离设计值，可以参阅表 4-7 中包含的信息来进行处理。

1. 运行主油泵下游油压

运行主油泵下游的油压取决于油泵和润滑油系统的特性。泵特性描述了油泵的压力和流量之间的关系，而系统特性取决于管道压损。

在汽轮发电机组紧急惰走期间，直流危急油泵快速投入运行，维持润滑油系统的油压。

在汽轮发电机组正常运行期间，若出现以下一些情况，则润滑油系统的油压可能会偏离设计值：

（1）系统的油耗异常，如节流阀开度不合理，或者打开了机组运行时需要关闭的阀门。

（2）主油泵故障或者主油泵出力偏离设计值。

（3）润滑油中空气含量偏高，如过高的循环倍率，或者空气释放不符合要求。

（4）润滑油温度不符合机组正常运行要求。

2. 润滑油压力

润滑油过滤器下游的润滑油压力取决于运行主油泵下游的油压和润滑油过滤器堵塞的程度。运行中润滑油过滤器的堵塞程度可以从过滤器两端的压差来进行评估。

如果润滑油压力下降到整定值以下，润滑油压力保护就会启动。

如果润滑油压力下降，油泵的子回路控制器就起到安全装置的作用，它依顺序接通备用油泵。

如果三相交流电源失效就会接通直流危急油泵。

3. 润滑油温度

汽轮发电机组在额定转速下运行期间，调整冷油器水侧流量、温度，使汽轮发电机组轴承入口处润滑油温度保持在 50℃左右。

在汽轮发电机组正常运行期间，若出现一些情况，则润滑油温度可能会偏离基准值：冷油器的冷却水侧不放气；冷油器上游冷却水温度太高；冷油器上游冷却水压力太低，导致冷却水流量不足；冷油器结垢。

4. 主油箱油位

当油箱模块中油位降到油位整定值以下，或必须激活汽轮机消防系统的位置之前，必须发出油箱模块低油位报警信号。

报警后必须立即检查油位降低的原因，如由于润滑油系统发生泄漏、油箱模块滤网堵塞或者是由于长时间运行润滑油在系统中的正常损失。

关于是否激活消防系统、清洗主油箱滤网或者加满油位，将取决于以上检查的结果。

如果在加注时放入油箱的油过多，或者其中聚集了过量的水，就要发出高油位报警信号。

5. 顶轴油过滤器下游油压

顶轴油过滤器下游油压力借助于溢流阀保持一个恒定值。

顶轴油压力偏离设计值的一些可能原因是：

（1）顶轴油泵故障。

（2）溢流阀失灵。

（3）溢流阀的泄压阀非正常打开。

（4）顶轴油过滤器堵塞。

6. 顶轴油过滤器两端的差压

顶轴油过滤器堵塞程度可以通过过滤器两端的差压来进行评估。

7. 轴承顶轴油压

每个轴承的顶轴油压必须与该轴承承受的负荷适应，顶轴油压力可以通过顶轴油管上的节流阀来进行调节。

在初始调整和后续检查时，合理设定每个轴承的顶轴油压力，使轴颈被顶起 $0.05\sim$ 0.08mm。轴颈顶起量用千分表测量。

若每个轴承都调节到合适的顶轴油压力，就可以用手动盘车装置轻松地转动轴系。轴承顶轴油压力受下列因素影响：

（1）顶轴油过滤器下游顶轴油压力。如果油过滤器下游顶轴油压力太低，就不能产生足够压力来顶起轴颈。

（2）轴承座中顶轴油管的状态。轴承座内部顶轴油管泄漏将不能在轴承处形成正常的顶轴油压力。

（3）轴系的对中。如果轴系的中心随时间变化，就需要调整顶轴油压力。

（4）轴承状态。如果有任何一个轴承状态改变，必须检查轴承并采取纠正措施。

六、润滑油系统常见的故障、原因及处理

润滑油系统运行中常见的故障及检修措施见表 4-7。

表 4-7　润滑油系统运行中常见故障、原因及处理

序号	故障类别	故障原因	措　　施
1	汽轮发电机组在额定转速下运行期间或者机组盘车期间，主油泵下游油压低	（1）主油泵故障。 （2）备用油泵或危急油泵下游止回阀泄漏，止回阀泄漏会导致备用油泵或直流危急油泵出现以下现象：油泵旋转方向错误；油泵和止回阀之间形成油压	（1）低油压报警，连锁启动备用油泵；检查备用油泵的启动； （2）启动并停止出现泄漏的油泵以消除卡涩和冲洗止回阀；如有必要检修出故障的止回阀
2	汽轮发电机组在额定转速下运行期间，主油泵下游油压力不稳定	（1）润滑油中空气含量过高。对油箱中的润滑油进行取样，样本显示空气气泡数量异常，说明润滑油中空气含量过高。 （2）润滑油的循环倍率过高，也会使润滑油中空气含量过高	（1）确定空气释放并与极限作比较。 （2）如有必要，咨询汽轮机制造厂和润滑油供应商以确定润滑油空气含量过高的原因。 （3）如果空气含量高到足以影响汽轮发电机运行就必须更换润滑油。 （4）由汽轮机制造厂采取措施来减少到轴承及到其他需油部件的润滑油流量或采取其他合适措施降低循环倍率

续表

序号	故障类别	故障原因	措施
3	润滑油过滤器下游油压力低	（1）若主油泵下游润滑油压正常，则润滑油过滤器堵塞。 （2）若主油泵下游润滑油压低，则润滑油系统故障	（1）切换润滑油过滤器并清洗滤芯。 （2）确定润滑油系统问题的原因，采取相应措施
4	在润滑油系统运行期间，润滑油过滤器上的压差高	润滑油过滤器堵塞	切换润滑油过滤器并清洗滤芯
5	汽轮发电机组在额定转速下运行期间，润滑油温度高	（1）运行中的冷油器冷却水侧未放气。 （2）至冷油器的冷却水进口温度过高。 （3）至冷油器的冷却水进口压力低。 （4）运行中的冷油器结垢	（1）给冷油器的冷却水侧放气。 （2）采取措施降低冷却水温度。 （3）检查厂用水系统；如必要则关闭到备用冷油器的冷却水进水阀。 （4）切换备用冷油器
6	汽轮发电机组在额定转速下运行期间，主油箱油位低	（1）润滑油系统发生泄漏。 （2）主油箱中回油滤网堵塞。 （3）油位的下降与整个运行周期中润滑油正常消耗量相当	（1）目测检查润滑油外部系统；如果润滑油泄漏并生成火灾隐患则采取消防行动。 （2）如果主油箱回油腔室中油位高，则检查油箱模块中回油滤网，并用清洁的备用滤网更换，清洗堵塞的回油滤网。 （3）用干净的润滑油加注油箱模块回油腔室至正常油位
7	汽轮发电机组在额定转速下运行期间，主油箱油位高	（1）虽然早已超过了正常油位，但加注油泵（非 STP 提供）仍在运转。 （2）主油箱底部积水	（1）从油箱模块中排油直到建立正常油位为止。 （2）使用底部放油口从油箱模块中排放积水（若排放过程中油位低于正常油位，应及时加注油）；确定水侵入的原因并纠正
8	在机组盘车期间，汽轮发电机转速下降	（1）轴承顶轴油压力低。 （2）汽轮机转子与汽缸摩擦。 （3）液压传动装置马达上游油压低	（1）采取适当的措施，提高顶轴油压。 （2）找出转子与汽缸摩擦的原因，并采取措施，消除汽轮机转子与汽缸摩擦。 （3）检查液压传动装置马达上游节流阀
9	在机组盘车期间，顶轴油过滤器下游油压力低	（1）溢流阀的泄压阀打开。 （2）溢流阀出故障。 （3）顶轴油过滤器堵塞。 （4）顶轴油泵故障	（1）关闭溢流阀的泄压阀。 （2）通过打开和关闭泄压阀来恢复溢流阀功能。 （3）切换顶轴油过滤器并清洗滤芯。 （4）确定顶轴油泵故障的原因，并排除故障
10	在顶轴油系统运行期间，顶轴油过滤器两端的压差高	顶轴油过滤器堵塞	切换顶轴油过滤器并清洗滤芯

续表

序号	故障类别	故障原因	措　施
11	在盘车装置运行期间，轴承顶轴油压力低	顶轴油过滤器下游油压低	确定轴承顶轴油压低的原因，采取适当的措施提高轴承顶轴油压
12	运行主油泵由于电动机过度的功耗而失效	（1）在备用油泵电动机功耗也异常高时，说明润滑油系统油耗过高。 （2）备用油泵功耗正常并且故障油泵的测试运转显示出异常的噪声和振动，说明运行主油泵故障	（1）检查润滑油系统油耗过高的原因，如不正常打开放气阀，节流阀开度过大，备用交直流油泵出口止回阀泄漏或其他原因。 （2）断开连接，打开并检查故障油泵；维修故障油泵
13	顶轴油泵故障	由于溢流阀故障造成过大的顶轴油压力	检查溢流阀的动作，并校正

第四节　EH 抗燃油系统

一、EH 油系统的作用

采用抗燃油作为调节系统用油的机组装备有专用的抗燃油供油系统，称为 EH（electric hydraulic）油系统。抗燃油系统的主要作用是为各阀门的油动机提供符合标准的高压驱动油。因此，采用抗燃油系统和润滑油系统分开设置的机组，其油系统要比单一的透平油系统复杂，运行和维护的工作量也增大。对于高参数大容量机组，为了提高调节系统的工作性能，增加它的可靠性和灵敏度，要求有更高的工作油压，以改善调节响应的品质，减小执行机构的尺寸，降低机械惯性和摩擦的影响，减少耗油量。但油压的提高可能会引起更多的油泄漏，增加了发生火灾的危险性。显然，采用抗燃油可以解决这个问题。一般，抗燃油具有 500℃ 以上的闪点，因此，漏油接触电厂高温部件也不会引起火灾。但抗燃油价格较昂贵，并对人体健康有一定影响，不宜在润滑油系统等其他有一定开放性的油系统中使用，故采用独立的、封闭的抗燃油供油系统。

二、抗燃油特性

为了提高控制系统的动态响应品质，现代大型汽轮机组普遍采用了抗燃油作为控制和调节系统工作油（EH 油）。抗燃油是一种三芳基磷酸酯的人工合成油，它具有良好的润滑性能、抗燃性能和流体稳定性，自燃点为 560℃ 以上。因而在事故情况下，当有高压动力油泄漏到高温部件上时，发生火灾的可能性大大降低。抗燃油的氧化性和水解稳定性也比通常使用的矿物润滑油好，可延长油液的使用寿命。其挥发性以及油中游离气体释放度较低，在运行中发生气蚀的可能性减小，有利于设备的维护。

但抗燃油价格昂贵，并对人体健康有一定不利影响，不宜作为润滑油使用，因此需要设置单独的供油系统。由于抗燃油是人工合成油，对非金属材料的溶解性比矿物润滑油严重，在设计系统密封时，要特别考虑。而且，抗燃油的质量密度较大，故一些杂质微粒容易悬浮在油中，容易损伤部件。特别在较低温度下，抗燃油黏性很大，更容易影响系统运行。故 EH 供油系统必须在油温达到要求后才能启动。

为了保证电液控制系统的性能完好，在任何时候都应保持抗燃油油质良好，使其物理和化学性能都符合规定。因此，除了在启动系统前要对整个系统进行严格的清洗外，系统投入使用后还必须按需要运行抗燃油再生装置，以保证油质完好。推荐的抗燃油的物理化学性能如表 4-8 所示。

表 4-8　　　　　　　　　　　　　　　抗燃油物理化学性质

特性	单位	数值	测试方法	
			DIN/ISO	ASTM
40℃（104℉）运动黏度 ISO VG46	nm²/s	41.4～50.6	DIN 51 562～1	ASTM D 445
50℃（122℉）空气释放	niin	<3	DIN 51 381	ASTM D 3427
中立数	mg KOH/g	<0.10	DIN 51 558-1	ASTM D 974
水容量	mg/kg	<1000	DIN 51 777-1	ASTM D 1744
50℃（122℉）泡沫：趋势	mL	<100		ASTM D 892
稳定性	s	<450		
水可分离性	s	<300	DIN 51 589-1	—
抗乳化作用	min	<20	DIN 51 599	ASTMD 1401
15℃（59℉）时的密度	kg/cm³	<1250	DIN 51 757	ASTMD 1298
闪点（COC）	℃（℉）	>235（>455）	ISO 2592	ASTMD 92
燃点	℃（℉）	>550（>1022）	DIN 51 794	
弱火焰持续时间	s	<5	ISO/DIS 14 935	
倾点	℃（℉）	<−18（<0）	ISO 3016	ASTMD 97
颗粒分布	—	<15/12	ISO 4406	
氯含量	mg/kg	50	DIN 51 577-3	
氧化稳定性	mg KOH/lcg	<2.0	DIN 51 373	
水解稳定性	mg KOH/kg	<2.0	DIN 51 348	
电阻率	Ω·m	>50	IEC 247	

三、EH 油系统的组成及原理

如图 4-7 所示，本机组 EH 供油系统包括油箱及附件、2 台 100％容量的高压油泵（采用进口产品）、1 套抗燃油再生净化装置（具备再生净化、除油泥、滤杂质、滤水功能），2 台 100％容量的不锈钢冷油器、切换阀、加热装置、蓄能器、油温调节装置和滤油器、泵进口滤网等，另外，每台机组提供 1 套抗燃油高效滤油装置（具备除油泥、滤杂质、滤水功能，出力为 20L/min，采用 PALL 品牌）。所有汽轮机控制用抗燃油系统的一整套设

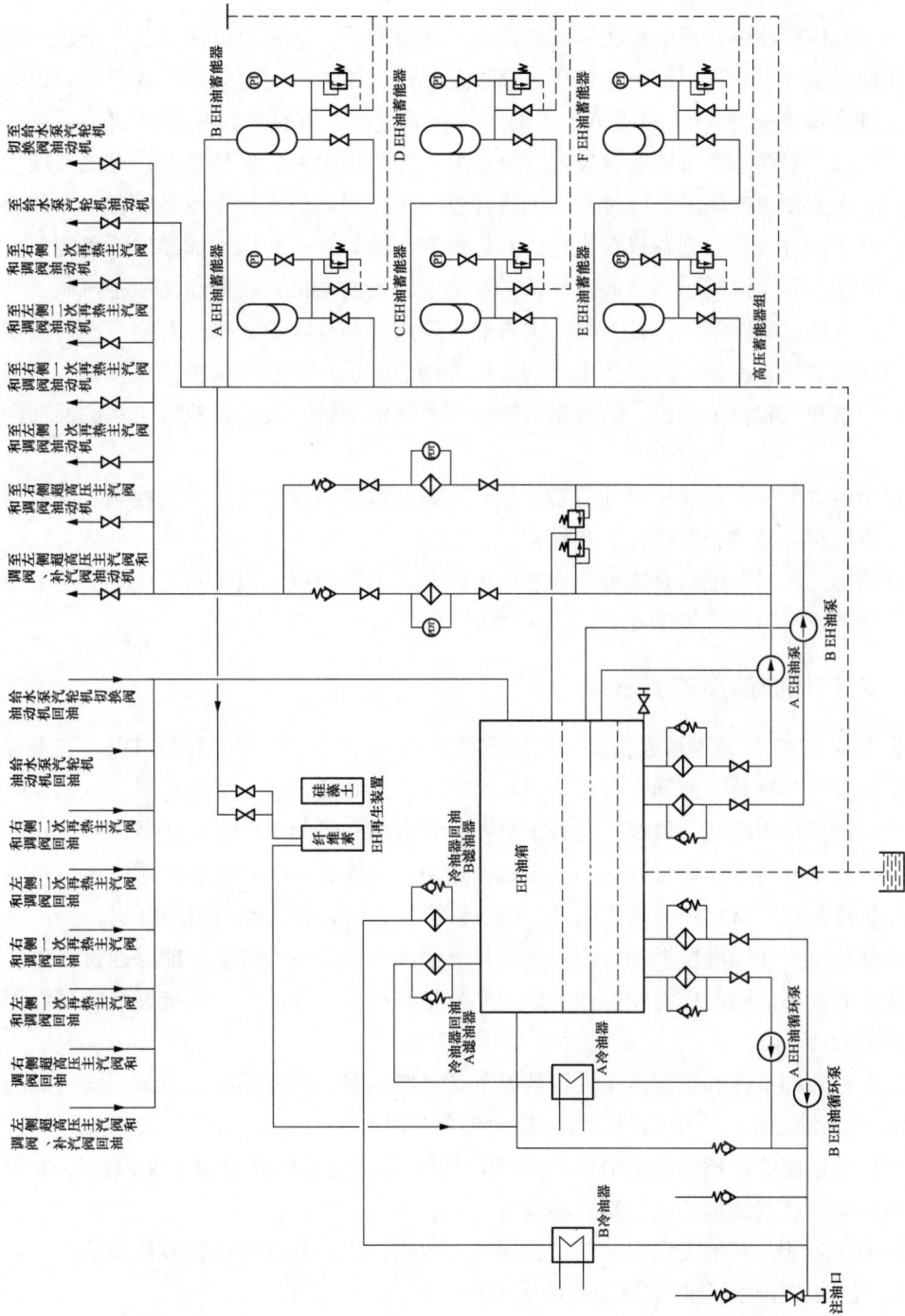

图 4-7　EH 油系统

备及管道。抗燃油供油装置采用集装型式，抗燃油泵安装在油箱下面。管道焊口采用对接形式，焊口有金属探伤检验证明。本工程每台机组设置的 1 台 100％容量给水泵汽轮机，与主汽轮机合用高压抗燃油。

油箱中的抗燃油由交流电动机驱动的高压柱塞泵升压。油泵出口油经过一个过压阀后进入主滤油器进行过滤。当油泵出口压力超过正常运行压力一定值时过压阀打开，以防系统超压。过滤器装有个 $3\mu m$ 的滤芯，将油中的杂质过滤以保证系统中油的清洁。过滤器带有差压指示，当滤芯变脏堵塞后发出报警信号，提醒维护人员更换滤芯。过滤器前后配有隔离阀，以方便更换滤芯。经过滤后油再经过一个止回阀流入与高压蓄能器相连的高压油母管，高压油母管再送到各执行机构。具体地讲，油母管中的压力油经过隔离阀后分别送到：左侧超高压主汽阀、调节阀油动机；左侧过载阀油动机；右侧超高压主汽阀、调节阀油动机；右侧过载阀油动机；左侧一次再热主汽阀、调节阀油动机；右侧一次再热主汽阀、调节阀油动机；左侧二次再热主汽阀、调节阀油动机；右侧二次再热主汽阀、调节阀油动机；给水泵汽轮机油动机；给水泵汽轮机切换阀油动机。最后各执行机构的回油回到油箱。

在每个主油泵的出口和压力油总管安装有压力变送器，压力信号送给控制系统以监视系统的工作状况，并进行联锁控制和保护。

抗燃油为一种磷酸酯型合成油，自燃温度较高，不易燃烧。但是对工作环境温度要求较高，一般要求运行温度控制在 35～55℃之间。

四、对抗燃油油质的要求

根据 ISO 6743/4 抗燃油是由磷酸酯组成的无水液体。标有 ISO-L-HFDR。三芳基磷酸酯是磷酸氢氧化物及苯酚和含有自然原材料（自然抗燃油）或人造原材料（抗燃油）的苯酚衍生物的反应生成物。最终产物必须是不含毒害神经量的磷甲酚化合物。

为了提高某些特性，如侵蚀保护，氧化稳定性，可能会包含对抗燃油系统中材料或运行无副作用添加剂。抗燃油不能引起铁、铜、铜合金、锌，锡、铝材料的沉积。

抗燃油系统中使用的抗燃油必须对材料具有侵蚀保护作用。抗燃油能够通过再生装置持续再生。必须不能引起任何侵蚀和腐蚀，尤其是在控制组件的边缘。抗燃油的黏性等级必须遵守 ISO VG46。

在以上提及的条件和正常再生处理情况下，抗燃油在不保养情况下的最低运行时间为25 000h。抗燃油必须具有剪切稳定性，应不包含任何改良剂。

从系统中泄漏的抗燃油在接触热表面（550℃）时不能点燃或燃烧。必须能够在 75℃时保持长时间运行其物理、化学性质不改变。

抗燃油必须能与其他类型但"基"相同（天然或合成）的三芳基磷酸盐酯混合（容积比 3％）。且在该比例混合时抗燃油的性质不改变。

抗燃油必须与碳氟橡胶、丁基橡胶、三芳基磷酸酯、聚乙烯、聚胺酰、二异氰盐酸粘胶、聚亚安酯/聚酯包装材料兼容。

抗燃油必须不会对遵守常规工业品使用规定使用它的人员造成安全和健康伤害。

在寿命期内，抗燃油不能超过以下限制值：运动黏度：与交付条件相比最大±5%变化；中立数：比交付条件最高提高 0.20mgKOH/g；空气释放：最大 12min；起泡：50℃趋势：最大 220mL；稳定性：最大 450s。

第五节　EH 抗燃油系统主要设备

一、EH 油箱

EH 供油系统为一个集成式的组合油箱，抗燃油装在油箱中，其他设备都布置在油箱上，结构紧凑，有利于电厂安装布置。油箱是供油系统的载体，由不锈钢材料 0Cr18Ni9 制成，容量约为 1200L。油箱中装有控制系统所需的介质——抗燃油。为了防止系统泄漏，在油箱下部还设计有油盘，可以容纳整个系统的油量。为了对系统运行状况进行监视，相应地设置了一些测量仪表，如油位开关、油位变送器、油温热电阻、压力变送器、压力开关等。在油箱侧面还装有电气接线盒，所有的电气信号都接到接线盒里。

如图 4-8 所示，油箱油位高度测量以油箱底部为基准，其整定值如下：油箱油位 915mm 时为高油位，报警；油箱油位 438mm 时为低一值油位；油箱油位 295mm 时为低二值油位，报警；油箱油位 194mm 时为低三值油位，停机；油箱油位 438~915mm 之间时为正常油位。

油箱还带有油位指示器、放油阀。在油箱顶部还装有呼吸器。

抗燃油箱就地油位测量采用铝板式油位计用于就地测量，单独设置两个油位开关，以及能输出远传 4~20mA 信号的浮子式油位计，油箱配备就地温度表或远传热电阻，测量准确且就地读数方便，并设有防护装置。

抗燃油作为执行机构的驱动力，油源布置有着严格的要求，油箱需布置在中间层汽轮机超高压缸下方区域，尽量放置在汽轮机左右侧

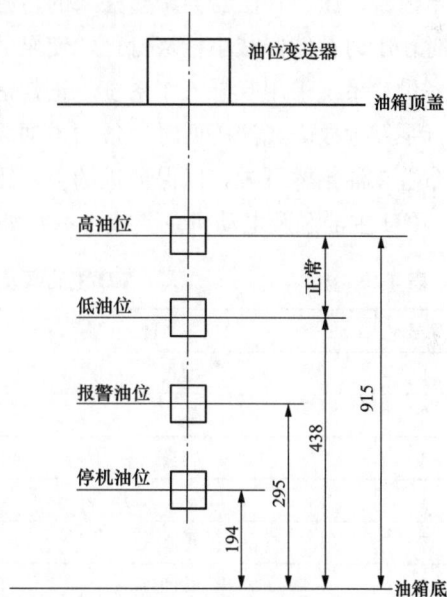

图 4-8　EH 油箱油位

阀门中分线处，即尽量处于两侧阀门对称的位置。油管路现场布置需满足下述要求：在油站与油动机之间管路最大允许长度不大于 30m；在油站与油动机之间最大允许高度差不大于 10m；在油站与油动机之间管路弯头数量不大于 10 个；在油站与油动机间的所有连接管的最大允许容积不大于 270L。

油管路过长可能会造成调节系统调节不稳定，系统回油量过大，阀门瞬态响应性能不足等问题。

EH 油箱主要技术参数如表 4-9 所示。

表 4-9   EH 油箱主要技术参数

序号	项　目	单位	技术参数
1	油箱的外形尺寸（长×宽×高）	mm×mm×mm	1723×3500×2588
2	抗燃油系统需用油量	kg	1050
3	系统储备容量	L	1200
4	抗燃油设计压力	MPa	16
5	抗燃油储油量	m³	0.909
6	抗燃油牌号		阿克苏
7	抗燃油油质标准		ISODIN 4406（C）

二、油泵

供油系统设置两台 100％容量的变量恒压泵作为 EH 主油泵，两台 EH 主油泵均为压力补偿式变量柱塞泵。当系统流量增加时，系统油压将下降，如果油压下降至压力补偿器设定值时，压力补偿器会调整柱塞的行程将系统压力和流量提高。同理，当系统用油量减少时，压力补偿器减小柱塞行程，使泵的排量减少。

供油系统采用双泵工作系统。正常运行时，一台主油泵工作，另一台主油泵备用，当运行泵发生故障或油压低时，备用主油泵能自启动，提高了供油系统的可靠性。两台主油泵布置在油箱的下方，以保证正的吸入压头。

EH 主油泵及电动机主要技术参数如表 4-10 所示。

表 4-10   EH 主油泵及电动机的主要技术参数

序号	项　目	单位	技术参数
1	型式		定压变量柱塞泵
2	数量	台	2
3	容量	L/h	1.8
4	出口/入口压力	MPa	16/0
5	转速	r/min	2950
6	电动机型式		非防爆
7	功率	kW	30
8	电压	V	380
9	转速	r/min	1450

三、蓄能器

为了维持系统变工况运行时油压的稳定，配置有 6 台 50L 容量的蓄能器，安装在油箱的侧面，和油泵出口的压力油母管相联。皮囊式蓄能器由一个充满高压气体的气囊和钢筒组成。工作时皮囊充有 9.3MPa 的氮气，皮囊外的钢筒和高压油系统相联。系统工作时，16MPa 压力的高压油作用在皮囊上，将氮气压缩。当系统油压发生波动下降时，受压的氮气发生膨胀，从而向系统提供压力。也就是说，蓄能器可用来补充系统瞬间增加的耗油及减小系统油压脉动。蓄能器的充气每个蓄能器都配有安全阀，当系统超压时可泄压，还可将蓄能器从系统中隔离进行检修。

蓄能器通过集成块与系统相连，集成块包括隔离阀、排放阀以及压力表等，压力表指示的是油压而不是气压。关闭截止阀可以将相应的蓄能器与母管隔开，因此蓄能器可以在线修理。

每台蓄能器都配有安全阀，可避免蓄能器充气时系统超压。

四、在线循环系统

EH 系统的关键是电液伺服系统，其核心元件是伺服阀。伺服阀的性能决定整个系统的性能（稳定性、快速性、准确性）。伺服阀对油液的污染非常敏感，电液伺服系统中有90％的故障是由于油液污染造成的。因抗燃油对温度和杂质以及油的物理化学特性（如酸值、电导率、含水量等）的要求非常高，为了保证系统的长期可靠的运行，并维护控制介质特性的稳定，采用高效过滤器就显得十分重要。本系统配置的在线循环系统，主要包括冷却系统和过滤系统。

在线循环系统采用两套冗余的系统，每套系统包含一台循环泵、一台冷油器和一台回油滤油器。工作时，油箱中的一部分抗燃油进入冷油器进行冷却，冷却后的抗燃油通过回油滤油器回到油箱。

由于抗燃油黏度对于温度的变化非常敏感，如果温度过高，油的老化将非常快。因此，一个性能优良的冷油器非常重要。本系统采用管式冷油器，结构紧凑，采用独立的冷却系统，自动控制油温。抗燃油冷油器的冷却水采用闭式循环冷却水（除盐水），冷却水温度按38℃，设计压力1.0MPa，并承受1.5倍设计压力的水压试验压力。循环泵将油从油箱送到管式冷却器壳侧，通过管侧冷却水对油进行冷却，再经过滤油器后送入油箱。

抗燃油循环泵及电动机主要技术参数和抗燃油冷油器主要技术参数分别如表4-11和表4-12所示。

表 4-11　　　　　　　　　抗燃油循环泵及电动机的主要技术参数

序号	项　　目	单位	技术参数
1	型式		叶片定量泵
2	数量	台	2
3	容量	L/min	43
4	出口压力	MPa	0.7
5	电动机型式		非防爆
6	功率	kW	2.2
7	电压	V	380
8	转速	r/min	1450

表 4-12 抗燃油冷油器主要技术参数

序号	项　　目	单位	技术参数
1	型式		管壳式
2	数量	台	2
3	冷却面积	m²	8
4	管侧设计压力	MPa	1.6
5	壳侧设计压力	MPa	0.2
6	管侧设计温度	℃	进口 61.8，出口 51.7
7	壳侧设计温度	℃	进口 38，出口 42.2
8	管子材料		TP304
9	壳体材料		TP304
10	水室材料		TP304
11	外形尺寸（直径×长度）	mm×mm	168×1244

五、再生装置

抗燃油再生装置主要由硅藻土滤器和波纹纤维滤器组成，前者降低油中的酸值，后者除去油中的其他杂质，如图 4-9 所示。每个滤器上装有一个压力表和压差指示器。压力表指示装置的工作压力，当压差指示器动作时，表示滤器需要更换。

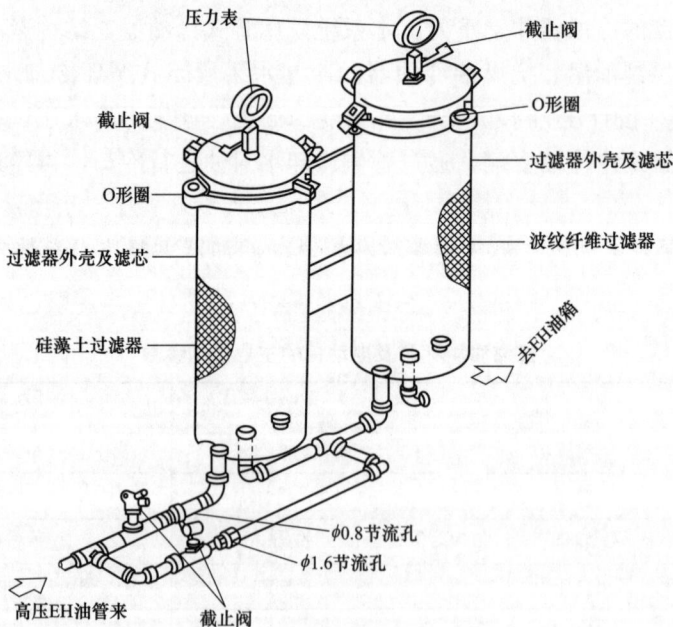

图 4-9　抗燃油再生装置组件

硅藻土滤器以及波纹纤维滤器均为可调换式滤芯，关闭相应的阀门，打开滤油器盖即可调换滤芯。

抗燃油再生装置运行时，EH 油泵出口有一部分抗燃油送到再生装置，再生后的油再送回油箱。再生装置是保证液压系统油质合格的必不可少的部分，当油液的清洁度，含水量和酸值不符合要求时，启用液压油再生装置，可改善油质。

六、油加热器

油加热器采用电加热的形式。电加热器容量为 1.0kW，电压等级为 220V AC。当油温低于设定值时，先启动循环泵，后启动加热器（只有在先启动循环泵的情况下才能启动加热器），以保证油液受热均匀。当油液被加热至设定值时，温度开关自动切断加热回路，以避免由于人为的因素而使油温过高。

七、必备的监视仪表

本装置还配有泵出口压力表、系统压力测口、回油压力测口、压力开关、压力变送器、油位开关、温度传感器等必备的监视仪表，这些仪表与集控室仪表盘，计算机控制系统、安全系统等连接起来，可对供油装置及液压系统的运行进行监视和控制。

八、高压滤油器组件

为了保证伺服阀、电磁阀用油的清洁度，在每一个油动机进油口前均装有滤油器组件。滤油器组件主要由滤网、截止阀、差压发讯器和油路块等组成。正常工作时，滤网前后的两个截止阀处于全开状态，旁通油路上的截止阀处于全关闭状态。当差压发讯器发讯时，表明需要更换滤芯。

第六节　EH 抗燃油系统的运行

一、抗燃油系统启动检查

（一）阀门开度检查

（1）现场检查所有的排油阀门都关上。

（2）用隔离阀选用一个冷油器。

（3）确认冷却水系统正常。

（二）检查电动油泵和漏油情况

（1）启动 A 循环泵，现场检查振动、噪声、启动和运行电流以及出口压力达到额定值。

（2）确认运行中的 A 循环泵油路没有渗漏。

（3）如果油箱的油温低于 32℃ 时，且有循环泵在运行，才能投入加热器。

（4）启动 B 循环泵，现场检查振动、噪声、启动和运行电流和出口压力达额定值。

（5）确认运行中的 B 循环泵油路中没有漏油。

（6）关掉 B 循环泵。

（7）现场检查液压油系统的旁路阀全开。

（8）启动 A 液压油泵，现场检查并确认振动、噪声和启动电流都是正常的。

（9）逐渐关闭液压系统的旁路阀提高液压油油压。然后检查振动、噪声、负荷电流和压力油油压是正常的。

（10）确认运行中的液压油管路无泄漏。

（11）停止 A 液压油泵。

（12）按有关程序内容检查 B 泵。

（三）检查蓄能器的氮气压力

（1）确认蓄能器进口阀全关，蓄能器排放阀全开。

（2）用充氮工具检查并确认氮气压力达到指定值。如果压力低于指定值，应对蓄能器补充氮气达到指定值。

（3）完成氮气检查后，打开蓄能器进口阀并且关上排放阀。

二、抗燃油系统启动程序

（1）确认冷却水系统已投入使用。

（2）确认 A 循环泵就地已设置在"投入"位置。

如果压力油油温低于一定值时，可以启动电加热器对油加热。当油温高于设定值时，电加热器会自动停止加热。

（3）启动切换 B 循环泵。

该泵将连续运行直到液压油系统完全停止工作。

（4）检查并确认过滤系统的压力表显示值正常。

（5）启动 A 或 B 抗燃油泵。

（6）检查并确认所有装在供油装置的仪表板上压力表显示正常值。

（7）检查并确认抗燃油油温应能满足液压油系统连续运行。

三、抗燃油系统正常操作/备用操作

（一）正常运行

（1）检查并确认以下各项内容处于正常。

1）EH 控制油油箱油位。

2）全部油压值。

3）EH 系统油箱的油温。

（2）检查并确认下列各泵停止时，控制位置应设置在"投入"上。

1）A 或 B 抗燃油泵。

2）循环泵。

（二）停止

当机组停机后，液压油系统处于与正常运行相同的状态。

（1）当机组长期停止运行时，抗燃油系统可停运。

（2）停 A 或 B 抗燃油泵，确认备用泵会自动启动，停备用泵。

（3）停切换 A 循环泵。

（4）停 B 循环泵，检查并确认就地控制位置处于"切除"同 A 或 B 抗燃油泵一样。

（5）关掉冷油器上冷却水的进口和出口阀门。

四、抗燃油系统危急操作

（一）抗燃油压力低

（1）确认备用油泵能自动投入运行。

（2）确认机组在压力低于跳闸油压时自动跳闸。

（3）检查并确认液压油泵的电源是完好的。

（4）确认在液压系统油管路中没有泄漏。

（二）液压油温度高

（1）检查并确认液压油泵的负荷电流是否稳定。如果工作电流不稳，停机，然后直接停掉液压油泵。

（2）确认液压油系统冷油器自动投入。

（3）确认液压油系统冷却水阀、进/出油口阀门已经打开。

（4）确认液压油系统温度调节系统运行正常。

（三）液压油温度低

（1）确认加热器能自动投入。

（2）如果压力油的油温缓慢下降，关掉液压油冷油器冷却水进口阀。

（3）检查并确认液压油温度调节系统运行良好。

（四）DEH 油箱油位高/低

（1）油位低。

1）对油位进行确认。

2）确认液压油系统无渗漏。

（2）油位高。当油位高时，打开冷油器壳体上的排油阀。如发现冷油器在连续漏水，用备用冷油器代替工作冷油器，并将工作冷油器的冷却水管路分隔开。

五、抗燃油系统的保养

有计划地对抗燃油系统进行保养，可以防止抗燃油系统的失效，同时使系统能按规定有效运行。这种特定的保养程序将取决于设备的特性、设备工作的环境与工作周期以及系统对生产的重要程度。为了经济地保养周期，建议作寿命周期费用（LCC）分析。

（一）检查

（1）日常检查，投入运行后第一周。

1）油液泄漏。

2）油箱中的油位。

3）工作温度。

4）系统压力。

5）系统性能与总体状况。

6）不正常的噪声。

7）过滤器的污染指示。

（2）每次启动前的检查。

1）油液泄漏。

2）油箱中的油位。

3）吸油阀是否打开。

4）过滤器的污染指示。

（3）经常检查。

1）不正常的振动。

2）不正常的噪声。

3）油液泄漏。

4）油箱中的油位。

5）EH 油箱是否比较干净，气流管道是否通畅。

6）通常的压力值是否稳定。

7）工作温度。

8）过滤器的污染指示。

（二）预定的保养

在特定周期内有计划地保养，包括下列检查和行动：

（1）经常检查中的所有各点。

（2）检查所有的压力值。

（3）检查系统周围固定的温度值。

（4）从 EH 油箱排放阀放出的水和泥浆。

（5）检查电动机。

（6）检查监测设备/开关等元件的功能。

（7）清洁有污物的区域。

（8）检查电线。

（9）检查泄油管的流量和泄油管油液状况。

（10）检查软管、连接和液压泵，注意是否有裂纹、泄漏等情况发生。

（11）通过检查孔检查联轴器。

（三）过滤器滤芯的更换

（1）停止操作并停下电动机。

（2）逆时针拧下过滤器滤芯筒更换滤芯。安装期间要注意不要急于将新的滤芯取出以避免染上污物。检查滤芯筒 O 形圈是否损坏。

（3）安装过滤器滤芯筒，用手拧紧拧不动。

（四）抗燃油的化验

推荐的燃油油每 6 个月要化验一次，这种化验包括黏度、氧化程度、含水量、杂质和污物含量。在绝大多数的情况下，燃油供应商都可以从事化验工作，提供目前液压油的状况，并推荐采取适当的措施。如果化验标明该燃油油的品质不能满足"液压油清洁度要求"的要求时，就不能再投入使用，必须马上更换或清洁。

（五）电动机

检查电动机的通风口是否被脏物堵塞，空气是否很容易进入电动机。

（六）空滤器的更换

（1）清洁空滤器的表面。

（2）拧下盖帽并更换滤芯。

（3）装上盖帽，确保没有外来物质进入油箱。

（七）抗燃油冷油器

当气温低于 0℃，且冷却器不工作的情况下，必须将水放尽，以免冻裂。

（八）蓄能器压力检查及重新充气说明

蓄压器氮气正常工作压力为 9.3MPa，可从蓄压器表上读到，此时蓄压器下部油压力应为零。每周应对蓄压器进行一次检查，如果气压降到 8.27MPa 时，则应重新充气。

高压油通过安全阀再联到蓄能器，安全阀包括一只隔离阀、一只放油阀和一只溢流阀。隔离阀可将蓄压器与系统隔绝。放油阀将相应的蓄压器侧油与回油相通。当系统压力超过安全阀溢流阀的设定动作压力时，溢流阀打开，将压力油放到回油。

如有必要，可在机组运行时每次隔绝 1 个蓄压器进行再充气。在机组运行时不允许一次隔绝一个以上的蓄压器。

蓄压器重新充气步骤：

（1）全关安全阀上的隔绝阀。

（2）打开相应的放油阀，并让蓄压器下的油压消失。

（3）读出蓄压器气压表读数，并记录下来作为今后参考。正常的充气压力是 9.3MPa。压力表读数小于 8.27MPa 时，表示该蓄压器应重新充气。蓄压器只能用干燥的氮气重新充气。

（4）将蓄压器充气阀门上的保险盖拆掉。

（5）将氮气瓶软管与蓄压器气阀相连。将蓄压器气阀的顶部六角螺母松出一圈，使阀内止回阀松开，以进行充气。打开氮气瓶上的阀门，使蓄压器充到表上指示为 9.3MPa 的压力。

（6）当充到所要求的压力值时，关闭氮气瓶上的阀门，旋紧蓄压器气阀的顶部六角螺母，重新关紧止回阀，拆去软管。

（7）关闭蓄压器放油阀。

（8）慢慢打开蓄压器隔绝阀到全开位置。

六、抗燃油系统的维护

维护包括预防和恢复，建立和评估抗燃油系统实际技术状况所采取的措施的总称。

维护工作分为三部分：①预防性维护，保持设备特定工作条件的措施；②检查，采取措施建立和评估设备实际状况；③修理，恢复特定工况的措施。

（一）预防性维护和检查

1. 总体信息

（1）维修人员资质。预防性维护和检查只能由受过培训的专业人员执行。

（2）要按照"基本安全导则"相关内容要求执行。

（3）预防性维护范围和间隔。推荐的维护范围和间隔基于气候、中等的负载和运行条件以及典型的金属工业的环境污染情况（参见表 4-13 内容）。

（4）检查记录。检查时一定要做好检查结果书面记录。这样可以根据实际运行状况考虑可靠性和经济性调整检查和预防性维护间隔，同时通过对照比较，也便于发现故障。

2. 抗燃油

（1）抗燃油的温度。抗燃油油箱最高油温不超过 50℃，因为油温越高油老化越快，密封件使用寿命越短。

（2）抗燃油品质。①抗燃油老化或污染等品质恶化取决于很多运行条件：如温度、运行压力、过滤情况，通过呼吸滤芯、密封接口、湿空气等从外部环境进入杂质，等等。②目视检查只提供对油质的大概评估（浑浊情况，看起来比油刚加入时更暗，油箱有沉淀物等）。③液压油需要进行实验室分析。根据分析结果采取相应措施：更换老化或形成油泥的抗燃油；对于有杂质的抗燃油（清洁度不能维持），采用独立的滤芯进行过滤。

为了移除油泥和水，建议取出 90％左右容量的抗燃油，用油箱外面的过滤装置进行清洁。剩余的含有脏物和水分的油应废弃（重要：所有的废弃物应按照相应规定处置）。

（3）换油。根据油质分析结果决定是否换油。通常，在系统调试前及调试过程中进行油质分析。之后，同样的分析需每年进行。建议每 3 个月进行一次油质分析。油样需在油箱专门取油样处获取。

3. 滤芯检查与更换

（1）具有堵塞指示的滤芯。具有堵塞指示的滤芯连续地监视污染程度。使用完滤芯的去污能力。有滤芯更换报警，但滤芯堵塞指示器没表明需要更换滤芯。如果滤芯堵塞指示器运行正常，则滤芯肯定有故障，或者如果滤器安装了旁通阀，则可能因为油中有杂质，旁通阀没有正常关闭。

（2）更换滤芯。必须满足安全规定及对维护人员的资质要求。空气/干燥滤芯允许在油箱不同油位下让过滤过的空气进入到油箱。根据环境污染情况检查滤芯性能，必要时更换。

如果滤芯堵塞指示器表明滤芯脏了，则最迟在这一班结束的时候更换滤芯。更换过程中需小心谨慎。滤芯必须更换且不能清洗。

使用过的滤芯在油中浸泡过，小心地将滤芯中的油滴擦干净，废弃时应遵守（环境保护等）法规规定。

4. 蓄能器

蓄能器为压力容器，需满足当地有效的安全法规，只可以使用氮气体积纯度为99.99％的氮气。在蓄能器解体前，蓄能器油侧必须卸压。

蓄能器安装时必须小心，因为操作不当可能导致严重的后果。

不允许对蓄能器壳体进行焊接或机加工作业。

5. 再生装置容器

再生滤芯需每年更换。

6. 设定

压力和流量控制阀、油泵控制器以及信号元件，如压力开关、滤芯堵塞指示器等在调试期间进行设置。在机组运行期间需要检查这些设置没有变化。

对压力阀（如变量泵的压力控制器）的设置更改影响很大，如果设置不准确，如压力阀和安全阀的压力设定差别很小，则运行过程中，安全阀会打开，导致功率损失增加以及油温急剧升高。

7. 维护和检修周期

维护和检修周期如表 4-13 所示。所有的维护和修理工作都必须书面记录。

表 4-13　　　　　　　　　　抗燃油系统维护和检修周期

周期	部位	维护内容	备注
每 3 个月	油箱上的液压部件；液压管道和接头	目视检查	漏油必须立刻处理。移除相邻部件，立刻擦干净漏出来的油。注意有滑倒的危险
	电气连接、电缆插头；电气马达的进气	目视检查	如果损坏，需要立刻更换，并检查是否安装正确。清除掉所有的脏东西
	蓄能器	检查固定和氮气压力	
	蓄能器组，蓄能器；安全阀	定期检查	适用有效的调整手段
	冷油器	定期检查	
	油箱油位	目视检查	
	抗燃油	分析	取样
	压力表压力	目视检查	
12 个月	再生装置	更换滤芯	
	抗燃油	分析	取样
每 24 个月（至少每 3 年）	所有部件	清洁所有脏的部件，用布擦掉漏出来的油	可以更容易地监视漏油
	滤芯（包括空气滤芯）	更换滤芯	如果滤芯脏了，则提早更换
	测量元件	检查其运行情况	
	噪声，振动	检查弹性部件	

续表

周期	部位	维护内容	备注
每24个月 (至少每3年)	蓄能器组，蓄能器安全阀	定期检查	适用有效的调整手段
	冷油器	清洁	
	抗燃油管道	检查所有管道和螺纹连接件的漏油； 检查是否有看得见的损伤； 如有损伤立即修复	喷出来的抗燃油可能造成伤害。如果有下列情况，则立即更换液压管道：损伤；泄漏；有老化迹象
	油箱上的液压部件	目视检查	如有泄漏，则必须立即修理移除相邻部件，立刻擦干净漏出来的油。 注意有滑倒的危险
	电气连接、电缆插头； 所有电气设备	详细检查	如果损坏或有老化迹象，需要立刻更换，并检查是否安装正确
	滤芯污染指示器	目视检查，如有必要检查运行情况	
每5/6年 或有必要	所有的密封件	更换密封件	密封件只能由受过培训的有资质的人员更换
	其他内容同"每24个月"的维护项目	其他内容同"每24个月"的维护项目	其他内容同"每24个月"的维护项目

（二）抗燃油系统常见的故障及检修

抗燃油系统运行中常见的故障及检修措施见表4-14。

表4-14 抗燃油系统运行中常见的故障及检修措施

序号	步骤	实施项目
1	抗燃油压力很低	(1) 确认机组跳闸。 (2) 确认液压系统备用泵能自动启动
2	抗燃油压力低	(1) 确认备用泵能自动启动。 (2) 读取液压油管路上压力表的数据。 (3) 检查油箱油位。 (4) 检查蓄能器氮气压力。 (5) 检查系统有无内漏或外漏
3	抗燃油泵电气故障	(1) 检查并确认压力油系统备用泵能自动启动。 (2) 调查过载原因。检查并确认： 1) 管路中没有泄漏。 2) 液压油油温不低于指定值。 3) 运行油泵没有机械故障。 4) 管路中的滤油器没有堵塞。 5) 油箱的油位不低于正常运行范围
4	A循环泵电气故障	调查过载原因，检查并确认： (1) 油管路中没有泄漏。 (2) 液压油油温没有低于指定值。 (3) 运行的泵没有机械故障。 (4) 运行中的滤油器和备用滤油器没有堵塞。 (5) EH控制油箱油位没有低于正常运行范围

续表

序号	步骤	实施项目
5	B循环泵电气故障	调查过载原因，现场检查： (1) 油管路没有泄漏。 (2) 液压油油温没有低于指定值。 (3) 泵没有机械故障。 (4) EH控制油箱的油位在正常运行范围
6	EH油箱油位高/低	(1) 检查EH控制油箱油位指示计。 (2) 确认液压系统没有液压油泄漏。 (3) 确认所有的泄油阀都关闭
7	抗燃油泵自动启动	(1) 不能停泵，保持备用泵的运行。 (2) 检查并确认液压油压降低于正常值，然后检查管路中滤油器的压差不大于指定值
8	管路中的滤油器压差高	(1) 检查管路中的滤油器壳体上的指示值。 (2) 切换运行的液压油泵到备用泵。在切换检查之后，停掉液压油泵，打开滤油器滤筒。 (3) 拆下运行过的滤网。 (4) 装上备用滤网
9	硅藻土滤油器压差高	(1) 检查滤油器进口和出口端压力指示值。 (2) 切断进油。 (3) 打开滤油器。 (4) 装上备用的滤芯。 (5) 在完成更换之后，打开硅藻土滤油器的进口阀
10	冷油器中冷却水管漏水	切换到备用的压力油冷油器。 (1) 打开冷油器进口阀。 (2) 打开冷却水进口和出口阀。 (3) 然后关闭运行过的冷油器的冷却水进水和出水阀门。同时关闭运行过的冷油器的进口阀

第五章 汽轮机热力系统

第一节 热力系统概述

发电厂的热力系统，是根据电厂的热力特征，将热力部分主辅设备及管道附件连接而成的整体。按其应用目的和编制原则的不同，发电厂的热力系统常分为原则性热力系统和全面性热力系统两大类。

一、原则性热力系统

以规定的符号表明工质在完成某种热力循环时所必需流经的各种热力设备之间的联系整体，称为原则性热力系统。原则性热力系统的实质是用以表明工质的能量转换或热量利用过程，它反映了发电厂能量转换过程的技术完善程度和热经济性。原则性热力系统的特点是，系统中同类型参数的设备在图上只表示一个；备用设备和管路，附属机构均不绘出；除额定工况时所必需的附件（如定压运行除氧器进汽管上的调节阀）外，一般附件均不表示。很明显，原则性热力系统要比实际上的热力系统简单得多。

因为原则性热力系统能表明工质工作过程的实质，所以在一定程度上它能标志出电厂的技术完善程度和热经济性，并且通过计算可以确定各设备的汽水流量、工质参数以及电厂的热经济指标等。正确分析、论证和拟订原则性热力系统，是发电厂设计和技术改进中的一个重要内容。

瑞金电厂 1000MW 超超临界机组的原则性热力系统在本书第一章中已介绍，有关内容请参阅该章。

二、全面性热力系统

发电厂的原则性热力系统只涉及电厂的能量转换和热量利用的过程，并没有全面反映电厂的能量是怎样转换的。实际上电厂能量转换还应考虑各种工况及事故时的运行方式。例如，要考虑某一设备、管路事故或检修时，不致影响整个电厂的连续工作，故需装有备用设备或备用管路，还要考虑启动、低负荷运行、变工况、正常工况、事故以及停机等各种操作方式。根据这些运行方式变化的需要，应装有不同作用的管道附件。这就构成了发电厂的全面性热力系统。全面性热力系统是用规定的符号表明全厂性的所有热力设备以及汽水管道连接的总系统。

发电厂全面性热力系统应明确地反映电厂的各种工况及事故、检修时的运行方式，它是按设备的实际数量（包括运行和备用的全部主辅热力设备及其系统）来绘制的，并标明所有部件的连接管路和管路上的一切附件。通过它可以了解全厂热力设备的配置情况及各种运行工况时的切换方式。

全面性热力系统的所有设备或局部系统，都是用以完成发电厂生产任务的，任何设备或系统发生事故，都将不同程度地影响发电厂的正常工作，甚至可能使生产中断。所以对全面性热力系统的要求是安全可靠，便于运行维护，便于扩建，技术经济性合理。

由于全面性热力系统比较复杂，通常按功能分解为主蒸汽系统、旁路系统、给水系统、凝结水系统、回热抽汽系统、疏水系统、辅助蒸汽系统，冷却水系统等，下面对瑞金电厂 1000MW 超超临界汽轮机的相关热力系统进行介绍和说明。

第二节 主蒸汽及一、二次再热蒸汽系统

本机组的主蒸汽、一次再热、二次再热蒸汽采用两根平行管道供汽，机组在启动和正常运行时两根管道中的蒸汽温度的允许偏差值能承受 17℃ 的持久性最大允许温度偏差；在不正常工况下短时间能承受的最大温差 28℃ 及时间 15min，且出现同样情况下至少间隔的时间为 4h。

一、主蒸汽系统

（一）主蒸汽系统的构成

连接锅炉过热器与汽轮机超高压缸和高压缸的蒸汽管道，以及由这些管道通往各辅助设备的支管，都属于发电厂的主蒸汽系统。

（二）主蒸汽系统布置的特点

（1）采用单元制系统。所谓单元制系统，即每台汽轮机与供应其蒸汽的锅炉组成一个独立的单元，与其他机组单元之间无横向联系的母管。需用新蒸汽的各辅助设备靠用汽支管与单元的主蒸汽管道相连。如图 5-1 所示。

单元制系统的优点是：系统简单，管道短，管道附件少，投资省，压力损失和散热损失小，系统本身事故率低，便于集中控制，有利于实现控制和调节操作的自动化。但与母管制相比，也有其不足之处，因为相邻单元不能相互支持，锅炉之间也不能切换运行，单元内与蒸汽道相连的主要设备或附件发生故障时，整个单元都要被迫停止运行。

（2）锅炉过热器至汽轮机的主蒸汽管道均为双管形式。主蒸汽管道从过热器出口联箱接出四根管道，在炉前合并成两根后分别接至汽轮机超高压缸两侧的超高压主汽阀。

双管布置的可避免采用大直径的主蒸汽管道，尤其是某些需要进口的大口径耐热合金钢管，可降低管道的总投资。另外，双管布置能适应汽缸双侧进汽的需要，在管道的支吊及应力分析也比单管系统易于处理。但双管布置不利于消除进入汽轮机的主蒸汽的热偏差以及由于管道阻力不同而产生的压力偏差。

（3）主蒸汽管道上不设流量测量装置。主蒸汽管道上不装设流量测量喷嘴，主蒸汽流量通过主汽阀后压力来判断。这样做不仅可以减少投资和运行维护费用，而且可以减少主蒸汽的节流损失，提高运行的经济性。汽轮机冲转、暖机、升速等利用汽轮机主汽调节阀和再热汽调节阀控制。

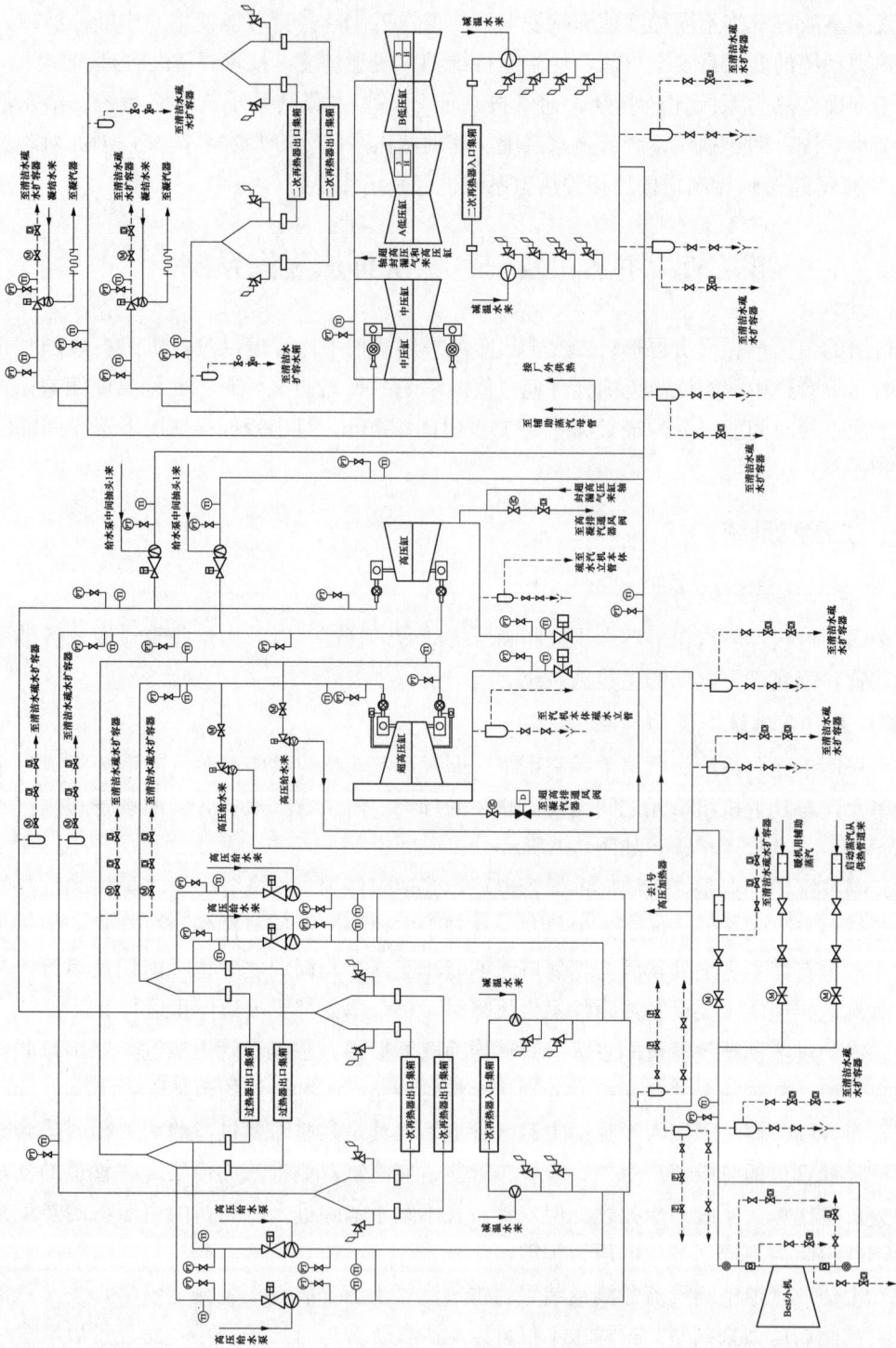

图 5-1 主再热蒸汽及旁路系统

（4）主蒸汽管道上不设电动主闸阀门。因为汽轮机进口处的自动主汽阀具有可靠的严密性，所以锅炉至汽轮机的主蒸汽管道上，除设主汽阀外，不再装设其他隔离阀门。这样，既减少了主蒸汽管道上的压力损失，又减少了投资和运行维护费用。

（5）主蒸汽管道上设有高压旁路。旁路系统起到协调机炉负荷、加快启动速度、保护再热器、回收工质、消除噪声等作用。高压旁路的减温水取自给水泵出口的给水。

（6）锅炉过热器两根出口管道上分别设水压试验堵板阀。设置水压试验堵板的目的是，在锅炉投产或大修后做水压试验时，用于隔离锅炉和汽轮机。

（7）主蒸汽管道上设有疏水系统。每根主蒸汽管道上均设有一个疏水点，疏水点分别位于主汽阀前。疏水管道上均设有截止阀和调节阀，调节阀的开度由主蒸汽管道上主蒸汽温度测量值来控制。主蒸汽管道的疏水至清洁水疏水扩容器。

主蒸汽管道疏水系统的作用是：在机组停机后一段时间内，及时排除管道内的凝结水；在机组启动期间使蒸汽迅速经过主蒸汽管道，加快暖管升温，加快启动速度。

二、一、二次再热蒸汽系统

连接锅炉再热器与汽轮机超高压缸、高压缸和中压缸的蒸汽管道，以及由这些管道通往各辅助设备的支管，都属于发电厂的再热蒸汽系统。再热蒸汽系统又分为一次再热蒸汽系统和二次再热蒸汽系统。一次再热蒸汽系统是指从汽轮机超高压缸排汽到一次再热器再到高压缸进口的相关管道。二次再热蒸汽系统是指从汽轮机高压缸排汽到二次再热器再到中压缸进口的相关管道。再热蒸汽系统又分为高温再热蒸汽系统和低温再热蒸汽系统。

（一）一次再热蒸汽系统的特点

1. 一次低温再热蒸汽系统

一次低温再热蒸汽系统如图 5-1 所示。

（1）汽轮机超高压缸至锅炉一次再热器的再热蒸汽冷段管道中间部分为单管形式。一次再热蒸汽从汽轮机超高压缸排汽口的两根管道引出，合并成单管后通向锅炉一次再热器，到一次再热器前又分成双管，分别接到锅炉一次再热器入口集箱的两个接口。

（2）超高压缸排汽管道上设有气动止回阀。气动止回阀的作用是防止高压旁路运行期间其排汽倒入汽轮机高压缸。气动控制能够保证该阀门动作可靠迅速。

每个止回阀带有气动操作的执行器，用压缩空气打开及借助弹簧力关闭。

止回阀的动作由安装在每个压缩空气管路上的两个弹簧加载的电磁阀执行，并取 决于汽轮机负荷、超高、高压缸排汽、"汽轮机"子组控制和汽轮机遮断装置。在启动过程中止回阀保持在关闭位置直至到达打开的条件。然而，小流量蒸汽足 以通过蒸汽力打开阀门。一旦达到打开条件，执行器将阀门全开而不受蒸汽流量 控制。

当汽轮机的超高压缸排汽压力降低时，一旦满足关闭条件，止回阀依靠前后压差形成的蒸汽力和执行器关闭。

一旦压缩空气供应失灵，阀门通过执行器机械装置上的弹簧力将阀门关闭。因而在汽轮机停机后能保证止回阀可靠关闭。

（3）超高压缸排汽管道上设有至凝汽器的超高压缸排汽通风阀。超高压缸排汽通风阀的作用是当超高压缸隔离，即在超高压缸不需要进汽时，使超高压缸保持真空状态，以防止超高压缸末级因鼓风而发热损坏，并可防止超高压内缸温升过快或超温。

超高压缸通风阀是配有气动执行机构的减压阀。它通过弹簧打开、压缩空气关闭。空气来自安全压缩空气系统。

超高压缸通风阀在汽轮机跳闸开始时打开，当转速下降到一定的标准以下，即超高压缸叶片不会再产生鼓风危险时关闭。

在汽轮发电机以低的稳定速度启动的初始阶段，通过超高压缸叶片区域的压力差比额定转速下计算得到的最小允许压力差还低，此时，超高压缸通风阀打开。

（4）超高压缸排汽管道上设有多套疏水系统。一次再热冷段蒸汽管道引起汽轮机进水的危险性较大，因此必须设置畅通的疏水系统。一次再热冷段蒸汽管道上潜在的几个水源有：暖管、冲转期间以及停机期间形成的蒸汽凝结水；1号高压加热器管束破裂时，可能有大量给水进入再热冷段蒸汽管道；一次再热器事故减温水系统故障时，也会有大量未经雾化的减温水进入一次再热冷段蒸汽管道；汽轮机高压旁路减温装置故障时，未经雾化的减温水将大量进入管道。

超高压缸排汽管道上气动止回阀前设有一个疏水点，其后面又设置了四个疏水点，疏水分别通往本体疏水立管和清洁水疏水扩容器。

（5）一次再热器进口管道上设有安全阀。一次再热器进口两根冷再热蒸汽支管上分别装有弹簧安全阀及消音器，以保证再热器工作时不超压。

（6）其他的支管。一次再热冷段蒸汽管道在气动止回阀后接有多路蒸汽管道：一路通往1号高压加热器支管，提供1号高压加热器的加热汽源；一路通往 BEST 汽轮机支管，提供小汽轮机的汽源。另外，一次再热冷段蒸汽管道上还设有高压旁路的入口接管，以及至凝汽器的通风排气接管等。

2. 一次高温再热蒸汽系统

一次高温再热蒸汽系统如图 5-1 所示。

（1）锅炉一次再热器至汽轮机高压缸的再热热段蒸汽管道为双管形式。一次再热热段蒸汽出口联箱接出四根管道，在炉前合并成两根后分别接至汽轮机高压缸两侧的高压主汽阀。

（2）一次高温再热蒸汽管道上设有安全阀。锅炉一次再热器出口的两根管道上分别装有弹簧安全阀及消音器，为一次再热器提供超压保护。一次再热器出口安全阀的整定值低于再热器进口安全阀，以便超压时再热器出口安全阀的开启先于再热器进口安全阀，保证安全阀动作时有足够的蒸汽通过再热器，防止再热器受热面超温。

（3）一次高温再热蒸汽管道上设有水压试验堵板阀。一次再热器出口两根热再热蒸汽管道上分别设有一个水压试验堵板阀。出口堵板阀与进口堵板阀一起，确保再热器水压试验的正常进行，并与汽轮机隔离，防止汽轮机进水。

（4）一次再热热段蒸汽管道上接有中压旁路系统。中压旁路系统设有一级减温减压装置。中压旁路减温水取自汽动给水泵中间抽头。减温减压的蒸汽接至二次低温再热蒸汽管道。

（5）一次高温再热蒸汽管道上设有疏水系统。一次热再热蒸汽的温度高、比体积大，所以热再热蒸汽管道较粗，在机组启动时有较多的疏水需要排出；另外，在启动暖管期间，特别是热态启动期间，为加速暖管升温，也应及时排放疏水和冷蒸汽。因而，一次高温再热蒸汽管道上需设置畅通的疏水系统。每根高压进汽管道设有一个疏水点，各疏水管的疏水均接至清洁水疏水扩容器。

（二）二次再热蒸汽系统的特点

1. 二次低温再热蒸汽系统的特点

二次低温再热蒸汽系统如图 5-1 所示。

（1）汽轮机高压缸至锅炉二次再热器的再热蒸汽冷段管道为单管形式。二次再热冷段蒸汽从汽轮机高压缸排汽口经一根支管引出通向锅炉二次再热器，在二次再热器进口再引出两管支管分别接到锅炉二次再热器入口集箱的两个接口。

（2）高压缸排汽管道上设有一个气动止回阀。气动止回阀的作用是防止中压旁路运行期间其排汽倒入汽轮机高压缸。气动控制能够保证该阀门动作可靠迅速。

高压缸排汽气动止回阀的动作原理与前面所述的超高压缸排汽气动止回阀动作原理相同，这里不再说明。

（3）高压缸排汽管道上设有疏水系统。高压缸排汽管道上气动止回阀前后分别设有一个疏水点，疏水通往清洁水疏水扩容器。另外，在二次再热器进口的两个管支管上也分别设有一个疏水点，疏水通往清洁水疏水扩容器。

（4）二次再热器进口管道上设有水压试验堵板阀。二次再热器进口两根冷再热蒸汽支管上分别设有一个水压试验堵板阀。堵板阀的作用是在二次再热器水压试验时与汽轮机隔离，以防止汽轮机进水。

（5）二次再热器进口管道上设有安全阀。二次再热器进口两根冷再热蒸汽支管上分别装有弹簧安全阀及消声器，以保证再热器工作时不超压。

（6）高压缸排汽管道上设有至凝汽器的高压缸排汽通风阀。高压缸排汽通风阀的作用是当高压缸隔离，即在高压缸不需要进汽时，使高压缸保持真空状态，以防止高压缸末级因鼓风而发热损坏，并可防止高压内缸温升过快或超温。

高压缸通风阀是配有气动执行机构的减压阀。它通过弹簧打开、压缩空气关闭。空气来自安全压缩空气系统。

高压缸通风阀在汽轮机跳闸开始时打开，当转速下降到一定的标准以下，即高压缸叶片不会再产生鼓风危险时关闭。

在汽轮发电机以低的稳定速度启动的初始阶段，通过高压缸叶片区域的压力差比额定转速下计算得到的最小允许压力差还低，此时，高压缸通风阀打开。

（7）其他的支管。二次再热冷段蒸汽管道在气动止回阀前分别接有汽轮机超高压缸轴封漏汽来的支管以及至凝汽器的通风排气接管。在气动止回阀后还分别接有以下支管：通往辅助蒸汽联箱及厂外供热管道，作为辅助蒸汽的汽源和厂外供热汽源；中压旁路的入口接管等。

2. 二次高温再热蒸汽系统的特点

二次高温再热蒸汽系统如图 5-1 所示。

（1）锅炉二次再热器至汽轮机中压缸的再热热段蒸汽管道为双管形式。二次再热热段蒸汽出口联箱接出四根管道，在炉前合并成两根后分别接至汽轮机中压缸两侧的中压主汽阀。

（2）二次高温再热蒸汽管道上设有安全阀。锅炉二次再热器出口的两根管道上分别装有弹簧安全阀及消声器，为二次再热器提供超压保护。二次再热器出口安全阀的整定值低于再热器进口安全阀，以便超压时再热器出口安全阀的开启先于再热器进口安全阀，保证安全阀动作时有足够的蒸汽通过再热器，防止再热器受热面超温。

（3）二次高温再热蒸汽管道上设有水压试验堵板阀。二次再热器出口两根热再热蒸汽管道上分别设有一个水压试验堵板阀。出口堵板阀与进口堵板阀一起，确保再热器水压试验的正常进行，并与汽轮机隔离，防止汽轮机进水。

（4）二次再热热段蒸汽管道上接有低压旁路系统。低压旁路系统设有一级减温减压装置。低压旁路减温水取自凝泵出口的凝结水。

（5）二次高温再热蒸汽管道上设有疏水系统。每根中压进汽管道上设有一个疏水点，各疏水管的疏水均接至清洁水疏水扩容器。

第三节　汽轮机旁路系统

大型中间再热机组均为单元制布置，为了便于机组启停、事故处理及特殊要求的运行方式，解决低负荷运行时机炉特性不匹配的矛盾，基本上均设有旁路系统。所谓的旁路系统是指锅炉所产生的蒸汽部分或全部绕过汽轮机或再热器，通过减温减压设备（旁路阀）直接排入凝汽器的系统。

一、旁路系统的作用

1. 加快启动速度，改善启动条件

大容量单元再热机组普遍采用滑参数启动方式。为适应这样启动方式，必须在整个启动过程中不断地调整锅炉的汽压、汽温、蒸汽量，以满足汽轮机启动过程中的冲转、升速、带负荷等阶段的不同要求。这些要求只靠调整锅炉的燃料量或蒸汽压力是难以实现的，在热态启动时更为困难。采用旁路系统后，就可以迅速调整新蒸汽温度或再热蒸汽温度，以适应汽缸温度变化的要求，从而加快启动速度，缩短并网时间。

2. 保护锅炉再热器

正常运行工况时，汽轮机高压缸的排汽通过再热器将蒸汽再热至额定温度，并使再热器得以冷却。在机组启、停和甩负荷等工况时，汽轮机高压缸没有排汽冷却再热器，此时可经旁路把新蒸汽减温减压后送入再热器，使再热器不因干烧而损坏。

3. 回收工质、消除噪声

机组启、停和甩负荷过程中，有时需要维持汽轮机空转。锅炉最低稳燃负荷一般为额定负荷的 30% 左右，但汽轮机空载汽耗量一般仅为额定值的 7%～10%，因而会有大量多余的蒸汽，若直接将这些蒸汽排入大气，不仅会造成大量的工质损失和热损失，而且会产

生严重的排汽噪声，污染环境，这都是不允许的。设置旁路系统后则可达到既回收工质又保护环境的目的。

4. 防止锅炉超压，减少锅炉安全阀动作次数

在汽轮机甩负荷时，旁路系统可及时排走多余的蒸汽，减少锅炉安全阀的启跳次数；有助于保护安全阀的严密性，延长其使用寿命。

5. 发电机或电网故障时，可以做到停机不停炉，或带厂用电运行

如果旁路容量选择得当，当汽轮发电机故障时，可采用停机不停炉的运行方式，或者电网故障时，机组带厂用电运行，有利于尽快恢复供电，提高电网的稳定性和机组的可用率。

二、旁路系统的型式

机组旁路系统的型式一般可分为单级大旁路、两级或三级串联旁路、三级或四级旁路、三用阀旁路四种型式。

1. 单级大旁路

是指汽轮机前的主蒸汽经过减压减温设备后直接排入凝器的系统。这种旁路具有系统简单的优点，但其不能保护再热器，必须将再热器布置在850℃以下的烟温区域。而且再热管道的暖管升温十分困难，并受到限制，要求机组允许中压缸在负温差的状态下热态启动，这样会大大增加汽轮机中压缸寿命损耗。因此，此类旁路仅适用于带基本负荷，不能经常进行热态启动。而且超临界机组大旁路阀前、阀后的压差较大，不适合使用该型式。

2. 两级或三级串联旁路

两级串联旁路由高压旁路和低压旁路组成，高压旁路把主蒸汽经减压减温设备后排入汽轮机高压缸的排汽管道；低压旁路是将再热器出口的再热蒸汽经减压减温设备后排入凝汽器。这种系统应用广泛，特点是高压旁路容量为锅炉额定蒸发量的30%～40%，对机组快速启动特别是热态启动更有利：高压旁路后的蒸汽通过再热器，既保护了再热器又满足热态启动时蒸汽温度与汽缸金属壁温相匹配的要求，并能使机组在冷态、温态或热态工况下，以滑参数快速安全地启动。这种旁路系统不很复杂但能适用较多的工况，是国内外使用最为普遍的一种旁路系统。对二次再热机组而言，是高压旁路、中压旁路和低压旁路串联而成。

3. 三级或四级旁路

一次再热机组由大旁路和高、低压两级旁路组成。二次再热机组由大旁路和高、中、低压三级旁路组成。各级容量则根据运行方式的要求确定。适用于设计旁路的总容量较大，而阀门通流能力又受到某些限制的情况。该系统的缺点是系统过于复杂，钢材消耗量也太大，国内外较少使用。

4. 三用阀旁路

三用阀旁路也是一种由高压旁路和低压旁路组成的两级串联旁路，但其容量为100%，并且具有满足启动、平衡剩余蒸汽和取代安全阀三种功能，故称为三用阀旁路系统。该系统功能比较齐全，具有有利于机组变压运行、热态启动和带厂用电运行的优越性，这是欧

洲一些国家发展和推广三用阀旁路的主要因素。其缺点是控制系统很复杂，必须采用电液调节，设备价格较高，维修工作量大。

三、旁路系统的容量选择

旁路系统容量是指额定参数时旁路系统的通流量与锅炉额定蒸发量的比值，即

$$K = \frac{D_0}{D_n} \times 100\% \tag{5-1}$$

式中　K——旁路容量；

　　　D_0——BMCR 工况主蒸汽参数下旁路系统全开的流量；

　　　D_n——锅炉 BMCR 工况主蒸汽流量。

旁路系统的容量应能满足机炉允许运行方式的要求，不同的机炉允许运行方式对旁路容量的要求是不同的。

1. 启动要求

汽轮机在冷态、热态或温态启动时，汽缸金属温度分别在不同的温度水平上，为了满足汽轮机不同状态的启动要求，使蒸汽参数与汽缸金属温度匹配，避免过大的热应力，要求旁路系统满足一定的通流量，来提高主、再热蒸汽温度和压力，尤其是热态启动，汽缸金属温度很高，为提高蒸汽参数必须有很大的旁路容量，为满足机组启动要求，旁路系统容量应在 30%～50% 以上。

2. 锅炉最低稳定负荷的要求

对于停机不停炉的运行工况，旁路应能排放锅炉最低稳定负荷的蒸汽量。在自然循环锅炉中，负荷降低，水冷壁中工质流量减小，受到水循环被破坏的限制；对于工质一次上升的直流炉，为了保证锅炉蒸发受热面、过热器和再热器受热面必要的冷却，锅炉最低负荷对旁路也有一定的要求。目前从满足锅炉最低负荷要求旁路系统容量按 30% 进行考虑。

3. 甩负荷的要求

汽轮机甩负荷以后，可以选择不同的运行方式，如停机即停炉、停机不停炉、带厂用电运行或汽轮机维持空转等，若要求锅炉过热器安全阀不动作，则旁路系统的容量应足够大，通常设置为 100% 的高压旁路，若允许锅炉过热器安全阀瞬时动作，则旁路容量主要按锅炉最低稳燃负荷考虑，可选择 30%～50%。

4. 中、低压旁路的选择

在选择中、低压旁路时，应考虑：对再热器流动状态的干扰尽可能小，并保持凝汽器工况稳定。当汽轮机甩负荷时，如不希望再热器安全阀动作，则中、低压旁路的容量应为 100%，若再热器安全阀允许瞬间开启，则低压旁路的容量可取为 40%～70%。

四、典型 1000MW 超超临界机组的旁路系统

（一）汽轮机旁路系统的构成及布置

瑞金电厂本期工程的装机容量为 2×1000MW，每台机组配置一套液动的高、中、低压三级串联旁路装置。其安装布置情况如下。

高压旁路装置：每台机组 4 个高压旁路阀，露天布置在锅炉房约 80m 层上。高压旁路阀采用流开型，替代安全阀功能，阀门形式为角式。下进水平出，执行机构垂直布置；因锅炉厂管道布置限制，高旁阀执行机构最顶部（包括执行机构检修空间在内的最顶部）至出口中心线距离应不大于 2000mm。

中压旁路装置：每台机组 2 个各半容量旁路阀，布置在炉前 8.60m 层上。中压旁路阀采用流关型，阀门形式为角式。水平进下出，执行机构垂直布置。

低压旁路装置：每台机组 2 个各半容量旁路阀，布置在汽轮机房 8.60m 层上。低压旁路阀采用流关型，阀门形式为角式。水平进水平出，执行机构水平布置。

高压旁路系统装置由高压旁路阀（高旁阀）、喷水调节阀、喷水隔离阀等组成，中压旁路系统装置由中压旁路阀（中旁阀）、喷水调节阀、喷水隔离阀等组成，低压旁路系统装置由低压旁路阀（低旁阀）、喷水调节阀、喷水隔离阀等组成。本机组汽轮机旁路系统如前面所述的图 5-1 所示，其示意图如图 5-2 所示。

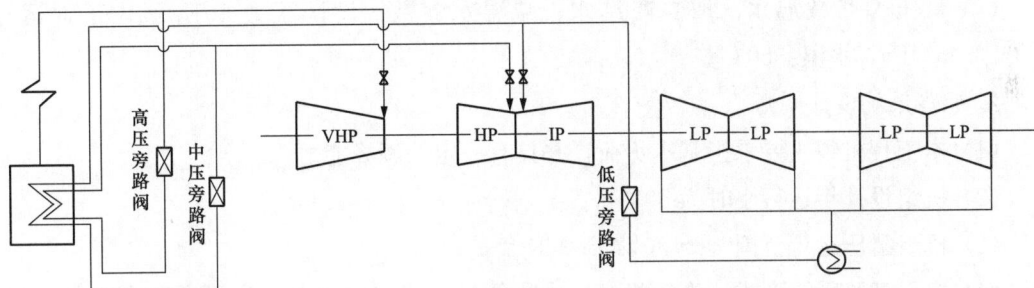

图 5-2　三级串联旁路系统示意图

（二）汽轮机旁路系统设计容量及用途

1．旁路系统设计容量

高压旁路 100％BMCR 主蒸汽流量（三用阀）；中压旁路按启动工况最大主蒸汽流量加减温水量选型；低压旁路按启动工况最大蒸汽流量加减温水量选型。

2．旁路系统用途

（1）改善机组的启动性能。机组在各种工况下（冷态、温态、热态和极热态）用高中压缸启动时，投入旁路系统，控制锅炉快速提高蒸汽温度使之与汽轮机汽缸金属温度较快地相匹配，从而缩短机组启动时间和减少蒸汽向空排放，减少汽轮机循环寿命损耗，实现机组的最佳启动。

（2）机组正常运行时，高压旁路装置具有超压安全保护的功能。锅炉超压时高压旁路开启，代替锅炉安全阀功能，并按照机组主蒸汽压力进行自动调节，直到恢复正常值。从而使系统回收工质，减少噪声。高压旁路具备压力跟踪功能。

（3）旁路应能适应机组定压运行和滑压运行复合方式。当汽轮机负荷低于锅炉最低稳燃负荷时（不投油稳燃负荷），通过旁路装置的调节，使机组允许稳定在低负荷状态下运行。

（4）在启动和减负荷时，可保护布置在烟温较高区的再热器，以防烧坏。

（5）高、中、低压旁路装置能实现自动和手动（快速/正常）遥控功能。高、中、低压旁路装置在正常状况下处于热备用状态。

（6）启动时，使锅炉过热器出口蒸汽中的固体微小颗粒通过高压旁路进入再热器；使再热蒸汽中的固体小颗粒通过低压旁路进入凝汽器，从而防止汽轮机调速汽门、进汽口及叶片的固体颗粒侵蚀。

（三）汽轮机旁路系统减温水源及设计原则

1. 旁路系统减温水源与参数

（1）高压旁路减温水：取自省煤器前的高压给水；减温水参数：设计压力 43MPa，正常运行 12～38MPa，水温：335℃。

（2）中压旁路减温水：取自给水泵中间抽头；减温水参数：设计压力 32MPa，正常运行 8～24MPa，水温：210℃。

（3）低压旁路减温水：取自凝结水；减温水参数：设计压力 5.1MPa，正常运行 1.9～3.85MPa，水温：50℃。

2. 旁路系统设计原则

（1）本工程机组主要承担基本负荷，并具有一定的调峰能力。

（2）机组设计年运行小时为 5000h。

（3）机组滑压运行范围：＞30% BMCR 负荷；

（4）机组旁路系统型式：汽轮机高、中、低压三级串联旁路，高压旁路为 4 路，中、低旁路为 2 路。

（5）机组启动方式：超高、高、中压缸联合启动（带旁路）。

（6）旁路容量应考虑适当的裕量（高压、中压不低于旁路容量的 10%，低压不低于旁路容量的 5%）。

（四）汽轮机旁路系统设计参数

本机组旁路系统装置的技术参数如表 5-1～表 5-3 所示。

表 5-1   **高压旁路设计参数**

	技术参数名称	单位	设计工况	冷态启动	温态启动	热态启动	极热态启动
高压蒸汽旁路阀	入口蒸汽压力	MPa	32.24	8	8	14	14
	入口蒸汽温度	℃	610	400	440	540	560
	入口蒸汽流量	t/h	2983	304	304	420	420
	出口蒸汽压力	MPa	13.576	2.65	2.65	2.65	2.65
	出口蒸汽温度	℃	466.8	270	315	370	400
	出口蒸汽流量	t/h	3369.8	330.1	328.4	461.3	458.1
	进/出口管道设计压力	MPa	34.08/15.73				
	进/出口管道设计温度	℃	615/548				

续表

技术参数名称		单位	设计工况	冷态启动	温态启动	热态启动	极热态启动
高压喷水调节阀	计算压力	MPa	38	12	12	18	18
	计算温度	℃	335	111	111	111	111
	计算流量	t/h	386.8	26.1	24.4	41.3	38.1
	减温水管道设计压力	MPa	43				
	减温水管道设计温度	℃	335				

表 5-2   中压旁路设计参数

技术参数名称		单位	设计工况	冷态启动	温态启动	热态启动	极热态启动
中压蒸汽旁路阀	入口蒸汽压力	MPa	12.753	2.5	2.5	2.5	2.5
	入口蒸汽温度	℃	622	380	420	520	540
	入口蒸汽流量	t/h	非选型工况	330.1	328.4	461.3	458.1
	出口蒸汽压力	MPa	3.82	0.763	0.763	0.872	0.872
	出口蒸汽温度	℃	426.2	300	340	370	400
	出口蒸汽流量	t/h	—	347.6	345.9	512.7	504.9
	进/出口管道设计压力	MPa	15.73/4.35				
	进/出口管道设计温度	℃	630/448				
中压喷水调节阀	计算压力	MPa	24	8	8	12	12
	计算温度	℃	190.5	111	111	111	111
	计算流量	t/h	—	17.5	17.6	51.4	46.8
	减温水管道设计压力	MPa	32				
	减温水管道设计温度	℃	210				

表 5-3   低压旁路设计参数

技术参数名称		单位	设计工况	冷态启动	温态启动	热态启动	极热态启动
低压蒸汽旁路阀	入口蒸汽压力	MPa	3.476	0.7	0.7	0.8	0.8
	入口蒸汽温度	℃	620	380	420	520	540
	入口蒸汽流量	t/h	非选型工况	347.6	345.9	512.7	504.9
	出口蒸汽压力	MPa	0.24	0.24	0.24	0.24	0.24
	出口蒸汽温度	℃	127	127	127	127	127
	出口蒸汽流量	t/h	—	416.4	425.7	673.4	671.7
	进/出口管道设计压力	MPa	4.35/1.2				
	进/出口管道设计温度	℃	627/200				
低压喷水调节阀	计算压力	MPa	3.85	3.85	3.85	3.85	3.85
	计算温度	℃	32.3	32.3	32.3	32.3	32.3
	计算流量	t/h		68.8	79.8	160.7	166.8
	减温水管道设计压力	MPa	5.1				
	减温水管道设计温度	℃	50				

针对表 5-1～表 5-3，需要说明的是：①表中的高、中、低压旁路阀、喷水调节阀的流量均为旁路的总流量。②中、低压旁路阀门通流选型按满足各种启动工况设计，并提供设计工况下阀门最大开度时的蒸汽通流量：中压旁路阀为 2×1105t/h，低压旁路阀为 2×998t/h。③高压旁路阀取代安全阀功能，溢流压力为 33.43MPa，起跳压力为 33.75MPa，高压旁路阀设计参数应能满足阀门的起跳压力，并留有余量。④低压旁路进凝汽器参数最终不高于 0.24MPa、127℃。

（五）旁路系统的主要设计功能

（1）旁路系统设备性能满足机组在各种启动工况下能自动或手动（遥控操作）地进行启动。

（2）旁路阀采用液动控制，在正常情况下，旁路系统从全关到全开的一次行程时间小于 10s；在紧急情况下，旁路系统能在 2s 内快速开启或快速关闭。

（3）旁路系统具有的保护功能。

1）高压旁路对新蒸汽管系的安全保护功能。当机组在运行中有下列情况之一发生时，高压旁路能自动快速开启：主蒸汽压力超过设定值（当主蒸汽压力恢复到额定值及以下时，高压旁路阀又自动关闭）；汽轮机跳闸，自动主汽阀关闭；发电机油开关跳闸；发电机甩负荷在旁路装置容量相应的负荷及以上时；压力与设定值的偏差太大；压力上升率太快。

2）低压旁路对凝汽器的安全保护功能。当机组在启动或运行中有下列情况之一发生时，低压旁路能自动快速关闭：凝汽真空下降到设定值；凝汽器温度高于设定值；凝汽器热水井水位高于设定值；低压旁路出口压力或温度高于设定值；低压旁路减温水的压力低于设定值。

（4）旁路系统的调节功能。当主汽、再热汽运行压力、温度超过设定范围时，旁路装置能自动打开或关闭，并按机组运行情况进行压力、温度自动调节，直至恢复至正常值。

（5）旁路系统具有下列联动保护手段：

1）高压、中压旁路喷水阀不能超前旁路阀开启，而应稍滞后开启。

2）当高压旁路阀快速关闭时，其喷水调节阀则应同时或超前关闭，并应自动闭锁温度自控系统。

3）中、低压旁路喷水调节阀打不开，则旁路阀应关闭。

4）低压旁路阀快速打开时，其喷水阀应稍超前开启。

5）当低压旁路阀快速关闭时，高、中旁则不需随动，但可手动（遥控）快速关闭。

（6）旁路阀不需另外设置支承装置。阀门及执行器可水平或垂直（包括执行器倒置）布置。执行机构对于阀座的连接方位可旋转。

（7）旁路装置在设计参数下快速动作时，其噪声不超过 85dB(A)（距装置 1m 处的空间范围）。

（8）低压旁路阀和低旁减温器紧密相连。旁路阀出口的四级减温器安装在凝汽器本体上。低压旁路阀经减温器减温，采用过量喷水等方法，保证最终进入凝汽器的蒸汽压力为 0.24MPa，温度不超过 127℃的要求。

（六）旁路系统运行中的故障矫正

如果旁路系统出现故障，必须尽可能快的矫正，允许汽轮机和整个电厂不间断运行。下面描述两个重要的事件及其对汽轮机运行的影响。

1. 由于故障，一个或多个旁路阀保持关闭

在这种情况下，汽轮机可以运行在负载条件，在此期间旁路阀手动关闭。在汽轮机遮断、甩负荷或正常停机的情况下，汽轮机不能容纳的蒸汽通过锅炉的安全阀排放。蒸汽通过该阀门排放的时间取决于锅炉、安全阀的设计和锅炉给水的供应。在安全阀工作的条件下，需要进一步考虑可能对环境的噪声污染。

注意部件承受不能允许的应力，避免汽轮机老化。

2. 由于故障，一个或多个旁路阀保持打开

在这种情况下，汽轮机的前膨胀区或汽轮机前部区域会由于不允许的高压差承受 过度载荷，如果延长运行时间则会被损坏。此外，由于部分蒸汽被直接排放至凝汽器，汽轮机输出功率下降。

这种运行事件应通过汽轮机正常停机或手动遮断尽可能快的终止。

第四节　回热抽汽系统

一、回热抽汽系统的构成与作用

回热抽汽系统是指与汽轮机回热抽汽有关的管道、设备及附件。本机组回热抽汽系统主要设备与管道有：12级非调整抽汽管道，5台高压加热器，1台除氧器，6台低压加热器，一台给水泵汽轮机（BEST汽轮机）。

汽轮机采用回热抽汽系统的主要作用是：提高工质在锅炉内吸热过程的平均温度，减少汽轮机的冷源损失，以提高机组运行的经济性。

二、回热抽汽系统连接特点

瑞金电厂1000MW超超临界汽轮机回热抽汽系统采用带BEST汽轮机的回热系统，如图5-3所示。

汽轮机回热抽汽系统设有12级非调整抽汽。第1～5级抽汽分别供1～5号高压加热给水加热用汽；第6级抽汽供除氧器用汽；第7～12级抽汽分别供7～12号低压加热器的凝结水加热用汽。

1级抽汽（接超高压缸的排汽）也作为给水泵汽轮机（BEST汽轮机）的正常运行汽源。2～6级抽汽汽源来自BEST汽轮机的抽汽，7级抽汽源来自BEST汽轮机的排汽。8级抽汽汽源来自汽轮机中压缸的排汽。9～12级抽汽汽源分别来自主汽轮机的低压缸抽汽。

除第11、12级抽汽外，其他各级抽汽管道上均设有电动隔离阀和气动止回阀。顺抽汽汽流方向，止回阀布置在隔离阀之前，隔离阀作为防汽轮机进水的一级保护，止回阀作

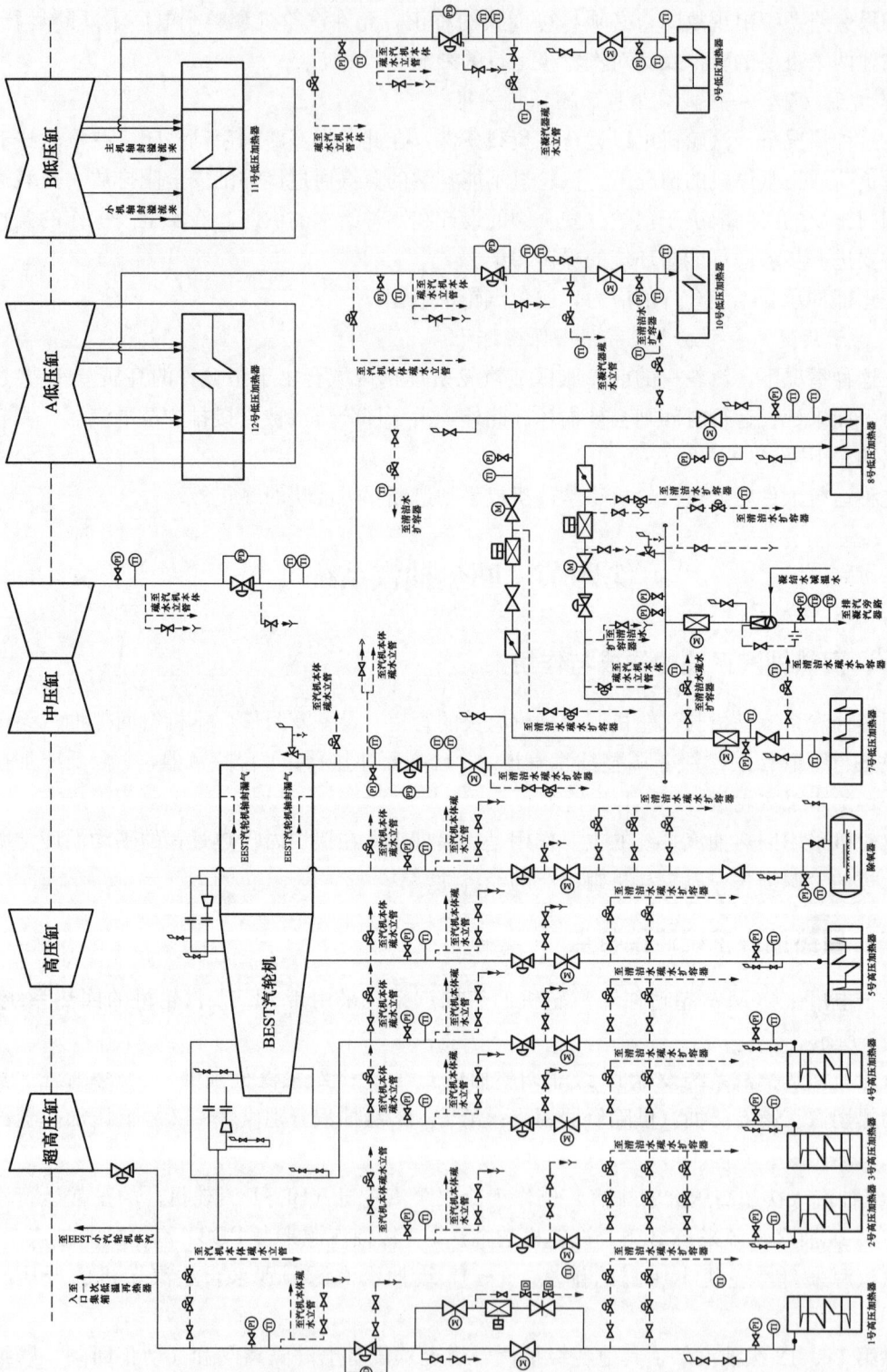

图 5-3 汽轮机回热抽汽系统

为防汽轮机超速保护并兼作防汽轮机进水的二级保护。汽轮机各级抽汽管道将汽轮机与各级加热器或除氧器相连。当汽轮机突降负荷或甩负荷时，蒸汽压力急剧降低，这些加热器内和除氧器内的饱和水将闪蒸成蒸汽，若无止回阀和隔离阀，这些蒸汽与各抽汽管道内滞留的蒸汽将一同返回汽轮机。这些返回汽轮机的蒸汽可能在汽轮机内继续做功，而造成汽轮机超速。另外，加热器管束破裂，管子与管板连接处泄漏，以及加热器疏水不畅造成水位过高等情况，都会使水倒入汽轮机，使汽轮机发生水冲击事故。为避免这些事故的发生，所以回热抽汽管道上安装电动隔离阀和气动止回阀。

第6级至除氧器的抽汽总管上串联安装了两个止回阀和一个电动隔离阀。除氧器与其他表面式加热器不同，运行时内部有大量的饱和水和饱和蒸汽，当机组启动、降负荷运行、甩负荷以及停机时，除氧器会出现闪蒸现象，使蒸汽串入6级抽汽管道，倒流入汽轮机造成超速的危险性更大。

BEST汽轮机的排汽接至排汽混合集箱。排汽混合集箱的蒸汽有三路出口：一是经喷水减温减压后排至凝汽器；二是作为7级抽汽汽源通往7号低压加热器；三是压力过高时，经溢流装置进入8号低压加热器。BEST汽轮机的排汽供至7号低压加热器，在7号低压加热器事故工况下，BEST汽轮机排汽可减压后排至下一级低压加热器（8号低压加热器）或凝汽器。8号低压加热器汽源取自汽轮机中压缸的排汽。另外，汽轮机中压缸的排汽还有一路通过补汽阀接至排汽混合集箱。当7号低压加热器用汽量不足时，可以从主机中压缸排汽中进行补充。

9号低压加热器抽汽汽源来自汽轮机B低压缸的下汽缸抽汽，10号低压加热器抽汽汽源来自汽轮机A低压缸的下汽缸抽汽。

11、12号低压加热器分别布置在凝汽器的喉部，11级抽汽管道和12段抽汽管道也布置在凝汽器内。之所以布置在凝汽器喉部，是因为这两段抽汽压力低、容积流量大，抽汽管道直径也要很大，而大直径的管道在布置上会有很大的困难。所以为了简化管道布置，同时使设备布置更紧凑，减少占地面积，把这两台加热器放在凝汽器喉部内。

11、12级抽汽管道上，不设止回阀和隔离阀。这两段抽汽压力较低，汽水倒流的危害性较小，且这时蒸汽已接近膨胀终了，容积流量很大，抽汽管道较粗，阀门的尺寸大，不易制造。在加热器的进口装有挡板，可以减少返回汽轮机的汽流带水。

汽轮机各级回热抽汽管道设有疏水系统。为避免在机组启动、停机及加热器故障时有水积聚，各级抽汽管道具有完善的疏水措施。1～7级回热抽汽管道上的每个电动隔离阀和气动止回阀前后均设有疏水系统；8～10级回热抽汽管道上的每个气动止回阀前后及电动隔离阀前均设有疏水系统；各级疏水系统的疏水排至相应的清洁水扩容器或汽轮机本体疏水立管。

三、设置给水泵汽轮机（BEST汽轮机）回热系统的优点

1. 降低了回热抽汽的过热度，减少了汽水换热的不可逆损失，提高运行经济性

本机组为二次再热超超临界机组，汽轮机主蒸汽压力为31MPa，主蒸汽温度为605℃，一次高温再热蒸汽温度为622℃，二次高温再热蒸汽温度为620℃。回热抽汽过热

度增大，回热加热器内汽侧和水侧换热不可逆损失增加，削弱了蒸汽参数升高带来的收益。采用 BEST 汽轮机回热系统后，相对从主汽轮机抽汽而言，会使回热抽汽过热度大为降低，使回热加热器内汽侧和水侧换热不可逆损失明显减少，从而达到提高机组运行经济性的目的。

2. 减少蒸汽节流损失，拓宽 BEST 机高效运行区

在火电设计中，由于要考虑设备在整个机组运行寿命期内的老化因素，《大中型火力发电厂设计规范》（GB 50660—2011）规定：给水泵出口的总流量应满足供给其所连接锅炉的最大给水消耗量要求，直流锅炉宜选锅炉最大给水连续蒸发量（VWO）的 105%，给水泵的功率根据流量和扬程可以确定。而给水泵汽轮机在选型时要考虑进汽参数、机组工况波动、给水泵组的最大制动功率等因素，在满足给水泵最大工况时的功率要求，一般留有 5% 的功率裕量。在实际工程选型中，由于每个制造厂的给水泵汽轮机有固定型号，所以大都数情况下其裕量要超过 5%，几个常规 1000MW 火电机组给水泵组和对应的给水泵汽轮机轴功率数据如表 5-4 所示。

表 5-4　　　几个常规 1000MW 火电机组给水泵组和对应的给水泵汽轮机功率数据

电厂	机组参数	给水泵组轴功率（kW）	给水泵汽轮机轴功率（kW）	裕量（%）	配置方案
国电泰州二期	31MPa/600℃/610℃/610℃	20 742	23 000	10.8	同轴 2×50%
国华北海一期	31MPa/600℃/620℃/620℃	40 365	44 000	9	同轴 1×100%
华能南通电厂	26.25/600℃/600℃	19 923.5	22 500	12.9	同轴 2×50%
国电投协鑫滨海	27/600℃/600℃	19 620	21 000	7	同轴 2×50%

从表 5-4 中可以看出，在实际工程中给水泵汽轮机和给水泵组相比，其轴功率有着 7%～12.9% 的裕量，也就是机组运行时，如果不采用调节手段，会出现"大马拉小车"的情况，通常，电厂都通过调整给水泵汽轮机进汽口调节阀的开度，来确保其出力和给水泵组所需值相匹配。理论上，在机组额定负荷时，给水泵汽轮机进汽调节阀开度可以全开，但是由于给水泵汽轮机轴功率大于给水泵组的轴功率，所以实际机组在运行时，给水泵汽轮机进汽阀的开度较小。国内某 1000MW 机组在几个典型工况下的实测数据如表 5-5 所示。

表 5-5　　　　　　　国内某 1000MW 机组在几个典型工况下的实测数据

机组功率（MW）	给水泵汽轮机 A 进汽阀开度（%）	给水泵汽轮机 B 进汽阀开度（%）
1000.09	59.49	68.67
896.62	47.66	53.34
752.27	35.10	40.24
496.25	25.38	29.49

从表 5-5 中可以看出，在机组 500～1000MW 负荷之间，给水泵汽轮机进汽阀门开度在 25%～68% 之间，节流损失很大，本机组采用 BEST 回热系统后，可以通过小发电机发电的方式来平衡给水泵汽轮机和给水泵组之间多余的功率，BEST 汽轮机的进汽阀理论上

可以全开，在很大程度上减少节流损失。据主机厂计算，采用 BEST 双机回热系统后和常规方案比，机组热耗率降低 20kJ/kWh，折算到煤耗率下降约 0.72g/kWh，如综合考虑实际运行的偏差，则热耗率可降低约 30kJ/kWh 以上，折算到煤耗率下降约 1.2g/kWh 以上。

3. 降低抽汽过热度，减少管阀设备的制造费用

设置 BEST 汽轮机的初衷之一就是为了降低抽汽过热度，从而可以降低机组的建设成本。经主机厂初步计算后，采用 BEST 汽轮机回热系统后和常规方案相比，VWO 工况下的几级抽汽蒸汽温度如表 5-6 所示。

表 5-6　　　　BEST 汽轮机回热方案和常规方案的抽汽温度对比表（二抽～五抽）

VWO 工况	BEST 双机回热方案抽汽温度（℃）	常规方案抽汽温度（℃）	差值（℃）
二级抽汽	424.2	559.5	−135.3
三级抽汽	370.8	493	−122.2
四级抽汽	315.1	441.9	−126.8
五级抽汽	256	534.4	−278.4

注　差值计算以常规方案为基准。

根据主机厂的热平衡图计算后，BEST 汽轮机回热方案和常规方案的抽汽管道材料如表 5-7 所示。

表 5-7　　　　BEST 双机回热方案和常规方案的抽汽管道材料对比表（二抽～五抽）

项　目	BEST 汽轮机回热方案		常规方案	
	设计温度（℃）	管道材料	设计温度（℃）	管道材料
二级抽汽	493	12Cr1MoVG	567.3	A335 P91
三级抽汽	433	12Cr1MoVG	503.1	12Cr1MoVG
四级抽汽	405	20	457.6	12Cr1MoVG
五级抽汽	370	20	551.6	A335 P91

从表 5-7 可以看出，采用 BEST 汽轮机回热系统后，随着蒸汽过热度的降低，管道材料的等级也相应降低，以五级抽汽管道为例，管道材料可由 A335 P91 降到 20 钢，材料单价下降约 2/3。采用 BEST 双机回热系统后，二抽～五抽抽汽管道及阀门的费用下降，同时，对应的 3～5 号高压加热器的制造费用也相应的下降。此外，由于设置了 BEST 机，系统无需再额外设置 2 级外置式蒸汽冷却器，也进一步降低了工程造价。

4. 降低再热蒸汽流量，减少再热器的换热面积

BEST 汽轮机的汽源为超高压缸的排汽，这部分蒸汽将不再进入再热系统，可显著减少进入再热器的蒸汽流量，减少再热器的换热面积，从而降低再热系统的造价。根据主机厂配合的热平衡图，BEST 汽轮机回热方案和常规方案的一次再热蒸汽及二次再热蒸汽流量如表 5-8 所示。

表 5-8   BEST 汽轮机回热方案和常规方案的一次再热蒸汽及二次再热蒸汽流量对比

VWO 工况	BEST 双机回热方案	常规方案
一次再热蒸汽流量（kg/s）	535.5	688.7
二次再热蒸汽流量（kg/s）	538.4	592.5

从表 5-8 中可以看出，本工程采用 BEST 汽轮机回热系统后，和常规方案相比，一次再蒸汽流量下降约 22.3％，二次再热蒸汽流量下降约 9％，相应的再热器的换热面积减少，从而降低了一次再热器和二次再热器的造价，但是采用 BEST 汽轮机回热系统后，主蒸汽流量增加约 4.28％，过热器面积增加，经主机厂初步配合后，系统设置 BEST 机后，每台锅炉的制造费用下降约 2000 万元。

5. 配置小发电机，提高电厂的售电收益

BEST 汽轮机带有一个小发电机，用于平衡 BEST 汽轮机和给水泵组之间多余的功率，根据主机厂的热平衡计算，BEST 汽轮机和给水泵组之间的剩余功率曲线如图 5-4 所示。

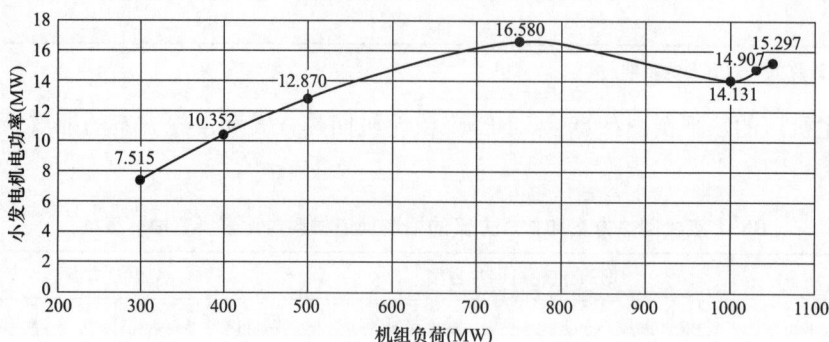

图 5-4   BEST 汽轮机和给水泵组之间的剩余功率曲线

从图 5-4 可以看出，本机组采用 BEST 汽轮机回热系统后，小发电机在 30％THA～VWO 工况下均有出力，在 75％THA 工况时剩余功率达到最大值 16.58MW。

第五节   凝结水系统

一、凝结水系统的构成

凝结水系统是指凝汽器到除氧器之间与凝结水相关的管道、设备及附件。这里所说的凝结水是指汽轮机排汽在凝汽器中所凝结成的水。

凝结水系统的作用是利用汽轮机的抽汽加热凝结水，并进行除盐净化，将凝结水从凝汽器热井送到除氧器。

如图 5-5 所示，瑞金电厂 1000MW 超超临界汽轮机凝结水系统设 2 台 100％容量的立式凝结水泵，1 台运行，1 台备用。系统含 6 台低压加热器，1 台汽封冷却器（轴封加热器），1 台除氧器。凝结水采用中压精处理装置，不设凝结水升压泵。

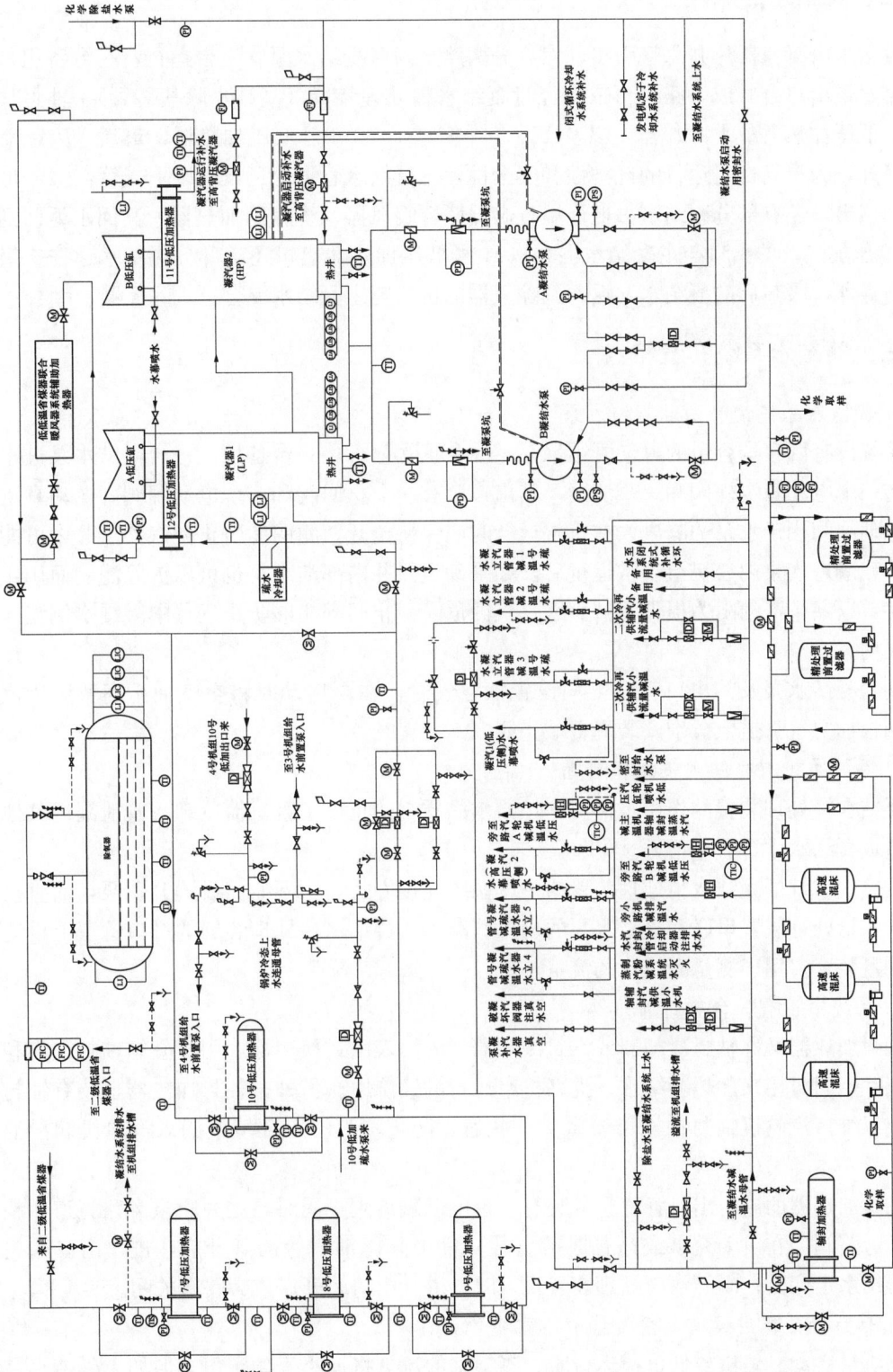

图 5-5　凝结水系统

二、凝结水的流程

凝结水由凝汽器热井总管引出，然后分两路至两台凝结水泵（一台运行，一台备用），在凝结水泵出口合并成一路，再依次经过凝结水精处理装置（凝结水除盐装置）、轴封加热器、低压加热器疏水冷却器，以及 12、11、9、8、7、6 号低压加热器，最后进入除氧器。另外，为提高机组运行的经济性和安全性，主凝结水管道上还设有以下支管：12 号低压加热器出口还有部分凝结水去低低温省煤器联合暖风器系统辅助加热器，其回水返回到 11 号低压加热器的出口与主凝结水混合；11 号低压加热器出口还有部分凝结水通往二级低温省煤器，吸热后的凝结水又返回到除氧器的进口与主凝结水混合进入除氧器。

三、凝结水系统布置特点

1. 凝结水系统设有两台凝结水泵

系统设有两台全容量的电动凝结水泵，一台正常运行，一台备用。每台凝结水泵进水管设有一个电动真空蝶阀和一个滤网，其出口装有一个止回阀和一个电动闸阀。电动真空蝶和电动闸阀用于水泵的隔离，在正常运行时应保持全开。滤网能防止凝汽器热井中可能积存的残渣进入泵内。机组正常运行后，如果确定热井内部洁净，也可以拆除滤网而用短管代替，以减少流动阻力损失，减少水泵汽蚀危险。止回阀能够防止运行中凝结水倒流入备用泵内。

两台凝结水泵及其出口管道上均设置抽空气管，在泵启动时将空气抽至高背压凝汽器。两根抽空气管道上分别安装真空截止阀。

2. 系统中设有凝结水精处理装置

凝结水精处理装置的作用是保证锅炉给水品质，防止由于凝汽器冷却水管泄漏或其他原因造成凝结水中含盐量增大。

凝结水系统的凝结水精处理装置为中压系统连接方式，即不专门设置升压泵，而直接将凝结水精处理装置串联在凝结水泵的出口管路上。凝结水精处理装置的进口管道上设置流量测量装置，用于测量凝结水的流量。

3. 系统中设有一台轴封加热器

轴封加热器又称轴封冷却器或汽封冷却器，为一表面式换热器，用于凝结轴封漏汽和阀杆漏汽，同时用来加热凝结水，提高机组运行的经济性。另外，轴封加热器上装有轴封风机，以维持汽轮机轴封抽汽母管微负压状态，防止蒸汽漏入环境或漏入汽轮机润滑油系统。

轴封加热器的进、出口管道上各装有一个电动隔离阀，同时与之并联条旁路管道，装有电动旁路阀。在启动充水或运行时装置故障需要切除时，旁路阀开启，进、出口阀关闭，凝结水走旁路；凝结水精处理装置投入时，进、出口阀开启，旁路阀关闭。

4. 轴封加热器后设有一根凝结水再循环管

当机组启动、停机或低负荷运行时，凝结水的流量将远小于额定值。但如果凝结水泵的流量小于允许的最小流量，凝结水泵就有可能发生汽蚀。同时，轴封加热器的蒸汽来自汽轮机轴封漏汽及阀杆漏汽，要保持轴封抽汽母管的微负压状态及降低轴封风机的功率，必须要有足够的凝结水量来冷却这些蒸汽并使其凝结。所以凝结水系统中设置再循环的目的，是在汽轮机启动、停机或低负荷运行时，有部分凝结水经再循环管返回凝汽器，以加大通过凝结水泵和轴封加热器的凝结水量，保证凝结水泵和轴封加热器正常工作。

设计时，必须兼顾机组启动、停机或低负荷运行时，凝结水泵和轴封加热器对凝结水量的要求，而这两者往往有所不同。所以凝结水再循环流量应取自凝结水泵最小流量和轴封加热器最小流量两者的较大值。

在凝结水系统最小流量再循环管路中，部分凝结水自轴封加热器出口的凝结水管道引出，经最小流量再循环调节装置回到凝汽器。

凝结水再循环调节装置由一个调节阀、两个隔离阀和一个旁路阀组成。正常投入时，隔离阀全开，旁路阀关闭；若调节阀因故检修时，关闭两侧隔离阀，开启旁路阀。

5. 凝结水系统中设置 6 台全容量的表面式加热器

这 6 台全容量的表面式加热器分别是 7、8、9、10、11、12 号低压加热器。6 台低压加热器均为卧式结构，其中 7、8、9、10 号低压加热器凝结水均采用小旁路系统（每台低压加热器有独自的旁路），11、12 号低压加热器凝结水采用大旁路系统（两个低压加热器共用一个旁路）。加热器旁路系统的作用是，当加热器管束泄漏，出现水位过高，或因其他故障需要隔离检修加热器时，打开电动旁路阀，同时关闭加热器进、出水电动闸阀。

由于 1000MW 超超临界机组采用双背压凝汽器，11、12 号低压加热器分别放在双背压凝汽器的喉部。11 级和 12 级抽汽管道分别布置在凝汽器内部，因此无法装设隔离阀和止回阀。为防止 11、12 号低压加热器满水时造成汽轮机进水，在水侧设有隔离阀。11 号和 12 号低压加热器的进、出水阀和旁路阀均采用电动阀，并与该加热器高-高水位信号联动。当 11 号和 12 号低压加热器出现高水位时，在控制室报警；当水位继续升高达到高—高水位时，在控制室报警的同时，进出口电动闸阀关闭，电动旁路阀开启，凝结水走旁路。

6. 凝结水进入除氧器的进水管上装有流量测量装置和止回阀

7 号低压加热器出口的凝结水至除氧器的管路上设有流量测量装置和止回阀。止回阀的作用是，可以防止机组降负荷或甩负荷时，除氧器内的蒸汽倒入凝结水系统，造成管系振动。

7.7 号低压加热器出口有一至机组排水槽的排水管道

该管道只在机组启动期间使用，以排放水质不合格的凝结水，并对凝结水系统进行冲洗。当凝结水的水质符合要求时，关闭排水阀，开启 7 号低压加热器出口阀，凝结水进入除氧器。

8. 凝结水系统中设有二级低温省煤器

凝结水系统中，低温省煤器与 7～10 号低压加热器以并联方式连接，11 号低压加热器进口凝结水总管上接有一路管道至二级低温省煤器，用于回收烟气余热，经二级低温省煤器加热后的凝结水回到 7 号低压加热器出口凝结水总管上。

9. 系统还设有凝结水补充水管及补充水泵

化学除盐补充水泵，在机组启动以及正常运行时向凝结水系统充水和补水。在补水管道上设有阀门调节装置，用以调节凝汽器水位。除此之外，化学除盐补充水泵出口的水，还担负着以下任务：闭式循环冷却水系统补水；发电机定子冷却水系统补水；凝结水泵启动用密封水。

四、凝结水的其他用途

凝结水的主要作用是对凝结水进行加热和除氧，除氧器后水，经给水泵打入锅炉循环使用。除此之外，凝结水管路上还引出其他多条分支，如图5-5所示，分别用于不同的系统和设备所需的凝结水，其中主要有：至凝汽器真空泵补水；至凝汽器真空破坏阀注水；至主机和给水泵汽轮机轴封供汽减温水；至给水泵汽轮机排汽旁路减温水；至汽轮机低压旁路的减温水；至汽轮机低压缸的喷水；至凝汽器水幕喷水；至给水泵的密封水；至二次冷再供辅汽大流量和小流量减温减压器的减温水；至闭式循环水系统的补水；至凝汽器各疏水立管的减温水；至制粉系统灭火蒸汽减温器的减温水等。

第六节　给水及除氧系统

一、给水系统的构成

给水系统是指从除氧器至锅炉省煤器之间的与主给水相关的管道、设备及附件，它的主要作用是完成给水的除氧、升压及加热，向锅炉供水。瑞金电厂1000MW超超临界汽轮机的给水系统给水系统为单元制，所属的主要设备有：1台除氧器；1台100％容量的汽动给水泵组，前置泵与主泵同轴，不设置电动给水泵；5台高压加热器等，如图5-6所示。

二、给水系统流程

机组正常运行时，来自低压加热器的凝结水经除氧器除氧后，下落到除氧器水箱。除氧水经给水箱的一根下降管进入汽动给水泵组，经给水泵升压后进入高压加热器，依次通过5号高压加热器、4号高压加热器、3号高压加热器、2号高压加热器、1号高压加热器，最后至锅炉省煤器。

三、给水系统布置特点

1. 系统设置一台除氧器

（1）除氧器的作用有两个：一个是除去水中的不凝结气体，防止腐蚀设备、管道、附件，增强换热效果；另一个作为一级回热加热器用于加热给水。

（2）本机组除氧器为内置式、卧式除氧器。除氧器为一混合式加热器，除氧器上连接的汽水管道主要有：回热抽汽管道；凝结水管道；高压加热器疏水管道轴封及阀杆漏汽管道；辅助汽源供汽管道。除氧器水箱上连接的管道有：给水泵进水管道；检修用的放水管道；除氧水取样接管等。

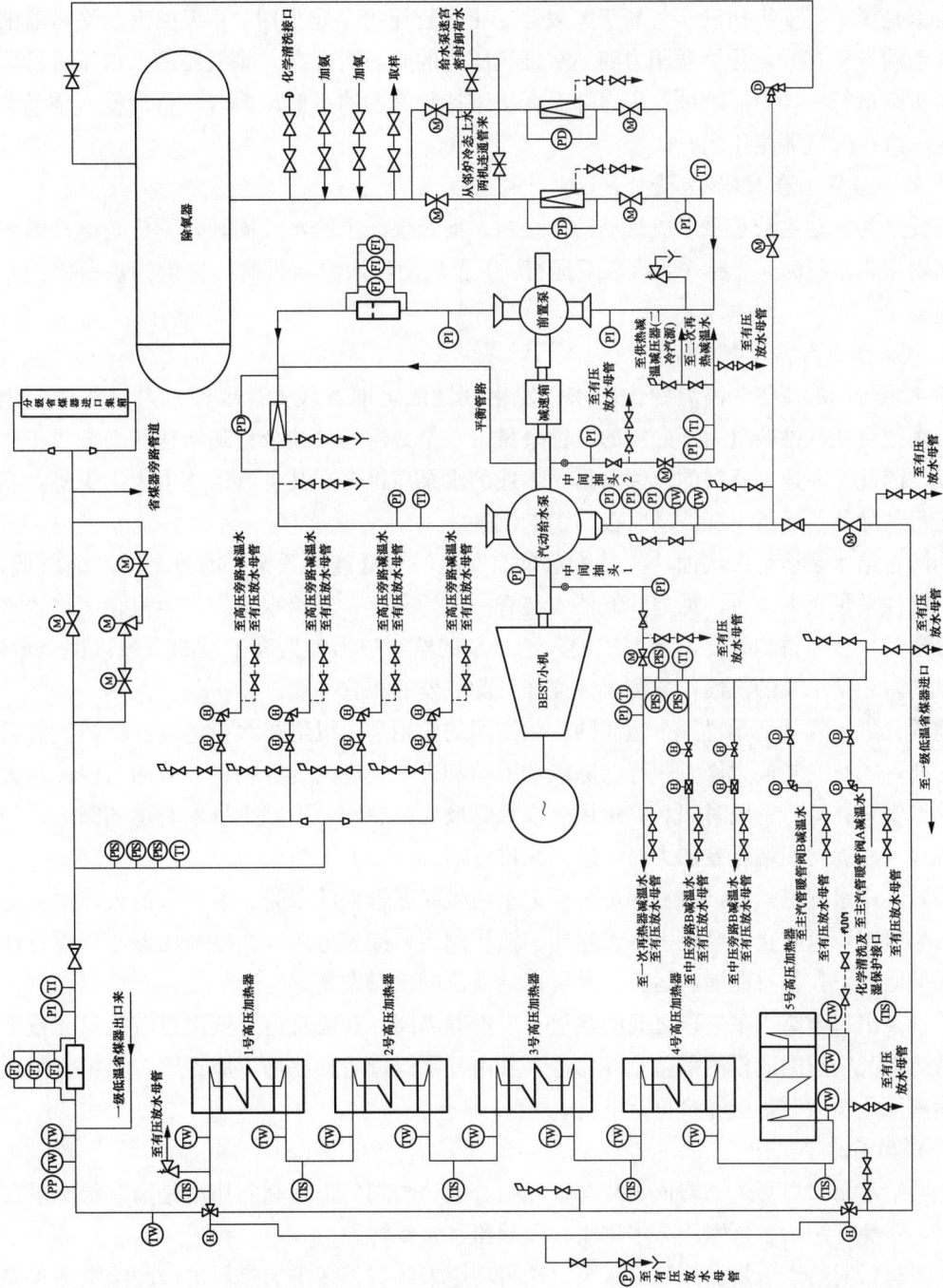

图 5-6 给水及除氧系统

（3）除氧器在启动初期和低负荷下采用定压运行方式，由辅助蒸汽联箱来的蒸汽维持除氧器的定压运行。机组正常运行时，除氧器的加热蒸汽取自 BEST 汽轮机的第 6 级抽汽。除氧器采用滑压运行方式，即除氧器的进汽压力不需调节，其压力随负荷的变化而变动。也就是说，当 6 级抽汽压力高于除氧器定压运行压力一定值时，6 级抽汽至除氧器的供汽电动阀自动打开，除氧器压力随 6 级抽汽压力的升高而升高，除氧器进入滑压运行阶段；若机组运行中，当 6 级抽汽压力降至无法维持除氧器的最低压力时，自动投入辅助蒸汽汽源，维持除氧器定压运行。

2. 系统设置 1 台 100％容量的汽动给水泵组

前置泵与汽动主给水泵组成汽动给水泵组。前置泵与主给水泵同轴，不设置电动给水泵。机组正常运行时，1 台汽动给水泵运行。1 台汽动给水泵运行时能提供锅炉所需的全部水量。

3. 汽动给水泵前设有前置泵

给水泵传动的流体为高温的饱和水，发生汽蚀的可能性较大。要使水泵运行中不汽蚀，必须使有效汽蚀余量大于必需的汽蚀余量。水泵必需的汽蚀余量随转速的平方成正比地改变，因此，高速泵所需的汽蚀余量比一般的水泵高得多，其抗汽蚀能力大大下降，当滑压运行的除氧器运行工况波动时极易引起汽蚀。

为防止给水泵运行中汽蚀，汽动给水泵前安装一台低速前置泵。前置泵的转速较低，所需的汽蚀余量大大减少，加之除氧器安装有一定的高度，故给水不易产生汽化。当给水经前置泵后，压力得到提高，增大了进入给水泵的给水压力，提高了泵的有效汽蚀余量，能有效的防止给水泵的汽蚀，并可大幅度降低除氧器的布置高度。

前置泵进水管道上设置一个粗滤网。粗滤网的作用是，机组初次投运或除氧器大修后投运初期，防止安装或大修时积存在除氧器水箱和进水管道内的异物进入泵内，保证前置泵的工作安全；运行一段时间后，可用一段短管取代粗滤网，以减少进水管道的阻力。当污物积存造成滤网两端压差加大时，应停泵进行清洗。

前置泵进水管道上，接有从邻炉冷态上水两机联通管来的水管。前置泵的入口水管上还设有泄压阀，以防止该泵组进水管超压。泄压阀出口接管进入一个敞开的漏斗，以方便运行人员监视：如果有泄漏，运行人员可以从泄压阀出口发现。

前置泵出口至给水泵进口之间的管道上不设隔离阀，这段管道上依次设有流量测量装置和精滤网。精滤网的作用是防止异物进入泵内。泵运行后精滤网不应拆除。当精滤网因污物堵塞压差增大时，应停泵进行清洗。

4. 汽动给水泵

汽动给水泵出口管道上均依次装有止回阀、电动闸阀。止回阀的作用是当有给水泵在运行时，避免停用给水泵因压力水倒流，引起给水泵倒转。

机组运行时给水流量靠控制给水泵汽轮机转速来调节。高压加热器出口的给水主管路上设有止回阀和电动闸阀，并设旁路调节阀，作为启动及低负荷时的调节手段。

汽动给水泵由小汽轮机（BEST 汽轮机）驱动，小汽轮机正常工作汽源来自 1 级抽汽（接超高压缸的排汽），启动及低负荷时由辅汽系统供汽。小汽轮机的排汽排入 7 号低压加热器。

5. 汽动给水泵均设置独立的最小流量再循环装置

在主给水泵出口管道上的止回阀前均引出一根再循环管通入除氧器水箱。再循环装置的作用是保证在汽轮机低负荷或空负荷情况下给水泵组的正常工作。

给水泵启动时，再循环装置自动开启；随着给水泵流量的增加，再循环装置逐渐关小；流量达允许流量后，再循环装置全关。当给水泵流量小于允许流量时，再循环装置自动开启。

6. 再热器减温水管道、汽轮机中压旁路减温水管道及主汽暖管阀减温水管道

汽动给水泵中间设有两级抽头，各引出一根支管，一级抽头支管供一次再热器减温水和主汽轮机中压旁路的减温水，二级抽头支管供二次再热器减温水及供热减温减压器减温水。每根支管上均装有一个止回阀和一个电动隔离阀。止回阀的作用是防止抽头水倒流至给水泵，隔离阀则方便给水泵检修。

主给水泵出口电动闸阀后还接有一路通往主汽暖管阀的减温水管道，以提供主汽暖管阀 A 和 B 的减温水。

7. 汽轮机高压旁路减温水管道

1 号高压加热器出口的总管上引出一根支管，为汽轮机高压旁路提供减温水。去汽轮机高压旁路的管道上设有液动隔离阀和液动调节阀。

8. 给水系统中设置 5 台高压加热器

5 台高压加热器均为蛇形管、三流程高压加热器，1～4 号高压加热器为立式，5 号高压加热器为卧式。5 台高压加热器水侧采用大旁路。

9. 给水系统中还设有通往一级低温省煤器的支管

5 号高压加热器进口设有一根通往一级低温省煤器的支管，有部分给水通过一级低温省煤器，吸入锅炉烟气余热后回到 1 号高压加热器的出口管道，与主给水一起流向锅炉。

第七节　加热器的疏水与排气系统

加热器的疏水是指抽汽在加热器内放热后形成的凝结水。加热器疏水系统的作用是：排放及回收各级加热器的蒸汽凝结水；保持加热器中的水位在正常范围内，防止汽轮机进水。疏水方式一般分为逐级自流和采用疏水泵两种。

瑞金电厂 1000MW 超超临界汽轮机加热器疏水分为高压加热器疏水和低压加热器疏水两种。高压加热器的疏水采用逐级自流方式，如图 5-7 所示。低压加热器的疏水采用带疏水泵的疏水系统，如图 5-8 所示。

加热器停运或运行中，内部会存有一定的不凝结气体，这些不凝结气体的存在会增加传热热阻，增大加热器的出口端差，同时会对设备造成腐蚀。因此，在所有加热器的汽侧和水侧均设有排气装置及排气管道系统。加热器的排气系统的功能是从加热器和除氧器中排出不凝结气体，以提高运行经济性和防止设备腐蚀。

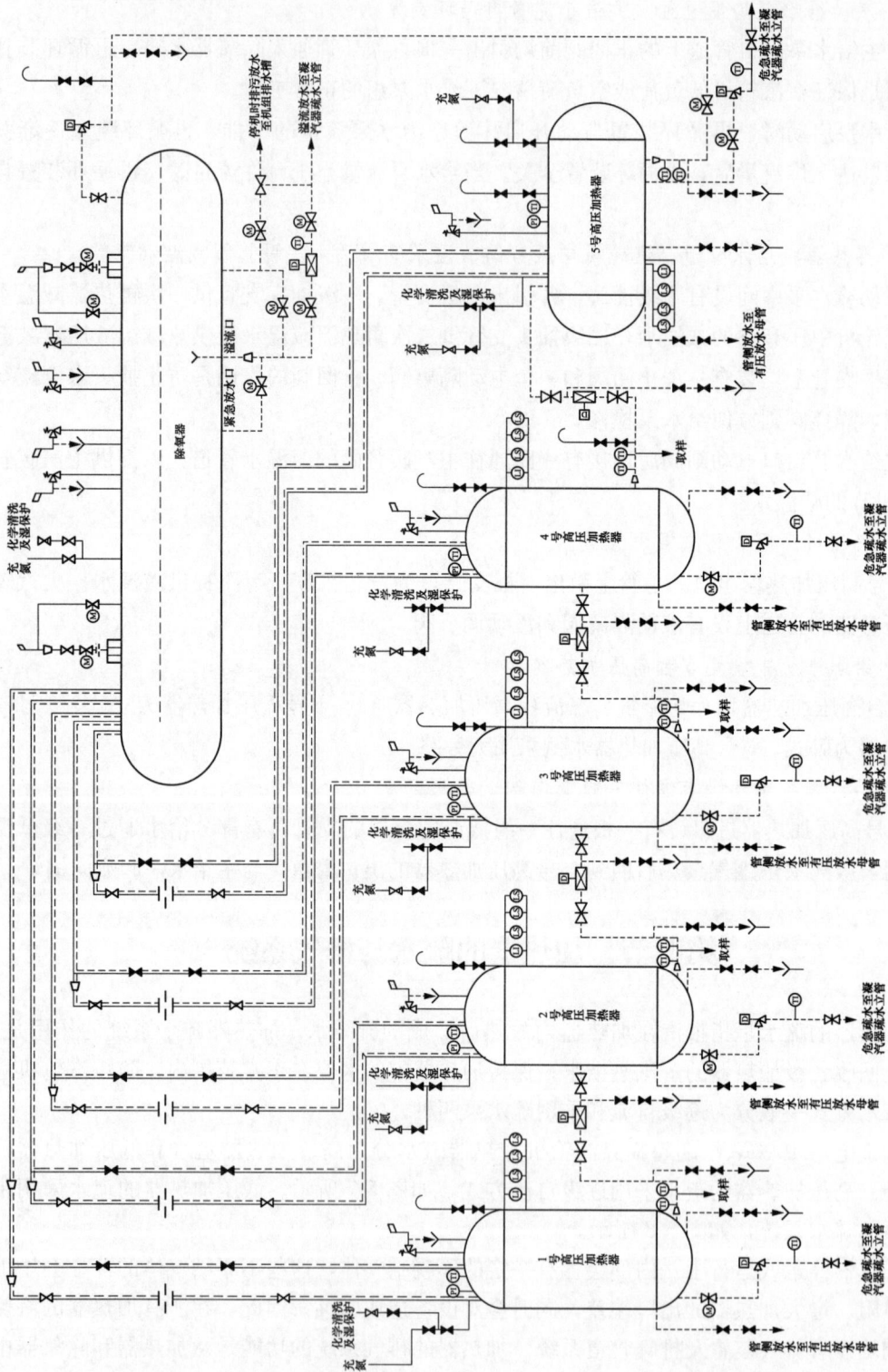

图 5-7 高压加热器疏水与排气系统

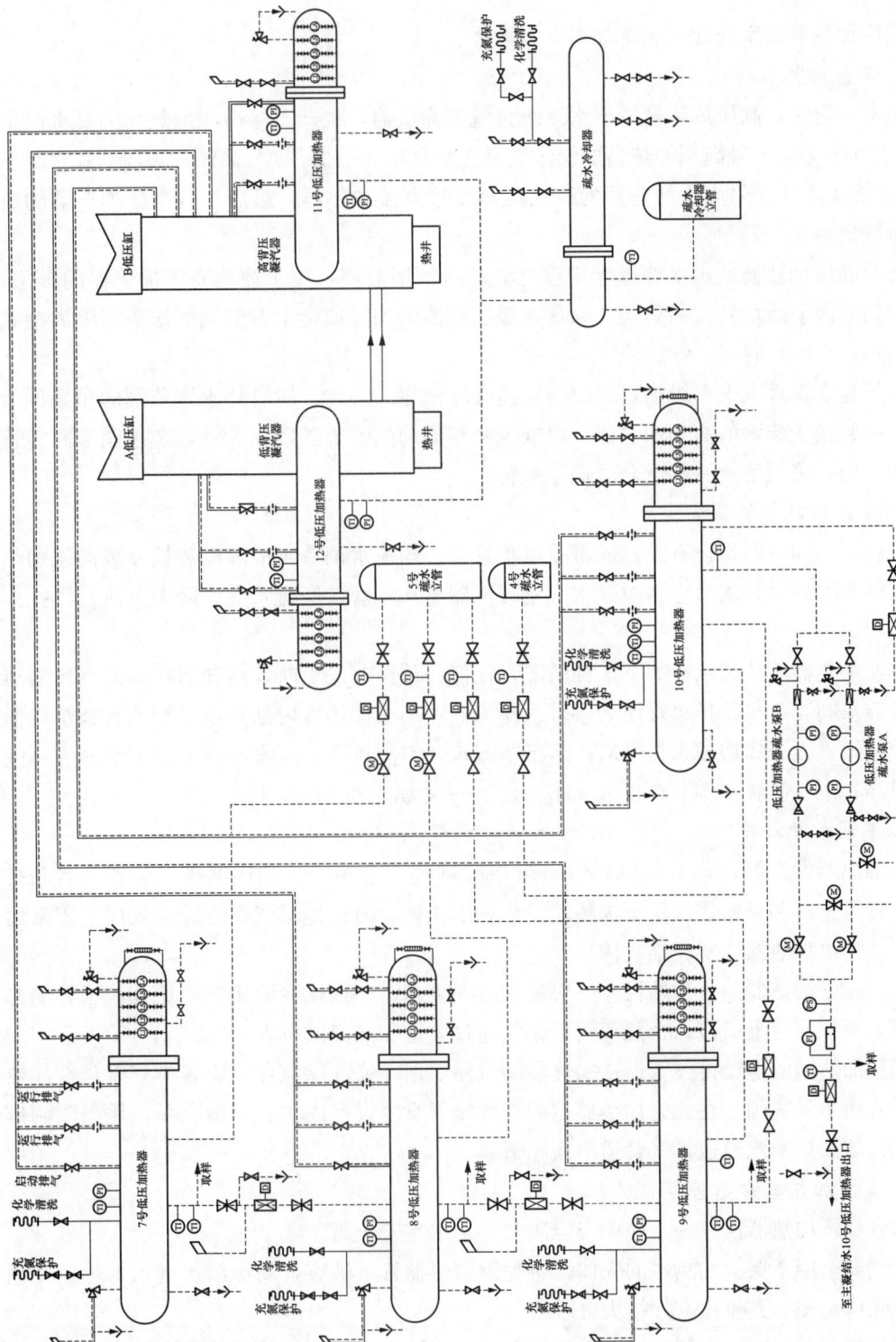

图 5-8 低压加热器疏水与排气系统

一、高压加热器疏水与排气系统

高压加热器疏水与放气系统如图 5-7 所示。

1. 高压加热器的正常疏水

正常运行时，高压加热器的疏水逐级自流至除氧器，也即 1 号高压加热器的疏水流至 2 号高压加热器，2 号高压加热器的疏水流至 3 号高压加热器，3 号高压加热器的疏水流至 4 号高压加热器，4 号高压加热器的疏水流至 5 号高压加热器，最后 5 号高压加热器的疏水流至除氧器。

每台高压加热器的疏水管道上均设有气动疏水调节阀，用于控制高压加热器的水位，且每个调节阀前后均装有隔离阀，以备该级加热器的切除或疏水调节阀因故障需隔离检修时关断用。

由于疏水在进入下一级加热器时会迅速降压汽化，因此，所有疏水调节阀的布置尽量靠近下一级接受疏水的高压加热器，以减少两相流动的管道长度。并且，疏水调节阀后管径放大一倍，采用耐冲蚀的低合金钢厚壁管。

2. 高压加热器的事故疏水

每台高压加热器均设有独立的事故疏水管道。当疏水调节阀故障隔离检修或高压加热器出现满水事故时，疏水经事故疏水阀至凝汽器疏水立管，经疏水立管降温降压后再排入凝汽器。

高压加热器事故疏水有如下 3 种情况，任何一种情况发生时，均开启相应的高压加热器事故疏水阀，疏水经扩容释压后再排入凝汽器：高压加热器内部管束破裂或管板焊口泄漏，使给水进入壳体造成水位升高；运行中疏水调节阀故障，疏水不畅造成加热器壳体内水位升高；下一级疏水调节阀事故关闭，使上一级高压加热器疏水无出路。

3. 高压加热器排气

各加热器的汽侧均设有启动排气、疏冷段排气、管侧排气和连续排气装置。启动排气、疏冷段排气和管侧排气用于加热器投运和水压试验时迅速排气；连续排气用于正常运行时连续排出加热器内不凝结气体。

每台高压加热器的壳体均设有一根启动排气管道、一根疏冷段排气管道和一根管侧排气管道，每根管道上串接两个隔离阀，排气通过管道和隔离阀排入大气。

高压加热器的连续排气管道从加热器的汽侧引出，通往除氧器。每根排气管道在加热器侧设有两个隔离阀。在靠近加热器侧的连续排气管内设有内置式节流孔板，用于限制排气量，以防加热蒸汽通过排气管道串入除氧器。

4. 高压加热器的安全阀

每台高压加热器设置一个壳侧安全阀和一个水室安全阀。

壳侧安全用于保护加热器的壳体，避免因加热器管子破裂，高压给水进入加热器壳侧而引起壳体超压。其排汽直接排大气。

当加热器解列时，水侧进出口隔离阀关闭，将给水密封在加热器管束内。这时，如果抽汽管道上的隔离阀或止回阀关闭不严，少量蒸汽从运行中的汽轮机中漏入加热器，会逐渐加热密封在加热器管子内的"死水"，这样会因膨胀造成水侧超压。水室装有安全阀能够防止加热器水侧超压。

5. 高压加热器停运后的放水与保护

高压加热器底部设有放水管道，以供加热器停运后彻底放去加热器内的存水。

为防止加热器停运后发生氧化腐蚀，必须对其采取防腐保护，保证加热器金属换热面与空气隔绝。所以，高压加热器汽侧设有充氮管道，水侧设有化学清洗及湿保护管道。当机组长时间停运时，先将加热器完全干燥，然后在汽侧充氮气，水侧充满化学处理水。充入加热器内的氮气压力和化学处理水的品质应符合相关规定的要求。

6. 除氧器的放气、放水与保护

如图 5-6 所示，除氧器壳体上设有两根启动排气管道，设有八根连续排气管道。每根启动排气管上装有隔离阀，排气出口至大气。每侧四根连续排气支管汇集在一根总管上，然后将气体排大气。每一根连续排气支管上均设有节流孔板和隔离阀。节流孔板的作用是限制除氧器的放气量，以减少随空气排出的蒸汽量。

除氧器还设有一根紧急放水管和一根溢流管，两根管接至一根总管上，然后通往凝汽器疏水立管。除氧器还设有停机时排污放水管道，排污放水至机组排水槽。为防止除氧器停运后发生氧化腐蚀，除氧器还设有充氮管道、化学清洗及湿保护管道。

为防止除氧器运行中超压，除氧器上还设有四个安全阀，排气管直接引入大气。

二、低压加热器的疏水与排气系统

低压加热器疏水与放气系统如图 5-8 所示。

1. 低压加热器的正常疏水

正常运行时，低压加热器的疏水采取逐级自流和带疏水泵的方式：7 号低压加热器的疏水流至 8 号低压加热器，8 号低压加热器的疏水流至 9 号低压加热器，9 号低压加热器的疏水流至 10 号低压加热器，10 号低压加热器下面设两台 100％容量的疏水泵，其由疏水泵打到该加热器的出口。

11 号低压加热器疏水和 12 号低压加热器低压加热器疏水分别流至低压加热器疏水冷却器，然后疏水再流至疏水冷却器立管。

各低压加热器的正常疏水管道上设有疏水调节阀和隔离阀。

2. 低压加热器的事故疏水

每台低压加热器均设有独立的事故疏水管道，事故疏水管道直接与凝汽器侧的疏水立管相连。低压加热器事故疏水的作用及运行方式与上述的高压加热器事故疏水相同。事故疏水管道上装有截止阀和疏水调节阀。

3. 低压加热器排气

各低压加热器的汽侧和水侧均设置启动排气装置和连续排气装置。启动排气管道上设有隔离阀，排气直接至大气。连续排气管道上设有隔离阀和节流孔板，排气进入凝汽器。若运行中连续排气管上的节流孔板阻塞，启动排气管可临时作为连续排气管使用。

低压加热器水室也设有放气阀，以便加热器投运注水时放出空气。

4. 低压加热器的安全阀

7、8、9号和10号低压加热器各设置一个壳侧安全阀和一个水室安全阀，11号和12号低压加热器设置水室安全阀。低压加热器安全阀的作用与高压加热器安全阀的作用相同。

5. 低压加热器停运后的放水与保护

低压加热器的水室底部设有放水管道，以便停运后放掉其内部的存水。

为防止加热器长期停运后遭受氧化腐蚀，低压加热器还汽侧设有充氮管道，水侧设有化学清洗及湿保护管道充氮管道。

第八节　辅助蒸汽系统

一、辅助蒸汽系统的组成及作用

辅助蒸汽系统主要由辅助蒸汽联箱、供汽汽源、用汽支管、减温减压装置、疏水装置以及相关的连接管道和阀门等组成。

辅助蒸汽系统的作用是向机组提供启动、停机、正常运行及甩负荷等工况下有关设备所需的蒸汽，以保证机组的安全经济运行。

二、辅助蒸汽系统的汽源

为了满足机组启动及备用汽源的需要，两台机组设置了一根辅助蒸汽母管，每台机组设置一个辅助蒸汽联箱。机组启动的各个阶段，辅助蒸汽分别由本机高压缸排汽（二次再热冷段）、机组供热蒸汽母管和一期1、2号机辅汽联络管供汽，如图5-9所示。

辅助蒸汽系统为全厂提供公用汽源。本期工程每台机组设一台压力为0.3~0.8MPa，温度为280~350℃的辅助蒸汽联箱。相邻机组的辅助蒸汽联箱用一根辅助蒸汽母管连接，同时与一期机组辅汽相连。

机组正常运行时由本机供热蒸汽母管向辅助蒸汽系统供汽，低负荷时由本机二次低温再热蒸汽供汽，机组启动时辅助蒸汽由邻机提供辅助汽源。

当机组的负荷上升至一定值、供热蒸汽母管参数符合要求时，可将辅助蒸汽汽源切换至供热蒸汽母管。机组正常运行时，辅助蒸汽系统也由供热蒸汽母管供汽。

在正常运行工况下，供热蒸汽母管压力与辅助蒸汽联箱的压力变化范围基本接近。供热蒸汽母管至辅助蒸汽联箱的管道上设有流量测量装置、隔离阀、调节阀和止回阀等。

三、辅助蒸汽系统对外供汽情况

辅助蒸汽联箱除接有上述汽源的引入管道外，还接有若干根对外供汽管道，主要提供以下设备和系统用汽。

1. 除氧器用汽

（1）机组启动时，为除氧器提供加热所需的加热蒸汽。

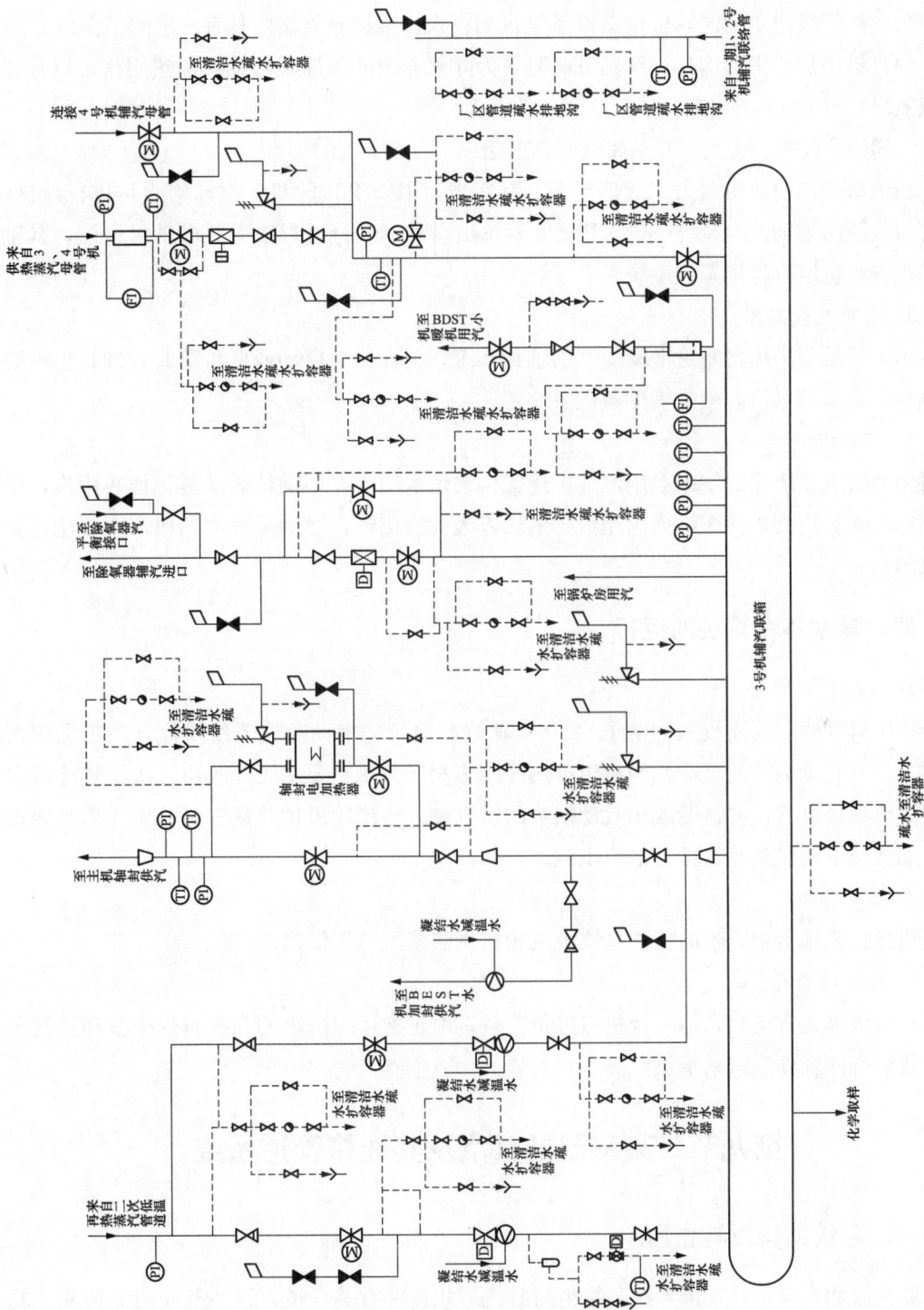

图 5-9　辅助蒸汽系统

（2）汽轮机低负荷或停机过程中，当回热抽汽无法维持除氧器的最低工作压力时，自动切换至辅助蒸汽汽源，维持除氧器定压运行。

（3）汽轮机甩负荷时，辅助蒸汽系统自动投入，维持除氧器内具有一定的工作压力。

（4）机组运行中，当负荷突然升高时，为除氧器内的再沸腾管提供加热用汽，以保证除氧效果。

2. BEST 汽轮机调试、启动用汽和轴封用汽

在机组投产前或机组大修后启动前，都需要对 BEST 汽轮机、汽动给水泵进行调试，其所需汽源由辅助蒸汽系统供给。BEST 汽轮机启动和运行过程中需要向轴封送汽，其轴封用汽汽源也取自辅助蒸汽系统。

3. 汽轮机轴封用汽

本机组虽然采用自密封平衡供汽的轴封系统，但在机组启动或低负荷时，轴封仍需要供汽源，此时的供汽源就是辅助蒸汽系统。

4. 其他用汽

辅助蒸汽系统除提供以上用汽外，还提供锅炉房用汽，如锅炉燃油雾化加热用汽，空气预热器吹灰用汽，磨煤机灭火用汽，锅炉露天防冻用汽，燃油系统吹扫用汽，脱硝装置用汽等。

四、辅助蒸汽系统的运行

1. 启动

机组启动时，首先投入一期 1、2 号机辅汽联络管向辅助蒸汽系统供汽，并根据用汽需要，加大启动锅炉的负荷。当机组再热冷段蒸汽压力达到要求时，改由二次再热冷段向辅助蒸汽系统供汽，并逐渐减小启动锅炉的供汽量。当汽轮机供热蒸汽母管压力满足要求时，切换至本机供热蒸汽母管抽汽供汽。

2. 正常运行

机组正常运行中，辅助蒸汽系统由汽轮机供热蒸汽母管供汽。

3. 机组甩负荷

一台机组正常运行，另一台机组甩负荷时，由正常运行机组的二次再热冷段和供热蒸汽母管联合向辅助蒸汽系统供汽。

第九节　凝汽器抽真空及其连接管道系统

一、系统的构成与作用

凝汽器抽真空及其管道系统是指由与凝汽器相连的有关管道、设备及阀门等构成，其作用将凝汽器内积聚的不凝结气体连续不断地抽出，以建立和维持凝汽器所要求的真空值。本机组的凝汽器抽真空及其管道系统如图 5-10 所示。

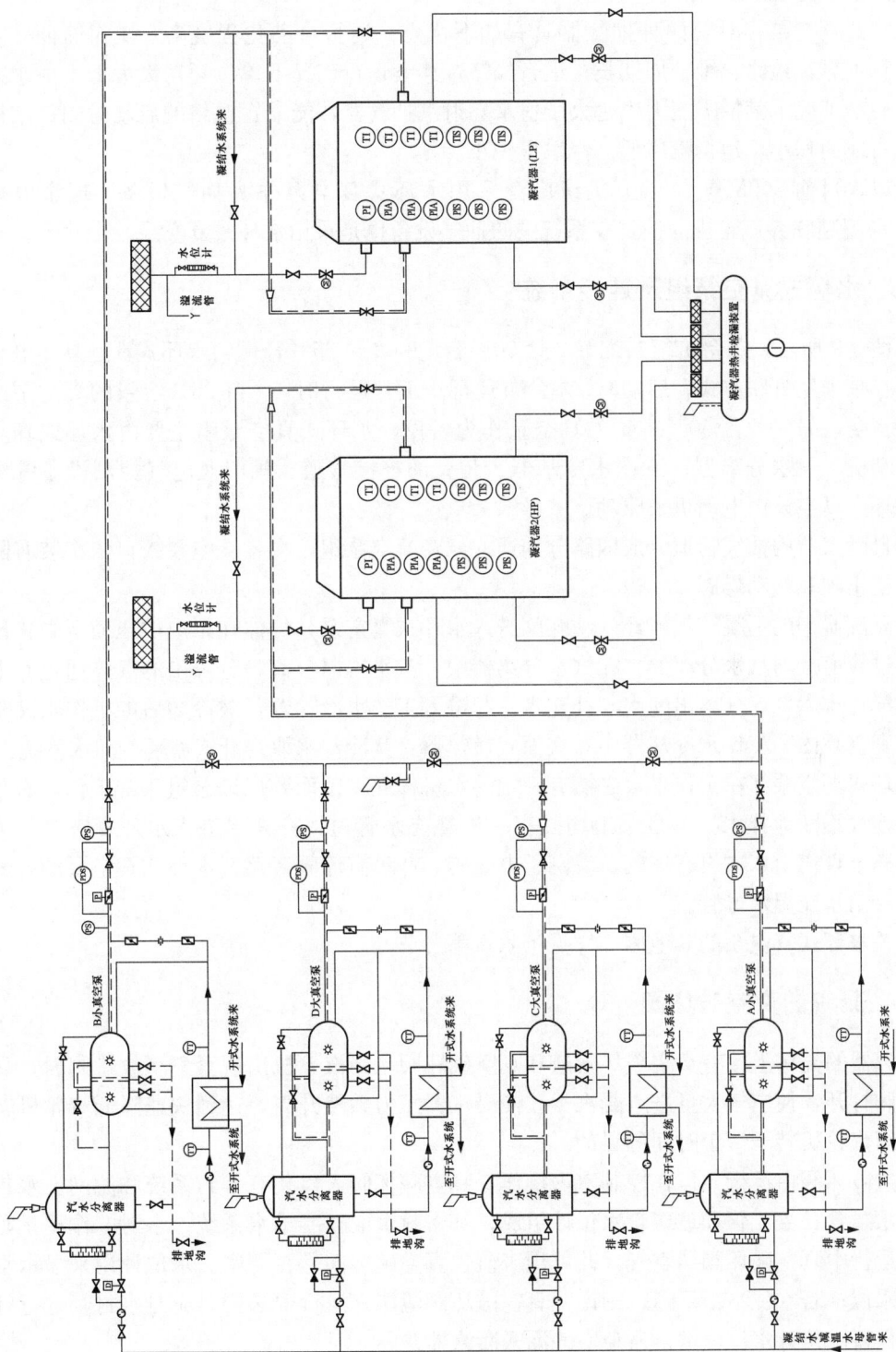

图 5-10 凝汽器抽真空及其连接管道系统

抽真空系统的核心设备是抽气器。电厂常用的抽气器有射汽抽气器、射水抽气器和水环式真空泵 3 种型式。

水环式真空泵相对前两种抽气器具有如下优点：运行自动化程度高，操作简便、安全；运行可靠，检修、维护周期长；运行经济，连续运行工况下单位耗功大大低于射水抽气器，启动工况下其抽吸能力也远大于射水、射汽抽气器，能缩短机组的启动时间；结构紧凑，占地面积小，运行噪声低；汽水损失小。

所以，目前 300MW 及以上机组广泛采用水环式真空泵作为抽气设备。瑞金电厂 1000MW 超超临界汽轮机的抽真空系统中的抽气设备也是采用水环式真空泵。

二、水环式真空泵组及连接系统

如图 5-9 所示，每台机组共配置 2 台 50％容量和 2 台 25％容量的水环式真空泵，电动机与真空泵采用直联方式。启动时，4 台泵运行；正常运行时，2 台 25％容量的真空泵运行维持真空，另外 2 台 50％容量的真空泵作为备用。水环式真空泵组主要由水环式真空泵、电动机、汽水分离器、工作水冷却器、相关的连接管道、阀门及电气控制设备等组成。水环式真空泵由电动机来驱动。

来自凝汽器的抽气管道分成四路分别通往四台真空泵组，在各真空泵入口依次装有隔离阀、逆止阀和气动蝶阀。

由凝汽器来的不凝结气体经气动蝶阀进入水环式真空泵，气体在泵内被压缩至微正压时，通过管道排向汽水分离器。在汽水分离器中，汽水得以分离，分离出的气体通过其上部的排气管排大气，分离出的水与补充水一起进入工作水冷却器，被冷却后的工作水又重新送入真空泵内。工作水冷却器为一表面式换热器，其冷却水取自开式循环冷却水系统。

水环式真空泵组在工作中，必然有一定的水量损耗，因而要保证泵组正常工作，必须给系统连续不断地补水。每台泵组均设有一根补充水管道，补充水进入水环真空泵的入口。补充水管道上依次设有球阀、滤网、电磁阀，并设有球阀旁路。水环式真空泵的补充水取自凝结水减温水母管。

有关水环式真空泵的其他内容详见第六章第二节。

三、凝汽器真空破坏阀

凝汽器的壳体上接有真空破坏管道和真空破坏阀。当汽轮机出现紧急事故跳闸时，真空破坏阀打开，使空气大量进入凝汽器，使凝汽器压力骤然升高，达到快速降低汽轮机转速、缩短汽轮机转子惰走时间的目的。

真空破坏阀由运行人员在控制室内操作。真空破坏阀入口装有水封系统和滤网。水封系统由水封管、溢流管和玻璃管水位计组成，其密封水取自凝结水系统。水封的作用是防止正常运行中真空破坏阀漏空气，并可用来监视真空破坏阀是否严密。水位计用来显示水封管的水位；若水位不断下降，则说明真空破坏阀泄漏。运行中必要时应对水封管进行补水，以保持水位计水位正常，避免空气漏入凝汽器。

为了在不停机的情况下维修真空破坏阀，每个真空破坏阀的下游使用隔离阀。错误的关闭这个阀门使真空不可能被破坏，由限位开关来控制隔离阀 100％开启。

四、凝汽器相关的连接管道及设备

(一)凝汽器相关的连接管道

凝汽器是一个重要的汽水汇集枢纽。凝汽器喉部接有主汽轮机排汽管道、BEST 汽轮机事故排汽用排汽管道、低压旁路管道、低压缸喷水管道、低压加热器空气接管、空气抽出口接管以及连接汽轮机本体疏水立管的接管等各种管道。

(二)汽轮机本体疏水立管

高、低背压凝汽器侧面还有布置有汽轮机本体疏水立管。疏水立管按极热态启机条件设计,疏水立管分别设置于凝汽器汽轮机侧和发电机侧。本凝汽器采用疏水立管 5 根。汽轮机本体疏水立管可接收汽轮发电机组全部疏水,主要包括以下各项:收集和凝结所有轴封和阀杆漏汽的疏水;汽轮机主汽阀上、下阀座的疏水及高、中压联合汽阀的疏水;汽室和超高压缸、高压缸进口喷嘴间的主蒸汽管道疏水;各抽汽管道上止回阀和超高压缸、高压缸排汽止回阀及其阀前管道的疏水;汽轮机本体和导汽管疏水;管道低位点疏水;除氧器溢放水和紧急放水;高压加热器、低压加热器危急疏放水等。

除此之外,本凝汽器还设置一根疏水冷却器立管,用以回收 11、12 号低压加热器疏水冷却器出口的疏水。

高能和高温高压流体与一般流体引入不同的疏水立管,各疏水立管具有足够的容积和具有足够的承压能力,在真空条件下有足够的稳定性;满足所有工况下接受各种疏水和排汽最不利条件的要求,同时要考虑汽水冲击和磨蚀的影响,壁厚有足够的腐蚀和磨蚀余量。

疏水立管的汽侧设有汽连通管道,并与凝汽器颈部相连接;疏水立管的水侧设有水连通管道,经水封与凝汽器热井相连接。汽、水连通管除考虑承压和真空条件外,还考虑有足够的腐蚀和磨蚀余量,管道支吊架的设计应保证在各种工况下汽、水连通管都不会发生振动。

设计疏水立管时,尽量减小工质对立管管壁的冲刷。进入疏水立管的高速和高能流体具有妥善的消能设施;进入疏水立管的高温流体设有降温措施;任何情况下,不会出现由于流体冲击而引起疏水扩容器的剧烈振动,也不会出现有冷汽和汽水倒流进入汽缸的现象。

疏水立管上,按压力等级设有不同集管。集管和立管的汽侧和水侧连通管均有足够的通流截面,避免流动不畅,甚至阻塞。在各种工况下,汽连通管不影响低压缸的安全,也不会出现冲刷凝汽器管束的现象。疏水立管具有足够的强度,承受疏水闪蒸膨胀对外壳的压力和热冲击,承受接口管道的传递受力。

疏水立管装设有喷水减温装置,使扩容蒸汽温度低于汽轮机和凝汽器允许的温度。

疏水立管的壳体上连接高温蒸汽和疏水管道的接口,当温差为 150℃ 或更高时均设有保热套,以保护壳体不裂损。疏水立管设计时合理布置疏水接管,各工况下保证疏水立管受热均匀。疏水立管设计时尽量减少角焊缝,以避免由于疏水立管受热不均引起的开裂。

第十节　循环冷却水系统

凝汽式电厂运行中，为了使汽轮机排汽凝结，凝汽器需要大量的冷却水。除此之外，电厂中还有许多机械因轴承摩擦而产生大量热量，发电机和各种电动机运行因存在铜损和铁损也会产生大量的热量。这些热量如果不能及时排出，将会引起设备超温，甚至损坏。所以电厂中都设有循环冷却水系统，对这些设备进行冷却。

冷却水的供水方式有两种：

（1）直流供水方式（也称开式供水）。这种供水方式通常是循环水泵直接从江河的上游取水，经过凝汽器后排入江河的下游。

（2）循环供水方式（也闭式称供水）。这种供水方式是在电厂所在地水源不充足时或水源距离电厂较远时采用。它必须有冷却设施，如冷却水池、喷水池和冷却塔等。循环水泵从这些设施的集水井中汲水，经凝汽器等设备吸热后再送入冷却设施中，循环使用。

无论哪种供水方式，冷却水进入厂房后，根据各设备对冷却水量、水质和水温的不同要求，又可分为开式和闭式循环冷却系统。

开式循环冷却水系统是用循环水直接去冷却那些需要冷却水量大而水质要求较低的设备，如润滑冷却器、氢气冷却器等。闭式循环冷却水系统是用洁净的凝结水作为冷却介质，去冷却那些需要冷却水量较小而水质要求高的设备，如水泵的轴承冷却水，发电机密封油冷却器冷却水等。

一、开式循环冷却水系统

（一）开式循环冷却水系统的组成及工作流程

瑞金电厂 1000MW 超超临界汽轮机的开式循环冷却水系统如图 5-11 所示。它采用一次循环冷却的单元制供、排水系统。此系统的冷却水为循环水。开式循环冷却水系统中设置两台开式循环冷却水泵（一台运行，一台备用）及相关的冷却设备、管道和阀门。

从厂外循环水进水母管来的冷却水，经电动滤水器后进入一台开式冷却水泵，开式冷却水泵出口的水进入开式循环冷却水母管，然后分别流向以下冷却设备：四台水环式真空泵冷却器，两台主机润滑油冷却器，2 台闭式循环热交换器，两台 BEST 汽轮机润滑油冷却器，四台发电机氢气冷却器，两台发电机定子水冷却器，两台凝结水泵电机冷却器，一台 BEST 变流器冷却器，一台 BEST 汽轮机发电机冷却器。最后这些冷却设备的出水均接入开式循环冷却水的回水母管，回水母管又连接着厂外循环水回水母管。也就是说，吸了热的循环冷却水最终从厂外循环水回水母管排走。

（二）开式循环冷却水泵

本机组的开式循环冷却水系统中设置两台开式循环冷却水泵，用以提供开式循环冷却水系统中所有冷却设备的冷却用水。正常运行中，一台运行，一台备用。

开式循环冷却水泵的性能参数如表 5-9 所示。

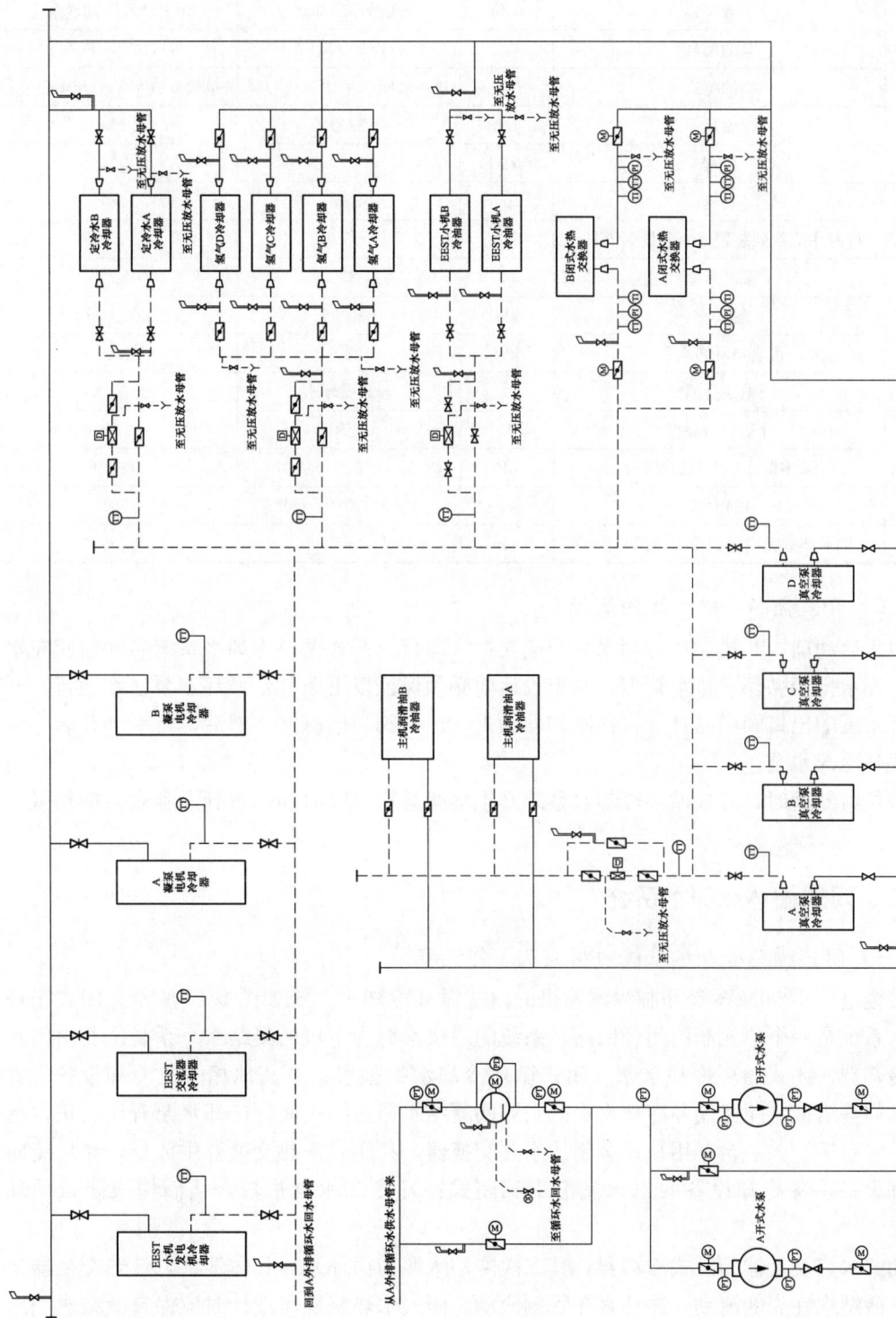

图 5-11 开式循环冷却水系统

表 5-9　　　　　　　　　开式循环冷却水泵及闭式循环冷却水泵的性能参数

序号	参数名称	单位	开式循环冷却水泵	闭式循环冷却水泵
1	泵的型号		OTS500-510A	OTS250-480A
2	泵的型式		单级双吸水平中开离心泵	单级双吸水平中开离心泵
3	流量	t/h	3200	1100
4	扬程	mH_2O	22	50
5	转速	r/min	970	1480
6	叶轮中心线处装置汽蚀余量 NPSHr	m	5	5
7	泵的效率	%	87	85
8	轴功率	kW	220.37	176.21
9	配套电动机功率	kW	280	220
10	输送介质		开式循环水	除盐水
11	介质运行温度	℃	≤50	≤50
12	泵体设计压力/试验压力	MPa	0.6/1.0	1.0/1.6
13	关闭压头	m	40	68
14	轴承座处振动保证值（双振幅值）	mm	0.05	0.05

（三）开式循环冷却系统的运行

机组启动前，开式循环冷却水系统应先投入运行。开式循环冷却水系统启动前应充水放气，充水排至循环水排水管道。系统投运前必须保证以下条件：循环水泵已经运行，开式循环水泵的出口阀门已打开，各冷却器的进、出口阀门已打开。然后，可手动开启一台开式循环冷却水泵。

当机组停运时，开式循环冷却水系统必须继续运行一段时间，直到设备剩余的热量完全排出为止。

二、闭式循环冷却水系统

（一）闭式循环冷却水系统的组成及工作流程

瑞金电厂 1000MW 超超临界汽轮机的闭式循环冷却水系统如图 5-12 所示。闭式循环冷却水系统是一个单元制的闭合回路，系统的一次水源为主机的凝结水。系统主要由闭式循环冷却器、闭式循环冷却水泵、闭式循环冷却水膨胀水箱及其他相关的冷却设备、管道、阀门等组成。闭式循环冷却水膨胀水箱的凝结水通过闭式循环冷却水泵升压（正常运行时，一台运行，一台备用）送至闭式水热交换器，在闭式水热交换器中放热，然后流向各冷却设备，各冷却设备的出水又汇集到闭式循环冷却水泵进口，从而构成闭式循环冷却。

闭式水热交换器为管式冷却器，其二次冷却水源为循环水。具体地讲，该热交换器运行时，凝结水在壳侧流动，循环水在管侧流动。闭式水热交换器设计时应保持凝结水侧压力大于循环水侧压力，以防止管束泄漏时凝结水受到污染，确保运行安全。每台机组闭式循环冷却水系统中设置两台闭式水热交换器。

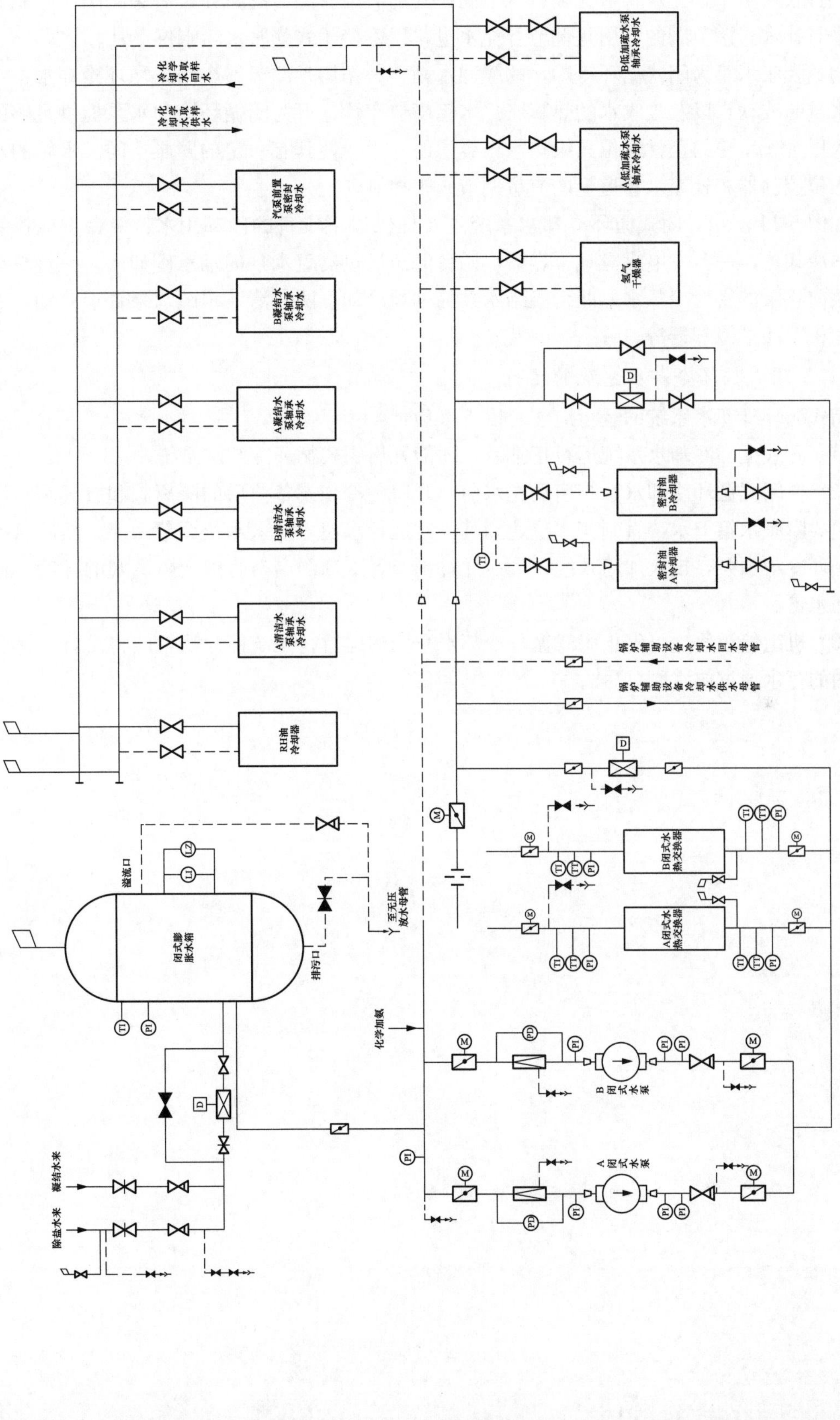

图 5-12　闭式循环冷却水系统

　　闭式循环冷却水系统的正常补水来自凝结水补水母管和凝结水减温水母管。补充水进入闭式膨胀水箱。补充水管道上装有调节阀，其前后设有隔离阀，并设有旁路阀用于调节阀检修时补水。调节阀的作用是调节补充水量，以维持闭式膨胀水箱水位正常。

　　闭式膨胀水箱为闭式循环冷却水的缓冲水箱，其作用是调节整个闭式循环冷却水系统循环水量的波动，以及吸收水的热膨胀。水箱高位布置，可为闭循环冷却水泵提供足够的净吸入压头。水箱的正常水位只维持水箱容积的一半，使其有一定的膨胀空间。水箱的水位由水位控制器和补充水管道上的流量调节阀来控制。

　　如图 5-11 所示，闭式循环冷却水系统主要提供以下设备的冷却用水：两台发电机氢密封油冷却器，一台发电机氢气干燥器，两台低压加热器疏水泵的轴承冷却水，一台汽动给水泵前置泵的密封冷却水，两台凝结水泵的轴承冷却，两台清洁水疏水泵轴承冷却，一台汽轮机 EH 油冷却器等。

　　（二）闭式循环冷却水系统的运行

　　闭式循环冷却水系统的运行应注意以下事项：

　　（1）开式循环冷却水系统运行正常后，才能开启闭式循环冷却水系统。

　　（2）在闭式循环冷却水系统启动充水前，开启各冷却设备前后的隔离阀和放气阀。接着向闭式膨胀水箱上水，直到其水位达到其正常运行水位，投入水位调节系统。然后启动闭式循环冷却水泵，投入加药系统。最后通过调节各冷却器出口管道上隔离阀的开度，控制冷却水量。

　　（3）机组停运后，可停止闭式循环冷却水系统的运行。系统停运后，应将设备水室和管道内的存水通过放水阀排尽。

第六章 汽轮机辅助设备

第一节 凝 汽 器

一、凝汽器的作用和结构类型

(一)凝汽器的作用与特性要求

凝汽器是将驱动汽轮机做功后排出的蒸汽变成凝结水的热交换设备,又称冷凝器,主要用途有:

(1)降低汽轮机的排汽压力,即形成高度真空,以提高蒸汽在汽轮机内的可用焓降,将更多的热能转变为机械功。

(2)将汽轮机的排汽凝结成洁净的凝结水,再重新加热升压作为锅炉给水循环使用,以降低制水成本。

凝汽器的这种功能需借助真空抽气系统和循环水系统的配合才能实现。真空抽气系统将不凝结气体抽出;循环水系统把蒸汽凝结热及时带走,保证蒸汽不断凝结,既回收了工质,又保证排汽部分的高真空。

另外,凝汽器又作为热力系统中压力最低的汽、水汇集器,接收机组启、停时旁路系统排出的蒸汽,凝结水再循环及各种疏放水,同时还具有除氧的功能。

作为大容量、高参数机组的凝汽器应符合下列特性:

(1)结构上有较高的严密性。为让蒸汽在汽轮机内尽可能多地做功,凝汽器的工作压力很低,即有很高的真空度,这就要求凝汽器本体及真空系统具有高度的严密性,以防止空气漏入,影响凝汽器内换热条件,降低真空和污染凝结水。但是要使凝汽器本体与真空系统做到绝对严密是不可能的,因此,必须设置真空设备(真空泵等)不断地抽出漏入凝汽器的空气。其次,水侧的密封性好,以防止循环水渗透使凝结水质变坏。这一点对于水质要求严格的大机组来说更为重要。

(2)较高的平均传热系数。其换热管束采用导热性能好的铜管,或薄壁合金管;防止管束内外壁积垢;降低汽侧空间空气的含量等。

(3)汽阻要小。凝汽器内蒸汽由其进口经管束流向抽气口,不可避免会产生流动阻力,这需要合理的布置管束,使汽阻尽可能小而均匀,以免造成凝结水的过冷度及含氧量增大。大型机组凝汽器的汽阻不应超过 $0.27 \sim 0.4\text{kPa}$。

(4)循环水流动阻力(即水侧阻力)要小。影响循环水在凝汽器内流动阻力的主要因素是管束的布置、管口的形状和内壁的清洁度。水侧阻力对循环水泵的流量、压头和耗功都有一定的影响。大多数双流程凝汽器的水阻在 0.049MPa 以下,单流程凝汽器的水阻也不超过 0.039MPa。

（5）凝结水的含氧量要小。若由凝汽器热井流出的凝结水含氧量太大，会引起主凝结水系统中管道和设备的腐蚀。为保证其含氧量达到标准，应减小凝结水的过冷度。凝汽器内设置回热通道或真空除氧装置，可减小凝结水的过冷度。

（6）能够不停机进行水室和管束内壁清洗。

（二）凝汽器的结构类型

按蒸汽凝结方式的不同凝汽器可分为表面式和混合式两类，混合式凝汽器内排汽直接与冷却水接触，会造成水质污染，对冷水的水质要求很高，因而电厂汽轮机很少使用；而表面式凝汽器内排汽不直接与水或其他冷却介质接触，蒸汽在冷却器壁面上凝结成水，广泛用于电厂汽轮机中。而目前用于汽轮机的凝汽器按排汽压力的异同主要有单背压和双背压两种，我国单背压凝汽器主要应用于 300MW 级以下的大多数汽轮发电机组，其低压缸的排汽压力相等；而 600MW 及其更大容量的机组广泛采用双背压凝汽器，其低压缸具有不同的排其压力，这种凝汽器具有一些独特的性能。本机组的凝汽器采用的就是双背压、双壳体、单流程、表面式结构。

二、凝汽器的主要技术参数

瑞金电厂 1000MW 超超临界机组采用上海汽轮机厂生产的双背压、双壳体、单流程、表面式凝汽器。该凝汽器的技术参数如表 6-1 所示，主要组成部件结构数据与材料如表 6-2 所示。

表 6-1　　　　　　　　　　　　　凝汽器的技术参数

序号	项　　目	单位	数据
1	型　号		N-64000
2	凝汽器的总有效面积	m^2	64 000
3	抽空气区的有效面积	m^2	4480
4	流程数/壳体数		1/2
5	TMCR 工况循环水带走的净热	kJ/s	494 680/490 692
6	传热系数	$W/(m^2 \cdot ℃)$	2705/2705
7	循环水流量	m^3/h	101 000
8	管束内循环水最高流速	m/s	2.5
9	冷却管内设计流速	m/s	2.131
10	清洁系数		0.85
11	TMCR 工况循环水温升	℃	4.21/4.18
12	凝结水过冷度	℃	≤0.5
13	凝汽器设计端差	℃	3.5/3.3
14	水室设计压力	MPa	0.6
15	壳侧设计压力	MPa	0.098

续表

序号	项　目	单位	数据
16	凝汽器出口凝结水保证氧含量	$\mu g/L$	20
17	管子总水阻	kPa	≤86
18	凝汽器汽阻	kPa	≤0.4
19	循环倍率（设计工况）		64.32
20	水室重量（每个）	kg	约 15 000
21	凝汽器净重	kg	约 950 000
22	凝汽器重量（运行时）	kg	约 2 500 000
23	凝汽器重量（满水时）	kg	约 3 500 000

表 6-2　　　　　　　　　　　　凝汽器主要组成部件结构数据与材料

序号	项目	单位	技术参数
1	管束顶部外围部分材料		TP304L
2	管束顶部外围部分数量	根	1752
3	管束顶部外围部分直径、壁厚	mm	$\phi25\times0.7$
4	管束主凝汽器区材料		TP304L
5	管束主凝汽器区数量	根	52 384
6	管束主凝汽器直径、壁厚	mm	$\phi25\times0.5$
7	管束空气抽出区材料		TP304L
8	管束空气抽出区数量	根	4072
9	管束空气抽出区直径、壁厚	mm	$\phi25\times0.7$
10	管束有效长度、总长	m	14.000/14.102
11	入/出口端紧固管束的方法		胀接＋焊接
12	管板数量	个	8
13	管板材料		TP304L＋Q235-B
14	管板尺寸	m	3.83×6.2
15	管板厚度	mm	5＋40
16	螺钉与螺母材料		42CrMo/35CrMo
17	管子支撑板数量	个	76
18	管子支撑板材料		Q235-B
19	管子支撑板厚度	mm	12
20	管子支撑板间距/最大/最小	mm	700
21	凝汽器壳体材料		Q235-B
22	凝汽器壳体厚度	mm	20
23	喉部及热井在内的蒸汽空间容积	m^3	约 4000
24	凝汽器壳体空气抽吸管的数量	根	4
25	凝汽器壳体空气抽吸管的尺寸	mm	$\phi219\times6$

续表

序号	项目	单位	技术参数
26	水室门盖材料		Q235-B
27	水室门盖设计压力	MPa	0.6
28	水室门盖工厂试验压力	MPa	0.78
29	水室门盖厚度	mm	20
30	循环水接管入口/出口外径	mm	φ2832
31	水室的人孔门数/内径尺寸	mm	2/DN500
32	水室内部涂料		厚浆型环氧沥青漆
33	热井形式/容积	m³	独立式/200
34	TMCR工况下，高低水位报警之间滞留的时间	min	5
35	喉部与排汽缸的接头材料/厚度	mm	Q235-B/20
36	喉部与凝汽器壳体的连接型式		焊接
37	喉部与汽轮机的连接型式		焊接
38	水室法兰顶部到汽机排汽缸的高度	mm	约5000
39	垂直方向的膨胀设施支撑型式		滑动支座
40	垂直方向膨胀设施端部焊接型式		角焊缝
41	凝汽器支撑型式		滑动支座
42	各疏水扩容器材质		采用5根疏水立管方案
43	各疏水立管筒体材质		15CrMoR

三、凝汽器的总体设计特点

瑞金电厂1000MW超超临界汽轮机凝汽器总体设计特点如下：

（1）采用双背压、双壳体、单流程凝汽器。凝汽器的设计条件以TMCR工况为设计工况，VWO、TRL工况作为校核工况。凝汽器循环水设计水温为22.3℃，设计平均背压为4.75kPa，循环倍率64.32倍，夏季10％气象条件水温为32.5℃，TRL工况平均背压为9.0kPa。凝汽器冷却面积为64 000m²。

（2）凝汽器的设计符合HEI标准。在汽轮机最大连续出力TMCR工况下，管束内的水流速度符合HEI标准，且不大于相应管材下的允许值，清洁系数按0.85，堵管率按5％设计。

（3）凝汽器能在VWO工况下，以及TRL工况循环水温条件下考虑堵管率5％后能连续运行并保证背压及除氧要求。

（4）本机型凝汽器为双壳体双背压单流程型式，循环水从一侧壳体的进口水室流入，从另一侧的出口水室流出，凝汽器允许半侧运行，此时汽轮机能达到75％ TRL的出力。

（5）在规定的负荷运行范围内，凝汽器出口凝结水的含氧量不超过20μg/L。

（6）在TMCR工况下，凝汽器出口的凝结水过冷度不大于0.5℃。

（7）凝汽器水室的设计压力取循环水泵关断压力所对应的水室底部的压力与任何水锤

冲击压力两者中的大值，且不小于 0.6MPa。

（8）凝汽器内设有为低压旁路排汽以及 BEST 机事故排汽用的减温、消能装置，当旁路系统投入运行时，低压缸排汽温度不超过其限定值。

（9）进入凝汽器的凝结水、疏水和补给水，能得到有效的换热和淋洒，并防止喷淋水直接与凝汽器管接触。进入凝汽器的运行补给水应从喉部补入，设置喷雾装置，以取得最佳除氧效果，提高凝汽器换热效果。启动补水从热井接入。

（10）凝汽器中，为防止加热器等的疏水闪蒸冲击而造成部件损坏，设置挡水板或淋水管。该挡水板使用厚度不小于 10mm 的不锈钢板制成。

（11）凝汽器的设计能使循环水平均分配到所有的管子中。

（12）低压外缸与凝汽器采用刚性连接，凝汽器底部支撑在设计时考虑承受凝汽器水压试验时的支撑重量，如注水高度至管束上方 1000mm 处时不需要临时支撑，如注水高度至轴封洼窝下 100mm 处，需要临时支撑，厂方给出临时支撑点的详细位置。

（13）凝汽器内部设有汽侧进汽、进水的导流板，以避免汽水流直接冲蚀管束、加热器支撑结构、加热器保护罩和监测仪表等内部构件。

（14）凝汽器的设计考虑装设胶球清洗系统，水室不应出现死角，采用圆弧过渡。

（15）凝汽器管板支点间冷却管的振动频率、凝汽器管束和管板由于蒸汽流动激发的振动频率经计算校核，并保证任何阶次自振频率应避开汽轮机转速和其他可能成为主要振源的机械转速的 ±20%。

（16）凝汽器为并列横向布置。

（17）凝汽器及其附件的使用寿命与主机相同，不少于 30 年。必须考虑到在设备使用期间经受各项环境条件的综合影响。

（18）双背压两侧凝汽器分别引出抽真空管道接口。

（19）凝汽器真空泄漏率数值（＜200Pa/min）。

（20）对于凝汽器的防腐，采用涂覆盖层（厚浆型环氧沥青漆）和阴极保护，其腐蚀裕度符合 HEI 标准。

（21）最大允许的噪声水平为：离开设备外表面 1.0m 距离处，噪声小于 85dB（A）。

（22）保证接受锅炉启动分离器的来水，能接受的启动疏水参数要求为：压力不大于 0.2MPa，温度不大于 120℃。

四、凝汽器的结构及工作过程

（一）凝汽器结构特点

本机组的 N-64000 型凝汽器采用双壳体、双背压、单流程、横向布置结构，其结构示意图如图 6-1 的所示，由两个斜喉部、两个壳体（包括热井、水室，回热管系）、循环水连通管和底部的滑动、固定支座等组成全焊接不锈钢结构凝汽器。

1. 壳体与冷却管束

壳体是凝汽器的核心部件，其作用是接受汽轮机排汽和其他各种辅助排汽、疏水和补水等，包容全部冷却管束和热井以实现真空条件下的蒸汽凝结，收集凝结水。整个壳体内由钢管交错支承组成框架结构，以承受外部的大气压力。凡与凝汽器壳体相连的管道接口，工质温度在150℃及以上者设隔热套管。喷嘴和内部管道工作温度超过400℃者，采用合金钢。

壳体上部设人孔门，用于检查低压加热器和抽汽管。凝汽器每台壳体上设置电动真空破坏门，阀门进口有滤网和水封装置。

壳体分为低压侧（LP侧）壳体和高压侧（船侧）壳体，每个壳体四周都由钢板拼焊而成。每个壳体内有冷却管束，在冷却管束下部设有空冷区。凝汽器管束材质采用不锈钢管S30403（TP304L）。空冷区和通道外侧采用厚壁管。凝汽器的管束是由表面光滑的直管组成的，其布置略带倾斜，与水平轴的纵向有一定倾斜角度。这样，在当冷却水端排水时，冷却管中残留的水可确保被充分排出。凝汽器管束由沿冷却管长度方向均布的中间隔板支撑，且相邻两块隔板之间距离相同。中间管板通过支撑杆与壳体侧板及底板相焊。运行时，中间隔板可以防止冷却管的振动。冷却管与管板的连接为胀接加焊接。凝汽器管板采用复合不锈钢板。管板可以为凝汽器的汽侧与水侧起到隔离作用，且通过胀接和焊接可以在管板与管束间建立一个可靠的密封，防止循环水进入汽侧。

低压缸排出的蒸汽进入凝汽器后，迅速地分布在冷却管的全长上，经过管束中央通道及两侧通道使蒸汽能够全面地进入主管束区，通过冷却水管的管壁与冷却水进行热交换后被凝结成水；部分蒸汽由中间通道和两侧通道进入热井对凝结水进行回热。剩余的汽气混合物经空气冷却区再次进行热交换，少量未凝结的蒸汽和空气混合物经抽气口由汽侧真空泵抽出。

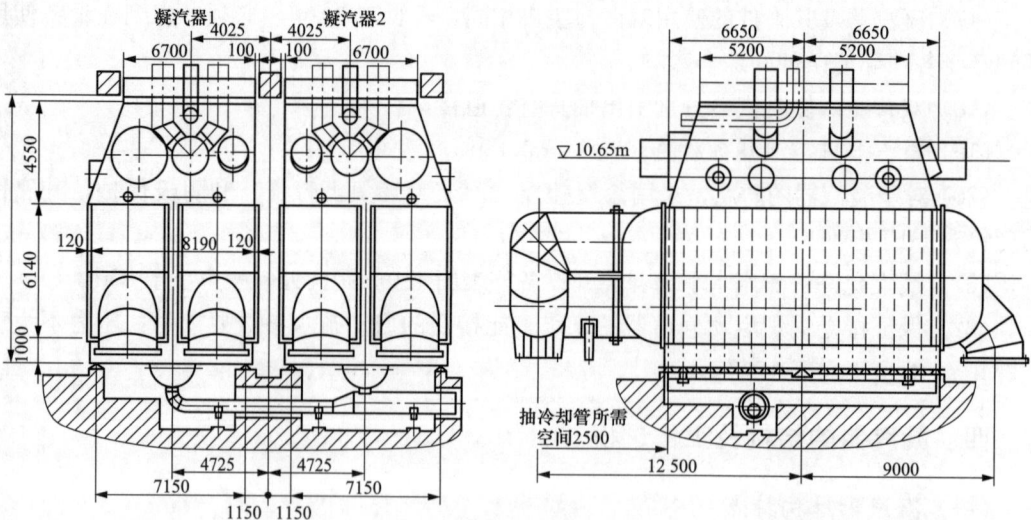

图6-1   N-64000型凝汽器

2. 喉部（接颈）

喉部属于凝汽器壳体的一部分，有时称为上部壳体或接颈。在结构上要能承担大气压力载荷，所以喉部内采用适当数量的纵向和横向撑杆作为加强筋，以增加喉部的刚度。在喉部设有人孔，以便对凝汽器进行检修、维护。

凝汽器喉部由高压侧（HP 侧）喉部和低压侧（LP 侧）喉部两部分组成。凝汽器喉部的四周由钢板焊成。喉部内分别布置有 11 号和 12 号低压加热器、给水泵汽轮机的事故排汽接管、汽轮机旁路系统的四级减温减压器等。汽轮机的第 8～12 级抽汽管道单独从喉部顶部引入，第 8～10 级抽汽管分别通过喉部壳壁引出，第 11、12 级抽汽管接入布置在喉部内的 11、10 号低压加热器。凝汽器内抽汽管道及低压加热器不设不锈钢保护罩，经过多年来的运行经验反馈，抽汽管道及低加不设置不锈钢保护罩不会对机组性能产生影响。抽汽管道及低压加热器的壁厚有足够的裕量防止冲刷。不锈钢保护罩在实际运行中会有被冲刷掉落的隐患，增加机组安全运行隐患。抽空气系统为并联系统，即由四根平行布置的独立抽汽管道组成。四根抽汽管经喉部壳壁引出，在 LP 侧、HP 侧喉部各两根。

喉部也是各种蒸汽和水的汇集地点。当汽轮机排汽速度较高或加热器以及喉部内其他部件布置不当时，都将使蒸汽的压力损失增大，而使机组效率降低，甚至可能出现影响安全性的某些事故。

3. 水室和热井

凝汽器的前后水室均为钢板卷制成的弧形结构，水室内壁涂防腐层。水室管板采用与管材相对应的复合不锈钢板（不锈钢衬板 5mm 厚）。水室做成蜗壳状能使水充满全部冷却管。该凝汽器采用循环冷却水双进双出形式，其中水室分为八个独立腔室，在 A 排柱靠汽轮机侧两个水室为出水室，在 A 排柱靠电机侧两个水室为进水室，其余靠 B 排柱四个水室，与循环水连通管相连，水室与端管板采用法兰连接，如图 6-2 所示。每个水室设置人孔，以便对凝汽器进行检修、维护。为保证操作人员安全地进入水室底部，在水室进出口设置安全格栅。水室上还开有通风孔、放气孔等。

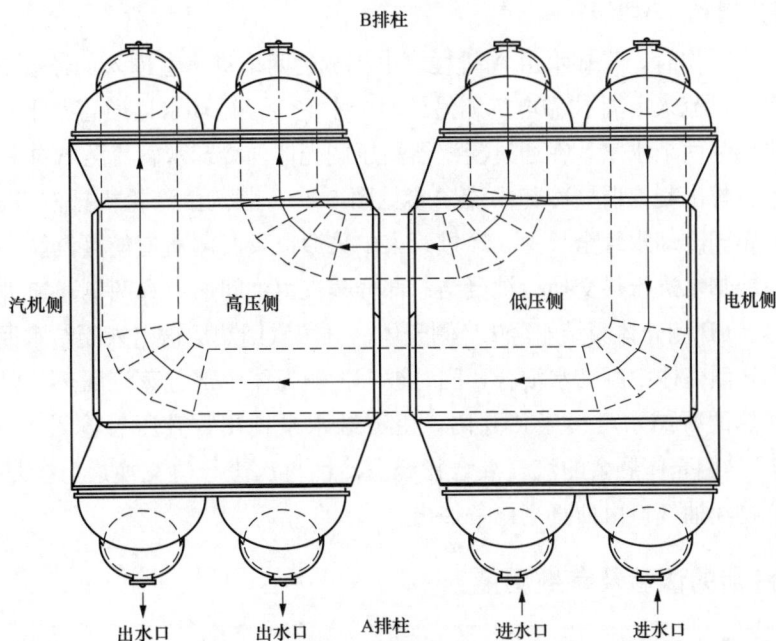

图 6-2　凝汽器循环水连通管布置及冷却水流向示意图

壳体下部为热井。热井内部用挡板分隔开，并在凝汽器两端管板下部分区设置取样水槽和取样管接口，整套凝汽器共设不少于 8 个检漏接口，以监视冷却管与管板胀接严密性。热井内出水口接管高出热井底部约 15cm，热井出水口设有防涡流装置，并在该处设置滤网。

在凝汽器热井内配置有一套水位计，包括磁式液位显示器和平衡容器。运行时，可对凝汽器热井水位进行就地及远传显示检测。在凝汽器热井各磁翻转水位计及水位控制管处，标记永久性的正常水位、高限、高报警、低报警和低限水位等水位符号。热井水位有足够高度，保证在高、低报警水位之间不小于 300mm。

热井容积不小于 TMCR 工况下 5min 的凝结水量。

4. 凝汽器与汽轮机低压汽缸的连接和凝汽器的支承

汽轮机低压外缸与凝汽器采用刚性连接，低压缸外缸与凝汽器接颈直接焊接。凝汽器底部支撑在设计时考虑承受凝汽器水压试验时的支撑重量，如注水高度至管束上方 1000mm 处时不需要临时支撑，如注水高度至轴封洼窝下 100mm 处，需要临时支撑，并给出临时支撑点的详细位置。

凝汽器固定安装在支座上，由支座偏移引起的位置变化可以通过调整凝汽器下面的垫片进行补偿。可以将液压千斤顶放置于凝汽器和基础之间将凝汽器顶起。

凝汽器放置在装有滑动支座的基板上。凝汽器产生的力和力矩可通过一个固定点和三个滑动点传递给支座。滑动支座可使由于热膨胀、热位移产生的摩擦力最小化。水平方向的热膨胀由死点处开始。垂直方向的膨胀起始于滑动支座。汽轮机低压内缸与外缸之间的膨胀差通过内外缸之间的膨胀节吸收。

（二）凝汽器的工作过程

凝汽器正常工作时，冷却水由 A 排柱靠电机侧的两个进水室进入，经过凝汽器低压侧壳体内冷却水管，流入 B 排柱靠电机侧另外两个水室，经循环水连通管水平转向后进入 B 排柱靠汽轮机侧的两个水室，在通过凝汽器高压侧壳体内冷却水管流至 A 排柱靠汽轮机侧的两个出水室并排出凝汽器（冷却水流向参见图 6-2）。蒸汽由汽轮机排汽口进入凝汽器，然后均匀地分布到冷却水管全长上，经过管束中央通道及两侧通道使蒸汽能够全面地进入主管束区，与冷却水进行热交换后被凝结；部分蒸汽由中间通道和两侧通道进入热井对凝结水进行回热。LP 侧壳体凝结水经 LP 侧壳体部分蒸汽回热后被引入凝结水回热管系，通过淋水盘与 HP 侧壳体中凝结水汇合，同时被 HP 侧壳体中部分蒸汽回热，以减小凝结水过冷度。被回热的凝结水汇集于热井内，由凝结水泵抽出，升压后输入主凝结水系统。HP 侧壳体与 LP 侧壳体剩余的汽气混合物经空冷区再次进行热交换后，少量未凝结的蒸汽和空气混合物经抽气口由抽真空设备抽出。

五、凝汽器的试验及参数测量

（一）凝汽器的试验

为了确保机组的运行性能，凝汽器在正式投入运行前，其水侧必须进行水压试验、汽侧进行灌水试验及真空系统进行严密性试验。具体的试验方法按照汽轮机相关操作规程进行。

1. 水侧的水压试验

凝汽器水压试验压力和用于水压试验的水温应符合要求，试验步骤如下：

（1）关闭所有与水室连接的阀门；

（2）灌清洁水并加压至规定的压力；

（3）维持此压力若干时间。

在试验过程中必须注意水室法兰、人孔及各连接焊缝等处有无漏水、渗水及整个水室有无变形等情况发生。发现问题应立即停止试验，并采取补救措施。若在规定时间内不能做完全部检查工作，则应延长持压时间。

2. 汽侧的灌水试验

为了检验壳体及冷却管的安装情况，灌水试验在凝汽器运行前是不可少的，但不能与水侧水压试验同时进行。灌水试验水温应不低于15℃。汽轮机检修后再次启动前也要做灌水试验。

试验步骤如下：

（1）关闭所有与壳体连接的阀门；

（2）灌入清洁水，灌水高度应高于凝汽器与低压缸连接处约300mm；

（3）维持此高度24h。

在试验过程中如发现冷却管及与端管板连接处、壳体各连接焊缝等处有漏水、渗水及整个壳体外壁变形等情况应立即停止试验，放尽清洁水进行检查，发现问题的原因并采取处理措施。试验后首先放掉壳体内的水，并吹干。

3. 真空系统的严密性试验

为了检测机组的安装水平，保证整个真空系统的严密性，应进行真空系统严密性试验。检测方法是停主抽气器或关闭抽气设备入口电动门（要求该电动门为零泄漏）。测量真空下降的速度。

试验步骤如下：

（1）停水环真空泵或关闭水环真空泵入口电动门，注意凝汽器真空应缓慢下降（试验时负荷为80％～100％额定负荷）。

（2）每分钟记录真空读数一次。

（3）第5min后开启水环真空泵或水环真空泵入口电动门。

（4）真空下降速度取第3min至第5min的平均值。

（5）记录当时的负荷及真空下降的平均值。

（6）根据检测结果可以得到机组的整个真空系统的安装水平。一般情况是：真空下降率小于0.13kPa/min（1mmHg/min）则机组真空严密性为优，小于0.27kPa/min（2mmHg/min）则为良，小于0.4kPa/min（3mmHg/min）则为合格，若机组真空严密性不合格，则应检漏并消缺。

（二）凝汽器的参数测量

凝汽器应配置一套完整的就地仪表和控制设备，包括试验插座、压力表、温度计、水位变送器、液位表、磁翻板液位计、一次门、控制阀和控制装置等，对影响凝汽器运行中的不同参数进行测量。

凝汽器的压力是采用在每个喉部内四个角上各布置一个测压头，并通过不锈钢管引出喉部进行监测。

六、凝汽器的运行

（一）凝汽器运行监测参数

凝汽器运行监测参数包括凝汽器压力、低压缸排汽温度、冷却水进水温度、冷却水出水温度、凝结水温度、抽气口温度、冷却水进口压力、冷却水出口压力、抽气口压力、凝结水流量、凝结水含氧量、热井水位、真空泵工作液温度、真空泵冷却水温度、凝结水电导、循环水泵电动机电流。

此外，还应监测凝汽器热井水位及凝结水水质。凝汽器热井水位由水位指示器显示。为了保证安全运行，水位过高或过低都是不允许的。检查凝结水的水质，应监测凝结水中的含氧量、含盐量、硬度、碱度等数值。在正常运行条件下，凝结水的含氧量不大于 $20\mu g/L$。为保证凝汽器冷却管的清洁度，应定期采用胶球清洗、半边清洗、循环水加药等多种组合措施。

汽轮机在解列前，负荷逐渐减小，汽轮机排除的蒸汽量也减小，在减负荷运行时，必须注意凝汽器水位及真空是否正常，若不正常，必须采取措施，使之处于正常水位，同时应注意并维持排汽温度正常。

（二）凝汽器半侧运行

每台凝汽器的循环水侧是相互独立的，因此凝汽器可以处于半边运行状态。汽轮机运行时，凝汽器水室可以在这种状态接受检查、保养和维修。另外，当冷却管脏污，需要进行半侧清洗或冷却管损坏需要进行堵管操作时，凝汽器也可以半侧运行，即关断需检修的半壳体对应的循环水。半侧运行时，机组通常减负荷至 $60\% \sim 70\%$ 额定负荷。凝汽器半侧运行应注意以下事项：

（1）如果半侧运行时凝汽器压力增加，则必须减负荷以防止凝汽器压力到达保护值。

（2）循环水管中水流速度不能超过允许的极限值。

（3）必须关掉凝汽器半关闭侧空冷区下游的真空隔离阀。在这些边界条件下在空冷区未凝结蒸汽不必由真空泵抽出。

（三）凝汽器的胶球清洗装置

1. 胶球清洗装置的作用

凝汽器运行中，借助水流的作用将大于冷却水管内径的海绵胶球挤进凝汽器冷却水管，对冷却水管内壁进行擦洗，维持冷凝管内壁清洁，保证凝汽器设计换热效率不下降，从而维持凝汽器的端差和汽轮机背压；同时避免冷凝管内壁腐蚀，改善运行条件，延长使用寿命。

2. 胶球清洗装置的组成及工作过程

胶球清洗装置系统设备由二次滤网、装球室、胶球泵、收球网、胶球及管道阀门和控制装置等组成，工作系统图如图 6-3 所示。从图中可以看出，密度与水相近的海绵状胶球进装球室后，启动胶球泵，胶球就在比循环水压力略高一点的水流带动下，进入凝汽器水室进口，随即同循环水混合并由水室进入冷却水管。由于胶球输送管出口朝下，故球分散均匀，凝汽器的各冷却水管进球概率大致相同。胶球是一种质地柔软的，且富有弹性的海棉橡胶球，其直径虽比冷却水管内径大 1～2mm，在水管中仍可被压缩成卵形，与水管内壁形成整圈的接触面。

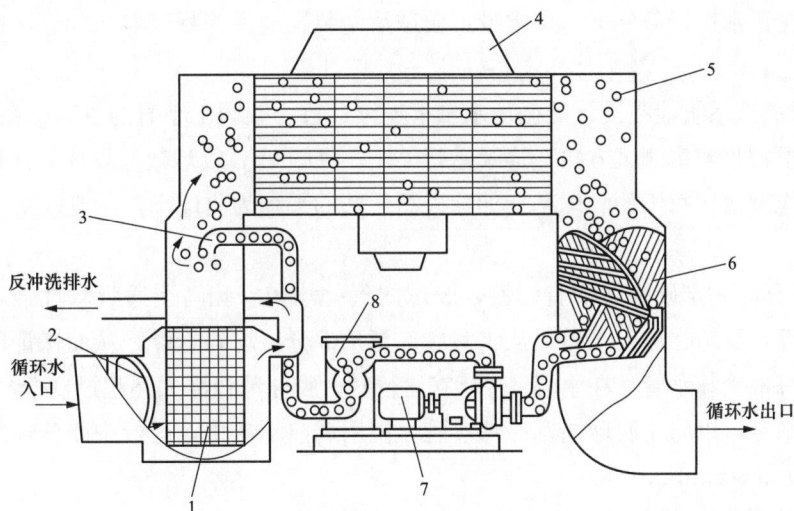

图 6-3 胶球清洗装置

1—二次滤网；2—反冲洗蝶阀；3—注球管；4—凝汽器；5—胶球；6—收球网；7—胶球泵；8—装球室

在胶球行进过程中，通过胶球对水管内壁的挤压和摩擦将壁面的污垢随胶球一起带出管外，当胶球离开水管时，在自身弹力的作用下，突然恢复原状，使胶球表面带出的污垢脱落，并随冷却水流向出水管，继而至收球网。在网壁的阻拦及出水的冲带下，胶球进入网底。由于胶球泵进入水管口接在此处，故胶球在泵的进口负压的作用下被吸入泵内，在泵内获得能量后，重新进入装球室并重复以上运动。根据机组的大小、胶球管道的长短及循环水流速的不同，胶球在系统中循环一周的时间一般为 10～30s，个别也有 40s 的。

3. 本机组凝汽器的胶球清洗装置

每台机组冷凝器 2 根循环水进出口管道上各配置 1 套胶球清洗装置，本工程 2 台机组共配置 4 套。

（1）主要技术参数。

1）收球网：水平布置法兰连接；出入口管规格：$\phi 2840 \times 24$；总长度：2850mm。

2）收球网网板型式及规格：栅格缝隙 7 mm（隔栅间距根据冷凝管尺寸及流速决定）；运行水阻（关闭/开启）：≤0.0025MPa(250mmH$_2$O)。

3）装球室：布置于汽轮机房 0m；出入口法兰规格：进口管径 DN100/出口管径 DN80；装球数：1000～1500 个。

4）胶球泵：布置于汽轮机房 0m；流量：125t/h、m^3/h；扬程：18mH$_2$O；转速：1465r/min；轴功率/电机功率：8.39kW/15kW；电动机电压为 380V，防护等级 IP54；效率：$\eta \geqslant 73\%$。

5）胶球规格：ϕ25mm。

（2）设计性能。

1）凝汽器胶球清洗装置安全可靠，所有传动机构灵活可靠，胶球清洗装置投运时，能保证所有胶球在凝汽器水室中分布均匀的进入凝汽器冷却管中，对管子内壁进行有效的清洗。机组在正常运行条件下，正常投运胶球清洗装置能保持凝汽器冷却管洁净，清洁系数为 0.9 以上。

2）胶球清洗系统能在设计的循环水量下连续运行，收球半小时的收球率在 95% 以上。胶球清洗装置的收球率测试方法：连续运行 24h，收球 1h，收球数与投球数的比值（测试方法为采用连续运行每天的收球率相加除以总天数的平均为收球率，一般以 7～10 天计算单位）。

3）胶球具有一定硬度并富有弹性，胶球的气孔均匀、孔间连通吸水性强，湿态球的比重与水相近，胶球在进入水室后从水室底部至顶部分层均匀悬浮，从而保证能清洗底部至顶部的每一根冷却水管。在水温 5～35℃运行时，胶球球径涨大不超过 0.5mm，且在运行期间保持稳定，以防止胶球堵塞冷却水管。使用期内不老化，运行中胶球球径应比凝汽器管子内径大 1～2mm。

4）胶球具有回复性能好、密度均一的性能。推荐采用德国 SCHMITZ 公司生产的专用磨料胶球，具有发泡良好、开孔率高、沉浸水中易于吸水，确保在进入凝汽器水室后从水室底部至顶部分层均匀悬浮，能够清洗底部至顶部的每一根冷却水管；胶球球径尺寸精确，球径涨大不超过 0.5mm，且在运行期间保持稳定，不易老化，湿态比重与水接近，在 24 小时连续运行工况下使用寿命为 6～8 周。

5）收球网选用活动栅格式。收球网的水阻不大于 300mmH$_2$O，收球网网板的驱动装置选用电动，同时采取预紧措施，以防止网板在水流冲击下振动。

6）执行机构具有足够的传递扭矩和推力，在网板前后压差达到最大并且电源电压在许可范围的下限时仍然能够正常工作。在网板压差达到最大值时，手动打开、关闭网板只需单个普通人即可操作；在手轮操作结束后，系统能够自动转为电动控制操作；手动操作的机械部分和电动执行机构的设计应遵循的原则是：在手轮操作时或者在执行机构开始动作时既不会给操作人员造成危险也不会损坏设备。驱动机构不仅要有力矩保护开关，还要有可调整的行程控制开关以防止开、关操作超过允许位置。

7）凝汽器胶球清洗系统采用全自动运行方式，在网板前后压差达到预设值 1 时（可现场调整）自动收球并反洗网板，反洗完成后自动回到运行状态，在网板前后压差达到预设值2时（可现场调整）时自动紧急反洗同时发出报警信号，以保证系统安全高效地运行。

8）每次投球的数量并说明计算：根据DL/T 581—2010《凝汽器胶球清洗装置和循环水二次过滤装置》中规定胶球投球数量为单侧冷却水管数量的7％～13％，通常取10％。

9）胶球清洗装置大修周期为5年。

10）胶球清洗装置的寿命不低于30年，能够满足连续运行时间为5年。

第二节 抽 气 设 备

对于凝汽式机组，为了尽可能的降低排汽压力，除配置凝汽器外，还必须配置有效的抽真空设备，抽出系统内的不凝结气体，以建立和维持凝汽器的真空。抽气设备有射水式抽气器、射汽式抽气器、水环式真空泵等多种形式。其中水环式真空泵是目前大、中型机组中广泛采用的抽气设备，较之喷射式的抽气器（射汽式和射水式），它有使用安全、操作简便、运行经济、工作可靠、自动化程度高、结构紧凑、检修工作量小等许多特点。同时真空泵工作时还必须配备一套相应的附属设备，如热交换器、气水分离器及其阀门管道等，它们共同组成水环真空泵组。本机组的抽气设备为水环式真空泵组。

一、水环式真空泵的结构及工作原理

1. 水环式真空泵结构

如图6-4所示，水环式真空泵主要部件是叶轮和壳体，叶轮由叶片和轮毂构成，叶片有径向平板式，也有向前（向叶轮旋转方向）弯式。壳体内部形成一个圆柱体空间，叶轮偏心地装在这个空间内，同时在壳体的适当位置上开设吸气口和排气口。吸气口和排气口开设在叶轮侧面壳体的气体分配器上，形成吸气和排气的轴向通道。

壳体不仅为叶轮提供工作空间，更重要的作用是直接影响泵内工作介质（水）的运动，从而影响泵内能量的转换过程。

2. 水环式真空泵的工作原理

水环式真空泵的工作原理如图6-4所示。它的壳体内部形成一个圆柱体空间，叶轮偏心地装在这个空间内，同时在壳体两端面的

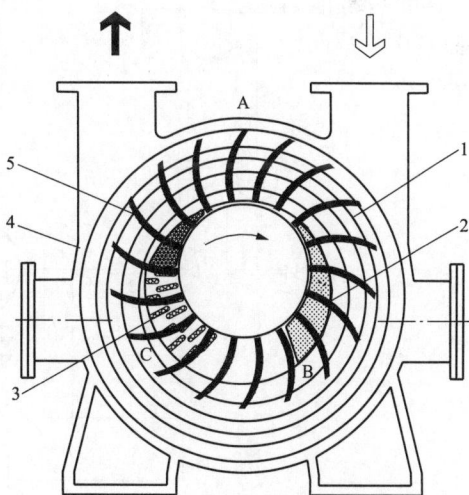

图6-4 水环式真空泵原理图

1—水环；2—吸气口；3—排气口；

4—泵体；5—叶轮

半径处，适当位置上分别开有吸气口和排气口，吸气口和排汽口开设在叶轮的侧面，进行轴向吸气和排气。真空泵的壳体内充有适量工作水（或称密封水）的，带有若干前弯叶片

的转子在泵体内旋转，由于受离心力的作用，水被甩向壳体圆柱表面而形成一个运动着的圆环，称其为水环。由于叶轮与壳体是偏心的，转子每转一周，转子上两个相邻叶片与水环间所形成的空间均会形成由小到大（由 A 点到 B 点），又由大到小（由 C 点到 A 点）的周期性变化。当空间处于由小到大的变化时，该空间产生真空，进气口便吸入气体。当空间由大变小时，该空间内的气体被压缩而产生压力，经排气阀排出。由于转子是由若干叶片组成，每个相邻叶片与水环所构成的空间均处于不同的容积变化过程，所以当转子转动时，泵和吸气和排气均为一个连续、不间断的过程。

泵在工作时，气体排出时同时会带出部分工作水。为了保持水环恒定的径向厚度，在运行过程中必须连续向泵内补水。

二、水环式真空泵组的构成及工作流程

水环式真空泵组的主要作用是：用来建立和维持汽轮机机组的低背压和凝汽器的真空；正常运行时不断地抽出由不同途径漏入汽轮机及凝汽器的不凝结气体。在高压和低压凝汽器汽室一侧聚集的不凝结气体通过真空泵抽出排至大气。

水环式真空泵组的组成和工作流程如图 6-5 所示。由凝汽器抽吸来的气体经气体吸入口、气动蝶阀进入真空泵，该泵由电动机通过联轴器驱动。由真空泵排出的气体经管道进入汽水分离器，分离后的气体经止回阀从气体排出口排向大气。分离出来的水与通过水位调节器的补充水一起进入热交换器。冷却后的工作水，一路经喷嘴喷入真空泵进口，使即将抽入真空泵内气体中的可凝结部分凝结，提高了真空泵的抽吸能力；另一路直接进入泵

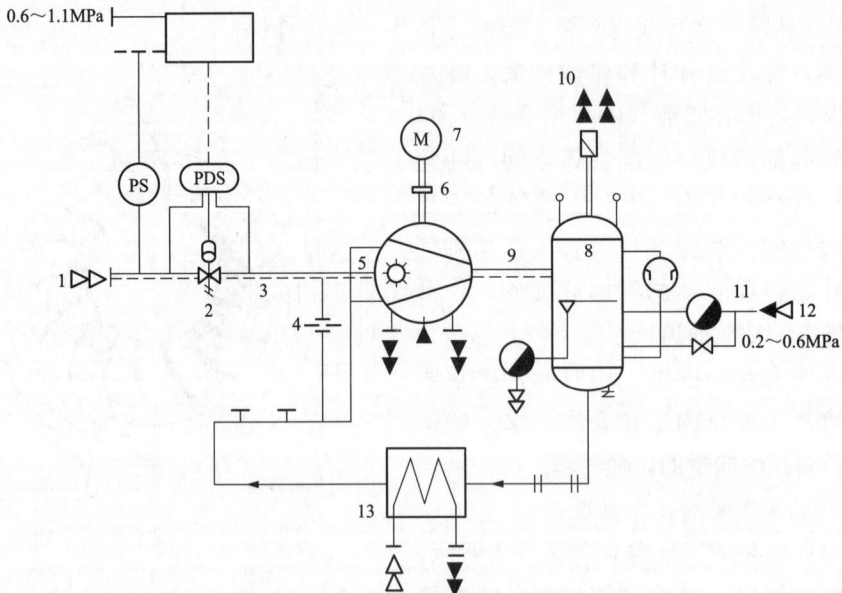

图 6-5　水环式真空泵工作流程图

1—气体吸入口；2—气动蝶阀；3、9—管道；4—孔板；5—水环式真空泵；6—联轴器；

7—电动机；8—气水分离器；10—气体排出口；11—水位调节器；12—补充水入口；13—热交换器

体，维持真空泵的水环和降低水环的温度。冷却器冷却水一般可直接取自凝汽器冷却水进水，冷却器出水管接入凝汽器冷却水出水管。

三、水环式真空泵组的性能特点

瑞金电厂 1000MW 超超临界机组水环式真空泵的配置方式为，每台机组共配置 2 台 50％容量和 2 台 25％容量的水环式真空泵，电动机与真空泵采用直联方式。启动时，4 台水环式泵运行；正常运行时，2 台 25％容量的水环式真空泵运行维持真空，另外 2 台 50％容量的水环式真空泵作为备用。

1. 设计性能

（1）真空泵运行时，能满足汽轮机在各种负荷工况下，抽出凝汽器内的空气及不凝结气体的需要。启动时，全部真空泵并列运行，并满足启动时间的要求。

（2）对应凝汽器运行最低背压，即凝汽器平均背压为 4.75kPa 下，并考虑最大凝汽器工况的共同作用，真空泵的抽空气量应能保证凝汽器的平均背压维持在 4.75kPa，并留有足够的裕度。此时，真空泵的抽吸性能（抽气量、轴功率等）均应予以保证。

在冷却水温度 22.3℃条件下，最低吸入真空可以达到 4.2kPa，此时，大泵抽真空能力为 52kg/h，工作点轴功率为 104kW。

在冷却水温度 22.3℃条件下，最低吸入真空可以达到 4.6kPa，此时，小泵抽真空能力为 25.5kg/h，工作点轴功率为 38kW。

（3）吸气管路入口配供控制可靠、动作灵活的气动蝶阀，蝶阀及执行机构应选用进口品牌产品，气动蝶阀严密性等级不低于 ANSI Ⅳ 级。一旦失去气源，气动蝶阀应留在原位。

（4）真空泵在吸气端的结构采取可靠措施，对抽吸气体预冷却，增加真空泵的出力，同时减少汽蚀的发生。

（5）水环式真空泵应具有抵抗水击而不产生有害影响的能力。主要的设备部件（叶轮等）应采用抗汽蚀材料制成，如表 6-3 所示。

表 6-3　　　　　　　　　　　　　水环式真空泵主要零件材料

序号	零件名称	材料名称	备注
1	泵壳体	FC200	铸铁
2	叶轮	SCS13	不锈钢
3	轴	45 号	碳钢
4	轴套	SUS304	不锈钢

2. 水环式真空泵技术参数

水环式真空泵运行的技术参数如表 6-4 所示（表中大泵指 50％容量泵，小泵指 25％容量泵）。

表 6-4　　　　　　　　　　　水环式真空泵技术参数

序号	项目	数据	单位	备注
1a	单台大泵 A 运行出力	52	kg/h	凝汽器运行低背压 4.24kPa，真泵冷却水温 22.3℃
		61		凝汽器运行高背压 5.313kPa，真泵冷却水温 22.3℃
1b	2 台小泵并列运行出力	54	kg/h	凝汽器运行背压 4.75kPa，真泵冷却水温 22.3℃
2a	单台大泵 B 运行出力	72	kg/h	凝汽器 TRL 工况低背压 8.092kPa，真空泵冷却水温 32.5℃
		92		凝汽器 TRL 工况高背压 9.994kPa，真空泵冷却水温 32.5℃
2b	2 台小泵并列运行出力	88	kg/h	凝汽器 TRL 工况背压 9.0kPa，真空泵冷却水温 32.5℃
3	4 泵并列运行极限抽吸背压	3.3	kPa	
4	4 泵并列运行极限抽吸能力	104 大泵	kg/h	对应极限抽吸压力 3.3kPa
		52 小泵		
5	真空泵转速	490 大泵	r/min	
		740 小泵		
6	噪声（离设备 1m 处）	≤85	dB（A）	应小于等于 85
7	热交换型式	板式		
8a	热交换外部冷却水量（大泵）	50	t/h	单泵（低背压侧）
		40		单泵（高背压侧）
8b	热交换外部冷却水量（小泵）	25	t/h	单泵
9a	热交换器面积（大泵）	15	m²	单泵（低背压侧）
		11.5		单泵（高背压侧）
9b	热交换器面积（小泵）	7	m²	单泵
10a	真空泵工作水量（大泵）	22	t/h	单泵（低背压侧）
		16		单泵（高背压侧）
10b	真空泵工作水量（小泵）	12	t/h	单泵
11a	分离器补充水流量（大泵）	<1	t/h	单泵
11b	分离器补充水流量（小泵）	<1	t/h	单泵
12	启动抽真空时间（4 泵运行）	21.53	min	至 33.86kPa

3. 水环式真空泵电动机技术参数

水环真空泵电动机为异步电动机。电动机应能在电源电压变化为额定电压的±10%内，或频率变化为额定频率的±5%内，或电压和频率同时改变，但变化之和的绝对值在10%内时连续满载运行。电动机应为直接启动式，能按被驱动设备的转速—转矩曲线所示的载荷进行成功的启动。对于 380V 电动机，当电源电压降低到额定电压的 55% 时，电动机能实现自动启动。

水环式真空泵电动机技术参数如表 6-5 所示。

表 6-5			水环式真空泵电动机技术参数		
序号	项　目	单位	50％容量真空泵 （低背压侧）	50％容量真空泵 （高背压侧）	25％容量真空泵
1	电机型号		HJN 315L1-4	HK 355L-12	HK 315M-8
2	额定电压	V	690	690	690
3	额定频率	Hz	50	50	50
4	额定功率	kW	160	110	75
5	额定电流	A	291	258	156
6	功率因数	$\cos\varphi$	0.89	0.71	0.81
7	效率	％	95.7	91.1	90.3
8	额定转速	r/min	1485	490	740
9	相数		3	3	3
10	极数		4	12	8
11	防护等级		IP54	IP54	IP54
12	绝缘等级		F	F	F
13	最大转矩/额定转矩		2.2	1.8	2.1
14	堵转转矩/额定转矩		2.1	1	2
15	堵转电流/额定电流		6.9	5	6.6
16	加速时间及启动时间	s	10	10	10
17	噪声	dB（A）	≤85	≤85	≤85
18	轴承座处振动幅值	mm	0.05	0.05	0.05
19	轴振动速度	mm/s	4.5	4.5	4.5
20	定子温升	K	80	80	80
21	测温元件		PT100 型	PT100 型	PT100 型
22	轴承型式		滚动轴承	滚动轴承	滚动轴承
23	轴承润滑方式		脂润滑	脂润滑	脂润滑
24	轴承油牌号		3 号锂基脂	3 号锂基脂	3 号锂基脂
25	电动机质量	kg	1085	1975	981
26	冷却方式		IC411	IC411	IC411
27	安装型式		B3	B3	B3
28	转子型式		三相异步笼式	三相异步笼式	三相异步笼式
29	工作方式		S1	S1	S1

四、水环式真空泵组的运行

1. 运行注意事项

当水环式真空泵中无密封液体时，请勿启动水环式真空泵；如果在水环式真空泵中无密封液体时启动真空泵，真空泵将不能正常运行，并且因滑动部件的内部接触而造成卡滞；当轴承内无润滑脂时，不得启动泵。否则将对轴承造成损害。

2. 启动前设备的检查与准备

（1）设备的检查确认。分离器，确认补水是否准备就绪；换热器，确认冷却水是否准备就绪；电力设备，确认电源是否准备就绪；仪表气源，确认仪表气源是否准备就绪。

（2）阀门的检查确认。检查阀门是否处于应当开或处于应当关的位置；应当关的阀门：排放阀（主机、分离器、换热器）；应当开的阀门：补充水进口阀。

（3）水环式真空泵组启动前要进行注水，通过自动补水阀或其旁路阀向汽水分离器注水，系统通过工作水管使泵与汽水分离器实现水位平衡。汽水分离器的水位通过自动补水阀和溢流管维持在正常的范围内，同时正常的水位使真空泵水环运行在最佳工况，保证水环式真空泵出力和效率。

（4）将冷却水供应至换热器。

（5）密封液补水到位。

3. 启动方式

初始启动建立真空时，4 台水环式真空泵运行，对每台泵的启动，应同时进行如下操作：

（1）打开热交换器冷却水。

（2）启动水环式真空泵。

水环式真空泵启动后，其入口压力开关动作，联锁开启进气控制阀，开始抽吸真空系统空气。

工作水在离心力的作用下通过热交换器、汽水分离器闭式循环，在闭式冷却水的冷却下带走泵工作中产生的热量，保持工作水的温度正常。

当全部水环真空泵运行时，启动工况下凝汽器背压与抽真空时间如表 6-6 所示。

表 6-6　　　　　　　　　启动工况下凝汽器背压与抽真空时间的关系

序号	对应凝汽器背压（kPa）	该工作段抽真空所需时间（min）
1	101.3～90	2.44
2	90～80	2.40
3	80～70	2.68
4	70～60	3.06
5	60～50	3.54
6	50～40	4.27
7	40～30	5.40
8	30～20	7.54
9	20～10	13.22
10	10～8	4.40
11	8～4.75（平均）	11.05

4. 正常运行工况

正常运行时，2 台 25％容量的水环式真空泵运行维持真空，另外 2 台 50％容量的水环式真空泵作为备用。

运行中应经常检查和维持汽水分离器水位不高于真空泵排气管口，也不低到影响真空泵工作室的补充水，真空泵工作室内的工作水应适当，不能过多或过少，否则将会影响"水活塞"的建立；真空泵入口的水温不能过高，以免发生汽化。

机组正常运行时，两台水环式真空泵组投运就可维持汽轮机各种运行工况下的凝汽器的真空。如果运行中水环式真空泵组工作异常或真空系统不严密使凝汽器真空下降时，可启动备用水环式真空泵组，以维持凝汽器的真空正常。

5. 停泵

切断电源防止停泵后意外转动。当停泵时间较长时，用防尘剂涂于轴、联轴器等暴露部分的表面，并排尽机体和端盖中的存水。在寒冷地带和寒冷时节需特别注意，因为水会冻结而损坏泵。电机在停泵时保持不受灰尘侵蚀，并防潮。当长时间停机后再次启动水环式真空泵时，只有采用与首次启动时同样的检查方式进行检查工作后，才能启动真空泵。

水环式真空泵组配有紧急停车按钮。紧急停车按钮其功能如下：在现场调试或运行时，若发生紧急意外事件，需要紧急停车，即可按下按钮。当在操作过程中，由于电力供应发生问题而导致停机时，尽快把吸气管线上的阀全部关闭，然后关闭电源。

五、水环式真空泵的常见故障及处理

当水环真空泵发生故障时，要记录真空度、供水压力、供水温度、轴承温度、电机电流等参数，及时根据表 6-7 作出分析，排除故障。

表 6-7   水环真空泵的常见故障及处理

故障		原 因	处 理 方 法
1	真空度低或抽气量不足	(1) 密封液不够	注入正确数量的密封液（检查密封液压力，并检查在管线内是否堵塞）
		(2) 密封液温度过高	把密封液温度降为正确值（检查冷却器是否堵塞，并检查冷却水的温度）
		(3) 吸入管路的空气泄漏	进行管路泄漏试验，修补泄漏点
		(4) 吸入管路的阻力	检查阀门开气度，并检查过滤器是否有堵；然后排除原因
		(5) 主要部件磨损或腐蚀	拆卸并修理，或换新
		(6) 真空泵转向不对	改变电动机接线，纠正转向
2	不能旋转	(1) 由于异物造成滑动面卡滞	拆卸并除去异物，然后修理零部件
		(2) 由于锈蚀造成滑动面卡滞	长时间不使用可能生锈，拆卸并去除铁锈，在进行清洗
		(3) 线路故障	当能手动转动真空泵时，则可能是电路断开。检查并修理之
3	电机超负荷	(1) 密封液过量	调整阀门的流量
		(2) 电路故障	检查是否由于电压下降而造成电流过量
		(3) 电子仪器不准确	检查伏特计或安培计
		(4) 转动件损坏或失灵	拆卸并检查滑动面是否接触，轴承是否损坏。必要时，进行修理和更换
		(5) 真空泵排出侧有背压	检查阀门开度比以及管路阻力；然后消除背压的原因

续表

故障		原　因	处理方法
4	噪声和振动	(1) 密封液过量	调整阀门的流量
		(2) 吸入压力太低	可能产生气蚀；消除压力下降的原因
		(3) 转动件损坏或失灵	拆卸并检查滑动面是否接触，轴6承是否损坏。必要时，进行修理和更换
		(4) 安装或管路不正确	查找原因，并修理
5	壳体过热	(1) 密封液不充分	注入规定用量的密封液（还应检查密封液的压力、以及管道是否堵塞）
		(2) 密封液温度高	把密封液温度降为正确值（检查冷却器是否堵塞，并检查冷却水的温度）
6	轴承过热	(1) 联轴器调整不恰当	重新组装
		(2) 泵（真空泵）安装不正确	重新组装
		(3) 润滑脂加入过量或不足	按照"润滑脂一览表"调节油脂量
		(4) 润滑脂中混有杂物或异物	拆开并清洗轴承，加入新润滑脂
		(5) 轴承损坏	拆卸，更换新轴承

第三节　高、低压加热器及轴封加热器

现代电厂机组利用给水回热再热循环，从汽轮机数个中间级抽出一部分已做过功后的蒸汽，送到回热加热器中加热锅炉给水和凝汽器的凝结水。回热加热器简称加热器，是汽轮发电机组热力系统中的重要设备。抽汽在加热器中放出热量并凝结成水，将其过热热量和汽化潜热传给被加热的给水或凝结水，因此，回热抽汽在做功过程中没有冷源损失，即避免了蒸汽的热量被凝汽器中的循环冷却水带走，使蒸汽热量得到充分利用，热耗率下降；同时提高了给水温度，减少了锅炉受热面的传热温差，从而减少了给水加热过程的不可逆损失。因此，采用回热加热器提高了汽轮机机组循环热效率，回热加热器的正常投运对提高机组的热经济性具有决定性的影响。

瑞金电厂1000MW超超临界机组高压、低压加热器都采用表面式加热器。回热系统采用12级非调整抽汽。1、2、3、4、5级抽汽分别供给5台高压加热器，6级抽汽供给除氧器，7、8、9、10、11、12级抽汽分别供给6台低压加热器。11、12号低压加热器卧式布置在凝汽器喉部。

一、高压加热器

高压加热器是汽轮机的重要辅助设备，它布置在给水泵出口的管路上，因此，水侧压力很高，故称之为"高压"加热器，是热力循环中除给水泵外承压最高的部件。它采用汽轮机抽汽加热锅炉给水，提高锅炉给水温度，减少凝汽器中的热损失，从而使蒸汽热能得到充分利用，提高汽轮发电机组热效率。

（一）高压加热器的设计特点与技术规范

本机组设置 5 台单列全容量蛇形管集箱式高压加热器。1、2、3、4 号高压加热器为立式，布置在汽轮机房运转层 17m；5 号高压加热器为卧式，布置在锅炉钢架 26m 层。

5 台高压加热器采用给水大旁路系统。当任一台高压加热器发生故障时，全部高压加热器同时从系统中退出，给水能快速切换到给水旁路。同时机组在全部高压加热器解列时仍能带额定负荷。本工程锅炉采用烟气深度余热利用方案，从给水泵出口引出一路送至锅炉，该路高压给水经锅炉空气预热器旁路烟气加热后返回至省煤器入口高压给水主管，之后进入锅炉省煤器。

1. 高压加热器总体设计特点

（1）设计压力符合 HEI 标准（美国热交换学会），还考虑给水泵超速后跳闸最大转速时的给水压力，并有相应裕量。

（2）设计温度按 HEI 标准设计，能承受汽侧最大的温度及其温度波动，并有相应裕量。

（3）高压给水加热器的管束入口采取必要的措施（装不锈钢嵌套管、装整流板等），以有效地防止入口冲击。

（4）2、3、4、5 号高压给水加热器汽侧运行压力至少能承受汽轮机阀门全开（VWO）工况热平衡图上的汽轮机抽汽压力（汽轮机抽汽口处）的 110%，1 号高压给水加热器汽侧运行压力至少能承受汽轮机阀门全开（VWO）工况热平衡图上的汽轮机抽汽压力（汽轮机抽汽口处）的 115%，并有相应的裕量，保证整个寿命期长期安全运行。

（5）高压给水加热器汽侧的运行温度至少能承受（VWO）工况热平衡图中汽轮机抽汽口处参数等熵求取在设计压力下的相应温度，并有相应的裕量。在 VWO 工况下，第 1、2、3、4、5 段抽汽管道压损为 3%。

（6）高压加热器，按汽轮机 TMCR 工况作为设计保证工况，TMCR 工况热平衡图中管侧流量为基准，并留有 10% 的流量裕量（且应满足 HEI 标准）。阀门全开 VWO 工况为校核工况。最大管侧流速根据阀门全开 VWO 工况热平衡与 HEI 标准校核以避免损坏管子。当有 10% 堵管时，仍能保证高压加热器的性能满足汽轮机组各工况给水加热的要求以及各工况下加热器疏水端差和给水端差的要求。

（7）高压加热器壳侧压力降小于相邻两级加热器间压差的 30%，每台高压加热器壳侧每段的压力降不超过 0.03MPa。每台高压加热器管侧压力降小于 0.07MPa。

（8）管侧水速在水温 16℃ 时，无论采用何种管材，均不大于 3m/s。管侧水速在正常满负荷时平均给水温度情况下不大于 2.4m/s。

（9）疏水出口管内水速不大于 1.2m/s，当加热器中的疏水为饱和疏水且水位不受控制时，其疏水管内水速不大于 0.6m/s。

（10）加热器疏水冷却段要有足够的深度，当最低水位时保证水封不破坏。

（11）高压加热器投入运行时，满足机组负荷变化速度的要求，并满足给水温度变化率能达到 10℃/min，而不影响高压加热器的安全和寿命。

（12）每台高压加热器均能满足汽侧单独切除或投入而引起的热冲击。

（13）高压加热器使用寿命为 30 年。保证在不要求更换管束和其他主要部件的条件下，能安全、经济运行 30 年。

（14）最大允许的噪声水平为：离开设备外表面 1.0m 距离处，噪声小于 85dB（A）。

2. 高压加热器的技术规范

高压加热器设计参数及各工况下的性能数据如表 6-8 和表 6-9 所示。

表 6-8　　　　　　　　　　　**高压加热器的设计参数**

序号	项　　目	1 号高压加热器	2 号高压加热器	3 号高压加热器	4 号高压加热器	5 号高压加热器
1	管侧压力降（MPa）	≤0.07	≤0.07	≤0.07	≤0.07	≤0.07
2	壳体压力降（MPa）	≤0.03	≤0.03	≤0.03	≤0.03	≤0.03
3	壳体每段（蒸汽冷却段、凝结段、疏水冷却段）压力降（MPa）	≤0.03 0 ≤0.03	≤0.03 0 ≤0.03	≤0.03 0 ≤0.03	— ≤0.03	— 0 ≤0.03
4	设计管内流速（m/s）	≤2.4	≤2.4	≤2.4	≤2.4	≤2.4
5	管内最大流速（m/s）	≤2.4	≤2.4	≤2.4	≤2.4	≤2.4
6	有效表面积（m²）	3271	3385	3681	3606	2874
7	每段（蒸汽冷却段、凝结段、疏水冷却段）有效表面积（m²）	543 2219 508	398 2172 815	374 2487 820	0 2579 1027	0 2144 730
8	换热率（MJ/h）	405 422	382 692	400 498	372 291	264 513
9	总换热系数［MJ/(h·℃·m²)］	11.45	11.75	11.89	12.6	12.9
10	给水端差（℃）	−1.7	0	0	2	2
11	疏水端差（℃）	5.6	5.6	5.6	5.6	5.6
12	壳侧设计压力（MPa）	15.3	10.6	7.3	4.71	2.82
13	壳侧设计温度（℃）	491/364	437/336	383/309	324	263
14	壳侧试验压力（MPa）	19.13	13.25	9.13	5.89	3.53
15	壳侧压力降（MPa）	≤0.03	≤0.03	≤0.03	≤0.03	≤0.03
16	管侧设计压力（MPa）	43	43	43	43	43
17	管侧设计温度（℃）	364	336	309	261	231
18	管侧试验压力（MPa）	53.75	53.75	53.75	53.75	53.75
19	管侧压力降（MPa）	≤0.07	≤0.07	≤0.07	≤0.07	≤0.07
20	壳体净重（kg）	150 500	97 500	71 300	68 900	37 900
21	管束与集箱净重（kg）	130 200	128 300	133 400	113 700	90 800
22	运行荷重（kg）	362 000	307 000	284 000	262 000	191 000
23	充水荷重（kg）	425 000	366 000	346 000	317 000	254 000
24	正常疏水调节阀设计压力（MPa）	15.3	10.6	7.3	4.71	2.82
25	正常疏水调节阀设计温度（℃）	364	336	309	324	263
26	危急疏水调节阀设计压力（MPa）	15.3	10.6	7.3	4.71	2.82
27	危急疏水调节阀设计温度（℃）	364	336	309	324	263

续表

序号	项　目	1 号高压加热器	2 号高压加热器	3 号高压加热器	4 号高压加热器	5 号高压加热器
28	汽侧安全阀设计压力（MPa）	15.3	10.6	7.3	4.71	2.82
29	汽侧安全阀设计温度（℃）	364	336	309	324	263
30	水侧安全阀设计压力（MPa）	43				
31	水侧安全阀设计温度（℃）	364				

表 6-9　　　　　　　　　　　　高压加热器各工况下的性能数据

序号	名称	单位	1 号高压加热器	2 号高压加热器	3 号高压加热器	4 号高压加热器	5 号高压加热器
	VWO 工况（烟气余热利用切除）						
1	给水流量	t/h	2982.69	2982.69	2982.69	2982.69	2982.69
2	给水进口压力	MPa	约 39	约 39	约 39	约 39	约 39
3	给水进口温度	℃	306.1	278.2	247.6	218.5	197.6
4	给水进口热焓	kJ/kg	1355.9	1220.8	1079.7	950.2	859.4
5	给水出口温度	℃	333.6	306.1	278.2	247.6	218.5
6	给水出口热焓	kJ/kg	1499.2	1355.9	1220.8	1079.7	950.2
7	给水最大允许压降	MPa	0.07	0.07	0.07	0.07	0.07
8	给水最大允许流速	m/s	2.4	2.4	2.4	2.4	2.4
9	给水设计压力	MPa	43	43	43	43	43
10	给水设计温度	℃	364	336	309	261	231
11	给水试验压力	MPa	53.75	53.75	53.75	53.75	53.75
12	抽汽流量	t/h	234.036	192.9	180.7	150.8	99.1
13	抽汽进口压力	MPa	13.181	9.346	6.248	3.952	2.342
14	抽汽进口温度	℃	464.7	416.8	360.5	301.4	241.4
15	抽汽进口热焓	kJ/kg	3233.9	3160.5	3067.2	2967.2	2864.5
16	抽汽最大允许压降	MPa	0.03	0.03	0.03	0.03	0.03
17	抽汽设计压力	MPa	15.3	10.6	7.3	4.71	2.82
18	抽汽设计温度	℃	491/364	437/336	383/309	324	263
19	抽汽试验压力	MPa	19.13	13.25	9.13	5.89	3.53
20	疏水来源		—	HP1	HP2	HP3	HP4
21	进入加热器疏水流量	t/h	—	234.036	426.93	607.61	758.41
22	进入加热器疏水温度	℃	—	311.7	283.8	253.2	224.1
23	进入加热器疏水热焓	kJ/kg	—	1406.6	1255.3	1101.4	963
24	排出加热器疏水流量	t/h	234.036	426.93	607.61	758.41	857.486
25	排出加热器疏水温度	℃	311.7	283.8	253.2	224.1	203.2
26	排出加热器疏水热焓	kJ/kg	1406.6	1255.3	1101.4	963	867.2
27	疏水端差	℃	5.6	5.6	5.6	5.6	5.6

续表

序号	名称	单位	1 号高压加热器	2 号高压加热器	3 号高压加热器	4 号高压加热器	5 号高压加热器
VWO 工况（烟气余热利用投运）							
1	给水流量	t/h	2873.25	2873.25	2873.25	2873.25	2873.25
2	给水进口压力	MPa	约 39	约 39	约 39	约 39	约 39
3	给水进口温度	℃	308.8	282.8	253.6	225	203.3
4	给水进口热焓	kJ/kg	1369.8	1242.2	1106.8	978.7	884
5	给水出口温度	℃	335	308.8	282.8	253.6	225
6	给水出口热焓	kJ/kg	1506.9	1369.8	1242.2	1106.8	978.7
7	抽汽流量	t/h	214.62	177.66	169.5	145.84	100.88
8	抽汽进口压力	MPa	13.373	4.935	4.7086	4.0512	2.8021
9	抽汽进口温度	℃	467.1	422.3	369.5	313.6	254.1
10	抽汽进口热焓	kJ/kg	3237.9	3169.5	3082.1	2987.7	2887.3
11	疏水来源		—	HP1	HP2	HP3	HP4
12	进入加热器疏水流量	t/h	—	214.62	392.3	561.8	707.6
13	进入加热器疏水温度	℃	—	314.4	288.4	259.2	230.6
14	进入加热器疏水热焓	kJ/kg	—	1422.9	1279.1	1130.7	993.3
15	排出加热器疏水流量	t/h	214.62	392.3	561.8	707.6	808.5
16	排出加热器疏水温度	℃	314.4	288.4	259.2	230.6	208.9
17	排出加热器疏水热焓	kJ/kg	1422.9	1279.1	1130.7	993.3	893
TMCR 工况（烟气余热利用切除）							
1	给水流量	t/h	2895.8	2895.8	2895.8	2895.8	2895.8
2	给水进口压力	MPa	38.264	38.386	38.508	38.63	38.752
3	给水进口温度	℃	304.6	277.3	247.3	218.4	197.4
4	给水进口热焓	kJ/kg	1348.6	1216.6	1077.8	949.5	858.3
5	给水出口温度	℃	331.6	304.6	277.3	247.3	218.4
6	给水出口热焓	kJ/kg	1488.4	1348.6	1216.6	1077.8	949.5
7	抽汽流量	t/h	221.93	183.92	173.6	146.16	97.4
8	抽汽进口压力	MPa	12.834	9.156	6.163	3.927	2.337
9	抽汽进口温度	℃	459.1	412.4	357.3	299.4	240.1
10	抽汽进口热焓	kJ/kg	3222.9	3151.5	3060.4	2962.5	2861.1
11	疏水来源		—	HP1	HP2	HP3	HP4
12	进入加热器疏水流量	t/h	—	221.93	405.85	579.46	725.62
13	进入加热器疏水温度	℃	—	310.2	282.9	252.9	224
14	进入加热器疏水热焓	kJ/kg	—	1398.3	1250.7	1099.6	962.5
15	排出加热器疏水流量	t/h	221.93	405.85	579.46	725.62	823
16	排出加热器疏水温度	℃	310.2	282.9	252.9	224	203
17	排出加热器疏水热焓	kJ/kg	1398.3	1250.7	1099.6	962.5	866.2

续表

序号	名称	单位	1号高压加热器	2号高压加热器	3号高压加热器	4号高压加热器	5号高压加热器
TMCR工况（烟气余热利用投运）							
1	给水流量	t/h	2780.63	2780.63	2780.63	2780.63	2780.63
2	给水进口压力	MPa	38.256	38.37	38.483	38.596	38.709
3	给水进口温度	℃	307.5	282.2	253.7	225.4	203.7
4	给水进口热焓	kJ/kg	1363.4	1239.3	1106.9	980.4	885.56
5	给水出口温度	℃	332.8	307.5	282.2	253.7	225.4
6	给水出口热焓	kJ/kg	1495	1363.4	1239.3	1106.9	980.4
7	抽汽流量	t/h	201.924	168.066	161.766	140.555	98.77
8	抽汽进口压力	MPa	13.036	9.538	6.627	4.371	2.667
9	抽汽进口温度	℃	461.7	418.3	367	312.4	254.5
10	抽汽进口热焓	kJ/kg	3227.4	3161.2	3076.3	2984.5	2885.7
11	疏水来源		—	HP1	HP2	HP3	HP4
12	进入加热器疏水流量	t/h	—	201.924	370	531.77	672.3
13	进入加热器疏水温度	℃	—	313.1	287.8	259.3	231
14	进入加热器疏水热焓	kJ/kg	—	1415.6	1276	1130.9	995.3
15	排出加热器疏水流量	t/h	201.924	370	531.77	672.3	771.1
16	排出加热器疏水温度	℃	313.1	287.8	259.3	231	209.3
17	排出加热器疏水热焓	kJ/kg	1415.6	1276	1130.9	995.3	894.6
TRL工况（烟气余热利用切除）							
1	给水流量	t/h	2954.9	2954.9	2954.9	2954.9	2954.9
2	给水进口压力	MPa	38.268	38.394	38.521	38.647	38.778
3	给水进口温度	℃	302.8	274.4	243.3	214.1	193.5
4	给水进口热焓	kJ/kg	1339.9	1202.9	1060.2	930.5	841.54
5	给水出口温度	℃	330.9	302.8	274.4	243.3	214.1
6	给水出口热焓	kJ/kg	1484.7	1339.9	1202.9	1060.2	930.5
7	抽汽流量	t/h	233.55	193.23	180.5	149.12	96.2
8	抽汽进口压力	MPa	12.719	8.935	5.895	3.673	2.15
9	抽汽进口温度	℃	457.6	408.9	351.5	291.4	231.3
10	抽汽进口热焓	kJ/kg	3220.4	3145.8	3050.8	2949	2845.9
11	疏水来源		—	HP1	HP2	HP3	HP4
12	进入加热器疏水流量	t/h	—	233.55	426.78	607.3	756.4
13	进入加热器疏水温度	℃	—	308.4	280	248.9	219.7
14	进入加热器疏水热焓	kJ/kg	—	1388.2	1235.5	1080.5	942.4
15	排出加热器疏水流量	t/h	233.55	426.78	607.3	756.4	852.6
16	排出加热器疏水温度	℃	308.4	280	248.9	219.7	199.1
17	排出加热器疏水热焓	kJ/kg	1388.2	1235.5	1080.5	942.4	848.6

续表

序号	名称	单位	1号高压加热器	2号高压加热器	3号高压加热器	4号高压加热器	5号高压加热器
THA工况（烟气余热利用切除）							
1	给水流量	t/h	2752.74	2752.74	2752.74	2752.74	2752.74
2	给水进口压力	MPa	37.56	37.67	37.78	37.89	38
3	给水进口温度	℃	302	275.8	246.6	218.2	197.1
4	给水进口热焓	kJ/kg	1336.1	1209.2	1074.7	948.5	856.65
5	给水出口温度	℃	328	302	275.8	246.6	218.2
6	给水出口热焓	kJ/kg	1469.9	1336.1	1209.2	1074.7	948.5
7	抽汽流量	t/h	202.662	169.43	162	138.36	94.32
8	抽汽进口压力	MPa	12.257	8.835	6.019	3.883	2.33
9	抽汽进口温度	℃	448.9	404.1	351.3	295.4	237.5
10	进口热焓	kJ/kg	3202.3	3134.2	3046.9	2952.8	2853.8
11	疏水来源		—	HP1	HP2	HP3	HP4
12	进入加热器疏水流量	t/h	—	202.662	372.1	534.1	672.46
13	进入加热器疏水温度	℃	—	307.6	281.4	252.2	223.8
14	进入加热器疏水热焓	kJ/kg	—	1384.1	1242.7	1096.4	961.8
15	排出加热器疏水流量	t/h	202.662	372.1	534.1	672.46	766.78
16	排出加热器疏水温度	℃	307.6	281.4	252.2	223.8	202.7
17	排出加热器疏水热焓	kJ/kg	1384.1	1242.7	1096.4	961.8	865
30%THA工况（烟气余热利用切除）							
1	给水流量	t/h	767.718	767.718	767.718	767.718	767.718
2	给水进口压力	MPa	11.147	11.155	11.163	11.171	11.179
3	给水进口温度	℃	241.8	231.7	218.6	204.7	191.4
4	给水进口热焓	kJ/kg	1046.7	999.9	939.8	877.2	818.4
5	给水出口温度	℃	252.4	241.8	231.7	218.6	204.7
6	给水出口热焓	kJ/kg	1097.2	1046.7	999.9	939.8	877.2
7	抽汽流量	t/h	16.78	15.077	18.88	19.03	17.5
8	抽汽进口压力	MPa	4.023	3.451	2.886	2.345	1.784
9	抽汽进口温度	℃	473.1	456	431.8	404.5	369.2
10	抽汽进口热焓	kJ/kg	3383.9	3352.3	3305.3	3252.5	3184.5
11	疏水来源		—	HP1	HP2	HP3	HP4
12	进入加热器疏水流量	t/h	—	16.78	31.86	50.74	69.78
13	进入加热器疏水温度	℃	—	247.4	237.3	224.2	210.3
14	进入加热器疏水热焓	kJ/kg	—	1072.8	1024.8	963.1	899.1
15	排出加热器疏水流量	t/h	16.78	31.86	50.74	69.78	87.3
16	排出加热器疏水温度	℃	247.4	237.3	224.2	210.3	197
17	排出加热器疏水热焓	kJ/kg	1072.8	1024.8	963.1	899.1	838.9

（二）高压加热器结构及特点

本机组的高压加热器由壳体及封头；集箱；水室；支撑板、隔板及内件；换热管束；活动、固定支座（包括支座地脚螺栓及连结件）；压力密封人孔；各接口管座；仪表及配件（就地水位计、就地压力表、就地温度表、一次仪表阀等）；固定保温层用钩钉等全部金属构件构成。

高压加热器的外形如图 6-6 所示，内部结构示意图如图 6-7 所示。

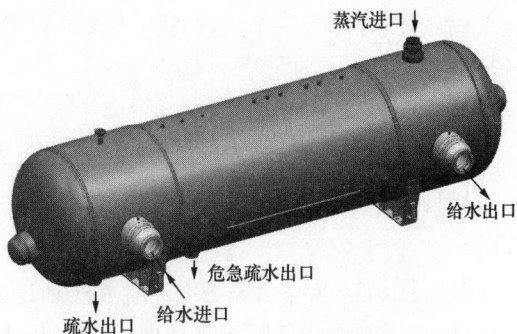

图 6-6 高压加热器外形

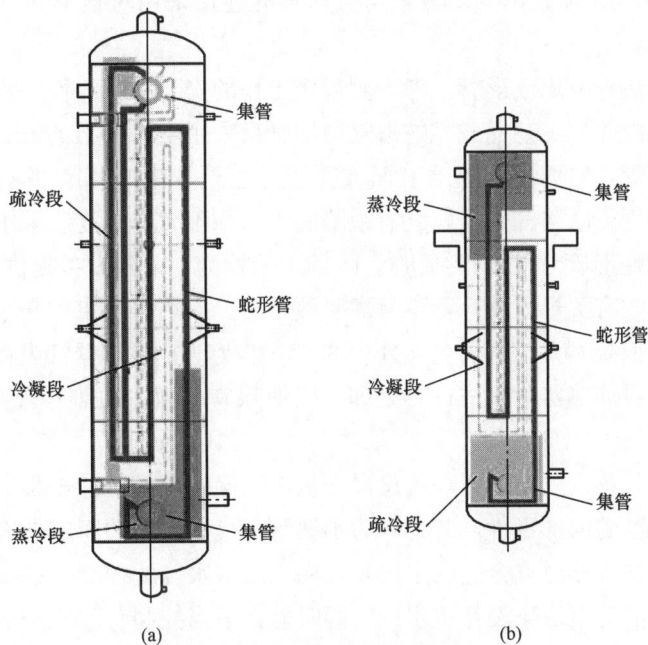

图 6-7 高压加热器的内部结构示意图
（a）立式高压加热器；（b）卧式高压加热器

蒸汽首先进入加热器壳侧的过热段，之后进入凝段在管子外壁凝结。凝结水经由疏冷段离开加热器。在高压加热器中，冷凝和疏水冷却两个过程在一个壳体中发生。疏冷段与凝段利用围绕相应换热管面的附件隔开。在管侧，进入加热器的给水首先流入疏冷段。在疏冷段，水被冷却至温度低于凝结温度（饱和温度）。热量被传递给流入的给水，这是加热器中的第一个加热步骤。给水泵被用来将给水泵入高压加热器管侧系统。流经壳侧的流量通过蒸汽在凝段不断地冷凝而产生，凝结水将会被不断地排入下一级高压加热器或者通过危急疏水排入除氧器或冷凝器。冷凝导致非凝结气体的释放，非凝结气体由加热器的排气口排入低压系统或冷凝器。

（1）高压加热器由过热蒸汽冷却段（若有）、凝结段和疏水冷却段组成。过热蒸汽冷却段用包壳板、套管将该段密封。本机组 4 号和 5 号高压加热器不设置蒸汽冷却段。

过热蒸汽冷却是一个过热蒸汽冷却的封闭区域，位于凝结段上方靠近给水出口集管的位置。

凝结段在壳体中是敞开的。

疏冷段是位于凝结段下面的凝结水过冷区域。疏冷段和凝结段被疏冷段包壳完全隔开。封闭式疏冷段包壳一端有一个开口允许流入的高加加热器疏水过冷后直接连通至疏水出口管。

（2）高压加热器系全焊接结构。高压加热器装有自密封型的人孔盖。高压加热器壳体上不设现场切割线，高压加热器壳体封头上设置检修人孔，供设备维修。

（3）高压加热器的集箱采用一体化机加工的型式，避免管嘴与集箱连接部位的焊缝。高压加热器换热管材质为 15Mo3。集箱与换热管的连接采用对接形式，并进行 100%RT 无损检测。

高压加热器换热管采用成形管。考虑到焊接工作的安全和可靠性，高压加热器的集箱和集箱延伸段采用内孔焊工艺完成。蛇形管高加管束采用支撑栅架的形式固定。每台高压加热器上的所有接管，均伸出加热器表面或壳体外径至少 300mm，并有保温附件。高压加热器的传热管采用无缺陷的管材，凡有缺陷的管材均不允许修复后采用。

高压加热器的蛇形管对接焊口，进行 100%RT 检测，并随设备提供完整的探伤报告。加热器管子的壁厚按有关规定计算，不考虑腐蚀余量。加热器管束的最小半径为 1.5 倍的管子外径，且圆度偏差不大于管子名义外径的 10%。为防止加热器管束在冷弯过程中造成的应力腐蚀裂纹，对加热器管束进行热处理，以消除其应力。加热器管束经过 100%无损检测检查。

（4）所有疏水与蒸汽入口处，均装设冲击板，以保护管束。冲击板、护罩和其他用于防止可能发生的冲蚀的内部零件，其材料为不锈钢，且有可靠的固定措施。

（5）高压给水加热器内有合适的水容积，用于疏水水位的控制，并确保在所有运行工况下，疏水冷却段的管束均淹没在疏水中。同时能在适当控制疏水水量的前提下，使加热器内积水的表面积暴露最小，以便减少在汽轮机甩负荷时疏水扩容后倒入汽轮机。

（6）在启动过程和机组连续运行工况中，为去除集聚在蒸汽死区的非凝结气体，在加热器内装有足够的排气接管和内部挡板，其排气量按进入加热器汽量的 0.5%设计，管内径应足够大，满足排气要求。启动排气接管与连续运行所需的排气接管分开，排气系统的布置与尺寸设计，使得存在游离氧时，不腐蚀高压给水加热器。

（7）高压给水加热器上装有充氮保护接口，阀门口径不得小于 DN40，采用优质进口工艺阀。在工厂水压试验后烘干进行充氮保护。水室设有化学清洗口。

（8）高压加热器的汽侧和水侧均设有放水阀，用于停运和检修时泄压和排尽积水。汽侧和水侧的放水放气阀口径为 DN20，采用进口优质工艺阀，在压力大于 3.2MPa 或温度高于 300℃的场合采用双阀串联，以确保不出现泄漏。

（9）高压加热器水侧有注水门、放气阀，采用进口优质工艺阀，在压力大于 3.2MPa 或温度高于 300℃的场合采用双阀串联，以确保不出现泄漏。

（10）高压加热器在出厂之前内部充满具有一定压力的氮气，以起到保护高加内部结构的作用，且在整个运输和存储期间均需使高压加热器保持一定的压力，在高压加热器本体上设有可以观察内部氮气压力的压力表。

本机组高压加热器的结构特性如表 6-10 所示。

表 6-10   高压加热器的结构特性

序号	项目	1 号高压加热器	2 号高压加热器	3 号高压加热器	4 号高压加热器	5 号高压加热器
1	加热器台数	1	1	1	1	1
2	加热器型式	蛇形管式	蛇形管式	蛇形管式	蛇形管式	蛇形管式
3	加热器布置	立式	立式	立式	立式	卧式
4	壳体支撑	固定＋滑动	固定＋滑动	固定＋滑动	固定＋滑动	固定＋滑动
5	封头型式	标准椭圆	标准椭圆	标准椭圆	标准椭圆	标准椭圆
6	封头材料	13MnNiMoR	13MnNiMoR	13MnNiMoR	Q345R	Q345R
7	加热器壳体	13MnNiMoR	13MnNiMoR	13MnNiMoR	Q345R	Q345R
8	壳体最大外径及壁厚（mm）	$\phi3520\times130$	$\phi3330\times85$	$\phi3270\times60$	$\phi3140\times60$	$\phi3120\times35$
9	壳体最大总长（m）	11.4	12	12.7	12.9	12
10	壳体最大操作间隔（m）	5.5	5.5	5.5	5.5	5.5
11	壳体材料	13MnNiMoR	13MnNiMoR	13MnNiMoR	Q345R	Q345R
12	加热器管侧流程	3	3	3	3	3
13	管子与集管的连接方式	焊接	焊接	焊接	焊接	焊接
14	型式：弯管或直管	弯管	弯管	弯管	弯管	弯管
15	管子数量（根）	2070	1916	1890	1713	1558
16	管子材料	15Mo3	15Mo3	15Mo3	15Mo3	15Mo3
17	管子尺寸/壁厚	$\phi25\times4.1$	$\phi25\times4$	$\phi25\times3.9$	$\phi25\times3.5$	$\phi25\times3.4$
18	集管内径（mm）	$\phi650$	$\phi650$	$\phi650$	$\phi650$	$\phi650$
19	集管材料	15NiCuMoNb	15NiCuMoNb	15NiCuMoNb	15NiCuMoNb	15NiCuMoNb

（三）高压加热器的水压试验

加热器水压试验的目的是检验加热器的设计制造质量及安装检修质量是否合格。

水压试验所用的水采用加有钝化剂的防腐水，不采用自来水。不锈钢件试验用水的氯离子含量不超过 25mg/L。碳素钢容器液压试验时，液体的温度不低于 5℃，其他低合金容器液压试验时，液体的温度不低于 15℃。

试验压力达到规定值时，保压时间不少于 30min，然后将压力保持在试验压力的 80% 较长时间，以便对焊接接头和连接部位进行检查，如有渗漏，修补后重新试验。

（四）高压加热器的运行

1. 高压加热器温度变化率的限值

高压加热器汽侧单独切除或投入时，应严格控制给水温度的变化率，使其变化率不高于 10℃/min。

2. 高压加热器系统清洁、冲洗

考虑到管束的几何形状复杂，不可避免会有边缘/裂纹存在，其中的酸液即使通过中和或冲洗过程也无法完全清除（有腐蚀的风险），故高压加热器不能酸洗。

只有除盐介质，如凝结水可以用来冲洗。避免氯离子富集非常必要，否则会有点状腐蚀的风险。

在连接到各自的加热器接管之前，蒸汽供给管路必须进行清洗（向外吹）。注意保证没有灰尘进入加热器。

3. 高压加热器检查与准备

（1）熟悉操作手册、加热器图纸和管侧及壳侧系统流程图。

（2）目视检查加热器、阀门和测量点，保证装置完整正确安装，检查管路连接的可操作性、安全、标记和洁净。

（3）检查管道线路（斜度、阀门布置等），尤其是排气管路（无水封和排水管）。

（4）目视检查加热器滑动支座（移动性）。

（5）目视检查人孔和法兰连接的密封性能。

（6）检查保温层和无接触保护是否完好。

（7）检查所有阀门可操作、流量方向、位置指示器、安装定位、安装位置、手动操作杆位置等。

（8）检查所有压力、温度和液位测量设备（就地/远程）是否可操作，检查传送器的功能/信号交换、校准和设定值模拟等。

（9）检查启动/运行排气口是否可操作。

（10）检查加热器凝结水控制系统是否可操作，检查旋转方向、定位反馈和定位以防发生故障。

（11）检查所有安全和监测设备的可操作性，解除已锁定设备，检查排污管路的安装，检查调整批准和密封完整性。

4. 高压加热器启动操作注意事项

（1）高压加热器汽侧部分必须填充凝结水，最多达到正常水位。

（2）高压加热器水侧应注水，所有管路的排气口必须保持打开直到不含空气的水流出。当给水旁路阀前后无压差时方能切换，否则将冲击加热器并引起加热器内部结构损坏，使加热器失效。

（3）供应至加热器的抽汽必须小心可控地排入蒸汽管道，保证壳侧启动排气口打开直到不含空气的蒸汽流出。

（4）高压加热器必须自冷却状态缓慢启动（加热）至运行温度，避免不允许的温升速率和水锤。最大允许温升速率为 $10℃/min$。

（5）高压加热器启动：旁路阀关闭，给水进、出口阀门打开，抽汽止回阀和电动隔离阀打开，水侧、汽侧启、停放气口阀打开（当高压加热器采用外置式液动三通阀给水旁路系统时，应先打开三通阀门的手轮和注水阀，给水选走旁路，高压加热器水侧至一定压力后再正常通水）。

（6）高压加热器带负荷启动：检查各阀门，仪表正常无误后，打开启停放水阀（如需冲除杂质可先开此阀门，待冲干净后关闭）。如采用液动三通阀的给水旁路系统，则打开三通阀手轮。依照抽汽压力由低到高的顺序，投入各台高压加热器。要先投水侧，再投汽侧。

（7）启动期间必须对设备进行持续监测和检查，以防泄漏。

（8）运行期间的温度和压力需要按照数据表中的值进行检查。

（9）考虑到腐蚀保护层（钝化层/磁铁层/氧化层）的形成，在最初的 400h 中运行不应中断。

5. 高压加热器正常运行

高压加热器运行中，应经常注意高压加热器水位变化情况，防止高压加热器高水位或无水位运行，并应注意高压加热器出水温度与负荷相适应。运行中应定期记录或监视的参数有：高压加热器水位；高压加热器进、出水温度；抽汽压力、温度、高压加热器汽侧压力；疏水温度、端差；疏水调整阀开度。

高压加热器运行中的就地检查项目包括：检查高压加热器汽水侧管道无泄漏，汽水侧压力正常；检查疏水调节阀动作良好；检查高压加热器筒体无异声，就地水位计与 DCS 显示水位相一致。

（1）水位监控。高压加热器水位包括正常水位、高水位、高—高水位、高—高—高水位、低水位。高压加热器在高一水位时报警，发声光信号；高二水位时报警，发声光信号，危急疏水阀打开；高三水位时报警，发声光信号，高压加热器解列。

每台高压加热器均设有就地磁翻板水位计，单室平衡容器等一系列水位显示，调节和报警装置。合理的水位应在高水位到低水位之间，由单室平衡容器相连的水位变送器产生信号，传给正常疏水阀自动控制液位及疏水量。当水位超出正常范围时，在安装图所示刻度值系统自动动作以恢复到正常水位。当无法恢复时，必须按系统要求解列并及时分析，查找原因。

加热器运行时必须是有水位运行，不可以长期处于无水位或低于最低水位线之下运行，否则除疏水温度偏高，热效率差外，还会引起管子的冲刷损坏。应经常监视和核对高压加热器端差，发现端差增大时，应及时分析原因并作出处理。注意核对负荷与疏水调节阀的开度关系。若负荷一定而调节阀开度比平时增大时，应分析查明高压加热器内部钢管是否出现轻度泄漏或调节阀被垃圾堵塞。

加热器低水位运行时，会使疏水冷却段进口露出水面，从而使蒸汽漏入该段，这不仅使加热器工作性能恶化，而且在疏水冷却段进口处和疏水冷却段内造成汽水冲蚀，使冷却管束损坏。加热器高水位运行时，部分管子将浸入水中，减少了加热器的有效传热面积，使给水出口温度降低。另外，加热器水位过高时，若保护装置失灵及抽汽止回阀不严，还有可能造成汽轮机进水事故。

加热器运行中水位过高造成加热器满水事故的原因有三种：一是加热器内管束破裂或管板焊口泄漏；二是疏水调节阀故障，使疏水不畅；三是下一级疏水调节阀事故而关闭，使上一级加热器的疏水无法及时排走。上述任一情况发生使加热器水位升高至某一值时，保护装置动作，均开启相应的高压加热器事故疏水放水阀，疏水直通疏水扩容器后再排入凝汽器。

（2）压力、温度监控。随设备提供的压力、温度测量元件及附件应参照系统图及设计院的要求进行布置。

加热器工作压力在运行期间应随时注意观察，以确保加热器正常，安全地运行。应定期检查安全阀排放口，以防止杂物堵塞出口，保证设备超压时安全阀能及时开启。加热器运行期间应随时注意加热器给水的进出口温度，只有保证抽汽参数合格才能保证给水出口温度。同时，也必须保证除氧器正常工作，使进水温度符合要求。应定期对各部件和监控元件进行检查、校验，如有损坏，必须进行维修或更换。

（3）运行中应注意检查加热器的端差是否正常。加热器的端差有上端差和下端差之分。加热器的上端差是指加热器汽侧压力下的饱和温度与加热器给水出口温度之差。加热器的下端差是指加热器的疏水温度与加热器给水进口温度之差。

运行中加热器上端差增大的原因是：加热器内积存空气；加热器超负荷运行；加热器通道间泄漏或管子结垢。

运行中加热器下端差增大的原因是：加热器水位低、加热器内积垢；加热器疏水冷却段包壳板泄漏。

（4）运行中应保持加热器内排气通道的畅通。因为一旦出现非凝结气体积聚，不仅使加热器内传热恶化，导致经济性降低，更重要的是造成加热器内部设备腐蚀受损，严重影响加热器的运行安全。

运行中加热器的排气由内置的节流孔控制。每个加热器的运行排气接头都有单独的阀门引导排气至有关设备。具体情况是，高压加热器的排气通往除氧器，低压加热器排气通往凝汽器。

6. 高压加热器的停运

（1）随机停运。具备随机滑停的高压加热器，当末级高压加热器抽汽压力下降到一定值时，关闭至除氧器的疏水截止阀。打开至凝汽器（或其他疏水扩容器）的疏水调节阀，机组停机后，打开水侧、汽侧启停放气、放水阀，排尽给水，采用液动三通阀的高压加热器，停机后阀瓣自行下落，三通阀置旁路状态，此时应旋下车轮，压紧阀瓣。

（2）带负荷的停运。带负荷停运高压加热器属于热态解列，因而需严格控制降温率。

当末级高压加热器抽汽压力降到一定值时，将正常疏水从除氧器切换凝汽器（或其他疏水扩容器）。

依照抽汽压力由高到低的顺序，依次缓慢关闭抽汽阀，同时关闭运行排气阀。

关闭高压加热器疏水调节阀。关闭抽汽止回阀，打开抽汽管道疏水阀。缓慢打开给水旁路阀，关闭给水出口阀和进口阀，打开水侧启停放水阀，压力泄尽后，打开启停放气阀。采用液动三通阀给水系统时，可手控启动液压装置关闭三通阀，给水走旁路，并旋下手轮。

（3）事故条件下高压加热器的解列。当高压加热器发生泄漏，水位急剧上升，接通高二值报警点，自动打开危急疏水阀，如水位继续上升，高三值点接通，同时给水三通阀迅速接入旁路，关闭给水出口和关闭抽汽隔离阀。关闭疏水至除氧器调节阀和运行排气阀，打开放气阀。

由于自动解列事故条件下的解列，不能遵守温度变化率的限制，因而对高压加热器是有害的。

如果自动解列系统失灵，产生拒动作，应手控"解列"按钮，如仍无效，应至现场手动各给水阀门的手轮，强行切换。液动三通阀的电磁阀失灵，应手动打开电磁阀的旁路阀。

7. 高压加热器停运后的保护

如果高压加热器停运时间超过 100h，加热器必须采取预防措施避免静态腐蚀。

当有冻结风险时，关闭系统后必须立刻采取疏水或加热的措施，以防止加热器系统或组件冻结。

从建造到初始调试及随后的检修过程中，高压加热器必须采取适当措施避免静态腐蚀。当铺设管道和检修时，必须确保没有污染物、水分通过开放式接管或人孔等进入加热器。

高压加热器在再启动之前，必须进行泄漏或水压试验，并保证所有安全设备的正常运行。

（1）干保护法。当运行中止超过三个星期时建议采用干保存法。干保护法是将所有的水都排出加热器和系统，在实用性和经济性上具有优势。

通过带压排水来预干燥，如果可能，接下来可用热态运行时排出的蒸汽进行干燥。加热器必须排空并用热空气吹扫。实现完全防腐蚀的必要条件包括保证环境压力和 20℃下流出的保护空气相对湿度低于 30%，空气必须不含油、灰尘等腐蚀性物质，避免氯沉积和温度低于露点温度。

（2）湿保护法。如果干燥保存短期内不能实现，可使用湿法保存换热器，但只有没有冻结风险时才可以。湿法保存不能用于运行中止超过 3 个月的情况。

系统完全充满无盐凝结水或去离子水。pH 值必须增加至 9.2～9.5（碱性）。不允许存在氧气，需要添加缓蚀剂，应每周至少再循环一次（动态湿法保存）。消耗的化学药剂应及时补足。

（3）惰性气体保护法。惰性气体保护法主要用于运输过程，容易监测。高纯度氮气被用作保护介质。这种方式下加热器必须完全干燥（环境压力及 20℃下相对空气湿度低于 30%）后再充入一定量的氮气。

二、低压加热器

低压加热器是利用汽轮机较低压力的抽汽加热凝结水泵出口的凝结水，以减少冷源损失，提高运行的经济性。因加热器工作时水侧压力较高压加热器水侧压力低得多，故称为低压加热器。低压加热器与高压加热器的基本结构相同，主要区别在于没有过热蒸汽冷却区，只有凝结段和疏水冷却段。因其压力较低，故其结构比高压加热器简单一些。瑞金电厂每台 1000MW 超超临界机组共有 6 台表面式低压加热器，是上海汽轮机厂制造的产品。

（一）低压加热器设计特点与技术规范

1. 低压加热器总体设计特点

（1）7～12 号低压加热器是按汽轮机 TMCR 工况作为设计工况，VWO 工况作为校核工况，并备有 10% 堵管裕量。低压加热器的换热面积按不考虑烟气余热利用进行设计。

（2）低压加热器管侧设计参数：加热器管侧设计压力，按凝结水泵在关闭点的出口压力计算；加热器水压试验压力为 1.25 倍设计压力乘以温度修正系数。管侧的设计温度，为壳侧设计压力下的饱和温度。

（3）低压加热器壳侧设计参数：壳侧设计压力为 VWO 热平衡工况下的抽汽压力加上 15% 裕量，同时还应满足 HEI 标准相关规定，壳侧设计压力也要包括全真空压力。壳侧设计温度为 VWO 热平衡工况下抽汽参数，等熵求取壳侧设计压力下的相应温度，同时还应满足 HEI 标准相关规定。

（4）加热器管侧（水侧）及壳侧（汽侧）设置安全阀。壳侧（汽侧）的安全阀容量，当管子破裂时能保护壳体的安全，加热器壳侧泄压阀的最小容量为 10% 的管侧凝结水流量或一根加热器管子（两个管口）破裂流出的水量，二者取较大值。加热器管侧设有泄压阀，用于当加热器的进水阀与出水阀关闭且壳侧存有抽汽时，保护加热器不会因热膨胀而超压。

（5）加热器能适应机组变工况运行，对机组的突然事故具有一定的适应性。在超负荷或非正常工况下，加热器的运行没有异常噪声、振动和变形。

（6）加热器为卧式、U 形管、全焊接型，能承受高真空、抽汽压力、连接管道的反作用力及热应力的变化。

（7）水侧设计流量能满足 110% VWO 的凝结水量，最大水侧流速推荐采用 HEI 标准。

（8）邻近的加热器故障时，给水加热器能适应由此所增加的汽侧流量而持续运行。任一台或多台低加退出运行，将不影响机组发出铭牌功率。

（9）加热器设有凝结区和疏水冷却区。为控制疏水水位并保证在各种工况下疏水区的管子都浸在水中。该加热器有足够的储水容积。并应有防止两相流对管子冲刷的措施。

（10）低压加热器的凝结水、加热蒸汽、疏水进、出口管均采用焊接连接方式。所有接管应伸出加热器表面至少 300mm。

（11）所有加热器的疏水、蒸汽进口设有保护管子的不锈钢缓冲挡板。

（12）加热器管束采用不锈钢（不低于 TP304L）成品 U 型光管换热管。制造厂提供管子最小壁厚、允许负偏差、弯曲减薄量、腐蚀余量和直管取用壁厚；提供最小弯曲半径、最小弯曲半径内弧计算壁厚和取用壁厚。

（13）7、8、9、10 号低压加热器设置正常疏水口和紧急疏水口。11、12 号低压加热器无紧急疏水口，疏水直接排入疏冷器。

（14）泄漏允许堵管率为 10%，堵管后低压加热器能达到设计参数。

（15）7、8、9、10 号低压加热器应设计成可拆卸壳体结构，布置在凝汽器喉部的末两级低压加热器设计成可抽芯结构，以便进行管束检修。

（16）靠低压加热器水室处装设固定支撑，壳体支撑采用滚动支撑，以允许低加筒体自由膨胀。

2. 低压加热器技术规范

六台低压加热器的设计性能数据如表 6-11 所示。

表 6-11　　　　　　　　　　　　　　　低压加热器设计性能数据

序号	项目	7 号低压加热器	8 号低压加热器	9 号低压加热器	10 号低压加热器	11 号低压加热器	12 号低压加热器	疏水冷却器
1	管侧压力降（MPa）	≤0.1	≤0.1	≤0.1	≤0.1	≤0.1	≤0.1	≤0.035
2	壳体压力降（MPa）	≤0.035	≤0.035	≤0.035	≤0.035	≤0.035	≤0.035	≤0.1
3	壳体每段压力降（MPa）	≤0.035	≤0.035	≤0.035	≤0.035	≤0.035	≤0.035	≤0.1
4	设计管内流速（m/s）	1.85	1.85	1.85	1.82	1.88	1.88	0.48
5	管内最大流速（m/s）	3	3	3	3	3	3	3
6	有效表面积（m²）	1500	1500	1500	1550	1590	1900	368
7	每段有效表面积（m²）	1440/60	1390/110	1370/130	1550	1590	1900	368
8	总换热系数 [kJ/(h·℃·m²)]	15 190/8536	14 573/9563	13 593/9607	12 589	11 584	10 022	6230
9	给水端差（℃）	2.2	2.2	2.2	2.2	2.2	2.2	—
10	疏水端差（℃）	5.6	5.6	5.6	—	—	—	5.6
11	壳侧设计压力（MPa）	0.9	0.54	0.3	0.17	0.1	0.1	0.1
12	壳侧设计温度（℃）	180	350/155	280/135	220/120	165/120	120	120
13	壳侧试验压力（MPa）	按 GB 150	按 GB 150	按 GB 150	按 GB 150	按 GB 150	按 GB 150	按 GB 150
14	壳侧压力降（MPa）	≤0.035	≤0.035	≤0.035	≤0.035	≤0.035	≤0.035	≤0.1
15	管侧设计压力（MPa）	5.5（g）	5.5（g）	5.5（g）	5.5（g）	5.5（g）	5.5（g）	5.5（g）
16	管侧设计温度（℃）	180	155	135	120	120	120	120
17	管侧试验压力（MPa）	按 GB 150	按 GB 150	按 GB 150	按 GB 150	按 GB 150	按 GB 150	按 GB 150
18	管侧压力降（MPa）	≤0.1	≤0.1	≤0.1	≤0.1	≤0.1	≤0.1	≤0.035
19	壳体净重（kg）	28 200	28 600	28 600	32 400	33 300	37 200	13 500
20	管束与管板净重（kg）	37 200	37 600	37 600	45 500	41 300	45 600	23 300
21	运行荷重（kg）	51 900	52 300	52 300	69 700	73 200	76 400	23 300

（二）低压加热器的结构特点

7～12 号低压加热器均为卧式、U 形管、表面式加热器，管材采用不锈钢。11、12 号低压加热器分别焊装在凝汽器高压侧和低压侧的喉部。6 台低压加热器均为二段式结构，只有凝结段和疏水冷却段，由于不设过热蒸汽冷却段，所以其加热蒸汽入口设置在加热器的中部。

每台低压加热器本体均由壳体、水室组件、管子、隔板和支撑板、防冲板、支座等组成，其结构如图 6-8 所示，结构特性数据见表 6-12。

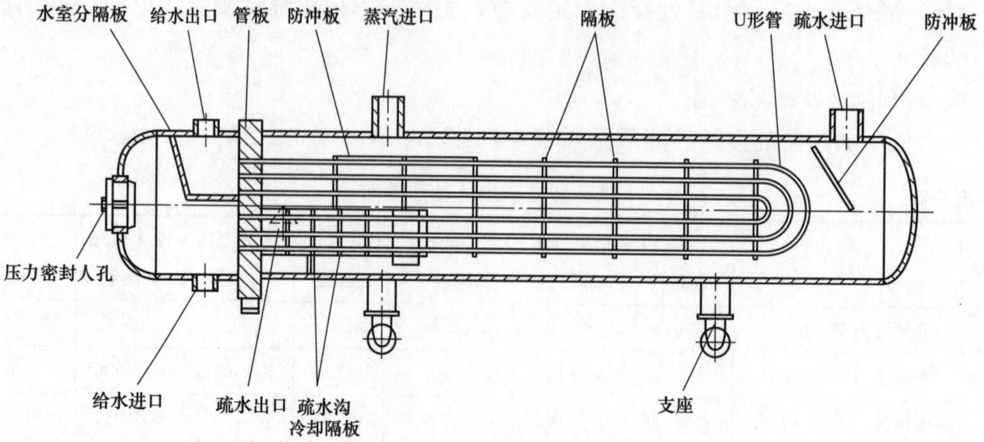

图 6-8　低压加热器结构

表 6-12　　　　　　　　　　　　　　低压加热器结构特性数据

序号	项目	7 号低压加热器	8 号低压加热器	9 号低压加热器	10 号低压加热器	11 号低压加热器	12 号低压加热器	疏水冷却器
1	加热器台数	1	1	1	1	1	1	1
2	加热器型式	U 形管	U 形管	U 形管	U 形管	U 形管	U 形管	U 形管
3	加热器布置	卧式	卧式	卧式	卧式	卧式	卧式	卧式
4	壳体支撑	固定＋滑动	固定＋滑动	固定＋滑动	固定＋滑动	固定	固定	固定＋滑动
5	封头型式	椭圆封头	椭圆封头	椭圆封头	椭圆封头	椭圆封头	椭圆封头	椭圆封头
	封头材料	Q245R	Q245R	Q245R	Q245R	Q245R	Q245R	Q345R
6	壳体最大外径及壁厚（mm）	$\phi 1832\times16$	$\phi 1832\times16$	$\phi 1832\times16$	$\phi 1948\times24$	$\phi 1832\times16$	$\phi 1832\times16$	$\phi 1200\times25$
7	壳体最大总长（m）	11.6	12.1	12.1	14.3	18.8	18.8	9.1
8	壳体最大操作间隔（m）	8.2	8.7	8.7	10.3	9.2	9.2	8.6
9	壳体材料	Q245R	Q245R	Q245R	Q245R	Q245R	Q245R	Q345R
10	壳体冲击板材料	不锈钢	不锈钢	不锈钢	不锈钢	不锈钢	不锈钢	不锈钢
11	加热器管侧流程	2	2	2	2	2	2	2
12	管子与管板的连接方式	胀接	胀接	胀接	胀接	胀接	胀接	胀接
13	管子型式：弯管或直管	U 形管	U 形管	U 形管	U 形管	U 形管	U 形管	U 形管
14	管子数量（根）	1940	1940	1940	1705	1648	1648	412
15	管子材料	SA688TP304L	SA688TP304 L	SA688TP304 L	SA688TP304 L	SA688TP304 L	SA688TP304 L	SA688TP304 L
16	管子尺寸/壁厚*（mm）	$\phi 16\times0.9$（平均壁厚）	$\phi 16\times0.9$（平均壁厚）	$\phi 16\times0.9$（平均壁厚）	$\phi 160.9$（平均壁厚）	$\phi 16\times0.9$（平均壁厚）	$\phi 16\times0.9$（平均壁厚）	$\phi 19.05\times1.07$（平均壁厚）
17	备用管子**	10%	10%	10%	10%	10%	10%	10%
18	水室与壳体连结方式	通过管板连接	通过管板连接	通过管板连接	通过管板连接	通过管板连接	通过管板连接	通过管板连接
19	水室材料	Q345R	Q345R	Q345R	Q345R	Q345R	Q345R	Q245R

续表

序号	项目	7号低压加热器	8号低压加热器	9号低压加热器	10号低压加热器	11号低压加热器	12号低压加热器	疏水冷却器
20	管板材料	16Mn	16Mn	16Mn	16Mn	16Mn	16Mn	16Mn
21	短接管材料	Q245R	Q245R	Q245R	Q245R	Q245R	Q245R	Q345R
22	管板与水室连接方式	焊接	焊接	焊接	焊接	焊接	焊接	焊接

＊ 指每台加热器的外围管束（正对蒸汽流的）将采用更厚一些的管子。

＊＊指这部分管子堵去，仍不影响保证性能。

1. 壳体

壳体是用钢板焊接的结构。为保证接头质量，焊缝经无损探伤检测。壳体和水室管板焊接连接。在壳体上装有支座。

2. 水室组件

水室由圆柱形筒体、法兰和管板组成。管板上钻有若干孔，以便插入 U 形管。水室组件还包括进、出水管、排气接管、安全阀接口和引导水流按规定流程流动的分隔板。

3. 管子

管子为不锈钢材料制成，采用 U 形管。管子采用胀接的方法固定在管板上。

4. 隔板和支撑板

钢制的隔板沿着管束长度的方向布置，这些隔板支撑着管束并引导蒸汽汽流沿着管束90°折转流过管子。管板又借助于拉杆和定位管固定。

5. 防冲板

在加热器上级疏水进口和蒸汽进口处设有不锈钢防冲板，可使进入壳体的上级疏水或蒸汽不直接冲击管束，以免换热管受冲蚀而损坏。

（三）低压加热器的运行

1. 温度变化率的规定及限制

当加热器冷态启动或加热器运行工况发生变化时，温度变化率不论是上升还是下降，均以 2℃/min 为宜，不得超过 3℃/min。

2. 低压加热器的启动

（1）启动前的准备。打开汽侧、水侧放水阀，放尽余水，然后关闭放水阀。开启所有水侧、汽侧放气口。

（2）投入负荷缓慢启动。由于进入低压加热器的凝结水是来自凝结水泵的低温水，因此，启动时可直接投入低压加热器的水侧，但须缓慢投入，以免造成较大的冲击，损坏换热管。待给水缓慢地充满低压加热器以后，将所有放气口和启动抽气口关闭，然后缓慢投入蒸汽，同时开启事故疏水阀，疏水品质经检验合格后可排入凝汽器。应注意的是，在低压加热器刚启动时参数低，不能克服疏水系统阻力（包括疏水冷却段的阻力、上下级低压加热器的级间压差、管道阻力等），此时若打开正常疏水阀进行疏水逐级自流是困难的，故建议当机组低负荷运行时用事故疏水阀来疏水，以保证疏水的畅通。

（3）正常疏水的排放。随着蒸汽的正常投入、疏水的不断排放，当检查疏水的品质、压力正常后，打开正常疏水阀，同时关闭事故疏水阀，进行正常疏水，使疏水冷却段投入正常运行，以降低疏水端差。

（4）排除加热器内的不凝结气体。低压加热器启动后，为了防止 U 形管腐蚀，保证低压加热器的传热效果，须打开空气抽气口，连续不断地将不凝结气体抽出。

当加热器在机组低负荷下投运时，逐级疏水的加热器之间的压差可能不足以克服加热器的阻力损失和高度差。在这种情况下，疏水应通过旁路管道直接进入凝汽器。一旦达到足够的压差，采用疏水逐级自流的加热器再进行正常的逐级疏水。

3. 低压加热器的停运

（1）当低压加热器属于正常停运时，须先缓慢关闭凝结水管道上的电动闸阀，并须控制低压加热器凝结水出口温度下降速度小于 2℃/min，在低压加热器汽侧壳体压力消除后，再停水侧。

（2）当低压加热器属甩负荷停运时，须快速关闭抽汽管道上的抽汽止回阀，同时立即切断低压加热器供水，迅速打开事故疏水阀放水。

4. 低压加热器的正常运行及参数监视

加热器运行中只有当蒸汽和水的压力、温度以及凝结水的水位都符合设计要求时，加热器才能达到保证的性能。因此，加热器正常运行时，应特别注意监视和调整汽、水参数及加热器的水位，使它们始终处在规定的范围内。另外，加热器运行中，还应注意检查加热器的端差变化情况，以及保持加热器内排气通道的畅通，避免加热器内积存空气。

加热器正常运行时，允许水位偏离正常水位为 ±38mm。加热器水位低于正常水位为 38mm 时为低水位运行。加热器水位高于正常水位为 38mm 时为高水位运行。

低压加热器水位也包括正常水位、高一水位、高二水位、高三水位、低水位。低压加热器低水位为 −38mm，高一水位为 +38mm，高二水位为 +88mm，高三水位为 +138mm。低压加热器在高一水位时报警，发声光信号；高二水位时报警，发声光信号，危急疏水阀打开；高三水位时报警，发声光信号，低压加热器解列。

加热器水位升高时须正确判断水位升高的原因。若是 U 形管破裂或疏水冷却段疏水阻塞不畅时，应采用事故疏水系统，必要时应开启主凝结水的旁路阀，切断水侧和汽侧，并在不使其他低压加热器的运行受到影响的情况下，关闭该加热器疏水管道上的阀门和空气抽出管道上的阀门，停止该加热器的运行。

总之，低压加热器正常运行中应监视的项目和要求与高压加热器基本相同，具体的情况可参阅本章高压加热器的有关内容。

5. 低压加热器停运后的保护

低压加热器停运后与高压加热器一样需要对管子的水侧和汽侧进行保护。

若低压加热器是短期的停运（1～3 个月），可在汽侧充满蒸汽和适当地调节水侧的凝结水的 pH 值进行保护。

若低压加热器停运时间较长（3 个月以上），可采用充氮保护。

（1）充氮保护：①排尽加热器水侧和汽侧的积水。②设备完全干燥后抽真空，水侧和汽侧分别充入干的氮气。待气体充分混合后，为测试加热器内部干燥程度，检测气体露点温度，露点温度在 10～30℃ 为合格。

（2）充水保护：①排尽加热器汽侧的积水。②水侧充满水。当机组停运时，加大水侧联氨的注入量，使其浓度提高到 200ppm，并且以增加氨来调节和控制水的 pH 值为 10.0。③控制氯离子及氧的含量，氯离子的含量不超过 25mg/L，氧的含量不超过 7ppb。④每月定期测试水质，并且定期更换水。

三、轴封加热器

（一）轴封加热器的作用

轴封加热器也称轴封冷却器，它是汽轮机轴封系统中的一个重要热交换设备，是利用轴封排汽来加热凝结水的表面式加热器。轴封加热器的主要作用是用凝结水来冷却汽轮机各段轴封和高压主汽阀阀杆抽出的汽—气混合物，在轴封加热器汽侧腔室内形成并维持一定的真空，防止蒸汽从轴封端泄漏；使混合物中的蒸汽凝结成水，从而回收工质；将汽—气混合物的热量传给主凝结水，提高了机组运行的经济性；同时将混合物的温度降低到轴封风机长期运行所允许的温度。

（二）轴封加热器的技术规范

瑞金电厂 1000MW 超超临界机组的轴封加热器结构形式为卧式、U 形壳管式表面加热器，其特性参数如表 6-13 所示。

表 6-13 轴封加热器的特性参数

序号	名 称	单位	数 值
1	型式		管壳式
2	制造厂		杭州科星、上海舟乐
3	冷却面积	m^2	80
4	面积余量	%	10
5	冷却水流量	m^3/h	700～2100
6	管子尺寸（外径×壁厚）	$\phi mm \times mm$	$\phi 19 \times 1$
7	管子根数	根	848
8	传热系数	$W/(m^2 \cdot ℃)$	666
9	管阻	MPa	0.05
10	总长	mm	3200
11	壳体直径	mm	$\phi 900$
12	管侧设计压力	kPa	5500
13	壳侧设计压力	kPa	500
14	管侧设计温度	℃	100
15	壳侧设计温度	℃	300
16	管子材料		06Cr19Ni10
17	壳体材料		碳钢
18	水室材料		碳钢
19	管板材料		碳钢
20	总重	kg	6410

（三）轴封加热器的结构

该轴封加热器主要由壳体、水室、管板、管束等组成，其结构如图 6-9 所示。该轴封加热器水室上设有冷却水进出管。在轴封加热器进出水室间的水室挡板冷却水出口侧设有旁路阀，允许 100% 冷却水进入轴封加热器水室。

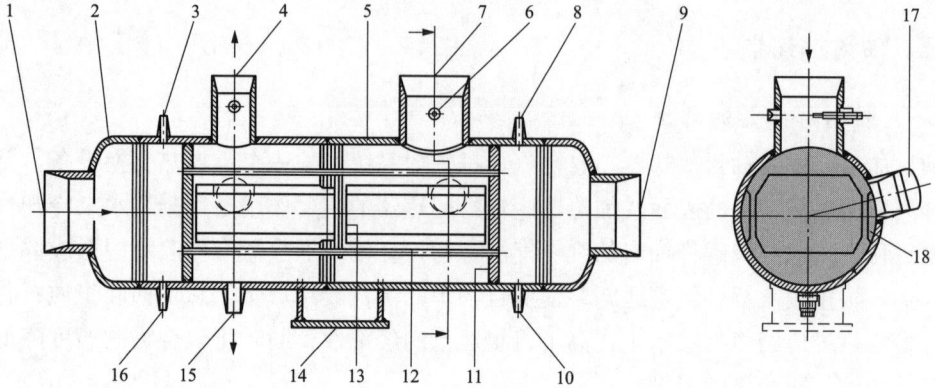

图 6-9 轴封加热器结构

1—冷却水进口管；2—水室；3—放气口（水侧）；4—空气和未凝结的汽封排汽的出口；

5—轴封加热器壳体；6—液位开关接口；7—轴封排汽/空气混合物的进口；8—放气口（水侧）；

9—冷却水出口管；10—疏水口（水侧）；11—管板；12—轴封冷却器管子；13—挡板；

14—支座；15—轴封加热器凝结水出口；16—疏水口（水侧）；17—观察孔；18—导板

轴封加热器的管束由弯曲半径不等的 U 形管、管板及隔板等组成，其 U 形管为 $\phi19×1/06Cr19Ni10$ 的不锈钢，管板材质为碳钢锻件，管板和换热管采用强度胀＋密封焊＋贴胀连接。管束在壳体内可自由膨胀，下部装有滚轮，以便检修时抽出和装入管束。U 形管采用 06Cr19Ni10 不锈钢管，可延长冷却管受空气中氨腐蚀的使用寿命。壳体上设有轴封漏气及阀杆轴封加热器的管束由弯曲半径不等的 U 形管、管板及隔板等组成。管束在壳体内可自由膨胀，下部装有滚轮，以便检修时抽出和装入管束。壳体上设有轴封漏气及阀杆漏气进口管、蒸汽空气混合物抽出管、疏水出口管、事故疏水接口管及水位指示器接口管等。在冷却水进出口水室和汽气混合物进口管上装有温度计，汽气混合物进口管上还装有压力表，以供运行中监视用。整个轴封加热器由壳体下部的支架固定在支座上。

为实现轴封加热器的功能，除了要保证其具有一定的冷却面积外，还需要在汽轮机的整个运行中保持微真空状态，为此，轴封加热器需要配置两台抽风机，用以排出轴封冷却器内的不凝结的气体。两台电动抽气风机互为备用，都通过支架和法兰固定在支座上，其驱动电机在抽风机的侧面。

（四）轴封加热器的工作过程

轴封加热器是管壳式换热器，用以回收汽封漏汽工质和热量。通过风机排除空气和不凝结气体，维持汽封漏泄系统的压力略低于大气压力。

轴封排汽/空气混合物从汽封漏汽腔室经过母管流到汽封冷却器的壳体内 。夹杂在汽封排汽/空气混合物中的空气成分减少了传热系数，并有部分汽封排汽（小于总量的30%）未能凝结。壳体内的挡板使得汽/气混合物的流动发生折转，提高了流速，增强了换热。

轴封漏汽在轴封加热器冷却管的表面凝结。轴封加热器疏水排入汽轮机凝汽器。轴封漏汽未凝结蒸汽和空气被排气风机从汽封冷却器中抽出。

第四节　除　氧　器

一、概述

凝结水在流经负压系统时，在密闭不严处会有空气漏入凝结水中，加之凝结水补给水中也含有一定量的氧气。这部分气体在满足一定条件下，不仅会腐蚀系统中的设备，而且使加热器及锅炉的换热能力降低。给水中溶解的气体在热交换设备中是不能凝结的，当蒸汽被凝结而气体被析出后，会在热交换设备的换热面上形成气膜，增加了加热器的热阻，影响传热效果。

（一）除氧器的作用

除氧设备是保证向锅炉连续稳定补水，除去给水中氧气以及其他不溶气体的设备，它运行的好坏直接关系到锅炉安全、稳定、经济运行。给水除氧的主要设备是除氧器。

当水与某种气体或空气接触时，就会有一部分气体溶解到水中。水中溶解的某种气体的能力与该气体在水面上的分压力成正比，与水的温度成反比。电厂中给水是封闭循环的，其含气来源主要有：

（1）开口疏水箱内的疏水表面与大气直接接触而溶入气体；

（2）由于汽轮机的真空系统不严密，使空气漏入凝汽器；

（3）凝结水在凝汽器内存在过冷度；

（4）向给水系统内补充的化学水中含有气体。

给水溶解有气体时，其中活性较强的气体，如氧气和二氧化碳，对热力设备的管道、省煤器以及锅炉本体换热面内表面、热交换设备等有腐蚀破坏作用，尤其是在高温条件下，降低了设备的使用寿命。如给水溶解氧超过 $0.03mg/L$ 时，给水管道和省煤器在短时间内就会出现穿孔的点状腐蚀。

给水中溶解的气体在热交换设备中是不能凝结的，当蒸汽被凝结而气体被析出后，会在热交换设备的换热面上形成气膜，增加了加热器的热阻，影响传热效果。

因而给水中溶有气体对电厂的安全、经济运行危害大，所以在给水进入高压加热器和锅炉之前必须将它除掉。而氧气对设备的危害最严重，除气主要是除氧，所以将这种除气装置称为除氧器。

凝结水在流经负压系统时，在密闭不严处会有空气漏入凝结水中，加之凝结水补给水中也含有一定量的空气，这部分气体在满足一定条件下，不仅会腐蚀系统中的设备，而且使加热器及锅炉的换热能力降低。为了防止给水系统的腐蚀，主要的方法是减少给水中的溶解氧，或在一定条件下适当增加溶解氧，缓解氧腐蚀，并适当提高给水 pH 值，消除

CO_2 腐蚀。

（二）热力除氧工作原理

除氧方法分为化学除氧和热力除氧两种，电厂常用以热力除氧为主，化学除氧为辅的方法进行除氧。除氧器是利用热力除氧原理进行工作的混合式加热器，既能解析除去给水中的溶解气体；又能储存一定量给水，缓解凝结水与给水的流量不平衡。在热力系统设计时，也用除氧器回收高品质的疏水。

当水和某种气体接触时，就会有一部分气体溶于水中，用气体的溶解度表示气体溶解于水中的数量，以 mg/L 记值，它和气体的种类以及该气体在水面的分压力和水的温度有关。在一定的压力下，水的温度越高，气体的溶解度越小，反之气体的溶解度就越大。同时气体在水面的分压力越高，其溶解度越大，反之，其溶解度也越低。天然水中溶解的氧气可达 10mg/L。由于汽轮机的真空系统不可能绝对严密，空气通过不严密部分渗入系统，凝结水中必然溶有氧气。此外，补充水中也含有氧气以及二氧化碳等其他气体。采用热力除氧的方法，可除去给水中溶解的不凝结气体。

除氧是要除去水中所有的不凝结气体，所采用的是热力除氧的方法，其原理就是依据亨利定律和道尔顿定律以及传热传质定律。

亨利定律指出：当液体和气体处于同一平衡状态时，在温度一定的情况下，单位体积液体内溶解的气体量与液面上该气体分压力成正比。当水温升高时，水的蒸发量增大，水面上水蒸气的分压力升高，气体分压力相对下降，导致水中的气体不断析出，达到新的动平衡状态，除氧器就是利用这种原理进行除氧的。

道尔顿定律指出：混合气体的全压力等于各组分气体分压力之和。对于给水而言，水面上混合气体的全压力，等于气体的分压力与蒸汽的分压力之和。可见当增加水面上混合气体中水蒸气的量时，就可降低氧气的分压力，为除氧创造条件。

根据亨利定律：当液体表面的某气体与溶解于液体中该气体处于进、出动态平衡时，溶于单位容积液体中该气体的质量 b，与液面上该气体的分压力 p_b 成正比

$$b = k \frac{p_b}{p_0} \tag{6-1}$$

式中　　k——该气体的质量溶解度系数，与液体和气体的种类和温度有关；

　　　　p_0——液面上的全压力。

可见当水面上的气体分压力小于溶解该气体所对应的平衡压力 p_b 时，则该气体就会在不平衡压力差 Δp 作用下，自水中离析出水面，直到新的平衡出现为止。因此，如果使水面上该气体的分压力一直维持零值，就可以使该气体从水中完全逸出而除去，这就是热力除气的基本。问题是如何使水面上不凝结气体的分压力近似为零。

道尔顿定律指出：混合气体的全压力等于组成它的各气体分压力之和。对于给水而言，水面上混合气体的全压力 p_0 则等于水中溶解气体的分压力 $\sum p_i$ 与水蒸气分压力 p_s 之和，即

$$p_0 = \sum p_i + p_s \tag{6-2}$$

在除氧器中，水被定压加热时，其蒸发水量增加，从而使水面水蒸气的分压力增高，

相应地，水面上其他气体分压力降低。当水加热至除氧器压力下的沸点时，水蒸气的分压力就会接近水面上混合气体的全压力，此时水面上其他气体的分压力将趋近于零，于是溶解于水中的气体将在不平衡压差的作用下从水中逸出，并从除氧器排气管中排走。

保证热力除氧效果的基本条件如下：

（1）水应加热到除氧器工作压力下的饱和温度，即使有少量加热不足（几分之一度），都会引起除氧效果的恶化，使水中残余溶氧量增高。

（2）必须把水中逸出的气体及时排走，以保证液面上氧气及其他气体分压力减至零或最小。

（3）被除氧的水与加热蒸汽应有足够的接触面积，蒸汽与水应逆向流动，保证有较大的不平衡压差。

加热除氧过程是个传热传质的过程，传热过程就是把水加热到除氧器压力下的饱和温度，传质过程就是使溶解于水中的气体从水中离析出来。气体从水中离析出来的过程可分为两个阶段：第一个阶段是气体以微小气泡的形式由水中逸出来机械分离，只有在水中蒸汽和溶解的气体总压力大大超过水面上的总压力时，机械分离才有可能进行，这个过程发生在热力除氧初期，此时，水中溶解的气体逸出水面的数量最多。第二个阶段是由扩散作用来除去残留在水中溶解的气体分子，因为这时残留气体已没有能力克服水的表面张力面逸出。可见深度除氧过程比较缓慢，所以用加热的原理除氧不容易做到很彻底。特别是水温没有达到除氧器压力对应的饱和温度时，水中含氧量急剧增加。对于除氧要求很高的机组，一般还要再辅以化学除氧措施。

在初级除氧阶段，凝结水经过高压喷嘴形成发散的锥形水膜向下进入初级除氧区，在初级除氧区水膜与上行的蒸汽充分接触，迅速将水加热到除氧器压力下的饱和温度，大部分氧气从水中析出，聚集在喷嘴附近。为防止氧气积聚过多，在每个喷嘴的周围设有排气口，以及时排出析出的氧气；经初级除氧的水在水箱下部汇集，深度除氧在水面以下进行的，利用引入水面以下的蒸汽将水加热、沸腾，实现深度除氧。除氧过程析出的气体经排气管排出，除氧后的水则在水箱内与回收的疏水等混合。这种喷雾除氧的优点在于其除氧效率几乎不受水温的影响。

在大型高参数的电厂中，除氧器的工作压力一般为 0.6～0.8MPa。采取压力较高的除氧器可以减少价格昂贵而运行部十分可靠的高压加热器的数目。另外，高参数锅炉的给水温度一般为 230～250℃，采用高压除氧器，在机组高压加热器故障停用时，进入锅炉的给水温度仍可维持在 150～160℃，对锅炉运行的影响就可以小一点儿。此外，提高除氧器的压力，还避免高温疏水进入除氧器时产生自身沸腾现象而使除氧效果恶化。

二、内置式除氧器

目前国内电站大多使用传统式除氧器对给水进行除氧，各种教材、资料基本上都是介绍传统式除氧器的原理及其使用和维护。传统式除氧器是外置式（带除氧头）除氧器，目前有的 1000MW 超超临界机组仍在使用。随着传统式除氧器一些弊端的出现，后来研究开发了一种新型的内置式除氧器，也称单式除氧器或一体化式除氧器，并在电站实际中应用。这种除氧器结构新颖、造价低、加热速度快、除氧效果好。限于篇幅，本节主要介绍内置式除氧器的相关内容。

（一）内置式无头除氧器的结构及工作原理

内置式无头除氧器（一体化除氧器）构造简图如图 6-10 所示。

内置式无头除氧器的除氧装置内置于除氧水箱里面，是一种新型热力除氧器，采用射汽型喷嘴、吹扫管、二次泡沫器等新型高效除氧元件置于给水箱汽侧空间，实现除氧头和给水箱的一体化。从外观看，没有除氧头，因此，又被称为无头除氧器。

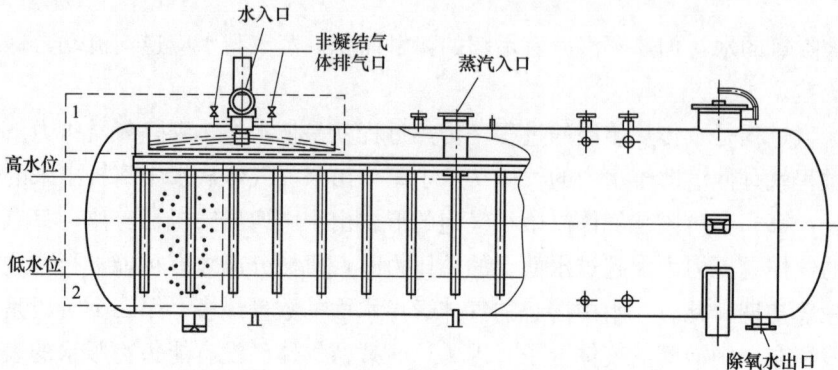

图 6-10　内置式无头除氧器结构图

凝结水从盘式恒速喷嘴喷入除氧器汽空间，进行初步除氧，然后落入水空间流向出水口；加热蒸汽排管沿除氧器筒体轴向均匀排布，加热蒸汽通过排管从水下送入除氧器，与水混合加热，同时对水流进行扰动，并将水中的溶解氧及其他不凝结气体从水中带出水面，达到对凝结水进行深度除氧的目的。水在除氧器中的流程越长，对水进行深度除氧的效果越好。

蒸汽从水下送入，未凝结的加热蒸汽（此时为饱和蒸汽）携带不凝结气体逸出水面，流向喷嘴的排汽区域（喷嘴周围排汽区域为未饱和水喷雾区），在排汽区域未凝结的加热蒸汽凝为水，不凝结气体则从排气口排出。

（二）内置式无头除氧器与常规除氧器的比较

内置式无头除氧器虽然在国内的电厂中使用还不广泛，但在国外的大容量电厂中使用已经非常广泛，其运行的可靠性也越来越被国内的专家所接受。与常规有头除氧器相比，内置式无头除氧器在结构、安装布置、运行性能、投资、运行费用等方面均有优势。

1. 可靠性高

此类除氧器去除了为数众多的小流量喷嘴和繁复的淋水盘箱，使得结构大大简化，加热蒸汽从水下进入，使除氧器整体工作温度下降，金属抗热疲劳寿命大大提高，提高了除氧器运行的可靠性，使可用率相应提高。

2. 除氧效果好

由于凝结水流经喷嘴，出水雾化效果好，与水下加热蒸汽经逆向热交换交换后，去除水中大部分的游离氧，再进一步进行水下加热交换，除去了残余的游离氧。这种除氧器负

荷变化范围为 $10\% \sim 110\%$ 时，均能保持高效除氧，出口水含氧量不大于 $5\mu g/L$。

3. 排汽损失小

传统的喷雾淋水盘式除氧器的排汽至少要损失 600kg/h 蒸汽，而该除氧器的喷嘴，其标准蒸汽消耗仅为 70kg/h。

4. 投资费用降低

因为将除氧头和除氧水箱合二为一，大大简化了系统，使电厂除氧间高度降低了 $3 \sim 4m$，节省了土建费用，同时，节省了保温、平台、管道、给水再循环泵的费用，备品备件费用也降低。

5. 结构简单，安装维护方便

这种除氧器因为单壳体设计，仅配 1 只或 2 只喷嘴（采用 STORK 技术），相对于传统的除氧器和水箱而言，结构简单，安装维护就方便得多。

三、本机组除氧器

瑞金电厂 1000MW 超超临界机组的除氧器采用上海电气集团股份有限公司生产的内置式无头喷雾式除氧器（一体化除氧器）。

（一）除氧器的技术规范

本机组除氧器型式及基本参数见表 6-14。

表 6-14　　　　　　　　　　除氧器结构型式及基本参数

序号	项　　目	单位	数据
1	除氧器型式		内置式除氧器
2	除氧器型号		GC-2896/GS-321
3	除氧器总容积	m³	429
4	除氧器有效容积	m³	321
5	正常水位到排水管口之间的容积	m³	321
6	正常水位到低低水位之间的容积	m³	261
7	低低水位到排水管口之间的容积	m³	60
8	加热蒸汽压力（VWO 工况）	MPa	1.471
9	加热蒸汽温度（饱和蒸汽，VWO 工况）	℃	197.4
10	除氧器进口水温（VWO 工况）	℃	171.8
11	除氧器出口水温（VWO 工况）	℃	196
12	除氧器正常出力（TMCR 工况）	t/h	2896
13	除氧器额定出力（最大）	t/h	3132
14	给水提升温度（烟气余热利用 VWO 工况）	℃	24.2
15	排汽量	‰	<0.1
16	除氧器运行方式		定—滑
17	滑压运行范围	%	10～110

序号	项　目	单位	数据
18	冷态启动中所需的预暖时间	min	60～120
19	冷态启动所需的蒸汽量	t/h	30～50
20	冷态启动所需的蒸汽参数（可根据电厂实际情况调整）	℃/MPa	350/1.0
21	直径/长度/厚度	mm	ϕ4000/35 000/30
22	安装后总高度（含支座）	mm	5815
23	焊缝系数		1.0
24	腐蚀裕量	mm	1.6
25	质量（净重）	kg	143 300＋15 000（平台）
26	满水重	kg	572 000
27	运行重	kg	464 500

（二）除氧器设计性能

（1）除氧器在正常运行情况下（定压—滑压），出力为10％～100％除氧器最大出力范围之间时，除氧器出口含氧量不大于 $5\mu g/L$。

（2）当锅炉冷态启动且使用其他汽源的蒸汽时，除氧器能在指定的压力、流量下运行，且给水水温能满足锅炉启动的要求。

（3）当低压加热器停用或不能正常运行而除氧器的抽汽量增加以维持水温时，除氧器能适应此时的给水温度和流量要求。

（4）除氧器水箱的储水量大于锅炉最大连续蒸发量（BMCR）时5min的给水消耗量。正常水位不高于75％直径高度。

（5）除氧器的额定出力不小于BMCR蒸发量105％时所需给水量。

（6）除氧器以汽轮机 TMCR 工况为基准，在汽轮机阀门全开 VWO 工况、高压加热器全切、低压加热器部分切除等工况时能安全可靠地运行。在负荷突变与汽轮机跳闸等所有负荷工况中，除氧器都能安全平稳可靠地运行，并无水击、过大的噪声、振动与变形等现象发生。在机组跳闸情况下，能预防蒸汽返流入汽轮机。

（7）除氧器的设计压力能保证除氧器运行安全，不小于汽轮机在 VWO 工况下运行时回热抽汽压力（汽轮机口处）的1.25倍。同时考虑全真空状态下外压校核。

（8）除氧器水箱有1个低压给水管道接口，管道接口管径能通过最大给水流量，管径大小按汽轮机满负荷时的给水温度和允许的介质流速进行设计，最高流速小于 3m/s。为把除氧器水箱内的积水排尽，除氧器水箱底部设有管径适当，数量足够的排水管。

（9）除氧器的蒸汽接口，疏水接口均采用套管型式，以避免筒壁受高温应力影响。除氧器水箱的出水管内采取必要的措施，防止杂物进入给水出口接管内，除氧器出口设置防漩涡装置。

（10）所有管嘴入口均设有防冲刷的措施（如采用不锈钢冲击板等）。除氧器本体的设计能够防止在负荷波动时，压力突变引起内部构件的损坏。

（11）喷嘴采用不锈钢制成，并布置在能方便地从壳体内拿出的地方。除氧器内所有管道和零部件易受到浓缩气体腐蚀，均由不锈钢做成。

（12）在除氧器内装有预暖管，以便缩短预暖时间。该管子采用不锈钢制作，并有防止水击和振动的措施。

（13）除氧器设置气动溢流调节阀（具有节流减压功能、含执行机构）和电动紧急放水阀（含执行机构），以维持水箱中的水位。

（14）除氧器具有高的效率，其设计能将排汽损失降至最低值，并适合作全真空运行。

（15）除氧器本体及其附件的使用寿命为30年。

（16）最大允许的噪声水平为：离开设备外表面1.0m距离处，噪声小于85dB（A）。

（三）除氧器结构及工作原理

1. 除氧器结构

除氧器主要部件有壳体、恒速喷嘴、加热蒸汽管、挡板、蒸汽平衡管、排氧口、出水管及安全阀、测量装置、人孔等。除氧器示意图如图6-11所示。

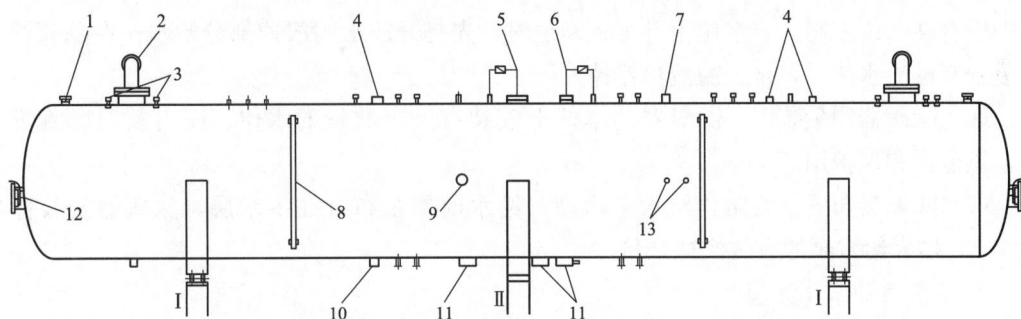

图 6-11　除氧器示意图

1—安全阀；2—进水口；3—排气口；4—再循环接口；5—六抽供汽接口；6—辅汽供汽接口；
7—高压加热器疏水接口；8—就地水位计；9—溢流口；10—放水口；11—出水口；12—人孔；13—压力测点

（1）除氧器壳体。除氧器的壳体与封头，其壁厚腐蚀裕量的最小值为1.6mm。除氧器的壳体与封头焊缝进行100%无损检测。

（2）除氧器喷嘴。除氧器的两侧分别安装一个蝶型stork喷嘴，凝结水分两路引入这两个喷嘴。每个喷嘴的出力为1200t/h。喷嘴使凝结水形成适当的水膜，以获得最佳直径的水滴，达到既增大水与蒸汽的接触表面积，又缩短了气体离析路径的效果。

（3）蒸汽平衡管与止回阀。除氧器的两路汽源六抽和辅汽均引入底部，任一路均能满足除氧和加热的要求。为避免蒸汽管内返水，在每个加热蒸汽管路上均设一路蒸汽平衡管，平衡管上装有止回阀，正常运行时供汽管内的压力大于除氧器内部压力，止回阀关闭，蒸汽经供汽管引入水面以下；当供汽压力突降使除氧器内部压力高于供汽管道内压力时，在此压差的作用下止回阀打开，使除氧器内部压力降至供汽管内的压力，防止因除氧器的压力过高，使水箱内的给水返入蒸汽管内。蒸汽平衡管示意图如图6-12所示。

（4）安全阀。为防止除氧器超压，除氧器装有4个安全阀。安全阀采用全启式弹簧安全阀。4个 $6'' \times 8''$ 的安全阀，总排量为220t/h。

（5）溢流管。除氧器水位过高可能引起除氧器超压，当除氧器水位失控甚至满水时可

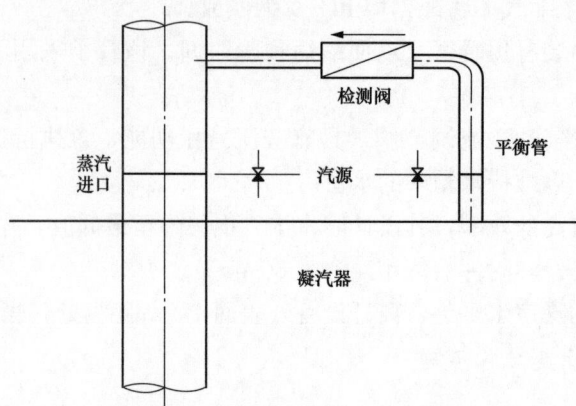

图 6-12 蒸汽平衡管示意图

能使汽轮机进水，造成恶性事故。因此，除氧器内设有除氧器溢流与放水口，并在顺序控制中设有高水位限制。当水位上升至较高值时，先打开放水阀放掉部分给水；在除氧器水位上升至溢流水位时，水经溢流口排掉。

（6）除氧器测量装置。除氧器的本体上安装有一定数量的水位、压力及温度测量装置，供监视和保护用。

（7）除氧器布置。为防止给水泵汽蚀，给水前置泵布置在零米层，除氧器安装标高40.6m，增大给水泵的有效汽蚀余量。

2. 除氧器的工作原理

除氧头与除氧器处于同一筒体中，组成除氧器本体，凝结水通过除氧器上部的母管均匀的分配到每个喷嘴，经喷雾阀以雾状喷出，与加热蒸汽接触被加热到饱和温度，同时蒸汽凝结，所有不凝结的气体通过排气装置排入大气。

蒸汽通过蒸汽分配装置从除氧盘下部向上流动将给水加热。同时由于蒸汽中氧的分压小于氧在水中的分压，氧气被带入上升的蒸汽中排出器外，通过除氧器的均匀喷雾和蒸汽系统的最佳布置，系统达到最好的除氧效果。

（四）除氧器的材质及要求

1. 除氧器的材质

本机组除氧器的材料如表 6-15 所示。

表 6-15 除氧器的材料

序号	项 目	数 据
1	除氧器的壳体材料	Q345R
2	除氧器的封头材料	Q345R
3	喷嘴材料	不锈钢
4	挡水板材料	06Cr19Ni10
5	罩材料	06Cr19Ni10
6	隔板材料	06Cr19Ni10

续表

序号	项　目	数　据
7	蒸汽加热管道材料	12Cr1MoVG
8	蒸汽加热喷管材料	06Cr19Ni10
9	接口材料	水管道的管接头为 20 钢。大于 420℃以上的蒸汽管接头为合金钢材料。高压加热器疏水进口管接头为合金钢材料
10	平台扶梯	DLGJ＋158-电力钢制平台

2. 对除氧器的材质的要求

(1) 凡不锈钢材料应按 GB/T 3280—2015《不锈钢冷轧钢板和钢带》要求加工。

(2) 凡碳钢材料，用机械或化学方法除去内外表面的氧化层。当用化学方法清洗时，材料不显出斑迹和腐蚀。

(五) 除氧器运行

1. 除氧设备的冲洗

除氧设备启动前，要对除氧设备及其系统进行一次除铁冲洗（冷、热冲洗均可）。除氧器冲洗可与给水系统的冲洗同时进行，除氧器出口给水含铁量不大于 $50\mu g/L$，悬浮物含量不大于 $10\mu g/L$ 时，冲洗合格。

2. 除氧器启动

(1) 启动前检查与准备。检查并确认凝结水系统运行正常，凝结水水质合格，辅汽压力和温度等满足要求，除氧器的水位变送器和就地水位计已正常投入，水位连锁保护试验正常。

检查关闭以下所有阀门：放水阀、给水前置泵进水阀、高压加热器排气阀、充氮阀、高压加热器疏水阀、六抽至除氧器的电动隔离阀、辅汽至除氧器的电动隔离阀、除氧器的水位调节阀和旁路阀。

检查开启以下阀门：除氧器上水调节阀前后手动阀、辅汽供除氧器电动阀手动阀、除氧器放水电动阀手动阀、除氧器的启动排空阀、连续排空阀。

辅汽及六段抽汽供汽管暖管，疏水。

(2) 上水加热。当凝结水系统冲洗合格后方开始除氧器上水。

开启除氧器上水调节阀向除氧器上水至正常水位，然后将除氧器上水调节阀投入自动，除氧器上水调节阀自动维持除氧器水位在设定值。

上水完毕后缓慢开启辅汽至除氧器的供汽调节阀，除氧器升温升压，将除氧器水温加热到锅炉对上水水温的要求。除氧器加热过程中，注意控制升温升压速度，防止除氧器振动。

当除氧器压力接近 0.147MPa 时，将除氧器的压力调节阀投入自动，除氧器压力调节阀自动维持除氧器定压运行。

当锅炉上水时，除氧器处理的水量增多，这时特别注意除氧器的振动，进水量不可突然增加过多。

3. 除氧器运行

（1）除氧器的汽源切换。当 6 级抽汽压力高于除氧器的压力时，开启 6 级抽汽电动隔离阀，维持略高于 0.147MPa 的压力运行，将除氧器的汽源切换为 6 级抽汽。在辅助汽源退出运行后，供汽管上的疏水阀应开启，使辅汽供汽管道始终处于热备用状态。

当切换完毕后除氧器进入滑压运行阶段，当机组负荷大于 20% 额定负荷时，6 级抽汽供除氧器电动隔离阀开启后，确认 6 级抽汽管道上的疏水阀关闭。

（2）除氧器的"返氧"和"再生沸腾"。无论采用定压还是滑压运行的除氧器，在负荷发生变化时，均有可能产生"返氧"或"再沸腾"现象，尤其滑压运行的除氧器发生的可能性更大。

当负荷上升时，除氧器内压力随之上升，而除氧器内的水温变化滞后于压力的变化，不能立即升高，而变成欠饱和水。由于气体在不饱和水中的溶解度大于在饱和水中的溶解度，于是已经析出的气体又重新返回到给水中，使除氧效率下降，此即"返氧"现象。

返氧的发生不会造成给水泵发生汽蚀。在运行中除氧器的压力激增的可能性较小，而压力突降则经常发生，这时易发生除氧器的"再沸腾"现象。除氧器的再沸腾的机理在于不同压力下水的饱和温度不同，较高的压力对应较高的饱和温度。当除氧器的压力突降时，给水的饱和温度降低，而此时给水的温度几乎不发生变化，即给水的焓值较此压力下饱和水的焓值高，使给水发生汽化，即"再沸腾"。根据热力除氧原理，给水发生再沸腾时，其除氧效果更好，但此时给水泵发生汽蚀的可能性增大，故滑压运行的除氧器应特别注意避免压力突降。

（3）除氧器排汽量的调节。除氧器排汽量的多少直接与除氧效果和经济性相关，其排氧阀的开度过大，排汽损失加大；过小则降低除氧能力，其开度必须经过现场运行调整后确定。

（4）除氧器的压力调节与保护。正常运行时，加热蒸汽由第 6 级抽汽供应，蒸汽管道上不设调节阀，除氧器采用滑压运行。

在机组启动或甩负荷时，为保证除氧器的除氧效果，以及机组在调峰运行时或机组停运期间不使除氧器的凝结水与大气接触，加热蒸汽改由辅助蒸汽提供。

汽轮机跳闸，当除氧器压力降至 0.147MPa 时，辅助蒸汽调节阀自动开启，辅助蒸汽投入。

（5）除氧器的水位与保护。除氧器的水位包括正常水位、高水位、高—高水位、低水位、低—低水位几种情况。除氧器运行中，其水位应保持在正常水位范围内。水位过高或过低都会对机组运行的安全性和经济性产生很大影响。

除氧器运行中，高水位：报警；高—高水位：开启溢流阀，强行关闭加热蒸汽管道上的抽汽止回阀。当汽轮机的轴封蒸汽由除氧器供应时，同时关闭轴封供汽阀。

除氧器运行中，低水位：报警；低—低：停止相应的给水泵。

4. 除氧器故障分析

除氧器运行中的典型的故障问题通常表现在除氧器出口给水含氧量过高和除氧器振动两个方面。

上述两方面故障的最常见的原因及处理措施如下：

（1）除氧器出口给水含氧量过高。除氧器出口给水含氧量过高的原因及处理措施如表

6-16 所示。

表 6-16　　　　　　　　　　除氧器出口给水含氧量过高的原因及处理措施

序号	原　因	处理措施
1	在蒸汽平衡/安全管道中的止回阀安装在错误的方向上或内部元件缺少	按照正确方式安装止回阀
2	氧气测量仪和/或抽样方法不正确	校准仪器和检查抽样的方法与抽样管道中气体密封程度。 由于被测量氧含量很小，必须非常谨慎，以确保该仪器是正确校准，采样过程中没有任何气体泄漏
3	非凝结气体的不恰当排气。这可能是由于通风口被关闭或不当的排气管道造成的凝结水排气流程堵塞	确保排气阀被打开，并安装适当大小的节流孔板。应可以看见一缕连续的小蒸汽喷出
4	扰动喷嘴布置。这可能是由于： 喷嘴压力损失过高； 喷嘴压力损失过低	检查并清洁喷嘴，如有损坏联系 SAP
5	进入除氧器的蒸汽在水位线上	汽源原则上应连接到蒸汽耙（之一）。有疑问时联系 SAP
6	蒸汽耙和/或其他内部元件损坏	检查除氧器内部。向 SAP 报告损坏情况
7	泵入的水中含有更多的氧气或泵入水与除氧器之间的温差过低	确保除氧器在设计工况下运行
8	在真空除氧器的情况下： 空气通过法兰和/或（安全）阀门和仪表泄漏	确保所有连接件、阀门和紧固件都是气密的

（2）除氧器振动。除氧器振动的原因及处理措施如表 6-17 所示。

表 6-17　　　　　　　　　　除氧器振动的原因及处理措施

序号	原　因	处理措施
1	除氧器内水位过高。当水位过高，进入喷嘴区域的蒸汽会被水阻止	降低水位
2	水位和压力控制不稳定。凝结水和/或补给水的控制阀和蒸汽控制阀不断地上升和下降	控制的速度应降低。这要求调整控制回路
3	在蒸汽平衡/安全管道的止回阀是安装在错误的方向或内部元件错误	按照正确方式安装止回阀
4	（在冲洗凝结水系统后）未安装喷嘴	安装喷嘴
5	进入除氧器的蒸汽在水位线上，"放大"蒸汽空间。蒸汽流不符合规范	汽源原则上应连接到蒸汽耙（之一）。有疑问时联系 SAP
6	蒸汽耙和/或其他内部元件损坏	检查除氧器内部。向 SAP 报告损坏情况
7	冷源（比除氧器温度低）通过其他接管而不是通过喷嘴入口进入除氧器	原则上，所有冷源应通过喷嘴进入除氧器。如有疑问联系 SAP
8	外部设备（控制阀、泵）产生振动和/或钢结构不稳定	消除振动源和/或增强钢结构
9	在双列除氧器结构的情况下： 汽侧和水侧平衡管道的阀门关闭或未完全开启。凝结水/补给水至两列除氧器的流程不同	完全开启阀门。 确保凝结水/补给水到两列除氧器流程和温度相等

5. 除氧器停运保护

除氧器停运一段时间后，除氧器需要保养，防止材料受损。保养可通过在公共管道（给水、蒸汽、排污等）中装入盲板法兰或在每一连接管中以至少两个截止阀锁闭，以充分隔离。

（1）水侧两个月以内的保养（湿式保养）。除氧器停运之前，其给水 pH 值至少为 9.2。此外，亚硫酸钠（Na_2SO_3）加药量为每立方米给水至少为 300g。

当除氧器排水、排气、水位计工作正常后，除氧器可在正常水位停运。当压力降到足够的程度，将给水（最好是除氧水）泵入除氧器，直至除氧器完全注满水。此后需要经常定期检查水中钠的浓度和 pH 值是否符合要求。

（2）水侧两个月以上的保养（干式保养）。除氧器退出运行，当压力降到足够低的程度、除氧器中的水温大约为 50℃，将除氧器中水完全排干后，再将人孔盖打开。此时需要将整个除氧器清理干净，适当清除可能已经产生的腐蚀。

如果除氧器已安装在干燥的锅炉房内（相对湿度小于 60％），可以打开人孔盖，这样使除氧器通风，使其保持干燥。如果不确定或是除氧器安装在露天，可以在容器内部放入硅胶之类的物质，用量为每立方米除氧器放置 0.15kg 硅胶已足够。在这种情况下，所有的孔口都需要紧密关闭。

注意：用化学物质使除氧器足够干燥后，在进入除氧器之前，先检查除氧器内的氧气含量并消除残留的化学物质。在启动除氧器之前，去除硅胶。

建议采用干式保养。没有一种方法能提供完整的保护。如必要，可经常检查除氧器是否干燥及是否有腐蚀产生。

第五节　凝　结　水　泵

一、概述

凝结水系统的主要功能是为除氧器及给水系统提供凝结水，并完成凝结水的低压段回热。为了保证系统安全可靠运行、提高循环热效率和保证水质，在输送过程中，对凝结水系统进行流量控制及除盐、加热、加药等一系列处理。

瑞金电厂二期工程每台机组配置两台长沙水泵厂生产的 100％ 容量的凝结水泵。机组正常运行时，1 台凝结水泵运行，1 台凝结水泵备用。凝凝结水泵电机采用变频电机。凝结水泵为立式调速凝结水泵，采用抽芯式结构，泵的部件可拆装更换。泵壳设计成全真空型。

二、凝结水泵的性能参数

凝结水泵的设计性能参数如表 6-18 所示。

表 6-18 凝结水泵性能参数表

序号	名称	单位	铭牌工况 110%VWO	经济运行工况 THA 定速	经济运行工况 THA 变频
1	水泵入口水温	℃	32.3	32.3	32.3
2	介质密度（饱和水）	kg /m³	994.57	994.57	994.57
3	水泵入口压力	kPa	4.75	4.75	4.75
4	水泵出口流量	t/h	2023	1666	1666
5	水泵出口压力	MPa	3.85	4.38	3.55
6	扬程	mH₂O	393	447	362
7	转速	r/min	1490	1490	1368
8	效率	%	84.2	84.3	84.8
9	必需汽蚀余量（首级叶轮中心线 0%NPSHr）	m	5.1	4.3	3.8
10	关闭扬程	mH₂O	510	510	430
11	变频转速范围	r/min	900～1490		
12	泵的转向（从电动机向泵看）		逆时针（从电动机向泵看）		

三、凝结水泵及电动机

（一）凝结水泵结构

瑞金电厂 1000MW 超超临界机组的凝结水泵为立式多级筒袋式凝结水泵，其型号为 C720Ⅲ-5。C720 型凝结水泵是长沙水泵厂引进日本株式会社日立制作所的先进技术基础上改进设计而成，是广泛运用于国内、外的各大电厂的成熟产品，具有高吸入性能、高效率和高运行稳定性的特点。

1. 凝结水泵型号 C720Ⅲ-5 的意义

C：泵的分类 C 为首级双级叶轮螺旋型泵体，次级单吸叶轮导流型泵体。

720：导叶叶片外径名义尺寸（mm）。

Ⅲ：泵的轴封形式及推力承受形式 Ⅲ 为机械密封，泵承受本身推力。

5：泵级数。

2. 凝结水泵结构特点

凝结水泵主要由外筒体、泵体、吸入喇叭口、泵轴、叶轮、导叶、联轴器、密封部件、泵座等部件构成。凝结水泵结构如图 6-13 所示。

（1）首级叶轮采用双吸叶轮的形式，有效

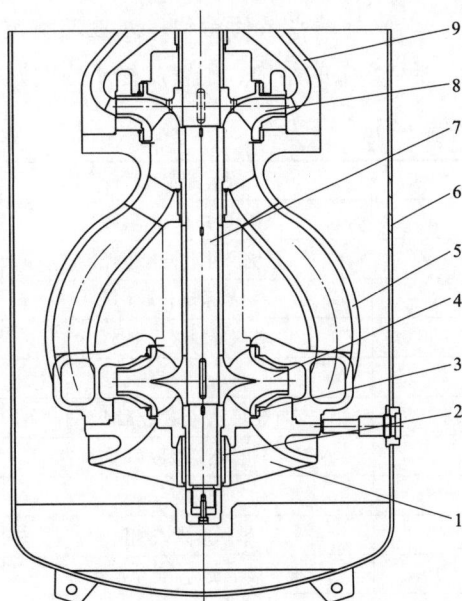

图 6-13 凝结水泵结构

1—吸入喇叭口；2—导轴承（下）；3—叶轮密封环；
4—首级叶轮；5—泵体；6—外筒体；7—下轴；
8—次级叶轮；9—次级叶轮导叶

地改善了泵的汽蚀性能，减少了土建开挖深度，降低了土建成本。凝结水泵吸入口法兰中心线至首级叶轮之间的高度，能保证大于任何工况下装置的必需汽蚀余量。

（2）采用轴向导叶，在保证性能要求和足够刚度要求的前提下，减少了泵的横向尺寸，从而减少了泵的安装宽度。

（3）凝结水泵的轴向推力主要由次级叶轮上的平衡孔来平衡，剩余的轴向推力则由泵本身的推力轴承来承受，该结构的主要优点：大大降低了泵的重心，提高泵的运行稳定性；在泵组发生轴承故障时，泵和电机不至于相互影响；电机和泵连接采用弹性联轴器连接，安装对中比较方便。

（4）凝结水泵的导轴承采用高分子材料，该材料磨损后成粉末状，不会抽丝，确保泵组安全。

（5）凝结水泵的结构采用抽芯式结构，泵的拆装和检修都非常的方便。在泵的筒体上设有平衡排气孔，确保进水的稳定。泵能在不拆卸外筒体的条件下，可拆出泵的转子、密封、轴承等。凝结水的叶轮、转子或其他可拆卸部件都分别具有互换性。

（6）推力轴承采用滑动推力轴承。

（7）凝结水泵轴封采用集装式机械密封，具有良好的密封性能，运行中不会发生泄漏现象。

（8）联轴器设置可以拆卸的结实的钢制防护罩，其上有一个钢板网窗口，以便观察联轴器的运行情况。

（9）凝结水泵的底座具有较好的强度、刚度、高度和加工的平整度。

（二）凝结水泵的结构、配置及材质

凝结水泵的结构、配置及材质分别如表 6-19 和表 6-20 所示。

表 6-19 凝结水泵结构尺寸与配置

序号	结构/配置名称	单位	尺寸/配置情况
1	泵体尺寸（长×直径）	m	$6.885 \times \phi 1.22$
2	泵坑尺寸（长×直径）	m	$6912 \times \phi 1.35$
3	泵轴长	m	8.72
4	首级叶轮吸入型式		双吸
5	首级叶轮直径	mm	$\phi 555$
6	叶轮尺寸（最大/最小）	mm	$\phi 555/\phi 585$
7	叶轮级数		5
8	轴直径	mm	$\phi 130$
9	轴承形式/数量		滑动轴承/1
10	推力额定负荷/推力最大值	kN	85/110
11	联轴器传递功率	kW	3000
12	密封形式		机械密封
13	密封水流量	t/h	0.18～0.30
14	密封水压力	MPa	0.4～0.6
15	密封泄漏量	t/h	约 0

续表

序号	结构/配置名称		单位	尺寸/配置情况
16	系统阀门数量			详见轴封水系统图
17	泵重量（空转/满水）		t	21.5/30.0
18	泵（第一/第二）临界转速计算值		r/min	2220
19	接口法兰公称压力	进口	MPa	1.0
		出口	MPa	6.3
20	接口管规格（$\phi \times S$）	进口	mm	$\phi 1016 \times 10$
		出口	mm	$\phi 559 \times 17$
21	质量		kg	21 500

表 6-20 凝结水泵的材质

序号	部件名称	材质及牌号
1	外筒体	Q235B
2	电机支座/泵座	Q235B
3	进水喇叭	QT500-7
4	压水接管	Q345B
5	导叶壳体	QT500-7
6	首级叶轮	ZG07Cr19Ni9
7	次级叶轮	ZG20Cr13
8	轴	40Cr
9	轴套	12Cr18Ni9
10	口环	QT500-7
11	底板	HT250
12	导轴承	GFZ-1

（三）凝结水泵电动机

1. 电动机的设计性能

（1）电动机的设计与构造，必须与凝结水泵设备的运行条件和维护要求一致，能承受在空载下反转。

（2）电动机的额定功率不小于拖动设备所需最大机械轴功率的 110%。所有电动机有 1.0 运行系数。

（3）电动机防护等级为 IP54，电动机具有 F 级绝缘，温升按 B 级考核。电机绕组经真空浸渍处理（VPI）。所有电动机的使用寿命不小于 30 年。电动机的连接线与绕线的绝缘具有相同的绝缘等级。电动机的绝缘还能承受周围环境影响，包括传导体或磨屑，如具有硫的飞灰、烟气、雨水等，还考虑防爆要求。

（4）电动机的额定电压为 10kV，频率为 50Hz。当频率为额定，且电源电压与额定值的偏差不超过±10％时，电动机能输出额定功率，当电压为额定，且电源频率与额定值的偏差不超过±5％时，电动机能输出额定功率。电压和频率同时变化，两者变化分别为±5％和±1％时，电动机能带额定功率。

（5）电动机能保证在 80％额定电压下平稳启动，且能在 65％额定电压下自启动。电动机能承受电源快速切换过程中失电而不受损坏，且电动机在切换前是满载运行。

（6）电动机为额定功率输出，电压、频率均为额定值时，电动机的功率因数为 0.85，效率的保证值为 95.1％（不低于 95％）。

（7）电动机有防止过电压的措施，可允许在 1.1 倍额定电压下短时间稳定运行。

（8）电动机在热态下能承受 150％额定电流，而不变形或损坏，过电流时间不少于 30s。在额定电压下，电动机启动电流倍数不大于 6.5 倍额定电流。

（9）电动机在空载情况下，能承受提高转速至其额定值的 120％，历时 2min 而不发生有害变形。

（10）电动机采用空—水冷冷却方式。

（11）电动机轴承温度，滑动轴承不超过 80℃，油温不超过 65℃，并设有油位指示器。

（12）电动机旋转方向有永久性，明显的标志。电动机允许空载时反转。

（13）在接线盒内标明电动机的相序，接线端子相间、相对地有足够的安全距离，并有电缆固定措施。电机主接线盒内引出线部位采用硅橡胶相间绝缘防护。

（14）电动机定子绕组中局部最热部位嵌入 Pt100 双支三线制热电阻测温元件，每相 2 只，每台 6 只。测温元件的接线在电动机绕组图中标明其位置。

（15）电动机冷却器进出风处或进出水处均埋置 Pt100 双支三线制热电阻测温元件。

（16）电动机能满足在冷态下连续启动二次（故障情况下可允许多启动一次），热态下连续启动一次（故障情况下可允许多启动一次）。

（17）电动机的振动值符合或高于国家有关标准。电动机空载时测得的振动速度有效值不大于 2.8mm/s，电动机轴承处测得的双振幅值为不大于 0.05mm。

（18）电动机的噪声在离机壳 1m 处小于 85dB（A）。

2. 电动机技术参数

凝结水泵电动机技术参数如表 6-21 所示。

表 6-21　　　　　　　　　　凝结水泵电动机技术参数

序号	参数名称	单位	技术参数
1	型式		立式
2	电动机型号		YSPKSL630-4
3	额定功率	kW	2900
4	额定电压	kV	10
5	额定电流	A	196.4

续表

序号	参数名称	单位	技术参数
6	工作频率	Hz	50
7	工作转速	r/min	1488
8	极数		4
9	防护等级		IP54
10	绝缘等级		F
11	冷却方式		IC81W
12	安装方式		IMV1
13	工作制		连续
14	气隙	mm	3.5
15	额定负荷时的效率	%	95.1
16	额定负荷时的功率因数		0.86
17	最大转矩/额定转矩		1.8
18	堵转转矩/额定转矩		0.8
19	堵转电流/额定电流		6.0
20	加速时间及启动时间（额定负荷工况下）	s	7
21	电动机转动惯量	$kg \cdot m^2$	98.3
22	噪声	dB（A）	85
23	轴承座处振动幅值	mm	0.037
24	轴振动速度	mm/s	2.3
25	定子温升	K	80
26	相数		3
27	轴承型式		滚动轴承
28	轴承油牌号		7008 航空润滑脂
29	轴承润滑形式		脂润滑
30	轴承冷却方式		自然冷却
31	启动电压	V	10 000
32	负载系数		1
33	在负载系数条件下电阻所产生的温升	K	80
34	旋转方向		逆时针
35	推荐使用的润滑剂		7008 航空润滑脂
36	定子用的电阻温度探测器、型号		Pt100
37	轴承温度探测器、型号		Pt100

四、凝结水泵的运行

1. 启动前准备

（1）检查热井水位，最低水位不得低于运行规程中规定的最低水位。

（2）检查已装上的仪表能否正常工作。

（3）确认管道内是否已清洗，并无异物。

（4）检查推力轴承部件的油位是否达到要求位置。

（5）脱开联轴器，检查电机转向是否正确（从电机端向泵看，逆时针方向旋转），然后再装上联轴器。

（6）水泵充水，检查入口滤网是否通畅，并注意及时清理。

（7）打开机封冲洗水，推力轴承冷却水，电机冷却水等辅助管路，并检查水量、压力是否满足要求。

（8）手动盘车，要求盘车顺畅，无卡阻。若盘车不顺畅，需找到原因排除后方可启动，盘车不得少于3圈。

（9）确认泵出口阀门处于关闭状态，泵入口阀门处于全开状态。

（10）打开冷凝器上的排气阀，完全排去泵内气体。

（11）确认泵内充满输送介质。

2. 启动

启动电机，至额定转速后缓慢打开泵出口阀门至所需工况，检查各仪表读数，轴封泄漏情况。当达到额定转速时泵未达到规定压力、轴承过热、振动超标及声音异常时，应立即停机对泵进行检查；在出口阀关闭的情况，运转时间不得超过2min。

3. 运行中的检查

（1）检查泵出口止回阀是否已开启。

（2）检查泵进出口压力是否达到规定要求。

（3）检查机械密封应无泄漏。

（4）检查泵组运行应平稳，振动应达到要求。

（5）检查各监测仪表读数应处于要求范围内。

1）泵推力轴承测温元件：85℃报警，95℃跳机。

2）电动机定子绕组测温元件：125℃报警，130℃停机。

3）电动机上下轴承测温元件：85℃报警，95℃停机。

4）入口滤网压差开关：0.5m报警，不设停机值。

5）若安装有测振装置，设置报警值：0.15mm，不设停机值。

4. 运行中的注意事项

（1）任何工况下都要保证凝汽器热井的实际水位要高于最低水位。

（2）运行中泵未达到规定压力、轴承过热、振动超标及声音异常时，应立即停机对泵进行检查。

（3）泵禁止在规定流量范围（最小流量到最大流量）以外运行，在泵启动后应快速通过零流量到最小流量区域，以免产生噪声，振动及可能的汽蚀。

（4）泵绝对不能无水空转。

（5）电动机不允许带动水泵逆向旋转。

（6）确保平衡管，冲洗水管等小配管上的阀门处于开启状态。

（7）在运行开始时，出口压力达不到要求，多半是由于空气的侵入。其原因可能是吸入侧的水平部分较长而中途产生空气层，或封液不完全、吸入侧的连接不良引起的，此时打开排气阀就会喷出含有细泡的白色液体，这时必须查明原因。但也可应急的放尽细泡，泵又可运转一段时间。

（8）备用机组应定期投入运行，建议 30～40 天轮换运行一次，并保持备用泵处于准备状态。

（9）入口滤网上的压差开关报警后，应及时对入口滤网进行清洗。

（10）如果泵运行中出现问题，请按表 6-23 中的内容操作。

5. 停泵

（1）关掉电机，确认泵的转动由快变慢直到停止，切勿快速制动停泵。记录好泵停止的惯性时间，供下次运转参考。

（2）水泵停好后，关闭进出口阀门，关闭冲洗冷却水系统。

（3）当判定泵有异常时应关闭电源，迅速停机以防止事故扩展。

注意：当运转中突然停电时，应先拉闸断路停机保护。

6. 泵长期停运时的注意事项

（1）即使泵长期不用，也须保持每月一次，每次 60min 左右的运转。

（2）注意对轴、联轴器等外露精加工面得防锈保护。

（3）应定期检查泵联接螺栓、螺母是否松动。

（4）当长期停机时应排尽泵内余水，防止气温过低使泵内液体结冰，损坏水泵。

（5）应该注意对电动机的保护，电动机应防水、防潮。

五、凝结水泵的维护及保养

1. 一般维护事项

为保持水泵良好的状态，保证其性能，有必要对水泵进行正确的保养检查。保养检查分为日常检查和整机解体检查，对于检查关键要做好记录，这样才能通过对记录的整理较好的预测水泵的性能，以便进行有计划和针对性的保养、管理。

电机的维护保养请见电机安装使用说明书。

机械密封的维护请见机械密封安装，运行和维护说明书。

解体检查请见泵的解体与装配说明书。

2. 日常检查和整机解体内容及要求

日常检查内容如表 6-22 所示，检查结果填入表中，检查周期每天或每周一次。

整机解体检查的周期为：长期运行时，1～2 年一次；停运中的水泵，2～3 年一次。

以上周期为大致周期，可针对具体情况，适当延长或缩短检查周期。

表 6-22 运转中的水泵日常检查表

序号	检查部位	检查项目	检查结果
1	泵运行性能	吸入口压力	
		吐出口压力	
		流量	
		振动	
		噪声	
2	轴封部位	有无泄漏	
3	电动机性能	电流	
		电压	
		温度	
		振动	
		噪声	
4	配管系统	有无泄漏	
		配管上仪表读数是否正常	
5	推力轴承部件	温度	
6	整体及其他	变形，破损，土建缺陷等	

六、凝结水泵常见的故障与处理

凝结水泵运行中常见的故障、原因及处理方法如表 6-23 所示。

表 6-23 凝结水泵常见故障、原因及处理方法

故障原因	无水排出	流量不足	扬程不足	汽蚀噪声	启动后吸入不良	轴功率过大	轴承温度高	振动大	处理方法
1. 转动方向错误	●	●	●						按电动机使用说明书更正电动机接线
2. 泵内未充满输送液	●								打开排气阀及系统阀门然后向泵内注入液体，并且把泵内气体排尽
3. 吸入管内未充满输送液	●	●		●	●			●	开启吸入管路上的排气阀，再向管道内注入输送液，并将管道内气体排尽，然后再检查吸入管路
4. 吸入管内有气体侵袭	●	●			●			●	
5. 输送液中有空气、蒸汽				●	●				按照 2、3 项执行
6. 有效汽蚀余量不足	●	●		●	●				检查吸入管路阀门及锥形过滤器
7. 吸入配管进气		●			●				查验吸入配管系统
8. 泵达不到额定要求转数	●	●	●						按电动机使用说明书检查电动机
9. 转速过高					●				

续表

故障原因	无水排出	流量不足	扬程不足	汽蚀噪声	启动后吸入不良	轴功率过大	轴承温度高	振动大	处理方法
10. 泵出口压力不足					●				将出口阀关小可调整压力。但是长期这样下去将会加速零件的磨损
11. 过滤器的筛眼阻塞已超过了规定	●	●							检查过滤器前后的压差仪读数，其值是否在规定值内，否则，应停机冲洗和清扫过滤器

第六节 循 环 水 泵

一、概述

循环水泵用来输送凝汽器所需的冷却水和其他工业水。瑞金电厂 2×1000MW 超超临界机组共设 6 台循环水泵，6 台交流定速电动机，一机配三泵，每台泵由一台交流定速电动机驱动。循环水泵按本期夏季最大取水量选用。循环水泵采用立式安装的蜗壳式混流泵，吸入口垂直向下，吐出口水平伸出，水泵与电动机直联安装（设电机支座），如图 6-14 所示。循环水泵为露天布置（加防雨屋盖，四周开敞）。循环泵组各可调换部件具有互换性。循环水泵组大修周期为 6 年，设计寿命不低于 30 年，泵组连续运行时间不少于 1 年。

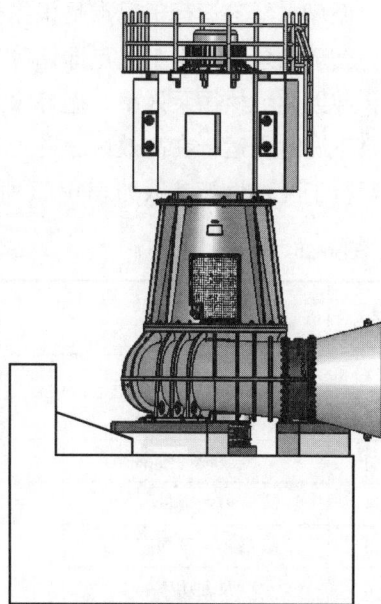

图 6-14　循环水泵的外形

二、循环水泵性能参数

循环水泵的设计性能参数如表 6-24 所示。

表 6-24　　　　　　　　循环水泵设计性能参数

序号	项　　目	性能参数
1	水泵型号	YJG64-50I
2	安装类型	金属蜗壳混流泵，立式安装
3	设计流量	9.75m³/s
4	设计扬程	19.3mH₂O
5	额定转速	370
6	效率	≥89%
7	允许最小淹没深度	4.5m

续表

序号	项　目	性能参数
8	叶片型式	固定式
9	轴承型式	滚动轴承
10	出水口径	DN1600（变径管与厂区管道连接方式：焊接形式） ［注：厂区管道接口管径为 DN2400(D2440×16)］
11	电动机型号	YKSL2500-16
12	额定功率	2500kW
13	电源方式	交流 10kV，50Hz
14	防护等级	IP55
15	绝缘等级	F 级绝缘、B 级温升

　　循环水泵各运行工况点是根据循环水系统优化计算结果确定，对应的夏季工况用水量作为循环水泵的额定工况点即铭牌工况点，需保证流量、扬程、效率及其他各项的性能要求，并以此考核循泵效率。循环水泵的叶轮设计，选择成熟高效的水力模型，并保证一机两泵工况时仍运行在高效区。并列运行时，各台泵的流量差应限制在 5％ 以内。循环水泵各运行工况点性能参数如表 6-25 所示。

表 6-25　　　　　　　　　　　循环水泵运行工况性能参数

序号	参数名称	单位	夏季工况 （一机三泵运行）	春、秋、冬季工况 （一机两泵运行）
1	循泵设计流量	m³/s	9.75	10.87
2	循泵设计扬程	m	19.3	15.52
3	循泵设计效率	％	≥89	≥89
4	汽蚀余量	m	10.0	10.5
5	最小淹没深度	m	4.5	4.5
6	泵轴功率	kW	2051	1860

三、循环水泵及电动机

（一）循环水泵结构

循环水泵为立式安装的金属蜗壳混流泵，其型号为 YJG64-50Ⅰ。

1. 循环水泵型号 YJG64-50Ⅰ的意义

YJG：立式单级单吸蜗壳离心清水泵；

64：吸入口径（mm）除以 25 所得的数；

50：泵比转数被 10 除所得的整数；

Ⅰ：表示泵结构的改变。

2. 循环水泵结构特点

循环水泵主要由泵体、泵轴、叶轮、泵盖、轴承体、联轴器、密封部件、填料、底座等部件构成。循环水泵结构如图 6-15 所示。

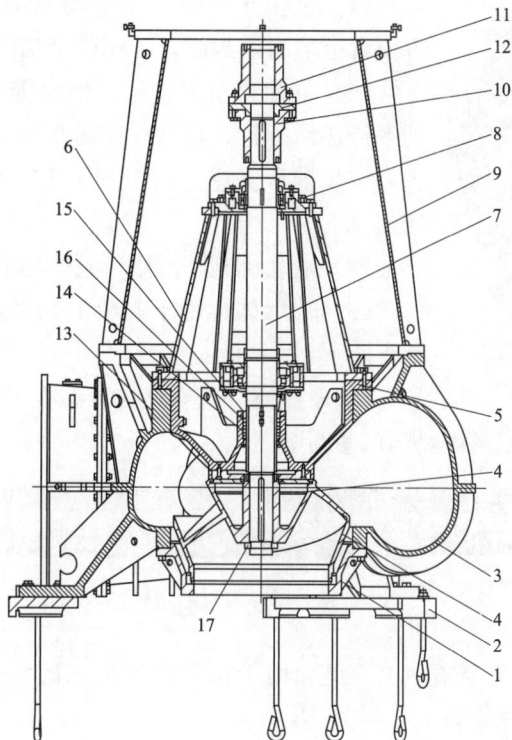

图 6-15 循环水泵结构

1—泵盖（下）；2—底座；3—泵体；4—叶轮；5—泵盖（上）；6—轴承支座；7—轴；

8—轴承体；9—电机支座；10—泵联轴器；11—电机联轴器；12—轴端调整螺母；

13—护盖；14—填料；15—填料压盖；16—填料轴套；17—叶轮哈夫锁环

（1）泵体本体与出口段。如图 6-16 所示，用于收集来自泵盖（下）的液体，将液体的动能转化为压力能，用以连接进口工艺管道和出口工艺管道，承受输送介质产生的内压和许用载荷；泵壳将介质吸入，再收集通过叶轮加压后的介质并排向出口管道。

（2）密封环。用于控制泵体与叶轮的间隙，保证泵的运行效率，同时用以保护泵体不被磨损。

（3）叶轮。叶轮用于带动介质，对介质做功，抽送介质。叶轮形式为闭式单吸叶轮，如图 6-17 所示，通过旋转将介质吸入并加压，最后甩到泵壳出口，达到用户需要的流量、扬程且确保不产生汽蚀，叶轮是整个能量转变过程的核心零件。

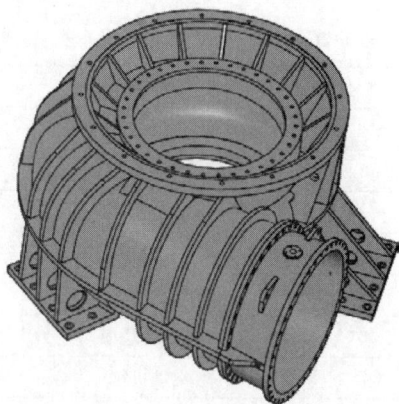

图 6-16 循环水泵的泵体本体与出口段

（4）护盖。与密封环的作用一样。用于控制泵盖（上）与叶轮的间隙，保证泵的运行

图 6-17　循环水泵的叶轮

效率，同时用以保护泵盖（上）不被磨损。

（5）泵盖（上）。一方面与泵体共同构成压水室，另一方面含有填料密封腔，起到整个轴向密封的作用。

（6）主轴。串起叶轮、轴承等旋转零部件，将电动机功率传递给叶轮。轴结构如图 6-18 所示。

（7）轴承支座。用于安装上下轴承部件，承受泵的径向力。

（8）电动机支座。用于泵体与电动机之间的支撑。

（9）轴承体。用于安装上轴承，并将径向力传递至轴承支座上。

（10）底座。底座是在二次灌浆时与地脚螺栓一起预埋到基础内，用于支撑水泵及电动机的重量。

图 6-18　循环水泵的主轴

（11）中间管。用于将泵盖（上）里面由于密封泄漏出来的水排放出去，与其共同起作用的还有密封板和锁紧螺母。

（12）填料轴套。用于保护轴不受填料密封的磨损。

（13）辅件。辅件包括轴承和轴封的冷却水管路，以及管路中配置的阀门和流量报警开关等。

3. 循环水泵的主要部件材质

循环水泵的主要部件材质如表 6-26 所示。

表 6-26　　　　　　　　　　循环水泵主要部件材质

件号	零件名称	材料名称及牌号	备　注
1	泵壳	QT500-7	
2	轴套	12Cr18Ni9	
3	泵轴	40Cr	
4	叶轮	ZG07Cr19Ni9	性能与标书一致
5	轴承	SKF 或 FAG 或 TIMKEN	
6	泵安装垫板	HT250	
7	电动机座	Q235B	
8	填料函	HT250/ QT500-7	包含在泵盖内
9	填料	碳素纤维	
10	填料压盖	ZG230-450	
11	法兰及反法兰	Q235B	
12	与水接触部件的紧固件	06Cr18Ni11Ti/321 不锈钢	

（二）循环水泵电动机的设计性能

（1）循泵电动机为立式三相笼型，选用湘潭电机厂产品，其型号为 YKSL2500-16。电动机防护等级为 IP55，额定频率为 50Hz，额定电压为 10kV，绝缘等级为 F 级（采用无溶剂真空压力整体浸漆），按 B 级温升考核。

（2）电动机冷却方式采用空—水冷冷却方式，电动机轴承油冷却器盘管采用不锈钢管或紫铜管，并提供初期试运行所需的润滑油量值。电动机冷却采用循环水泵出口循环水，最高温度为 38℃。电动机冷却器盘管及焊口能承受 1.0MPa 的压力而不能发生泄漏。

（3）循环水泵电动机的额定功率大于水泵正常运行时最大轴功率的 115％，并不小于循环水泵启动时的拖动功率。三相电动机的出线端子有明显区分相序标志。

（4）电动机具有事故报警措施，包括安装在电动机内的轴承温度、轴瓦温度、定子线圈温度（10 点/每台泵）等测量元件，均预留信号接线盒供遥测用，并设置引出件标志（测温元件为 Pt100，定子线圈测温元件应为 Pt100 双支型）。测试元件能确保稳定可靠且免维护。冷却器进出风处或进出水处均埋置 Pt100 双支三线或四线热电阻测温元件。

（5）电动机轴承采用优质耐磨的产品，其结构应保证密封，能隔绝污染物和水，防止油进入线圈，采用正气压密封结构。

（6）电动机配置主接线盒及其他接线盒（中性点盒、加热器盒、测量接线盒）。电动机所有引线，都应接到各自接线盒，并要求带有标记和识别符号。所有接线盒均抗腐蚀，接线盒防护等级为 IP56。

（7）电动机设置两个接地装置，配备固定导线的紧固件。

（8）电动机内部适当位置配备加热器，加热器的设计能保证电动机在静止状态时的内部温度在露点以上，并安装在电机内部可以检查及维修的地方。

（9）电动机转子笼型采用铜材，铜条通过银焊连接到铜制的短路轭圈，有可靠的防止笼型断条的措施，转子笼条有防位移及防跳出的措施。

（10）当频率为额定，且电源电压与额定值的偏差不超过 +10％～-15％ 时，电动机能输出额定功率。当电压为额定，且电源频率与额定值的偏差不超过 ±5％ 时，电动机能输出额定功率。当电压和频率同时改变，但变化之和的绝对值在 10％ 内时能连续满载运行。

（11）电动机具有最小的启动电流，同时兼顾其性能良好与经济设计。电动机额定电压下，启动电流不超过 600％ 的额定满负荷电流。

（12）电动机能在 65％～70％ 额定电压下自启动，也能在水泵反转转速约为额定转速的 20％ 时直接启动，电动机满载运行能承受电源快速切换过程而不损坏。电动机的破坏扭矩不小于满载扭矩的 180％。

（13）电动机能承受由于电源母线电源之间的切换而造成 0.1s 时间的电源消失所造成的危害。在母线电源切换之前它们之间的相角差在 20°之内，电压变化在 90％～110％ 之间。母线切换以前，电动机处于额定工作状态。

（14）电动机及电动机座所选用的材质能防止酸雾和潮湿的腐蚀，并能适应全露天工作环境。

（15）循环水泵机组外壳 1m 处的噪声值不得大于 85dB（A），包括电动机的噪声水平在内。

（16）电动机性能保证值：电动机绕阻温升不大于 80℃；电动机效率不小于 93.8%；电动机启动电流不大于额定电流的 6.0 倍；电动机滑动轴承允许温度为 90℃。

四、循环水泵的运行

（一）启动前的准备工作

泵组启动前必须按以下项目仔细地进行检查，看是否满足启动和运行条件。如果条件不满足，决不允许启动。

（1）按运行规程要求，检查确认是否满足泵使用条件。

（2）第一次启动，在联轴器连接之前，先让电机单独试运行，检查电机的旋转方向是否正确，确认无误后方可将电机联轴器和泵联轴器连接。

（3）检查泵的安装是否可靠，供水、供电和电控系统是否完善、正确。

（4）转动泵轴，检查旋转是否均匀。注意不要使泵轴反方向旋转。

（5）检查润滑冷却水系统主管路上的非电控阀是否全开通水（旁通管上的阀关闭）。

（6）检查各类仪表功能是否正常，设置好仪表的报警值和停机值。

（7）检查排气阀处于正常状态。

（8）检查填料的压紧程度，不要太紧或太松，同时，注意填料压盖是否压得均匀。

（9）清除泵吸水池内所有杂物，如木块、砖头、纤维、织品、金属丝等，并在泵运行时，防止有新的杂物继续进入泵的吸水池。

（10）重点检查：泵吸水池内的水位是否在最小淹没深度以上，若小于规定值，则泵运行时可能会产生旋涡并将空气带入泵内，引起振动和泵汽蚀，此时应增加泵淹没深度。

（二）启动

经过运行前检查，确认一切设备完好正常，启动前条件满足，则可正式启动。

1. 循环水系统充水启动工况

将循环水泵的出口蝶阀开启到 15°（可调）开度位置后，停止开启该阀，此时可根据需要启动该循环水泵或利用高位收水冷却塔集水槽向管网充水，经过一定时间待系统充满水后，液控蝶阀从原 15°开度位置开启至全开位置。此工况循环水泵与出口液控蝶阀之间无联锁，由人工在现场或 DCS 系统控制。

2. 循环水系统已充水情况下启动工况

先开启循环水泵出口液控蝶阀到 15°（可调）开度位置，此时联动开启该循环水泵，同时液控蝶阀连续开启到全开位置。如蝶阀开启后 60s(可调)未到全开位置，说明设备有故障，不能全开，立即发出报警信号，循环水泵随之自动停下，通知值班人员立即到达现场检查原因并及时处理。

（三）运行

1. 运行控制

泵组只有在冷却水量满足的情况下才允许连续运行。当泵组处于运行状态时，**流量报**

警开关检测出冷却水量不足时发出报警信号，运行人员应迅速做出处理。

2. 运行注意事项

（1）泵无吐出（即排出阀关闭）不能运行，运行时间不能超过 1min。

（2）观察和测量泵的振动和噪声，测量值不应超过以下规定值：在电机上部轴承部位测得的振动允许值为 0.07mm；泵组噪声值为 80～90dB（A）。

如果听到有水击的噪声，则可能是由于以下原因引起的：泵在大流量工况外运行，即装置扬程低于设计扬程；吸入池水位低于允许的最低吸入水位，泵发生汽蚀；进水流态恶劣，水流紊乱，流速过快。

（3）检查电机运行功率和泵运行工况是否偏离泵的性能规定范围，如果偏离，则泵运行不经济，或者电机超负荷。

（4）不允许在所规定的最低吸入水位以下运行。

（5）观察填料密封处水的泄漏是否过量，可调整填料压盖紧固螺母的松紧进行控制，以有少量的水连续不断地从填料函处冒出为准。

（6）经常检查冷却冷却水情况，切不可中断。

（7）第一次泵工作 80～100h 后应在轴承处加油，以后一年加一次油，检修时应加换油。

（8）记好运行日记，如有故障，须详细记录。

（9）备用泵组应定期投入运行。建议同一台发电机组配用的 3 台循环水泵在 30～40 天轮换运行一次，并确保备用泵经常处于正常状态。

注意：水泵在真空状态下，千万不能启动。由于停泵后，系统产生回流，会在泵内引起真空，由于泵体内流速的急剧变化，造成压力急剧变化，此时若马上启动，会在泵内产生水锤，对泵机组造成破坏。在泵重新启动之前，要有足够的时间让水进入泵内，以消除真空。

3. 运行检查

在泵组调试和运行期间，须按照表 6-27 运行检查计划的项目作定期检查并记录。

表 6-27　　　　　　　　　循环水泵运行检查计划

检查部位	检查内容	要求
出口管压力表	每天检查泵出口压力	符合泵性能曲线
轴封	每天检查泄漏情况是否正常	见运行注意事项中（5）
检测元件：泵径向和推力轴承	连续监测控制室中温度	—
检查油位：泵轴承	每周一次，注意观看油位变化	高于最低油位，无漏油现象
泵与电机联轴器	每月一次，检查其运行是否平稳	连接正常，运行平稳
电动机与电动机支座法兰	每周一次	运行平稳，振动值小于0.076mm
检测元件：电动机绕组	连续监测控制室中温度	详见电动机厂技术文件要求
检测元件：电动机推力轴承	连续监测控制室中温度	详见电动机厂技术文件要求
检测元件：电动机径向轴承	连续监测控制室中温度	详见电动机厂技术文件要求
指示器，电动机输入功率	连续监测控制室中功率消耗	详见电机厂技术文件要求

（四）停运

1. 正常停运

排出阀门与泵电动机联锁，当阀门关闭 30°时，泵电机断开电源，阀门关阀时间 45s 左右。泵组润滑冷却水需在泵组完全停止运行后方可停止供给。

2. 事故停运

判断泵出现异常现象时，按上述方法停运，泵的外部系统恢复到正常停运状态。

当吸入池水位低于下限值或者冷却润滑水系统堵塞发出报警信号时，运行人员应迅速做出处理。

泵停止后延时 2min 再关闭冷却润滑水系统电磁阀。

3. 全停电非常停运

当泵系统全停电时，应检查泵的供电、电气系统是否都恢复到正常停止状态。

（五）停运以后的工作

1. 准备好作立即启动时

（1）进水池注水至最低水位以上。

（2）每周进行一次泵启动，大约 30min 后按照要求停泵。

（3）建议对泵进行切换操作，从工作泵到备用泵 30～40 天轮换一次，确保备用泵经常处于正常状态。

2. 水泵停运不准备运行时

（1）松开填料压盖，取出填料。

（2）清洁轴防护表面，涂上二硫化钼防护剂。

（3）利用合适的工具紧固泵转子，分开泵与电机联轴器。

（4）用塑料布盖住泵组上所有的凸出部件。

（5）当预计停机时间超过一年以上，请与制造厂售后服务联系。

五、循环水泵的维护

1. 日常维护检查项目

日常维护应注意的要点按表 6-27 中相关要求办理。

2. 每月一次的检查项目

（1）检查泵与电动机联轴器状态是否正常。

（2）对长期不使用的泵组，启动一次跑合运转。

3. 每 6 个月的检查项目

（1）检查填料和轴套，必要时进行更换。

（2）检测泵组的振动和噪声。

（3）检查调整泵和电动机连接状态，如果存在较大偏移，则需检查是否因为出水管道变形，外力或负荷作用到泵上。

4. 每一年的检查项目

（1）检查转动部分的磨损情况。

（2）检查叶轮与密封环的间隙值。

（3）检查叶轮、泵体及其他过电流部件的汽蚀、冲蚀状况。

六、循环水泵常见的故障与处理

循环水泵运行中，常见故障、原因及处理方法如表 6-28 所示。

表 6-28　　　　　　　　　　循环水泵常见故障、原因及处理方法

故障原因	泵不能启动	出力不足	打不出水	超负荷	异常振动和噪声	填料泄漏过量和温升过高	处理方法
电动机系统毛病	●	●	●		●		检查电动机系统
转动部件中有异物	●	●		●	●		清理转子部件
轴承损坏	●			●	●		更换轴承
启动条件不满足	●		●				满足应满足的条件
吸入侧有异物		●			●		清理滤网、叶轮和吸入喇叭口
叶片与叶轮室间隙过大		●					调整间隙
叶片损坏		●	●				更换叶片
转速低		●					测量电压、周波，检查电机
有空气吸入		●			●		提高吸入水位或在水面放一浮体
汽蚀		●			●		提高水位，调整工况
转向反了			●				校正转向
泵内有异物	●	●	●	●	●		除去异物
入口有反向预旋		●	●		●		设消旋装置
转动部件不平稳					●		检修
一相断线，单向运行				●			检查修理供电线路和电机接线
装配精度不高				●	●	●	提高装配精度
吸入水面过低		●			●		提高水位
轴弯曲				●	●		校直
联轴器螺栓松动损坏					●		拧紧或更换螺栓
基础不紧固					●		增加基础的刚性
排出管路的影响					●		检查和排除影响
填料压盖过紧或不均匀						●	放松压盖，正确压紧填料
填料磨损或装配不当						●	重装填料
轴磨损或偏位				●		●	换轴或校正

第七节 循环水冷却水塔

一、冷却水塔的作用及分类

冷却水塔简称冷却塔或冷水塔，它是电厂用来凉水用的构筑物，一般高度是根据电厂的机组大小而定，是电厂节约用水，循环用水的重要保证。冷却塔中水和空气的热交换方式之一是，流过水表面的空气与水直接接触，通过接触传热和蒸发散热，把水中的热量传输给空气。用这种冷却方式的称为湿式冷却塔（简称湿塔）。如果水与空气不直接接触，依靠换热面进行换热，则称为干式冷却塔。湿塔的热交换效率高，水被冷却的极限温度为空气的湿球温度。但是，水因蒸发而造成损耗，蒸发又使循环的冷却水含盐度增加，为了稳定水质，必须排掉一部分含盐度较高的水；另外，风吹也会造成水的损失。这些水的亏损必须有足够的新水持续补充，因此，湿塔需要有补给水的水源。

冷却塔是集空气动力学、热力学、流体学、化学、生物化学、材料学、静、动态结构力学，加工技术等多种学科为一体的综合产物。冷却塔热力性能好坏、噪声高低、耗电大小、漂水多少是衡量冷却塔品质优劣的关键。

按通风方式，冷却塔可分为自然通风冷却塔、机械通风冷却塔、混合通风冷却塔。其中自然通风冷却塔应用最为广泛。

二、自然通风冷却塔及工作过程

自然通风冷却塔又有湿式冷却塔和干式冷却塔两种形式。瑞金电厂 1000MW 超超临界机组循环水冷却采用湿式冷却方式。自然通风湿式冷却塔又可分为常规冷却塔和高位收水冷却塔两种。本机组循环水冷却系统采用自然通风高位收水冷却塔。

（一）自然通风逆流湿式冷却塔（常规冷却塔）

如图 6-19 所示，在常规逆流式自然通风冷却塔中，热水由管道通过竖管（竖井）送入塔内热水分配系统，经配水管再通过喷溅装置，将水洒到填料上，经填料后成雨状自由跌落入至下部集水池，冷空气自下而上流动吸热，冷却后的水由循环水泵抽走重新使用。

（二）自然通风高位收水冷却塔

1. 高位收水塔发展概况

由于常规塔的冷却水经填料自由跌落的高度（即雨区）较大，导致常规塔供水高度较高，故循环水泵扬程较高、功率较大。为减少循环水系统电耗，在 20 世纪 70 年代末，由法国电力公司和比利时哈蒙冷却塔公司在常规塔的基础上设计研究出一种能降低冷却塔供水高度的节能型冷却塔，即逆流式自然通风高位收水冷却塔，并于 20 世纪 80 年代初期开始在工业中采用（主要用在核电站中），最近投运的项目在 1993 年，目前均运行良好，其后因欧美核电基本处于停滞阶段，很少有新项目投运。

近年来，随着大容量的 1000MW 火电机组及内陆核电机组的增多，所配超大型冷却塔面积达到 12 000～20 000m² ，加之燃料费用不断升高，高位塔的优势逐渐突显，国内已

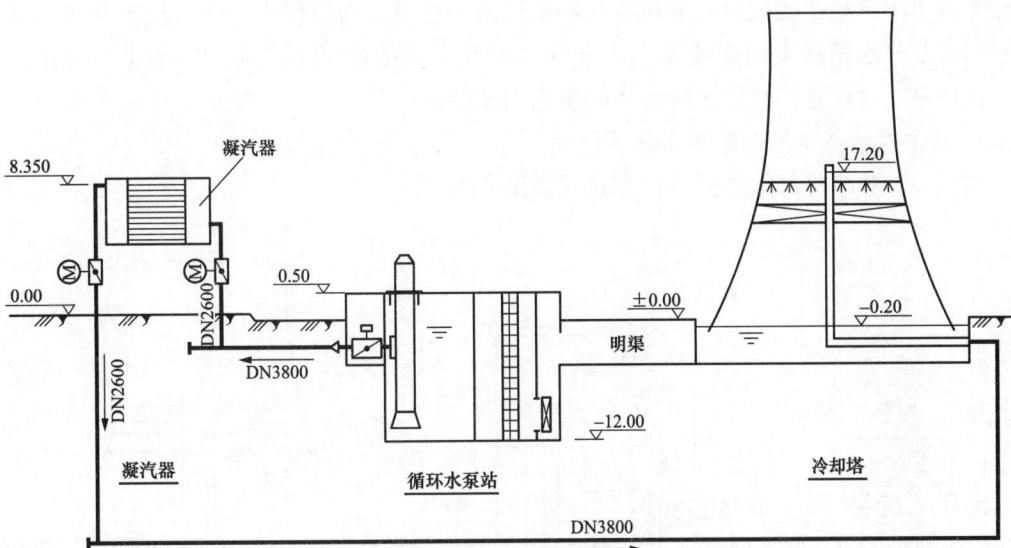

图 6-19　常规冷却塔的循环供水系统

有国华万州电厂、徐州电厂、寿光电厂、神皖安庆电厂、国华九江电厂等百万机组采用高位收水冷却塔技术，其中国华九江电厂高位收水塔总高度为 199.725m，属亚洲当今最高收水冷却塔。

2. 高位收水塔基本型式

与常规塔相比，高位收水塔取消了常规塔底部的混凝土集水池及雨区，配有高位收水装置，如图 6-20 所示。冷却后的循环水在淋水填料底部经高位收水装置截留汇入集水槽至循环水泵房进水间，再经过循环水泵升压后送回主厂房循环冷却使用，附属配水系统、淋水装置、除水器与常规塔相似。

图 6-20　高位冷却塔收水装置

常规自然通风冷却塔，由于风速影响及水池的消能作用，通过填料后的水流自由跌落（即雨区）至集水池所产生的动能被全部损耗，同时产生很大的噪声。高位收水冷却塔通过填料下端的收水斜板和收水槽，将水汇集到高位集水槽。高位集水槽水面到填料底部的高差远小于常规逆流式自然通风冷却塔雨区的高度，即高位收水冷却塔从填料底部通过收水斜板及收水槽损失的能量远小于常规塔雨区损失的能量，相应产生的噪声更小。节能、低噪声，这就是高位收水冷却塔的生命力所在。

3. 高位收水冷却塔的循环供水系统

采用高位收水冷却塔的循环供水系统如图 6-21 所示。

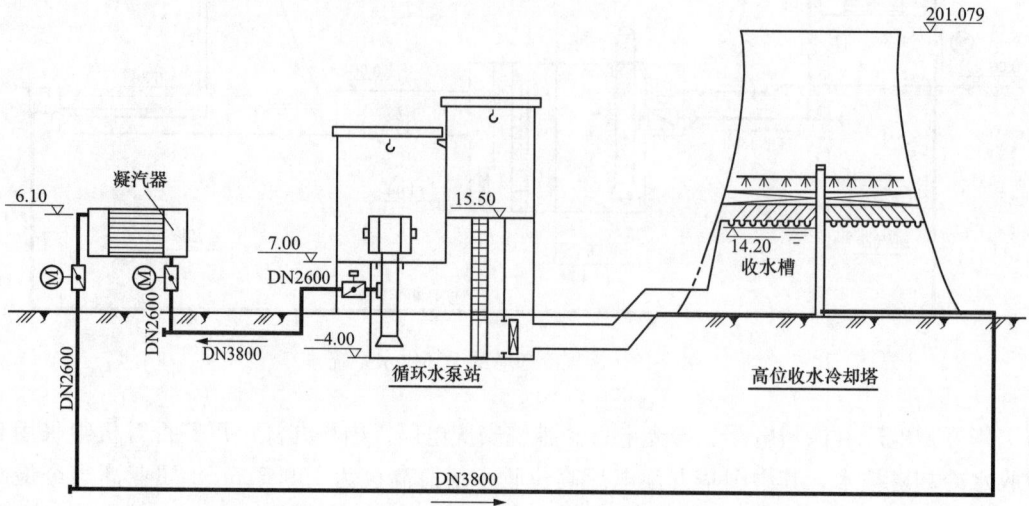

图 6-21　高位收水冷却塔的循环供水系统示意图

（三）高位收水冷却塔与常规冷却塔的综合比较

高位收水冷却塔的循环供水系统与采用常规冷却塔的循环水系统相比，其在工艺布置、功能及系统配置、运行、投资等方面有以下特点。

1. 高位收水塔工艺布置特点

（1）采用高位收水技术。用高位收水装置及集水槽取代常规自然塔底部集水池。收水装置包括收水斜板和收水槽两部分，收水装置安装高度约 2m，安装于进风口与填料之间。淋水填料上部的配水系统、除水器布置与常规逆流式自然通风冷却塔一致。集水槽与常规自然塔底部集水池有很大差别，后者为水面大，水深浅的宽浅型水池，而高位收水塔集水槽恰恰相反，是水面很小，水深很深的窄深型水池。

（2）采用吊装技术，安装要求高。由于增加了高位收水装置，为尽可能降低塔芯高度，通常采用吊装技术。由于配水管、填料、收水斜板、收水槽均需吊装，吊装安装要求很高。考虑其荷载较大，对吊装材料的可靠性要求非常高。

（3）塔体主要尺寸。如表 6-29 所示，在冷却效果相同的情况下，高位收水塔的总高度及直径等主要尺寸较常规塔基本相同，主要差异为进风口高度增加，以及由此引起的填料层位置上移而使淋水面积稍有减少。

2. 高位收水塔功能特点

（1）节能。冷却塔供水扬程（竖井水位与集水池水位差）可分为两部分，即自由跌落高度与非自由跌落高度。对于冷却效果相当的常规自然塔与高位收水自然塔而言，非自由跌落高度（包括配水层水力高度、喷射配水高度、填料高度）并无区别，因此，静扬程差异就在于自由跌落高度的差异。

高位收水塔是一种节能型冷却塔，其节能的关键在于减少了常规自然塔雨区自由跌落的高度，自由跌落区减少的高度等于循环水系统节约的水头，即循环水泵减少的静扬程，如图 6-22 所示。高位收水塔主要的特点是无论冷却塔的大小，其供水几何扬程基本不变（为 6~8m），而常规塔的几何扬程与塔大小有关（为 13~22m），机组容量越大，配的常规冷却塔越大，高位收水塔节约的扬程就越多，其经济性越显著。

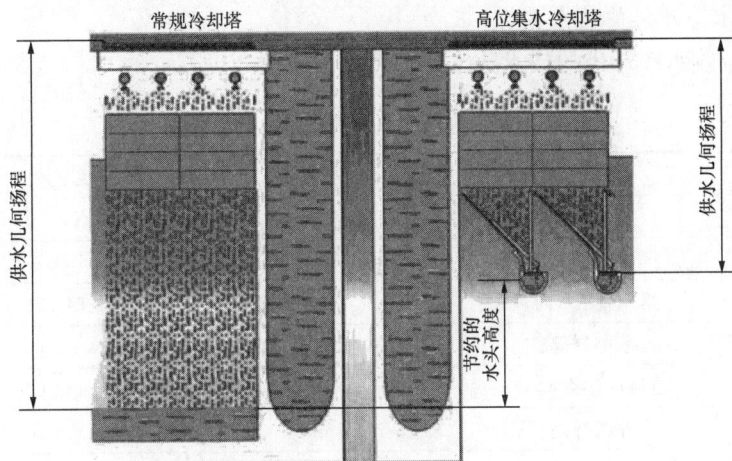

图 6-22　常规塔与高位水塔收水落差比较

（2）噪声低。根据相关研究及试验证明：所有的大型常规自然通风冷却塔的进风口处的噪声均接近 82~86dBA，是最为显著的噪声源。而淋水声又是冷却塔噪声的主要来源。从高空下落的冷却水与集水池中的水撞击而产生淋水噪声。整个过程是高处的冷却水在重力的作用下势能转化为动能，当下落到与集水池里的水撞击时，其中一部分动能便转化为声能进行传播。水的自由跌落高度越高，产生的噪声也越大。高位收水塔自由跌落高度仅为常规自然塔自由跌落高度的 26.5%，而且其自由跌落区均在塔的筒壁之内，相当跌落于天然隔声墙，因此噪声排放非常低，通常可降低 8~10dB。

（3）综合换热性能更优。冷却塔换热的主要区域是淋水填料区域，雨区的换热仅为全塔换热的一小部分。高位收水冷却塔的雨区相对常规塔短，换热能力较常规塔减少约 3%。冷却塔阻力中，雨区的阻力占 40%左右，高位收水冷却塔雨水较短，减少了雨区通风阻力，但由于增加了高位收水设施，收水斜板的设置阻挡了部分进风面积，又增加了一定的进风通风阻力。

由于高位塔增加进风口高度时其供水高度不变，故高位收水塔的进风口高度一般比常规塔要高些，塔进风阻力较常规塔减小，塔内风速有所提高，冷却塔换热效果好。同时，高位收水塔内进风更均匀，塔内中心区域与外圈进风温度基本一致，改善了冷却塔的冷却效率，综合比较来看，相同塔型参数（塔总高度、零米直径、出口直径、喉部直径和高度均相同）的高位收水塔出水水温较常规塔低 0.3～0.4℃（相同填料时）。

（四）本机组的高位收水冷却塔

瑞金电厂二期工程 2×1000MW 机组循环冷却水系统采用带双曲线逆流式自然通风高位收水冷却塔的单元制再循环供水系统。每台 1000MW 机组配置 1 座淋水面积约 13 000m² 的自然通风高位收水冷却塔，3 台循环水泵（3×34%），循环水供水和排水管各 1 条（管径 DN4000，Q235A 焊接钢管），压力式钢筋混凝土回水沟 1 条。2×1000MW 机组合建一座露天布置的循环水泵房（加防雨屋盖，四周开敞），按无人值班考虑。

1. 高位收水冷却塔的技术数据

本机组高位收水冷却塔的技术数据如表 6-29、表 6-30 所示。

表 6-29　　　　　　　　　高位收水冷却塔的技术数据

序号	项　　目	单位	规范数值
1	淋水面积	m²	13 000
2	塔顶标高	m	193.79
3	塔顶直径（内）	m	84.276
4	进风口标高	m	15.00
5	进风口直径（内）	m	132.00
6	喉部标高	m	153.80
7	喉部直径	m	81.78
8	填料顶标高	m	19.90
9	填料高度	m	2.0
10	竖井顶标高	m	26.25
11	0.00m 直径（柱中心）	m	142.252
12	环基直径（外）	m	144.652

表 6-30　　　　　　　　　高位收水冷却塔的运行水位

序号	项目	单位	夏季工况	春秋季工况	冬季工况
1	内/外区淋水密度	[m³/(m²·h)]	7.59/8.07	5.75/6.09	0/9.125
2	竖井水位	m	22.16	21.74	22.54
3	集水槽水位	m	15	15	15
4	循泵净扬程	m	7.16	6.74	7.54

2. 循环水系统主要工艺流程

高位收水冷却塔集水槽→循环水压力回水沟→中央循泵房前池→中央循环水泵房→循环水供水压力管→凝汽器/开式冷却水系统→循环水排水压力管→高位收水冷却塔→高位收水冷却塔集水槽。

经冷端优化，夏季工况下单塔循环水流量约为 28.69m³/s，春、秋、冬季工况下单塔循环水流量约为 21.73m³/s。

3. 高位收水冷却塔结构及原理

冷却塔配水系统由竖井、主水槽、配水管及喷嘴组成，采用单竖井双层压力水槽、管槽结合的内外围分区配水系统。冷却塔的进水采用 1 根 DN4000 钢管与冷却塔竖井直接相连，循环水压力管道采用下穿环基的方式进入冷却塔内部，在塔内建设 1 座测流井。冷却塔采用一个中央竖井，主水槽呈十字正交布置，管式压力配水。配水管采用硬聚氯乙烯塑料（UPVC）管，配水槽分单层配水槽、双层配水槽，实现内外围分区配水。冬季冷却塔需要防冻时，可通过关闭内区配水槽入口的闸门，实现仅外区配水运行，加大外区的淋水密度，以防止冬季结冰。每座高位收水冷却塔配电动启闭机及钢闸门数量 6 套，两座塔共配 12 套，用于保证每座塔 2 个内区及 4 个外区配水可独立关闭。

高位收水装置是高位收水冷却塔特有的部分，主要由 U 形收水槽、收水斜板、防溅垫层及悬挂组合吊架等组成。收水装置的总体作用是把从填料底部下的冷却水，在进风口以上部分截流、输导、汇集到集水槽中；同时，使进入塔内的空气利用斜板间形成的上斜通道顺利导入淋水填料参加热交换。

在全塔平行布置的收水槽于集水槽顶部垂直接入集水槽。集水槽的主要作用是汇集全塔收水槽收集的冷却水，沿集水槽经出水沟排出塔外，进入循环水泵房的高位吸水井。集水槽通过塔中心从两侧绕过中央竖井，沿一条塔径方向布置。集水槽是水面很小、水深很深的窄深型水池，集水槽布置在进风口的整个高度范围内，其一端封闭，另一端底部连接出水沟。

本工程冷却塔采用"S"波淋水填料，填料高度 2.0m、片距 30mm。为消除冷却塔漂滴对周围环境的影响，减少冷却塔的风吹损失水量，塔内设置除水器。为了减少冷却塔进风口区的旋涡，使塔内上升气流更加均匀，改善出口区流态，消除塔的出口处气流倒灌现象，在塔内双层配水槽下部设置一字玻璃钢挡风墙。2 座冷却塔之间的循环水回水沟拟选用承压式钢筋混凝土沟，每台机组 1 根，共 2 根。2 条回水沟之间设联通管，需要时可以打开阀门实现 2 台冷却塔之间水流联系。

第七章　给水泵及给水泵汽轮机

第一节　概　　述

给水泵是汽轮机的重要辅助设备，它将旋转机械能转变为给水的压力能和动能，向锅炉提供所要求压力下的给水。随着机组向大容量、高参数方向发展，对给水泵的工作性能和调节提出越来越高的要求。为适应机组滑压运行、提高机组运行的经济性，大型机组的给水调节采用变速调节方式。通常每台机组配置两台汽动给水泵，作为正常运行时供给锅炉给水的动力设备，另配一台电动给水泵，作为机组启动泵和正常运行备用泵。但目前也有大机组全部采用汽动给水泵组的配置方式。

为确保给水泵的运行安全，通常在给水泵前加设一台低速前置泵，与给水泵串联运行。由于前置泵的工作转速较低，所需的泵进口倒灌高度（即汽蚀裕量）较小，从而降低了除氧器的安装高度，节省了主厂房的建设费用；并且给水经前置泵升压后，其出水压头高于给水泵所需的有限汽蚀裕量和在小流量下的附加汽化压头，有效地防止给水泵的汽蚀。

瑞金电厂二期工程给水系统配置一台容量为 100％的汽动给水泵组。汽动给水泵组布置在运转层 17.0m。汽动给水泵组沿轴系方向的配置为"前置泵—齿轮箱—主泵—BEST汽轮机—高速同步电机"。

给水泵汽轮机采用变转速、背压抽汽式汽轮机（back pressure extraction steam turbine，简称 BEST 汽轮机）。为适应主机变工况变负荷时锅炉给水流量、压力的不断变化，同时满足六级回热抽汽的要求，BEST 汽轮机设计为变参数、变功率、变转速。结构上为单缸、反动式、单流、抽汽背压式。BEST 汽轮机具有较宽的连续运行调速范围，按照给水泵 100％的额定容量配置。BEST 汽轮机为 5 抽 1 排，进汽源来自主机一次再热冷段。

BEST 汽轮机配有小发电机，小发电机配有变流器，发电机最大发电出力不超过20MW。正常运行时 BEST 汽轮机进汽主调节阀为全开跟随大机滑压运行，BEST 汽轮机拖动给水泵组后的多余功率通过小发电机发电进行消纳平衡。BEST 为变速汽轮机，与给水泵直接连接，给水泵转速由变流器控制。当小发电机发生故障时，控制方式切换为常规的进汽主调节阀节流控制。BEST 汽轮机进汽主调节阀具备独立快速的调节转速功能，并能与小发电机功率输出调节相互配合使用。

BEST 汽轮机的结构在设计时采用了以下先进技术：

（1）具有足够的功率余度；较宽的连续运行转速变化范围。

（2）汽轮机与给水泵之间采用叠片式（膜片）挠性联轴器连接，具有重量轻、不对中适应性好和传动平稳等特点，能完全满足不同厂家汽动给水泵的要求。

（3）润滑油系统为独立的供油系统，全部采用由电动机驱动的油泵供油。

（4）调节系统配置带微处理机的电调控制系统，接受锅炉给水调节系统给出的调节信号对驱动给水泵的汽轮机转速进行调节，以满足主机在不同工况下，锅炉的给水要求。

（5）轴封系统相对独立；汽轮机各挡压力腔室的疏水分别流入凝汽器。

（6）给水泵汽轮机在制造厂总装后整体发运，在现场安装过程中无须解体即可定位安装。

第二节　前　置　泵

一、前置泵性能参数

瑞金电厂 1000MW 超超临界机组汽动给水泵的前置泵为苏尔寿有限公司设计制造的产品。前置泵设计性能参数如表 7-1 所示。

表 7-1　　　　　　　　　　　　汽动给水泵组前置泵设计性能参数

序号	参数名称		单位	运行工况点		
				额定工况点 THA（抽头关闭）	最大工况点 105％VWO	最小流量点
1	进水温度		℃	190.3	190.5	190
2	进水压力		MPa	1.36	1.36	1.36
3	流量		t/h	2753	3372	760
4	扬程		m	231.7	249.7	254
5	转速		r/min	1697	1805	1697
6	泵的效率		％	86.2	87.2	47.2
7	必需汽蚀余量 NPSH（3％）		m	6.8	9.6	3.7
8	轴功率		kW	2017	2632	1113
9	出口压力		MPa	3.35	3.50	3.54
10	设计水温		℃	200		
11	泵体设计压力/试验压力		MPa	4.0/6.0		
12	最大关闭压头		m	288 @最大工况点		
13	正常轴承箱体振动（双振幅值）		mm/s	4.5		
14	轴承箱体振动报警值（双振幅值）		mm/s	7.1		
15	接口法兰公称压力	进口	MPa	Class300 号		
		出口	MPa	Class300 号		
16	接口管规格（φ×S）	进口	mm	φ711×12		
		出口	mm	φ660×20		
17	质量		kg	4500		
18	旋转方向			逆时针（从给水泵汽轮机向泵看）		
19	轴承形式			滑动轴承＋可倾瓦推力轴承		
20	驱动方式			给水泵汽轮机同轴驱动		

二、前置泵结构特点

汽动给水泵组前置泵为主给水泵提供合适的扬程,以满足主给水泵各种工况下必需汽蚀余量的要求,并留有足够的裕量。前置泵的设计还考虑在最小流量工况下及系统甩负荷工况共同作用下,前置泵自身不发生汽蚀,其主要部件均采用抗汽蚀材料制成,在结构上还应考虑热膨胀等的因素。前置泵入口必需汽蚀余量 $NPSHr(3\%)$ 小于或等于 $6.8m$(额定工况点 THA)。前置泵结构性能及材质见表 7-2 和表 7-3。

表 7-2 汽动给水泵组的结构性能

序号	结构/配置名称	单位	尺寸/配置情况	
			前置泵	主泵
1	泵型号		HZB402-720	HPT500-505-5s
2	设备尺寸(长,宽,高)	m	2.0,2.2,3.1	3.8,3.1,3.3
3	泵轴长	m	2.0	3.8
4	首级叶轮吸入型式		双吸	单吸
5	叶轮尺寸(最大/最小)	m	0.725	0.492
6	叶轮级数		1	5
7	转子直径	m	0.725	0.492
8	轴承形式/数量		滑动轴承:2 可倾瓦推力轴承:1	滑动轴承:2 可倾瓦推力轴承:1
9	最大运行点时联轴器传递功率	kW	2632	41 768
10	密封形式/密封水流量		机械密封	迷宫密封
11	泵重量(空转/满水)	t	4.5/4/7	25/27
12	泵(第一/第二)临界转速	r/min	3180	待定

表 7-3 汽动给水泵组主要部件的材质

序号	部件名称	材料名称	
		前置泵	主泵
1	泵壳	ASTMA487CA6NM	ASTMA182F22
2	泵盖	ASTMA487CA6NM	ASTMA182F22
3	吸入接管	ASTMA487CA6NM	ASTMA182F22
4	吐出接管	ASTMA487CA6NM	ASTMA182F22
5	内壳体	—	ASTMA487CA6NM/EN10088−31.4021
6	抽头接管	—	ASTMA182F22
7	导叶	—	ASTMA743CA6NM
8	叶轮	ASTMA743CA6NM	ASTMA743CA6NM
9	轴	ASTMA182F6NM/ASTMA473Type420	EN10250−41.4313+QT900
10	泵壳磨损环	Cr13/A743CA40/ANSI420	ASTMA276TYPE431
11	平衡盘(鼓)	—	ASTMA276Type431

续表

序号	部件名称	材料名称	
		前置泵	主泵
12	平衡套	—	ASTMA276Type431
13	双头螺栓	—	EN102691.6958/1.6582
14	壳体密封环	EPDM	ASTMA276Type431
15	密封	机械密封	迷宫密封

汽动给水泵组的前置泵为卧式、单级、双吸蜗壳泵。前置泵主要由壳体、叶轮与轴、轴承、轴封、变速齿轮箱等组成，如图 7-1 所示。

1. 壳体

壳体为带有入口向上、出口向下的铸件机加工壳体。壳体与管道连接成一体，检修时不必拆卸沉重的管道。泵内部的轴、叶轮和壳体端盖可以从非驱动端取出。壳体与端盖之间采用完全内嵌的压缩垫片密封。

壳体采用高强度、抗汽蚀的材料铸造而成。为了减少法兰盘在压力载荷与热冲击联合作用下的变形，壳体上的连接螺栓采用高强度螺栓。

图 7-1　前置泵的结构

2. 叶轮与轴

叶轮按闭式双吸叶轮设计。叶轮通过键传递功率，并通过螺套或开口环定位。

叶轮材料采用抗汽蚀的不锈钢铸件，与轴配合后并经动平衡，精度不低于 GB 9239 要求 G2.5 级，轴采用优质不锈钢锻件制成。

3. 轴承

支持轴承装在泵两端的轴承室中，用以吸收径向载荷。推力轴承位于泵的非驱动端的轴承室内，用以吸收泵残余的轴向推力，并确定泵的轴向位置。前置泵支持轴承和推力轴承均采用滑动轴承结构，用强制稀油润滑，油源为给水泵汽轮机供油。在每个轴承上均装有温度测点。推力轴承设计能承受泵自身推力平衡外的轴向力。

4. 轴封

前置泵采用机械密封，并配有冷却水套和过滤器等附件。机械密封采用德国品牌博格曼机械密封。

5. 变速齿轮箱

前置泵与主给水泵之间由变速齿轮箱连接，变速齿轮箱的结构、材料、参数能满足汽动前置泵和给水泵汽轮机的要求。变速齿轮箱润滑油由给水泵汽轮机油系统提供。

（1）齿轮箱采用原装全进口优质产品。

（2）传动平稳可靠，具有良好的密封性，不漏油。齿轮箱配备必备的温度检测装置。

（3）齿轮箱每个轴端都有一对联轴器，所有的齿轮和联轴器均有防护罩。

（4）加工精度：ISO 1328（最新版）5 级，传动效率不小于 98.5％。

（5）满负荷连续运转时间：不小于 10 年（不包括易损件）。

（6）噪声：不超过 85dB(A)。

（7）齿轮箱进、回油位置（从输入轴伸端看）：进油侧、回油侧的位置满足小汽轮机的设计要求。

（8）齿轮箱采用 ISOVG46 润滑油，滤油精度 $10\mu m$，供油压力（3±1）bar，进油温度 40～45℃。齿轮箱润滑油由给水泵汽轮机油系统供给，不单独设置齿轮箱供油驱动系统。

（9）齿轮箱采用全密封轴承。

（10）齿轮箱出厂前，单独做试转试验（testrun），试验时间不少于 4h。

第三节　主 给 水 泵

一、给水泵性能参数

瑞金电厂 1000MW 超超临界机组给水系统配置 1 台 100％容量的汽动给水泵组。汽动主给水泵为苏尔寿有限公司设计制造的产品。主给水泵的主要设计性能参数如表 7-4 所示。

表 7-4　　　　　　　　　汽动主给水泵主要设计性能参数

序号	参数名称	单位	运行工况		
			额定工况点 THA（抽头关闭）	最大工况点 105％VWO	最小流量点
1	进水温度	℃	190.3	190.5	190
2	进水压力	MPa	3.28	3.40	3.53
3	入口流量	t/h	2753	3372	760
4	扬程	m	3926.0	4089.1	4701.7
5	转速	r/min	4935	5252	4935
6	泵的效率	％	87.3	86.7	44.3
7	必需汽蚀余量	m	115.6	148.9	69.5
8	抽头 1 流量	t/h	0	120	0
9	抽头 1 压力	MPa	23.51	24.02	27.77
10	抽头 2 流量	t/h	0	120	0
11	抽头 2 压力	MPa	16.77	17.00	19.69
12	轴功率（含抽头功率）	kW	33 740	41 768	21 991
13	出口压力	MPa	37.00	38.51	43.93

续表

序号	参数名称		单位	运行工况		
				额定工况点 THA（抽头关闭）	最大工况点 105％VWO	最小流量点
14	设计水温		℃	200		
15	泵体设计压力/试验压力		MPa	50.0/75		
16	最大关闭压头		m	5361.8@最大工况点		
17	泵出口最大关闭压力		MPa	50.0@最大工况点		
18	正常轴振（双振幅值）		mm	0.03		
19	轴振报警值		mm	0.07		
20	接口法兰公称压力	进口	MPa	焊接		
		出口	MPa	焊接		
21	接口管规格（$\phi \times S$）	进口	mm	$\phi 660 \times 20$		
		出口	mm	$\phi 660 \times 90$		
22	重量		kg	25 000		
23	旋转方向			顺时针（从给水泵汽轮机向泵看）		
24	轴承形式			滑动轴承＋可倾瓦推力轴承		
25	驱动方式			汽轮机		

二、主给水泵的结构特点

汽动主给水泵结构性能及材质见表 7-2 和表 7-3。

汽动主给水泵为水平、多级、筒式壳体，并具有整抽式芯包设计的离心泵。泵内部组件设计成可以整体从泵外筒体内抽出的芯包结构，芯包内包括泵所有的部件。相同型号的泵组芯包内所有部件都具有互换性。汽动主给水泵结构如图 7-2 所示。

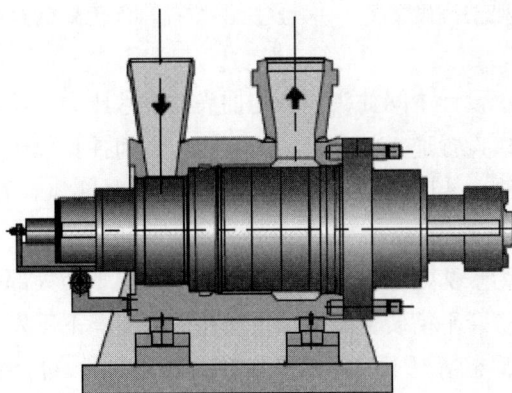

图 7-2　汽动主给水泵结构

1. 筒体

筒体由锻造加工而成，以中心线方式安装，并具有导向系统以便于各方向的对正。筒体内所有受高速水流冲击的区域都采取适当的措施以防止冲蚀。所有接合面也采取保护措施。

相对于传统的 20MnMo 低碳合金钢材料而言，苏尔寿筒体整体采用 ASTMA182F22 合金钢锻造而成，无需在冲刷区域堆焊奥氏体不锈钢焊层防冲刷及腐蚀，其本身具有的优良的耐高速水流冲击及冲蚀性能，即使在长周期运行，也不存在堆焊材料容易脱落的风险，有效提高给水泵组的运行可靠性和使用寿命。

2. 芯包组件

芯包组件包括所有的旋转部件、导叶、内泵壳、轴承和所有磨损部件。该设计可使部件的更换既快速又方便，大大地缩短了维护所需的停机时间。

3. 内泵壳

由单独的螺栓联结在一起，避免了长螺栓联结引起的振动问题。最后的密封是通过精确加工的金属表面之间的金属对金属密封实现的，密封金属面通过作用在末级内泵壳上的压差紧贴在一起。

4. 轴与轴套

较大的径长比（直径和轴承跨距）使轴具有非常大的刚度。泵转子为刚性转子。轴上没有螺纹，从而消除了应力集中和轴的变形。泵轴在易磨损处有可调换的轴套。汽动给水泵组允许与给水泵汽轮机同时低速盘车，不需脱开联轴节。

轴套通过紧力套装在轴上。用空气间隙作为隔热措施。轴套可以沿轴向自由膨胀。该设计可将瞬态和热备用条件下轴的变形降低到最小。

5. 叶轮与导叶

叶轮由精密铸造而成。叶轮与轴的套装设计可保证在最严重的瞬态变化过程中的对中和密封。双键确保了扭矩的传递，对开卡环吸收轴向推力。

导叶由精密铸造而成，确保尺寸符合要求。

泵中所用的叶轮和导叶及内部流道的设计能保证给水泵具有较高的水力效率，径向间隙根据效率、临界转速和轴挠度确定，保证主给水泵具有较高的运行效率和可靠性。

6. 中间抽头

给水泵主泵中间级上设计中间抽头，中间抽头的出水压力、流量满足再热器喷水减温的要求，泵中间抽头出口设置逆止门和电动关断门。中间抽头位于筒体上侧（由联轴器向筒体端方向看）与进口管成 45°（从汽轮机向主泵端看，抽头 1 在右侧，抽头 2 在左侧）。

7. 平衡装置和推力轴承

泵的水力平衡装置为平衡鼓结构布置，通过平衡装置平衡大部分轴向推力，其余轴向力通过推力轴承平衡。整套平衡装置能保证主泵在任何工况下不发生转子轴向窜动。推力轴承能在所有的稳态和暂态情况下（包括泵启动和停止时），维持纵向对中和可靠的平衡轴向推力。

8. 轴端密封

主泵采用水力密封，并能保证泵在任何工况下（包括热备用工况）密封水密封性能。

给水泵密封水水源为凝结水，其压力范围为 1.7~4.0MPa。

第四节　给水泵组的运行

一、给水泵组的启动

（一）启动前的检查

（1）确认所有的安装程序已经完成。特别是要确认底版的找平和安装工作已经完成，主要和辅助管道已经连接牢固，所有的电气和仪表连接已经完成。

（2）确认安装过程中遗留的所有脏物和油迹已经清除干净。

（3）检查所有的电气连接和接地是否完整、可靠。

（4）检查接地回路电阻。

（5）检查仪表绝缘电阻。

（6）检查所有控制和仪表的设置点。

（7）在接通电源之前，安装并关闭所有的端子盒盖。

（8）检查所有的管道连接是否牢固。检查是否有螺栓松弛。

（9）参考机械密封制造商资料，检查机械密封是否具备运行条件。

（10）参考润滑油系统制造厂提供的资料和图纸，确认润滑油系统是否具备运行条件。

（11）当用三位温度控制阀（TCV）控制通往冷却器的润滑油流量时，在系统充油期间必须采用手动装置，以确保冷却器内充满油。

（12）确认驱动轴旋转时不卡涩。

（13）确认对联轴器的对中已经检查，并根据需要进行了必要的调整。

（14）参考制造厂提供的资料，检查小汽轮机是否具备运行条件。

（15）在联轴器护罩安装之前，确认联轴器短接安装正确。

（16）确认所有的护罩已安装好。

（二）启动和运行

（1）确认启动前应做的所有检查已经完成。

（2）慢慢地完全打开入口阀，通过入口管路使泵壳体充满介质。

（3）检查泵和系统是否注满介质。

（4）在启动泵之前确认所需要的机械密封冲洗/冷却/急冷液具备条件并处于开启位置。确认机械密封系统具备运行条件。

（5）确认所需的各种冷却介质供应正常。

（6）确认最小流量阀锁定在开启位置。

（7）根据润滑油系统制造厂的图纸和文件，检查润滑油系统是否具备运行条件。

（8）根据小汽轮机制造厂的资料，启动小汽轮机。注意观察小汽轮机是否快速地达到运行转速。

（9）按要求逐渐地打开泵出口阀来控制流量比率/差压至待定值。

（10）运行检查。

1）扬程。一旦达到运行转速，泵的出口就应建立起压力，否则应立即停泵。

2）泵/驱动设备转速。在特定参数范围内检查运行转速。

3）振动。监视振动水平，如果超过振动限制值较多，停止运行泵。但是要注意在最小流量下的振动值要比正常运行时的振动值高。

4）泄漏。任何泄漏都将导致一些问题。特别应注意机械/迷宫密封处的泄漏，如果机械/迷宫密封处出现泄漏，表明密封面可能失效。

5）油源。监视油位直到其稳定。监视油温，确认油温不超过最大允许值。如果超过油温限制值较多，停止运行泵。

6）轴承温度。监视轴承温度直到温度稳定，确认轴承温度不超过最大允许值。如果超过轴承温度限制值较多，停止运行泵。

7）泵壳温度。监视泵壳温度，确认泵壳温度不超过最大允许值。如果超过泵壳温度限制值较多，停止运行泵。

8）入口滤网。运行初期安装临时性入口滤网。监视滤网的压差。必要时清洗滤网，经过规定的时间之后拆除滤网。

（11）常规性能监视。

在泵正常运行时，大约每 3 个月测量一次温度、压力、振动等。可将测得的数值与新泵情况下测得的数值进行比较。这样经过一段时间就可以为维护工程师建立泵的运行性能的记录，泵运行性能方面的任何下降都易于发现。

二、给水泵组的停运

（一）泵组正常停运

（1）按"停机"按钮停止驱动设备，检查泵组是否平稳地停下。

（2）关闭出口阀门。

（3）让润滑油系统和冷却水系统在泵组停运后再至少运行 20min。

（4）如果泵组不需备用，使泵组隔离。

（5）记录泵组停止运转的时间。

（二）泵组停运后应注意的主要问题

现场情况有可能要求泵组需停运一段时间（七天以上）。建议采用以下方法：

（1）如果泵组可能要在停泵期间再运转。泵每周应启动一次，并运行 20min。这样可防止轴承室内（和润滑油管道）结露，也可防止泵抱轴。

（2）如果泵组在停泵期间不可能再运转。按制造厂要求做好有关防护、储存和检查工作。

（3）如果泵组的轴承在泵静止时未浸没在油中，如果停机超过 30 天，启动前轴承必须重新润滑。

（4）如果停机期间泵内的液体有可能结冰，按制造厂要求做好有关疏水、防护、储存和检查工作。

第五节　给水泵汽轮机

一、给水泵驱动方式的选择

电厂中给水泵最常用的传动方式有两种：一种电动机驱动；另一种是给水泵汽轮机驱动。目前，一般容量在200MW及以下的机组，多采用电动机驱动；容量达到和超过300MW的机组，多采用给水泵汽轮机驱动，并以电动泵作为启动和备用泵。但目前国内的660MW机组和1000MW机组也有全部采用小汽轮机驱动给水泵的实例。

瑞金电厂1000MW超超临界机组为高效二次再热机组，汽轮机型式为超超临界、单轴、二次中间再热、五缸四排汽、十二级回热、凝汽式汽轮机，蒸汽参数为31MPa/605℃/622℃/620℃，即主蒸汽压力为31MPa，主蒸汽温度为605℃，一次高温再热蒸汽温度为622℃，二次高温再热蒸汽温度为620℃。

但是随着蒸汽参数的提高，回热抽汽过热度增大，回热加热器内汽侧和水侧换热不可逆损失增加，削弱了蒸汽参数升高带来的收益，同时管道、阀门和加热器设备的制造成本要提高。蒸汽参数越高，这一矛盾越突出。对于这一问题，目前常规的解决办法是，通过在再热后的部分回热抽汽增设外置式蒸汽冷却器，来降低回热抽汽的过热度。另一种办法就是采用回热系统优化技术——BEST双机回热系统，此方法能够大幅降低再热后回热抽汽的换热过热度，提高回热抽汽能级利用效率。

本机组经过综合技术经济分析，确定给水系统设置1台100%容量的汽动给水泵组，给水泵由1台给水泵汽轮机（BEST汽轮机）驱动，如图7-3所示。

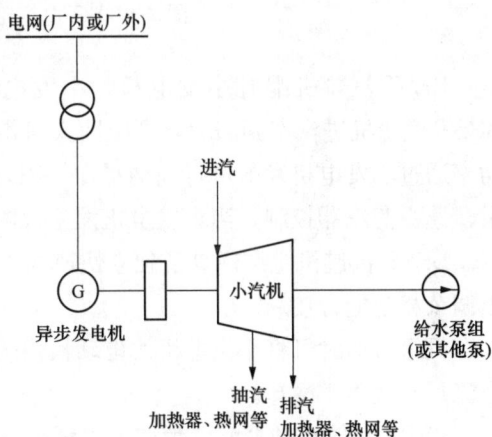

图7-3　给水泵采用BEST汽轮机驱动

二、BEST汽轮机主要技术特点

1. 总体设计特点

本机组驱动给水泵汽轮机是由上海汽轮机厂生产，其型号为57-12.26/0.8/448.9。给水泵汽轮机为单缸、单流、反动式、全周进汽、抽汽背压式，其运行方式为变参数、变功率、变转速。

给水泵汽轮机的回热系统如图7-4所示。给水泵汽轮机为5抽1排，汽源来自主机一次再热冷段。机组的第1级抽汽来自一次冷段，供1号高压加热器；给水泵汽轮机有5级抽汽（定义为机组的2~6级抽汽），分别供给2~5号高压加热器和除氧器，给水泵汽轮机的排汽供至7号低压加热器（表面式）；机组第8级抽汽来自中压缸、第9~12级抽汽来自低压缸，分别供8~12号低压加热器。在7号低压加热器事故工况下，给水泵汽轮机排汽可减压后排至下一级低压加热器（8号低压加热器）或凝汽器。

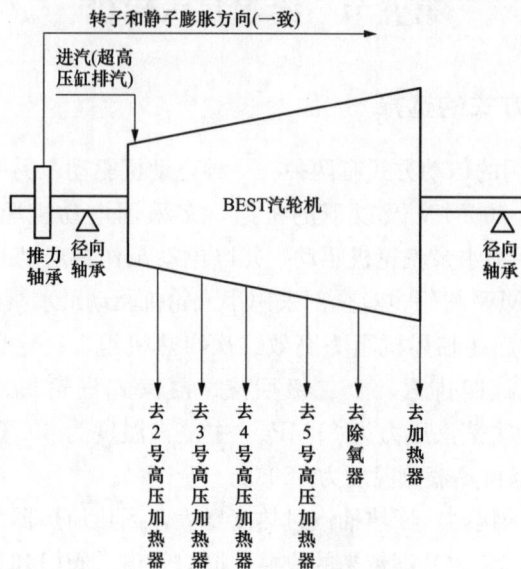

图 7-4　BEST 汽轮机回热抽汽及本体膨胀

BEST 汽轮机配有小发电机，小发电机最大发电出力不超过 20MW。正常运行时 BEST 汽轮机进汽主调门为全开跟随大机滑压运行，BEST 汽轮机拖动给水泵组后的多余功率通过小发电机发电进行消纳平衡。BEST 机为变速汽轮机，与给水泵直接连接，给水泵转速由变流器控制。当小发电机发生故障时，控制方式切换为常规的进汽主调门节流控制。BEST 机进汽主调门具备独立快速的调节 BEST 机转速功能，并能与小发电机功率输出调节相互配合使用。

机组启动时可将小发电机改电动机模式运行以驱动给水泵组，此时 BEST 汽轮机进入小流量蒸汽用于冷却。

BEST 汽轮机轴系配置为"给水泵组—BEST 机—高速同步电动机"，如图 7-5 所示。

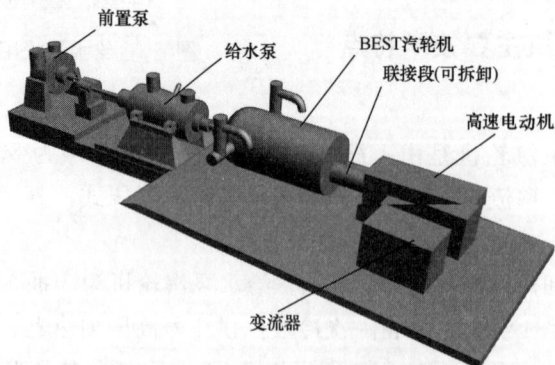

图 7-5　BEST 汽轮机轴系配置

2. 本体设计主要数据

表 7-5 为本机组 BEST 汽轮机本体设计主要数据。

表 7-5   **BEST 汽轮机本体主要设计数据**

序号	名称	单位	技术参数
1	型式		57-12.26/0.8/448.9
2	制造厂		STP
3	转速	r/min	4850
4	转向（从 BEST 汽轮机向小发电机看）		根据给水泵的转向确定
5	BEST 汽轮机允许最高背压值	kPa	1000
6	冷态启动从空负荷到满负荷所需时间	min	120
7	轴系扭振频率	Hz	28.215、33.741、73.968
8	轴系一阶临界转速	r/min	1923
9	轴系二阶临界转速	r/min	5685
10	BEST 汽轮机外形尺寸	mm×mm×mm	6450×8850×3250
11	机组总长	mm	6450
12	机组最大宽度	mm	8850
13	排汽口数量/尺寸	个/mm	2/DN400
14	设备最高点距运转层的高度	mm	3169
15	BEST 汽轮机转子叶片级数	级	22
16	BEST 汽轮机末级叶片长度	mm	105
17	BEST 汽轮机末级叶片环形面积	cm²	3334
18	BEST 汽轮机汽缸材质		ZG20CrMo
19	BEST 汽轮机转子材质		25Cr2NiMo1V
20	BEST 汽轮机脆性转变温度（FATT）	℃	≤55
21	行车吊钩至 BEST 汽轮机中心线的最小距离（带横担时）	m	5400
22	行车吊钩至给水泵汽轮机中心线的最小距离（不带横担时）	m	4500
23	排汽口距给水泵汽轮机转子中心线尺寸	mm	1500
24	排汽口排汽口数量/尺寸	mm	2/DN400
25	排汽口方向		向下
26	排汽口接口型式为		焊接
27	总体结构尺寸（长×宽×高）	mm×mm×mm	6450×8850×3250
28	汽缸法兰结合面至上缸顶面高度	mm	1500
29	汽缸法兰结合面至下缸底距离	mm	1500
30	BEST 汽轮机转子中心距运行层之间高度	mm	1350
31	转子重量	t	6
32	上半缸重	t	20
33	下半缸重	t	24
34	总重	t	95
35	运输最重件	t	75
36	检修最重件	t	10

3. 各工况下技术参数

额定工况功率：机组 THA 工况下回热系统正常运行时 BEST 机的轴功率，此时给水泵额定工况下，BEST 汽轮机内效率应为最高，BEST 汽轮机的轴功率为 51.48MW，小发电机的发电功率为 14.13MW。

最大工况功率：机组 VWO 工况下回热系统正常运行时，BEST 汽轮机的轴功率为 57.08MW，小发电机的发电功率为 15.30MW（注：此功率应高出给水泵选型工况下轴功率的 1.05 倍）。

本机组 BEST 汽轮机各工况下技术参数如表 7-6 所示。

表 7-6　　　　　　　　　　　　BEST 汽轮机各工况技术参数

主机工况			最大工况点	TRL 夏季工况	TMCR 负荷工况	THA 负荷工况
名称		单位	最大工况点	夏季工况	负荷工况	负荷工况
BEST 进汽	压力	MPa	13.17	12.70	12.83	12.26
	温度	℃	464.59	457.50	459.06	448.91
	流量	t/h	792.13	775.46	769.70	732.88
背压		MPa	0.8	0.8	0.8	0.8
转速		r/min	匹配给水泵需求			
相对内效率		%	89.14	89.10	89.11	89.05
机械损失		kW	300	300	300	300
BEST 汽轮机输出轴功率		kW	57 079.99	55 541.53	54 979.89	51 477.24
小发电机发电功率		kW	15 296.66	14 726.48	14 907.29	14 131.3
汽耗		kg/kWh	13.88	13.96	14.00	14.24
BEST 一抽	压力	MPa	9.63	9.20	9.43	9.10
	温度	℃	418.62	410.69	414.20	405.97
	流量	t/h	192.90	193.23	183.92	169.43
	焓值	kJ/kg	3145.78	3151.51	3160.51	3134.15
BEST 二抽	压力	MPa	6.43	6.07	6.35	6.20
	温度	℃	361.68	352.65	358.55	352.53
	流量	t/h	179.39	179.14	172.40	160.93
	焓值	kJ/kg	3049.53	3059.29	3066.04	3045.88
BEST 三抽	压力	MPa	4.07	3.78	4.04	4.00
	温度	℃	302.83	292.82	300.84	296.87
	流量	t/h	150.80	149.12	146.16	138.36
	焓值	kJ/kg	2949.01	2962.49	2967.21	2952.76
BEST 四抽	压力	MPa	2.41	2.21	2.41	2.40
	温度	℃	242.69	232.55	241.37	238.73
	流量	t/h	99.07	96.19	97.37	94.32
	焓值	kJ/kg	2845.86	2861.05	2864.53	2853.79

续表

主机工况			最大工况点	TRL 夏季工况	TMCR 负荷工况	THA 负荷工况
名称		单位				
BEST 五抽	压力	MPa	1.31	1.20	1.30	1.30
	温度	℃	191.87	187.97	191.74	191.61
	流量	t/h	81.82	76.92	81.60	81.22
	焓值	kJ/kg	2739.27	2753.05	2756.34	2746.39
排汽	压力	MPa	0.82	0.76	0.81	0.80
	温度	℃	171.46	168.49	171.05	170.41
	流量	t/h	83.26	76.12	83.48	84.04
	焓值	kJ/kg	2679.30	2665.23	2675.01	2666.63

三、BEST 汽轮机本体结构

BEST 汽轮机为单缸、反动式、单流、抽汽背压式结构；转子为无中心孔整锻结构，由优质铬钼钒钢锻造而成。转子上共有 22 级叶片，无调节级。

BEST 汽轮机纵剖面、俯视图分别如图 7-6 和图 7-7 所示。

（一）转子及联轴器

1. 转子

为适应本汽轮机变参数、变功率、变转速，以及高转速运行的情况，转子体采用高强度合金钢整锻加工制造，该钢种具有较低的脆性临界转变温度，能适应负荷急剧变化和快速启动。转子体采用无中心孔结构，如图 7-8 所示。

转子由给水泵端和发电机端的径向轴承进行支承。转子通流为反动式、单流、无调节级、等根径设计。转子分为六个级组，每两个级组间抽汽供大机回热用。

转子体加工完毕装上全部动叶片和盘车齿轮后，分别进行低速和高速动平衡试验，以消除转子上的不平衡重量。转子高速动平衡合格后出厂。转子两端及中间共三处部位设计有制造厂安装动平衡块的孔，转子两端共两处部位设计有现场安装动平衡块的孔。

转子的给水泵端装有径向推力联合轴承和给水泵端联轴器，如图 7-9 所示。推力盘设置在给水泵端，与转子体整体加工而成。

转子的发电机端装有径向轴承、联轴器和盘车大齿轮，其中盘车大齿轮红套在转子体的发电机端靠背轮法兰上，如图 7-10 所示。

2. 联轴器

（1）给水泵端联轴器。BEST 汽轮机的功率通过膜片式联轴器传递给被驱动的主给水泵以及前置泵，如图 7-11 所示。膜片式联轴器是一种挠性联轴器结构，可允许转子有较大的中心偏差量，可消除或减弱振动的传递，同时可以补偿给水泵端转子冷热态的轴向位移。

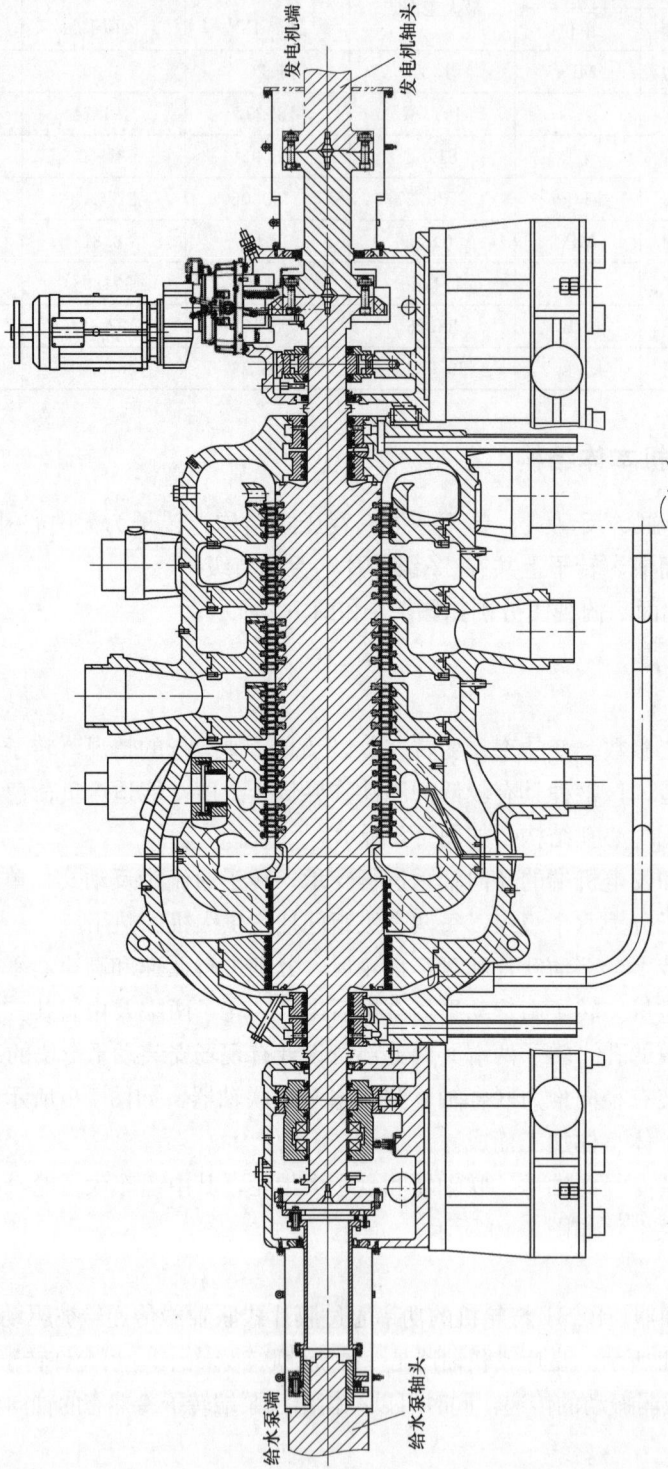

图 7-6　BEST 汽轮机纵剖面图

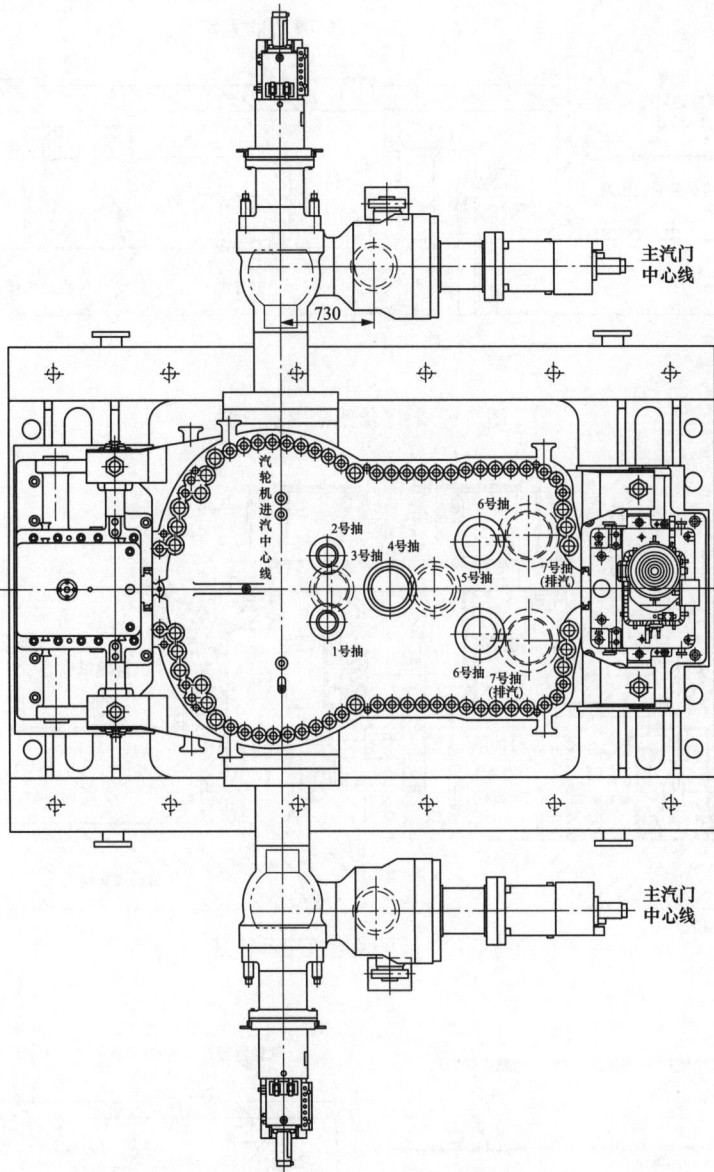

730

主汽门
中心线

汽轮机进汽中心线

2号抽
3号抽
4号抽
5号抽
6号抽
7号抽（排汽）
1号抽
6号抽
7号抽（排汽）

主汽门
中心线

图 7-7 BEST 汽轮机俯视图

图 7-8 BEST 汽轮机转子

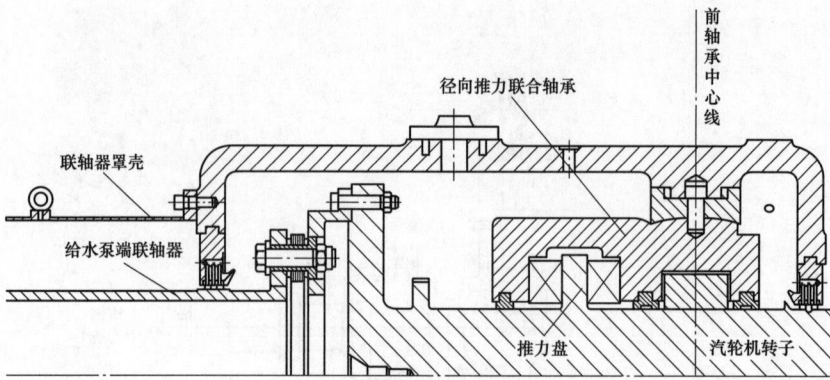

图 7-9　转子给水泵端示意图

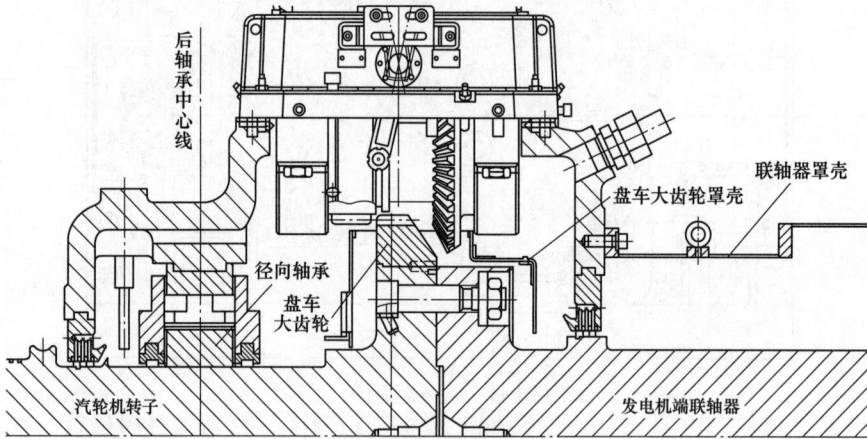

图 7-10　转子发电机端示意图

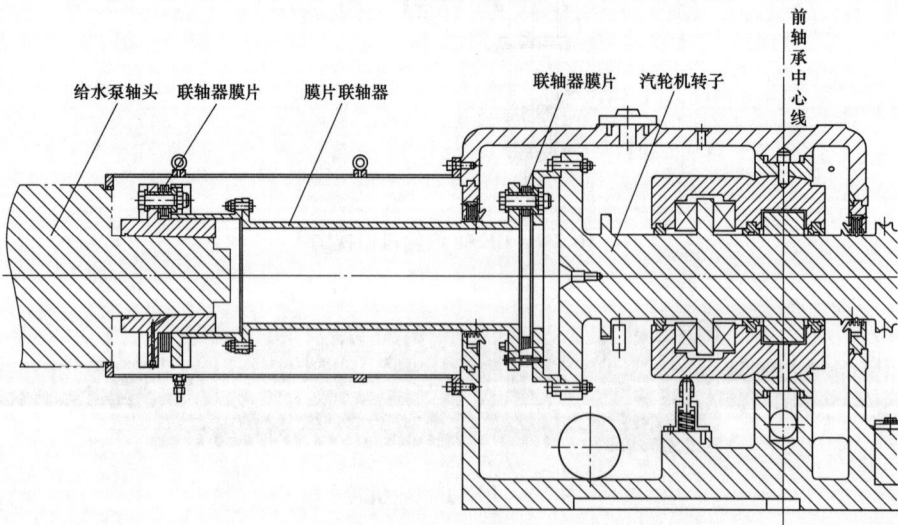

图 7-11　给水泵端联轴器（挠性连接）

膜片联轴器都是通过法兰螺栓与汽轮机转子相连。汽轮机转子与给水泵转子依靠膜片式联轴器组件连接。膜片式联轴器组件也称为中间段组件，中间段组件在装卸时通过专用螺钉强制压紧后安装或移除。膜片式联轴器在工作时不需强制给予润滑。

给水泵端联轴器还考虑了轴向补偿，因为在热态运行时，汽轮机转子会向给水泵端产生热胀，而给水泵转子也会向汽轮机端产生膨胀。给水泵端联轴器在安装时，轴向上会有预拉伸量，用以补偿热态运行时的转子膨胀。

（2）发电机端联轴器。BEST 汽轮机转子与发电机转子通过中间短轴及螺栓刚性连接在一起，如图 7-12 所示。

刚性联轴器的精确对中十分重要。转子在轴承中就位前，需用平板检查联轴器表面。如发现任何擦伤和毛刺，就应将它们修刮掉。但这些面不得用锉刀来锉平。检查所有螺钉孔和刮面并去除任何毛刺。在正确对中后，应清理联轴器部件及配合螺钉孔。

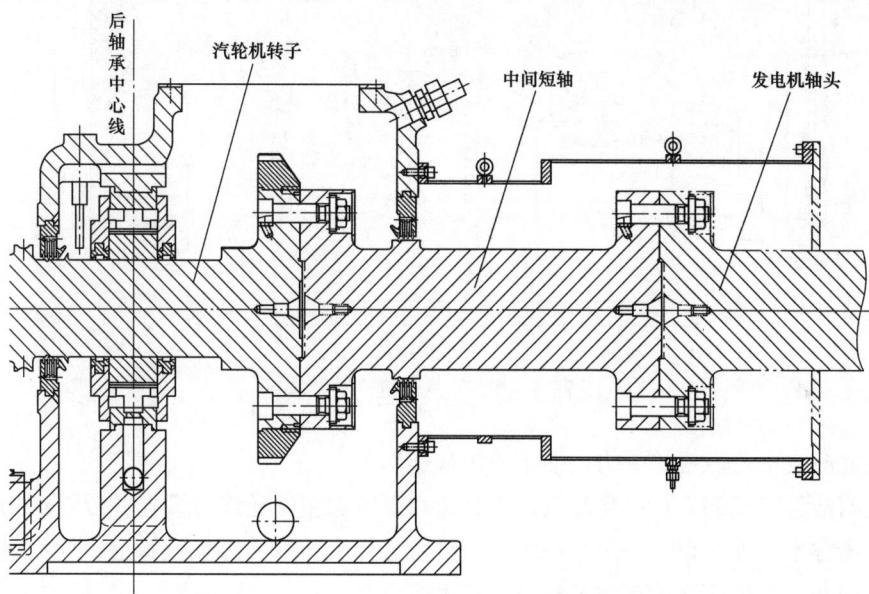

图 7-12　发电机端联轴器（刚性连接）

（二）汽缸及滑销系统

BEST 汽轮机采用全周进汽，汽缸为双层缸结构。

1. 外缸

外缸内装有内缸和 1、2、3、4 号持环，以及平衡活塞汽封体。主蒸汽进入汽缸两侧的主阀调节阀，再对向进入内缸进汽腔室。外缸则通过进汽法兰与主汽门阀壳相连，在法兰端面上设有缠绕垫片以保证对外密封。

BEST 汽轮机设有五级抽汽分别供主机 2、3、4、5、6 号回热抽汽，排汽作为主机 7 号回热抽汽。为使整机结构紧凑，其中 2、4、6 号抽汽口向上布置，3、5 号抽汽和排汽口向下布置。BEST 汽轮机汽缸结构如图 7-13 所示。

外缸采用合金铸钢件，材料为铬钼铸钢。汽缸水平中分面采用高窄法兰，有效减小汽

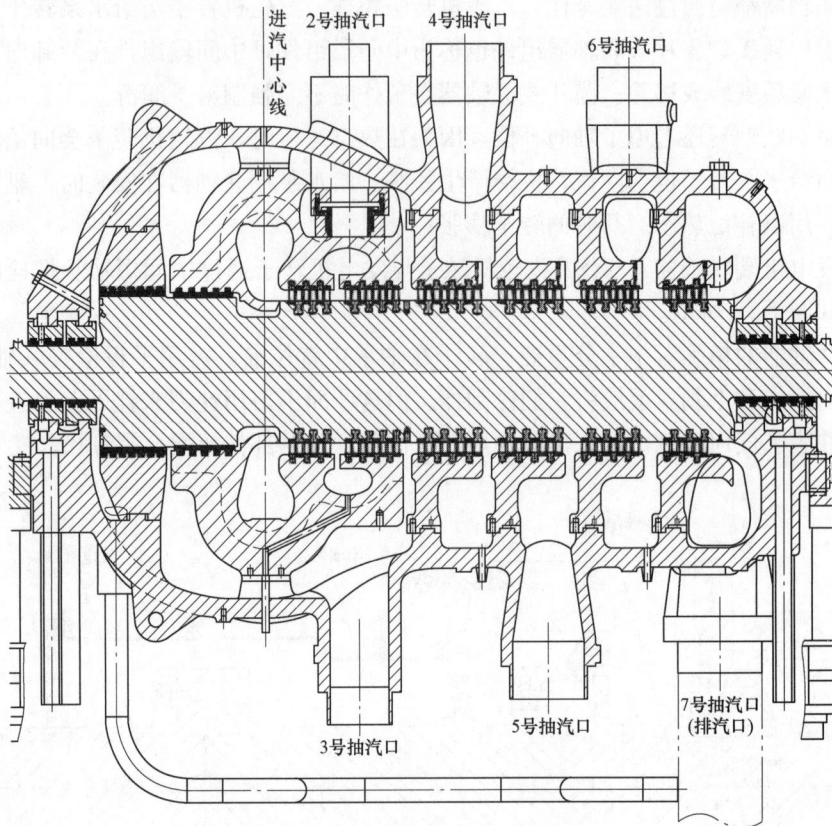

图 7-13　BEST 汽轮机汽缸结构

缸挠度，并改善中分面螺栓受力，便于机组快速启停。

外缸两端设有端部汽封以防漏汽。汽缸给水泵侧端壁处还设有开孔，以供现场动平衡时安装平衡螺塞。外缸设有一组平衡活塞蒸汽管连接至 7 号回热抽汽管道，使汽封腔室与汽缸排汽相通，以平衡转子推力及减少漏汽量。

图 7-14　BEST 汽轮机外缸的三维模型

外缸采用下猫爪、中分面支撑，前后猫爪分别支撑在前、后轴承座上。同时，设有猫爪螺栓以保证汽缸的稳定性，猫爪螺栓与猫爪间留有热胀间隙。外缸上还设有多个热电偶测点，测量汽缸的金属和蒸汽温度以控制启动及监视运行。监测汽缸上、下半温差的热电偶，上、下缸成对设置。超过限定值时，机组会报警或跳闸以防汽缸变形引起的动静碰磨。

BEST 汽轮机外缸的三维模型如图 7-14 所示。

2. 内缸

内缸进汽方式为下半对向进汽。调节汽阀扩散器采用插管结构形式，利用 L 形环，直接与内缸密封连接；而主汽门阀壳则与外缸通过法兰连接。BEST 汽轮机汽缸进汽结构示意如图 7-15 所示。

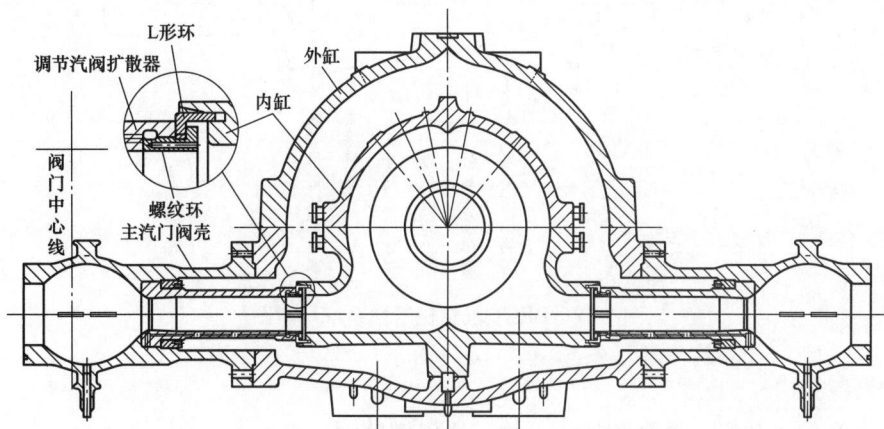

图 7-15　BEST 汽轮机汽缸进汽结构示意图

内缸的通流部分共有 7 级压力级，2 号抽汽取自通流第三级后。

内缸材料采用铬钼铸钢。内缸通过猫爪支撑在外缸中分面上；通过水平中分面处上、下半共 2 处凸肩实现轴向定位；内缸采用上、下半共 2 处横向定位键，保证内缸的横向对中。内缸水平中分面处采用高窄法兰，螺栓材料为中碳铬钼钒钢。

进汽腔室采用 CFD 计算优化设计，保证最优的进汽效率。内缸的三维模型如图 7-16 所示。

3. 滑销系统

BEST 汽轮机的汽缸膨胀死点位于前轴承座外的外缸猫爪处，转子膨胀死点位于前轴承座内的推力轴承处，BEST 汽轮机滑销系统示意如图 7-17 所示。

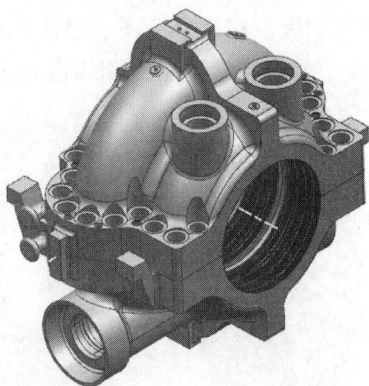

图 7-16　内缸的三维模型

（1）汽缸膨胀。前、后轴承座坐落在共用底座上，通过地脚螺栓与基础相连并紧固在基础上。外缸由位于其两侧机组水平中心线上的前/后猫爪分别支撑在前/后轴承座上。外缸通过汽缸导向键与轴承座连接，以保持汽缸的横向对中。外缸前猫爪通过猫爪螺栓和调整垫片固定在前轴承座上，为机组静子的死点，汽缸的膨胀开始于此死点，向发电机端膨胀。

（2）转子膨胀。推力轴承安装在前轴承座内。转子从推力轴承向发电机端膨胀。

（3）胀差。前轴承座为转子和静子（汽缸）的死点，所以转子和缸体之间的膨胀起点均位于前轴承座，转子与汽缸间的差胀为各自相对于死点的轴向膨胀值的差值。这样布置时，汽缸和转子的膨胀方向一致，使胀差较小。差胀最大值发生在离推力轴承最远的位置。

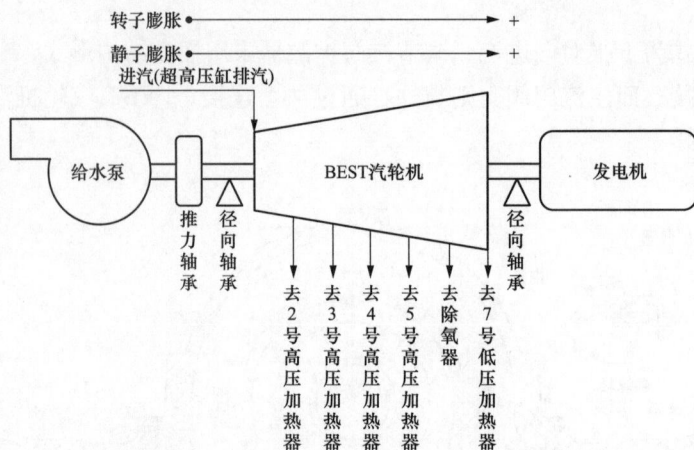

图 7-17　BEST 汽轮机滑销系统示意图

4. 静叶持环

BEST 汽轮机共有 4 个静叶持环，均采用铬钼铸钢。

1 号静叶持环位于 3、4 号 回热抽汽区域之间，通流涵盖 8～11 级。2 号静叶持环位于 4、5 号回热抽汽区域之间，通流涵盖 12～15 级。3 号静叶持环位于 5、6 号 回热抽汽区域之间，通流涵盖 16～19 级。4 号静叶持环位于 6 号 回热抽汽和排汽区域之间，通流涵盖 20～22 级。在 4 号持环上半排汽侧附近设有一个 $\phi 50$ 的孔，以方便不揭缸加装转子动平衡块。每级持环上出汽侧均设有金属温度 100% 测点。

图 7-18　静叶持环三维外形
（a）1～3 号静叶持环；（b）4 号静叶持环

静叶持环采用高窄法兰设计，沿水平法兰分为上、下两半，水平中分面用螺栓固定连接，左右对称布置，螺栓材料为中碳铬钼钒钢；设螺尾锥销孔及起重螺钉孔，用以中分面装配定位和顶开。静叶持环三维外形如图 7-18 所示。中分面设有左右对称的起吊螺钉孔，顶部采用稳定的 3 点起吊方式（上、下半均有）。

5. 轴承及轴承座

BEST 汽轮机设有 2 个径向支持轴承和 1 个推力轴承。1 号支持轴承和推力轴承组成支持联合轴承，放在前轴承座内，2 号支持轴承放在后轴承座内，如图 7-9 和图 7-10 所示。

1 号支持轴承和 2 号支持轴承为 4 瓦块的可倾瓦轴承。由于可倾瓦轴承没有交叉刚度，且具有阻尼系数高等特点，所以，在临界区域和工作转速区域轴承都能提供足够的阻尼，减小激振力对转子的激振响应，提高了机组的振动性能。同时可倾瓦轴承的瓦块能够通过摆动自适应转子的运行，当激振力产生后转子的轴心位置发生变化后，轴承能够通过瓦块摆动自动调整轴承油楔形状，形成稳定的油膜系统，保证轴承具有足够的稳定性，同时通过油膜的阻尼降低激振力的响应，保证机组的振动性能优良。

支持轴承是水平中分面的，不需吊转子就能够在水平、垂直方向进行对中调整，同时是自对中心型的。支持轴承测温用三支四线制 K 型热电偶，每个支持轴承提供两个独立测温点支持轴承测温用三支四线制 K 型热电偶，每个支持轴承提供两个独立测温点。

推力轴承型式为可倾瓦轴承，具有良好的自平衡能力，能承受汽轮机转子的全部轴向推力。每块瓦受力均衡，瓦温相近，因此，测量典型瓦块的瓦温即可反映推力轴承瓦温情况，能满足安全运行的要求。推力轴承能承受在任何转速、任何工况下所产生的最大推力。推力瓦工作面和非工作面的典型瓦块（工作面 4 块，非工作面 4 块）上各装设 1 支三支四线制 K 型热电偶，满足三冗余要求。

轴承座上设置测量大轴弯曲，轴向位移和汽缸膨胀及胀差的监测装置。

6. 主汽阀和调节汽阀

BEST 汽轮机进汽设置 2 个主汽阀和 2 个调节阀，分两组布置在高压缸的两侧。1 个主汽阀和 1 个调节汽阀为一组，共用 1 个阀壳。每一组阀门都由独立的弹簧支架支撑在基础上；而调节阀出口处在与外缸法兰连接的同时，通过插管结构与内缸相连，如图 7-19 和图 7-20 所示。

来自主机超高压缸排汽的蒸汽从主蒸汽进口进入主汽阀，转 90°后进入调节阀，调节阀出口排汽扩散段通过尾端的 L 形进汽插管与内缸相连，主蒸汽离开调节阀后即进入内缸。阀壳与外缸通过法兰连接，采用无导汽管设计，因此，在调节阀出口和内缸之间的封闭空间很小，也就意味着冗余蒸汽量很少，可有效防止机组超速，有利于机组的安全性。

（1）主汽阀。主汽阀是一个内部带有预启阀的单阀座式提升阀，如图 7-20 所示。蒸汽经由主蒸汽进口进入装有永久滤网的阀壳内，当主汽阀关闭时，蒸汽充满在阀体内，并停留在阀碟外。当主汽阀打开时，阀杆带动预启阀先行开启，从而减少打开主汽阀阀碟所需要的提升力，以使主汽阀阀碟可以顺利打开。在阀碟背面与阀杆套筒相接触的区域有一堆焊层，能在阀门全开时形成密封，阀杆由一组石墨垫圈密封与大气隔绝，另外，在主汽

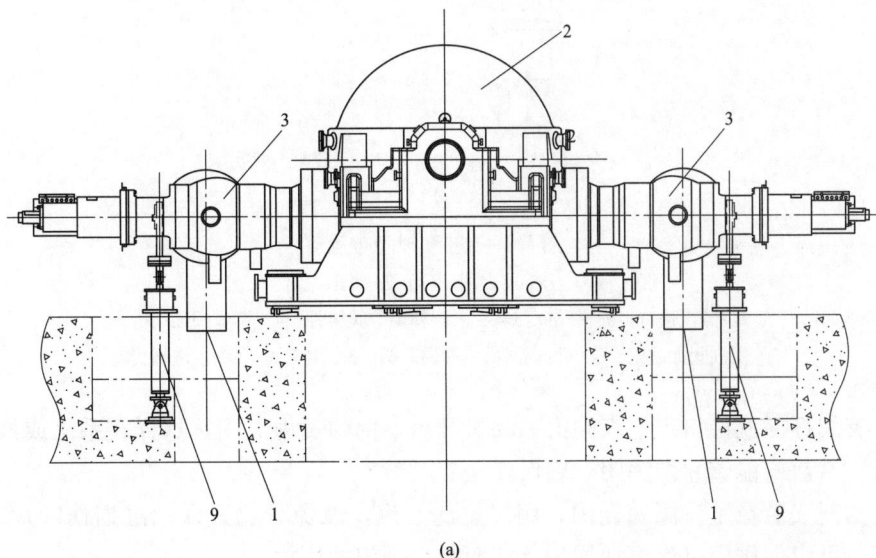

(a)

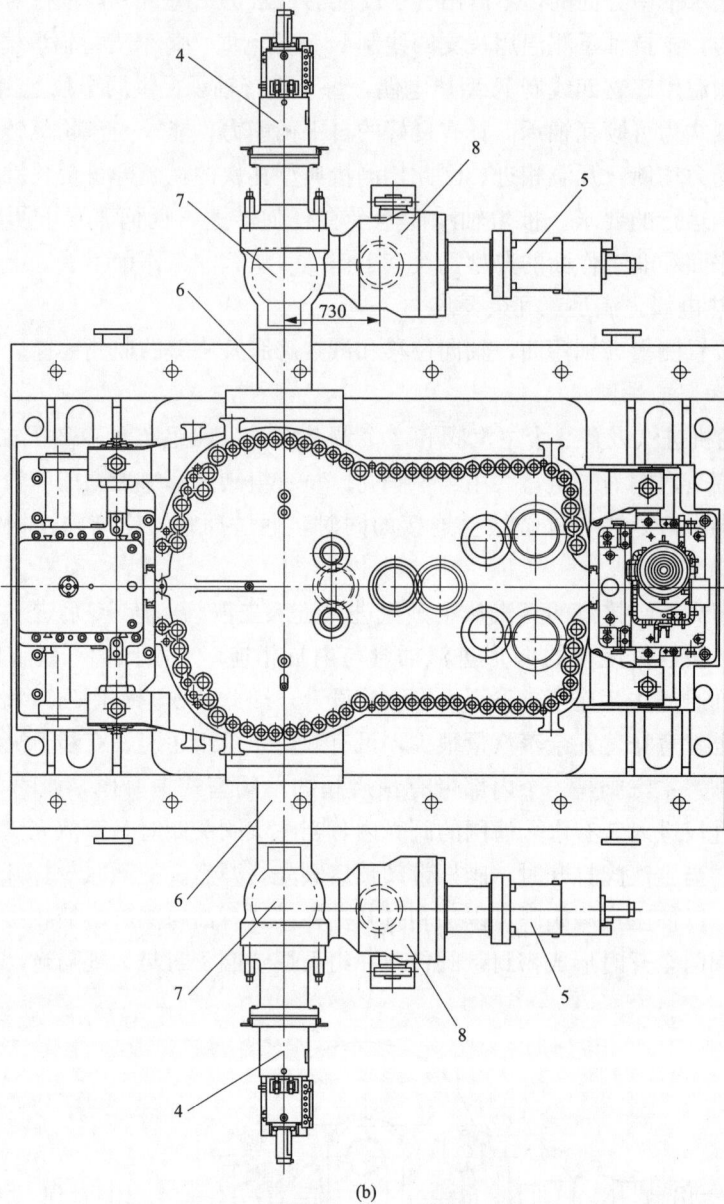

图 7-19 进汽阀门布置

（a）前视图；（b）俯视图

1—主蒸汽进口；2—外缸；3—主汽阀和调节阀组件；4—调节阀油动机；

5—主汽阀油动机；6—进汽插管；7—调节阀；8—主汽阀；9—主汽阀支架

阀上也开有阀杆漏汽接口。主汽阀由油动机开启，由弹簧力关闭，这样在系统或汽轮机发生故障时，主汽阀能够立即关闭，确保安全。

永久滤网安装在主汽阀阀壳内，用以过滤蒸汽，以免异物进入汽缸损伤叶片。另外，永久滤网也可以使阀门进汽更加均匀，从而减少阀门的压损。

（2）调节阀。如图 7-20 所示，带有中空的阀碟阀杆在位于阀盖的阀杆衬套内滑动，

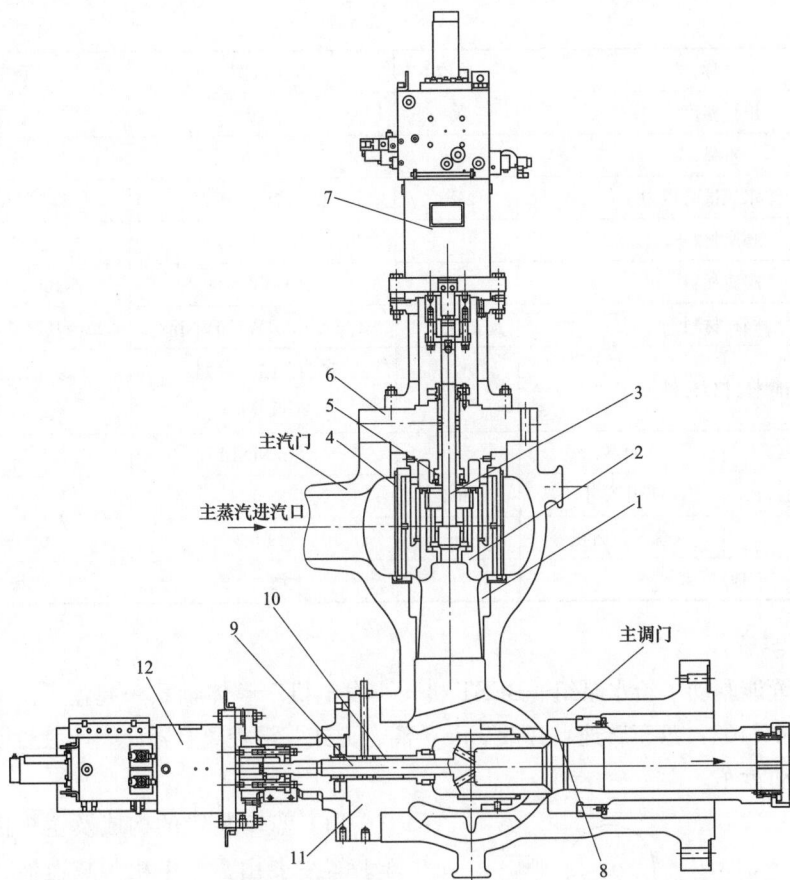

图 7-20 主汽门和调门组件

1—主门阀座；2—阀碟；3—阀杆（含小阀碟）；4—滤网；5—阀杆衬套；6—阀盖；

7—油动机；8—调门阀座；9—阀杆（含阀碟）；10—阀杆衬套；11—阀盖；12—油动机

在阀碟上设有平衡孔以减小机组运行时打开调门所需的提升力，阀碟背部同样有堆焊层，在阀门全开时形成密封面。

在阀盖里有一组垫圈将阀杆密封与大气隔绝。同样的，调门也由油动机开启，由弹簧力关闭，这样在系统或汽轮机发生故障时，主门和调门能够立即关闭，确保安全。

（3）主汽阀和调节阀性能参数及材质。主汽阀和调节阀性能参数及材质如表 7-7 所示。为保证进汽调节阀快速动作，进汽调节阀采用大机 EH 油调节，并就近安装足够大的蓄能器，确保快速调节，并确保 EH 油压不波动。

表 7-7　　　　　　　　　　　　　BEST 汽轮机进汽阀件性能参数及材质

名称	单位	主汽阀	调节阀
型式		提升式	提升式
通径 ϕ	mm	200	160
数量	个/台机	2	2
设计压力	MPa	13.1	13.1

续表

名称		单位	主汽阀	调节阀
设计温度		℃	476	476
重量		kg	3800	3500
壳体水压试验压力		MPa	1.5 倍设计压力	1.5 倍设计压力
阀座材料			2Cr12MoV	2Cr12MoV
阀瓣材料			X10CrMoVNb9-1	X10CrMoVNb9-1
阀杆材料			12Cr10Mo1W1NiVNbN	12Cr10Mo1W1NiVNbN
阀杆衬套材料			STELLIT-6-SG 2Cr12MoV	STELLIT-6-SG 2Cr12MoV
蒸汽滤网	材料		X8CrNiNb16	—
	开孔尺寸	mm	3.2	—
	总开孔面积	m²	149 500	—
产地/厂家			上海/STP	上海/STP

7. 盘车装置

盘车装置能驱动"给水泵组—BEST 机—小发电机"整体轴系一起盘车。盘车装置型号：YZP03-45-103，盘车转速：103r/min，离合方式：液控离合器。盘车装置既可自动盘车，也可手动盘车。

(1) 盘车装置的构成及扭矩传递。本盘车装置主要由盘车电机、减速器、螺旋锥齿轮对、液控离合器（包括中间轴、滑移件、压力油腔以及电磁阀控制系统等）、盘车壳体、就地控制箱等部分构成，如图 7-21 所示。

盘车装置扭矩传递路线为：盘车电动机—减速器—螺旋锥齿轮对—螺旋花键副—滑移件—盘车大齿轮—汽轮机转子。

(2) 盘车装置的工作原理。如图 7-21 和图 7-22 所示，当控制电路给出盘车指令时，电磁阀通电，润滑油经电磁阀进入压力油腔，滑移件在工作油压力作用下沿螺旋花键向左移动，直到与盘车大齿轮驱动齿端面相碰，此时，控制系统控制盘车电机低速爬行，在缓慢启动的过程中，盘车大齿轮齿槽与滑移

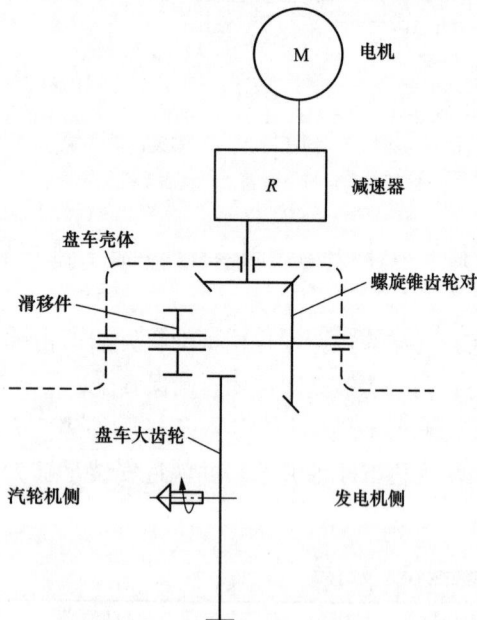

图 7-21　盘车装置的构成及传动示意图

件外驱动齿齿厚对准的瞬时，在压力油作用下，滑移件进入盘车大齿轮一段距离，随后控制电路继续控制盘车电机运转，滑移件外驱动齿齿厚卡在盘车大齿轮齿槽中无法周向旋转，在螺旋花键的作用下，滑移件只能沿盘车大齿轮齿槽轴向移动，当滑移件移动到位

后，接合位置传感器给出信号，控制电路控制盘车电机启动，盘车装置带动转子连续旋转，完成盘车的投入过程。

　　当汽轮机转子升速时，盘车大齿轮带动滑移件旋转，使滑移件受到一个反转力矩（该力矩与盘车转矩相反），在螺旋花键副作用下，反转力矩使滑移件向脱开方向移动直至脱开到位，"脱开位置"传感器给出信号，控制电路使盘车电机停机，随后，液控定位器锁紧盘车操纵手柄，避免盘车意外投入。

四、BEST 汽轮机系统

（一）汽水系统

1. 蒸汽系统

　　BEST 汽轮机的启动调试汽源为辅助蒸汽汽源，正常工作汽源来自主机超高压缸排

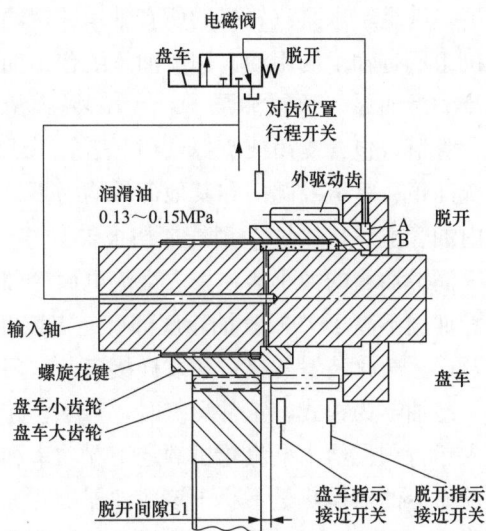

图 7-22　液控离合器结构简图

汽（一次再热冷段），工作蒸汽经主汽门、调节汽阀进入汽轮机各级做功。蒸汽在汽轮机内做功之后，排汽由后汽缸的下缸排汽口通过排汽管道引入回热系统中的 7 号低压加热器。BEST 汽轮机启动时排汽进入凝汽器。

　　启动调试用汽源（辅助蒸汽）：压力为 0.8～1.3MPa，温度为 250～350℃。

　　工作汽源（超高压缸排汽，一次再热冷段）：压力为 12.26MPa，温度为 448.9℃，流量为 732.885t/h。

　　BEST 汽轮机本体及进汽阀相关位置均设有疏水装置，其疏水引至凝汽器疏水立管。

2. 轴封系统

　　BEST 汽轮机轴封系统的结构是由辅助蒸汽向小汽轮机前、后轴封供汽。小汽轮机前、后轴封均为三段设置。

　　前、后轴封的第一（近大气端）腔室接至主机的轴封冷却器，低压主汽门阀杆和低压调节汽阀提升杆中的漏汽接至清洁水疏水扩容器，高压主汽门阀杆和高压调节汽阀提升杆中的漏汽接至供汽管道。

　　前、后轴封近大气端的第二腔室的密封蒸汽来自辅助蒸汽。轴封蒸汽先经过气动减压调节阀调节轴封母管压力，使其压力范围满足要求，再经过喷水减温器以降低汽封供汽的温度，使供汽温度也符合要求。

　　BEST 汽轮机供汽母管上设有溢流装置，当供汽母管压力升至一定值时，溢流装置打开，蒸汽溢流至 11 号低压加热器或凝汽器。

　　BEST 汽轮机供汽母管上还设有若干疏水装置，疏水引至凝汽器疏水立管或清洁水疏水扩容器。

（二）润滑油系统

润滑油系统设有可靠的供油设备及辅助供油设备，在启动、停机、正常运行和事故工况下，满足给水泵汽轮机的所有轴承的用油量及汽动给水泵组设备（包括前置泵）和小发电机组所有轴承的用油。润滑油系统包括油箱、高压交流油泵、电动交流润滑油泵、电动直流润滑油泵、顶轴油泵、2 台 100% 容量的冷油器（板式）、排油烟风机，以及相关阀门、管道（包含支吊或支撑）、仪表等。BEST 汽轮机润滑油系统如图 7-23 所示。润滑油系统油箱、管道及阀门和其他部件均为不锈钢材质，焊接采用氩弧焊工艺，内部清洗，油箱内油管道焊口提供 X 射线探伤报告。

润滑油箱的大小能在失去交流电而冷油器无冷却水时，允许给水泵汽轮机安全惰走而润滑油温不高于 79℃。油箱底部有一定坡度以便放油，油箱上有事故放油、排污、补充净油及接至净化装置的接口和取样接口及阀门。

冷油器为板式，正常运行时，1 台运行 1 台备用，特殊情况下，2 台冷油器也可同时投入运行。在给水泵汽轮机额定工况功率和给定的最高水温 33℃ 下，2 台冷油器 1 运 1 备的任一冷油器换热量不小于该冷油器 120% 的实际换热量。冷油器的设计和管路布置方式允许在一台运行时，另一台停用的冷油器能排放、清洗或调换。冷油器采用双联切换阀。冷却水设计压力 0.6MPa。在油系统和设备上，必须设置有效的排气孔、探杆孔。润滑油的回油是无压的。

润滑油系统所用管道及附件是强度足够的厚壁管，至少按提高一个压力等级进行设计，管件及阀门的压力等级不低于 2.5MPa。不用法兰及管接头连接，对靠近蒸汽管道和热表面的油管道采用防护结构，油系统中的附件不使用铸铁件。所有的油管道焊缝全部采用氩弧焊。油系统管道和各管件全部采用不锈钢材料，并依据相关标准进行考核、验收。

润滑油系统中，凡有可能聚集油气的腔室，如轴承箱、回油母管等均有排放油气的设施。油系统设计考虑保持轴承座适当的真空，以防油挡漏油。并从汽轮机结构和系统设计上采取措施，防止有汽水由于轴封漏汽等原因而进入油中。

润滑油系统中所配的油泵、风机的交流电动机选用防爆型。

（三）数字电液控制系统（MEH）

1. 控制系统的组成与作用

MEH 系统包括微处理单元，过程输入、输出通道，数据通信接口，液压伺服系统和配套的就地仪表等。

MEH 系统采用冗余的微处理器为基础的数字式控制系统，每台 BEST 机配置一对 1∶1 冗余的处理器。MEH 系统能提供足够的接口（硬接线与/或数据通信）以实现与机组分散控制系统 DCS 的连接。

MEH 系统的主要任务是通过控制 BEST 机的转速来控制锅炉的给水流量。

2. 控制系统性能指标

（1）闭环转速控制范围：不小于 $10\%N_H \sim 120\%N_H$（N_H 为给水泵最高工作转速）。

（2）转速控制精度：小于 $0.1\%N_H$。

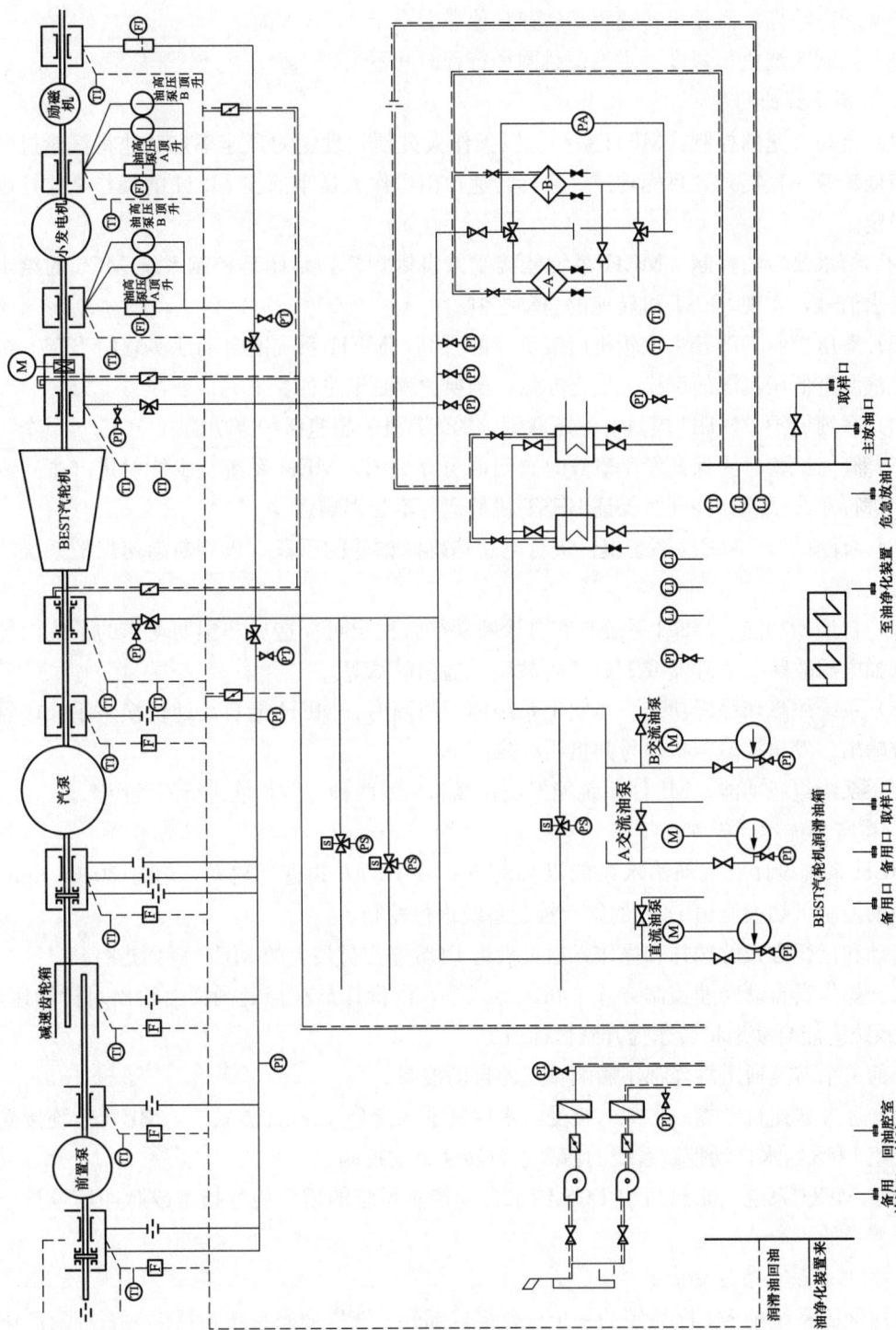

图 7-23 BEST 汽轮机润滑油系统

（3）转速定值精度：小于 $0.1\%N_H$。

（4）静态特性：死区小于 $0.1\%N_H$。

（5）动态特性：汽轮机转速跟踪转速定值滞后小于 $0.1\%N_H$。

（6）控制系统执行速度：主汽门跳闸全行程时间不大于 1s。

3. 控制系统的功能

（1）自动升速的控制。MEH 系统能以操作人员预先设定的升速率自动地将汽轮机转速自最低转速一直提升到目标转速。目标转速也由操作人员事前在 MEH 的操作员监控画面上设定。

（2）给水泵转速控制。MEH 系统能接受来自锅炉模拟量闭环控制系统 MCS 的给水流量需求信号，实现 BEST 机转速的自动控制。

（3）滑压控制。随着主汽轮机所带负荷的升高，MEH 系统能自动地实现给 BEST 机从高压汽源至低压汽源的倒换。反之亦然。倒换过程是渐进的。

（4）联锁保护。MEH 应具有油压联锁，BEST 机的超速保护等功能。

（5）阀门试验。为保证发生事故时阀门能可靠关闭，MEH 系统至少能对进（主）汽门逐个进行在线试验，并同时保证 BEST 机的运行不受影响。

（6）跳闸试验。MEH 系统提供进行电超速跳闸试验的手段，以判断超速保护系统功能是否正常。

（7）自诊断功能。MEH 系统具有自诊断功能，检出可能造成非预期动作的系统内部故障（如电源故障、处理器或 I/O 模件故障、通信故障等）。

（8）系统故障切手操功能。当发生系统内部故障时，MEH 能自动地切换至手操，隔断系统输出，发出故障警报信号并指明故障性质。

（9）系统组态功能。MEH 系统能保证在线和离线两种方式均能进行系统组态。

4. 控制系统的运行方式

MEH 系统设计成汽动给水泵能以自动方式或手动方式进行启动，超过 3000r/min，给水泵的控制可切换至由 DCS 的给水控制系统进行控制。

启动和运行方式的选择和操作，通过机组 DCS 操作员站上的 MEH 画面进行。

（1）操作员自动转速控制方式。在此方式下，由操作员在控制画面上给出目标转速，MEH 系统应能自动地将转速提升到目标值。

任何一个转速通道故障都不影响转速的自动控制。

（2）远方转速自动控制方式（接受给水控制系统指令）。在此方式下，MEH 系统接受来自机组 DCS 给水自动控制系统的指令进行转速自动控制。

对于 MEH 系统，来自机组 DCS 给水自动控制系统的模拟信号指令或脉冲信号指令都是可接受的。

5. 控制系统的液压伺服系统

液压伺服系统是 MEH 系统的一个重要组成部分。液压伺服系统包括供油系统及液压执行机构两个部分。液压用油采用抗燃油，与主机 DEH 系统用油相同（即 BEST 机用抗燃油压力不低于 16MPa，燃点不低于 600℃，BEST 机用油总量不超过 15L/min）。

供油系统用来向液压执行机构提供连续的、压力稳定和温度适中的压力油。

液压执行机构由电液伺服阀，液压油缸、位移传感器及定位反馈等部件组成。它的功能是根据 MEH 系统电气部分发出的指令去操作相应的阀门（进汽阀、调速阀）。

（四）监视仪表系统（TSI）

MTSI 系统包括给水泵汽轮机、汽动给水泵、同轴前置泵安全运行所必需的监视项目、监测装置、就地设备及其他附件。

TSI 监测项目：①BEST 机转速。②轴向位移。③轴振动：包括给水泵、给水前置泵、齿轮箱、异步电机等的轴振动。④偏心。⑤键相。⑥BEST 汽轮机系统中齿轮箱和异步电机相关的其他振动监测项目。⑦其他必要的项目。

（五）保护、联锁系统

1. 紧急停机系统（METS）

METS 系统采用分散控制系统，并设置冗余的过程控制单元。METS 系统的监控在机组 DCS 操作员站上完成。

METS 系统能提供足够的接口（硬接线）以实现与机组分散控制系统 DCS 的连接。

2. METS 系统停机保护项目

（1）超速保护：给水泵汽轮机机械超速保护和电气超速保护两套独立的保护装置。

（2）轴向位移大保护。

（3）润滑油压低保护。

（4）其他跳机信号。

3. 联锁要求

润滑油压低时联锁启动交直流润滑油泵。

4. 完整的保护、联锁系统要求

一套完整的保护、联锁系统应包括用于联锁保护的就地设备和逻辑处理装置。METS 具有跳闸首出原因显示、试验、故障诊断等功能。

METS 所有监视及操作均通过 DCS 操作员站进行。METS 与 DCS 之间的控制/联锁信号交换采用硬接线。

第六节　BEST 汽轮机的运行

（一）BEST 汽轮机的控制策略

BEST 汽轮机系统采用"小发电机—变流器"的调速方案，整个系统的控制方案与常规给水泵汽轮机有所不同。BEST 双机回热系统纳入 MEH 中进行控制，其中变流器、BEST 发电机等纳入 BEST 变流器就地控制系统进行控制，MEH 与 BEST 变流器就地控制系统通过硬接线和/或通信方式进行信号交换。

BEST 系统正常运行时，控制系统通过调节发电机出口的变流器来控制 BEST 发电机所发出的功率，从而平衡给水泵汽轮机与给水泵的出力，达到控制给水泵转速的目的。

（二）BEST 汽轮机的启动

1. 启动方式的划分

（1）冷态启动。BEST 汽轮机内缸内壁金属温度小于 150℃时为冷态启动。

（2）热态启动。BEST 汽轮机内缸内壁金属温度不小于 150℃时为热态启动。

2. 启动方案

本期第一台机组 BEST 汽轮机启动时有两种方案：一是采用一期老厂辅汽（压力为 0.8～1.3 MPa，温度为 250～350℃）作为启动汽源启动 BEST 汽轮机；二是将小发电机用作电动机启动 BEST 汽轮机。

（1）采用一期老厂辅汽作为启动汽源启动 BEST 汽轮机。

1）启动前的准备。BEST 汽轮机启动前，应对设备和系统进行详细检查和准备，且必须满足以下条件：除氧器水位正常；给水泵入口电动阀全开；给水泵再循环阀全开；BEST 机密封水、润滑油、顶轴油系统投入；BEST 汽轮机处于盘车状态；凝汽器真空状态；BEST 机排汽至凝汽器旁路阀全开；BEST 汽轮机主汽门全关；BEST 汽轮机主调门全关；疏水阀全开；所有抽汽止回阀全关；轴封系统投入；BEST 发电机电路断开。

2）打开辅汽至除氧器电动门，加热除氧器。

3）打开辅汽至 BEST 汽轮机的启动蒸汽电动门。

4）给水再循环调门投自动。

5）机组满足冲转条件后，开启 BEST 汽轮机主汽门，由一期来的辅汽汽源进行供汽。MEH 中设定暖机转速（暂定 800r/min）为目标转速，由 BEST 汽轮机主调门进行转速控制。在进汽量达到一定流量时，排汽止回阀打开。BEST 汽轮机主调门继续维持暖机转速。

6）暖机完成后，MEH 将给水泵最低工作转速设定为目标转速，BEST 汽轮机主调门根据给定升速率（暂定 200r/min/min）逐步开大，将 BEST 汽轮机升速到最低工作转速。检查 BEST 汽轮机轴系运行正常，MEH 将 BEST 汽轮机转速控制切换至自动控制模式。

7）打开给水泵出口电动门及中间抽头电动门。

8）主汽轮机启动（该过程与常规类似，不再赘述）完成后，并达到一定负荷（暂定 30％THA），一次再热冷段压力不小于 2MPa（暂定）时，将 BEST 汽轮机进汽汽源从一期汽源切换到正常汽源（本机组一次再热冷段蒸汽）。

9）汽源切换完成后，将 BEST 汽轮机的排汽由排至凝汽器切换为排至 7 号低压加热器，然后按由低到高的顺序依次投入 BEST 汽轮机的各级抽汽，即依次为除氧器、5 号高压加热器、4 号高压加热器、3 号高压加热器、2 号高压加热器。至此，完成 BEST 双机回热系统启动过程。

（2）将小发电机用作电动机启动 BEST 汽轮机。

1）启动前的准备。BEST 汽轮机启动前，同样应对设备和系统进行详细检查和准备，启动条件除满足前面一种方案的启动条件外，还要满足 BEST 小发电机—变流器组合可用的这一条件。

2）给水再循环调门投自动。

3）机组满足冲转条件后，开启 BEST 汽轮机主汽门（开度较小，如 25％），对 BEST 汽轮机预暖，此时汽源为一期辅汽。

4）BEST 汽轮机暖机完成后，启动 BEST 小发电机的电动机运行模式，同时启动变流器及相关辅助设备，拖动 BEST 汽轮机启动，同时开启 BEST 机通风阀，直至 BEST 汽轮机升速至给水泵最低工作转速。检查 BEST 汽轮机轴系运行正常，MEH 将 BEST 汽轮机转速控制切换至自动控制模式。

5）打开给水泵出口电动门及中间抽头电动门。

6）主汽轮机启动（该过程与常规类似，不再赘述）完成后，并达到一定负荷（暂定 30％THA），一次再热冷段压力不小于 2MPa（暂定）时，将 BEST 汽轮机进汽汽源从一期汽源切换到正常汽源（本机组一次再热冷段蒸汽）。

7）汽源切换完成后，将 BEST 汽轮机的排汽由排至凝汽器切换为排至 7 号低压加热器，然后按由低到高的顺序依次投入 BEST 汽轮机的各级抽汽，即依次为除氧器、5 号高压加热器、4 号高压加热器、3 号高压加热器、2 号高压加热器。

8）当主汽轮机完成启动并达到一定负荷（暂定 30％THA）时，逐渐开大 BEST 汽轮机主汽门，将 BEST 汽轮机主调门以一定升速率（暂定 200r/min/min）开至最大状态，BEST 汽轮机滑压运行，整个 BEST 汽轮机系统切换到正常运行状态。在此过程中，BEST 小发电机已自动切换为发电机模式，整个轴系转速控制由 BEST 小发电机—变流器组完成。

（三）BEST 汽轮机启动及正常运行时的转速控制（以蒸汽启动为例）

常规工程中，正常运行时，给水泵汽轮机的转速由其进汽主调门进行闭环反馈控制，控制回路如图 7-24 所示。BEST 汽轮机有别于常规的给水泵汽轮机，高压加热器、除氧器等投切时对转速的影响较大，转速控制器需要快速响应，维持给水流量的稳定。转速控制器采用带前馈的 PID 运算，响应速度更快。

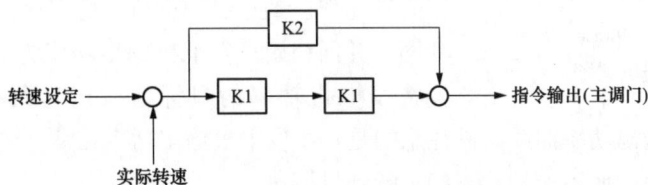

图 7-24 常规工程给水泵汽轮机转速控制回路示意图

由于用进汽主调门是通过节流进汽的方式控制 BEST 机的转速，存在节流损失。因此本工程为 BEST 汽轮机配置了一台小发电机，希望通过变流器的调节来控制发电机输出电功率，从而实现 BEST 汽轮机的转速控制。这种控制方式将原本用进汽主调门控制转速产生的节流损失转换为电能供厂用电使用。

BEST 汽轮机启动时，变流器尚未运行，MEH 中设定暖机转速（暂定 800r/min）为目标转速，由 BEST 汽轮机主调门进行转速控制。

暖机完成后，MEH 将给水泵最低工作转速设定为目标转速，依然通过 BEST 汽轮机主调门进行转速控制，直至升速到给水泵最低工作转速。MEH 将 BEST 汽轮机转速控制切换至自动控制模式。此时，锅炉仍然处于湿态运行，锅炉给水流量通过锅炉给水旁路调节阀进行流量控制，给水泵转速通过 BEST 汽轮机主调节阀的调节维持在 3000r/min 附近。

当机组负荷逐渐上升，直至锅炉完全转为干态运行（负荷暂定为 330MW）时，锅炉给水旁路退出，锅炉给水切换为主管运行，即通过给水泵的转速来进行调节。此时，投入变流器，以给定的升速率（暂定 200r/min/min）逐步开大 BEST 汽轮机主调门，同时增加 BEST 小发电机的发电出力，直至 BEST 汽轮机主调节阀达到最大开度（开度待定，需要考虑保留一定继续开大裕度），跟随主汽轮机滑压运行。此后，给水泵的转速完全切换为由 BEST 小发电机—变流器组控制。BEST 小发电机—变流器组控制详见电气部分描述。

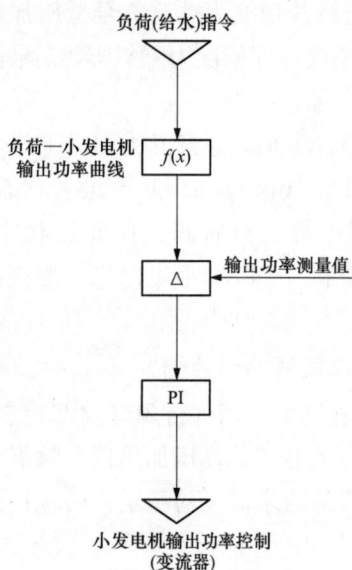

图 7-25 小发电机输出功率
控制回路示意图

由于主汽轮机负荷与 BEST 汽轮机剩余功率存在一定的相关性，给水泵汽轮机厂家提供一条主汽轮机负荷—BEST 汽轮机剩余功率曲线（以下简称剩余功率曲线），所以，BEST 小发电机接受来自机组协调控制系统给定的主汽轮机负荷指令，并通过这条剩余功率曲线计算出 BEST 小发电机的功率设定值，此设定值再通过 PID 运算输出给变流器来实现 BEST 小发电机功率的控制，最终实现给水泵转速的闭环控制。BEST 小发电机输出功率控制回路示意图如图 7-25 所示。

（四）小发电机的投入和退出过程

BEST 机启动运行在最低工作转速。到一定负荷（暂定 30%THA）后，给水流量由给水调节阀控制切换到给水泵控制，BEST 汽轮机转速随着机组升负荷同时升速率。到达目标负荷并稳定后，小发电机可进行并网，并网初始小发电机输出功率为 0，然后通过变流器将发电机功率的目标值设定为跟踪机组负荷（指令）—小发电机输出功率曲线。需注意的是，小发电机输出功率在从 0 到目标值的过程应控制适当的升速率，而不应从 0 直接阶跃到目标值。

在带小发电机运行方式下，如果要进行变负荷过程，都可先将小发电机输出功率从当前值以适当速率降到 0，然后再进行变负荷。

在带小发电机运行方式下，如果变流器控制转速失败（发电机实际输出功率偏离功率指令超过一定值），或收到其他保护，则小发电机出口断路器断开，小发电机空转。此时 BEST 汽轮机承受了一定程度的甩负荷，BEST 汽轮机进汽主调门要能快速稳定 BEST 机转速以避免超速并尽可能降低对给水系统的扰动。

（五）特殊工况联锁和保护

1. MFT 工况

主汽轮机和 BEST 汽轮机均接受 MFT 动作信号，BEST 汽轮机跳闸，小发电机出口断路器断开，小发电机空转，开启旁路溢流阀。

2.RB工况

随着机组负荷降低，给水泵转速降低，给水泵功率减少，使小发电机功率增加。当小发电机功率达到最大负荷时，给水泵汽轮机调节阀参与调节，逐步关小给水泵汽轮机阀门，减小小机组负荷，维持RB后对应负荷转速，抽汽回热系统重新维持自平衡。

3. 高压加热器切除工况

高压加热器切除后BEST汽轮机背压升高，开启BEST汽轮机溢流阀或旁路阀以维持背压不超过高限。变流器切除，小发电机不发电空转运行，MEH接受BEST变流器就地控制系统发出的给水泵转速控制切换信号后，给水泵转速切换为由BEST汽轮机主调节阀进行控制。

4. 低压加热器切除工况

当7号低压加热器故障切除或者7、8号低压加热器同时故障切除时，需要根据最终的主汽轮机热平衡图计算出是否需要进行整个机组的负荷限制。同时，需要根据切除时的工况来确定是否需要调节BEST汽轮机进汽主调门来限制BEST汽轮机的进汽流量，如果需要，则该部分控制在MEH中实现。

5. 小发电机甩负荷工况

小发电机甩负荷工况下，BEST变流器就地控制系统发出转速控制失败信号，MEH接收信号后，控制逻辑切换为BEST汽轮机主调门控制BEST汽轮机转速，控制逻辑同常规给水泵汽轮机控制一致。小发电机出口断路器断开，小发电机空转，根据切除时大汽轮机负荷情况，可能存在BEST汽轮机短时超速的情况，此时开启BEST汽轮机旁路溢流阀，快速降低BEST汽轮机背压，稳住BEST汽轮机转速。

6. 变流器故障工况

当变流器出现故障时，小发电机出口断路器断开，小发电机不发电空转运行，MEH接收BEST变流器就地控制系统发出的给水泵转速控制切换信号后，给水泵转速切换为由BEST汽轮机主调节阀进行控制。

（六）BEST汽轮机高低背压控制及最小压比控制

1. 高低背压控制

BEST汽轮机背压限制曲线如图7-26所示。

（1）高背压控制线高负荷段，根据正常运行工况在调门全开不补不溢状态下的背压确定。

（2）低负荷段，背压根据调门全开溢流状态（固定压比）确定。

（3）排汽压力报警值为10bar，超出该值打开旁路阀。

（4）排汽压力跳机值为11bar，超出该值BEST汽轮机跳机。

（5）背压高至限制控制值，开溢流阀降背压，溢流阀开至最大开旁路阀。

（6）当7号加热器抽汽压力小于8号加热器抽汽压力（中压缸排汽压力），且8号加热器未切除，且补汽阀未开，报警，检查旁路阀是否误开。

2. 最小压比控制

BEST汽轮机末级组压比低限制曲线如图7-27所示。

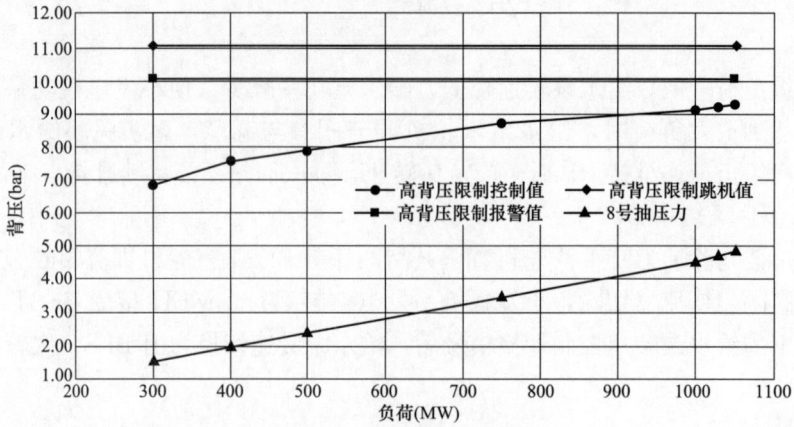

图 7-26 BEST 汽轮机背压限制曲线

（1）当末级组压比低于图中橙色线时报警，同时打开溢流阀或旁路阀降低背压，使末级组压比始终维持在蓝色控制线以上。

（2）当 8 号加热器切除时，关闭溢流阀。

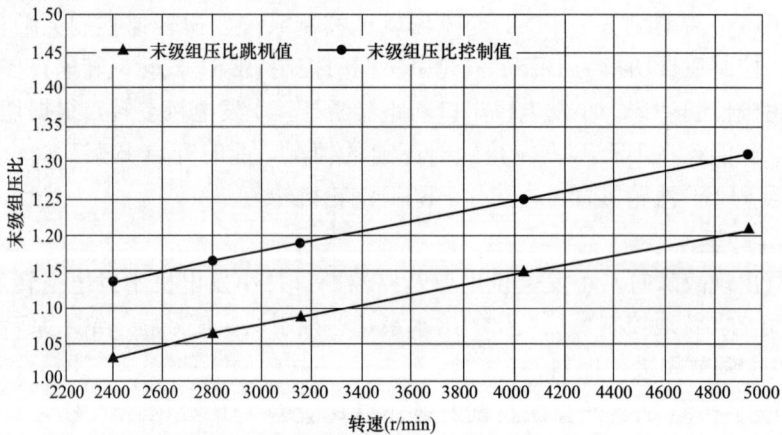

图 7-27 BEST 汽轮机末级组压比低限制曲线

第八章　汽轮机运行和维护

在大型汽轮机组启停过程中，除了各种设备顺序启停可能带来的问题外，另一个重要的问题是机组的蒸汽参数以及零部件的金属温度将发生剧烈变化。温度变化不仅使设备产生热膨胀问题，还将在零部件中形成温度梯度，进而产生热应力和热变形。如果控制不当，热应力、热变形超过允许范围就会使部件和设备产生永久变形，甚至损坏。

第一节　汽轮机启停过程中主要零部件的热应力、热膨胀和热变形

蒸汽进入汽轮机，首先对汽轮机的汽缸、转子等金属部件进行加热，这是一个非稳态传热过程。随着启动的进行，蒸汽温度逐渐升高。由于金属部件的传热有一定速度，所以蒸汽的温升速度大于金属部件的温升速度，使金属部件产生内外温差，如汽缸壁内外温差、转子表面与中心孔温差等。这种温差的存在，使金属部件产生很复杂的现象，如热应力、热膨胀和热变形等，再加上金属部件原有的机械应力，这时某些部件所受应力将达到很大的数值。

上述这种温差在启动过程中不断变化。当调节级蒸汽温度升高到汽轮机带满负荷时，蒸汽温度不再上升。在此瞬时，金属内壁与外壁的温差达到最大值，这一状态称为准稳定状态，热应力在这时期同样是最高值。此后汽轮机进入准稳态区运行。此时与蒸汽接触一侧的金属壁温接近蒸汽温度，蒸汽传给金属的换热量等于金属内部的导热量，实现稳定导热。金属部件内外壁温差逐渐减小到最小值，汽轮机进入稳定工况下运行。

在汽轮机稳定运行时，蒸汽参数不随时间变化，这样转子、汽缸等金属部件内部的温度分布不随时间而变。在汽轮机启停和工况变动时，由于流过转子、汽缸等金属部件的蒸汽温度发生变化，进而导致整个金属部件内部的温度分布发生改变。导热热阻是传热过程中金属材料内部产生温度梯度的根本原因，汽轮机部件的尺寸越大或越宽厚，在工况变动时这种温度梯度则越大。金属材料的热胀冷缩将使部件的形状随温度改变而变化，无论是机组稳定运行，还是启停或工况变动时，由温度变化引起的热胀冷缩变形一旦受阻，将使部件发生扭曲变形，在部件内部产生热应力（或称温度应力），严重时可能导致材料损伤和机组强迫故障停机。此外，由于金属材料的导热特性有较大差异，转子、汽缸等部件与蒸汽的换热条件不尽相同，在机组启停和工况变动时，转子和汽缸的总体温度状态存在一定差别，在转子与汽缸间形成膨胀差，改变了汽轮机动、静部件的径向间隙和轴向间隙，严重时会引起动、静碰磨等复杂运行问题。因此，制约汽轮机启停速度和负荷适应性的主要因素是汽轮机部件的温度应力、转子与汽缸的热膨胀差和汽轮机部件的热变形。这些制约因素集中表现在部件表面与周围介质的换热条件和材料的热物理特性上，掌握汽轮机部

件在机组启停及负荷变动时的热变形和热应力的变化规律，选取最佳或恰当的运行参数和负荷变化速率，对缩短机组的启停时间、增强负荷适应性、提高运行经济性、延长机组使用寿命是极为重要的。

汽轮机的启动和停机过程，就是汽轮机部件的热力、应力和机械状态的逐渐变化过程。在这一阶段，启动不当最易发生事故，因此，必须对设备的各个环节和部件所产生的物理过程具有明确的概念。

一、蒸汽与金属表面换热的两个阶段

1. 凝结换热

当启动时，机组零部件的金属温度低于该处蒸汽压力下的饱和温度时，蒸汽与冷金属表面接触，就会发生凝结，同时放出汽化潜热，热量传递给金属，使金属内部的温度升高。这是一个凝结换热过程，一般发生在启动的初期。

特别在冷态启动初期，蒸汽中的热量主要以凝结放热形式传给金属表面，其凝结放热系数高达 $17\,500\text{W}/(\text{m}^2 \cdot \text{K})$。但当凝结放热开始后，金属表面形成一层水膜，增加了热阻，其放热系数会减小到 $4650 \sim 5815\text{W}/(\text{m}^2 \cdot \text{K})$。可见，凝结换热过程是非常复杂的。

2. 对流换热

当金属表面温度达到或超过该处蒸汽压力下的饱和温度时，凝结放热过程结束，从而进入以对流为主的换热过程。

对流换热是启动和运行过程中最主要的换热形式。显然，换热量与放热系数、温差成正比。流速越高，放热系数越高；流速相同，高压蒸汽和湿蒸汽的放热系数较大。实验数据表明，高压蒸汽的放热系数为 $1745 \sim 2326\text{W}/(\text{m}^2 \cdot \text{K})$，湿蒸汽的放热系数约为 $3468\text{W}/(\text{m}^2 \cdot \text{K})$，低压微过热蒸汽放热系数为 $175 \sim 233\text{W}/(\text{m}^2 \cdot \text{K})$。

启停过程中，蒸汽流量、压力、温度的变化很大，所以换热系数的差别或变化也很大。放热系数多由实验数据和经验公式确定。

二、受热部件的温度场

启停过程是蒸汽与金属部件之间的一个换热过程，因此，直接受热部件的温度场是随启停过程变化的，汽轮机汽缸和转子尤其明显。

温度是物体的状态参数，是时间和空间的函数。在某一瞬间，空间各点温度状态的总和或温度分布，叫做温度场。如果一定时间内，部件的温度场不变，即不随时间而变化，温度只是空间的函数，则称该温度场为稳定温度场。而温度随时间改变的称为非稳定温度场。温度场是时间和空间的函数。汽轮机启停过程中的温度场是非稳定温度场。

温度场可通过传热计算获得，也可以直接测量得到。转子、汽缸等部件的温度场可以通过布置足够多的温度测点实际检测求得，但是在实际机组上往往并未布置这么多测点，只是在重要的监测位置上布置了必要的温度测点。对于汽轮机转子在启停过程中的温度场，目前还没有很好的连续监测手段，计算还是获取转子温度场的主要方法。

三、汽轮机部件的热应力及其影响因素

在汽轮机启动、停机或变负荷过程中，其零部件由于温度变化而产生膨胀或收缩变形，称为热变形。当热变形受到某种约束（包括金属纤维之间的约束）时，则要在零部件内产生应力，这种由于温度（或温差）引起的应力称为温度应力或热应力。应该指出，当温度变化时，若零部件内各点的温度分布均匀，且变形不受任何约束，则零部件仅产生热变形而不会产生热应力。当此热变形受到某种约束时，则在零部件内部产生热应力。

当物体的温度变化不均匀时，即使没有外界约束条件，也将产生热应力。由此可知，引起热应力的根本原因是温度变化时，零部件内温度分布不均匀或零部件变形受到约束。

汽轮机在启停或变负荷运行时，接触汽轮机汽缸、转子各段的蒸汽温度变化引起汽缸、法兰、转子温度变化，因此，汽缸、法兰、转子等零部件内都存在温度差，由于金属纤维之间的约束，这些零部件内产生热变形和热应力，其形式表现为不均匀受热物体的热变形、热应力。热应力的大小、方向及零部件内的温度场情况与运行方式有关。现以汽缸为例来说明产生热应力的情况：

沿着汽缸内外方向有温差存在，因此会引起热应力。启动时，汽缸外侧的温度低于内侧温度，因而受热后内侧膨胀大，外侧膨胀小，外侧就会阻止内侧自由热膨胀，其结果是内侧产生压缩热应力，而外侧受拉伸热应力。停机时，情况则相反，汽缸外侧温度大于内侧温度，这时，内侧为拉伸热应力，外侧为压缩热应力。如果机组不断启停，汽缸内外侧就要承受交变的热应力。当应力达到一定数值和一定循环次数时，转子、汽缸等部件的表面就会出现裂纹。为监视金属材料内部的热应力，一般在汽缸、主汽门及调节汽门的壳体（即进汽室）等容易出现危险的地方，沿壁厚不同深度处装设监测热电偶，监视机组启停及负荷变动过程中这些部件的温度分布和温度变化，将汽缸、进汽室壳体等的内、外壁温差严格控制在允许的范围内。在机组暖机、冲转时，一方面保证蒸汽有足够高的过热度，防止蒸汽进入汽轮机通流部分后出现急剧的凝结放热，另一方面，蒸汽温度不应过高，避免汽轮机部件遭受高温热损伤。此外，在汽轮机热态或极热态启动时，尽可能采用节流调节方式，避免喷嘴调节在空负荷及低负荷时调节级温度降低过多造成对高压转子的热冲击。

在机组冷态启动时，当由主汽门控制冲转切换到高压调节阀控制时，主汽阀的开度增大、节流作用减弱，蒸汽室的蒸汽压力几乎与主汽阀前相等。为避免此种工况下高压蒸汽室受到热冲击，特别要防止蒸汽室内表面出现蒸汽凝结放热，必须要求蒸汽室的内壁温度不得低于主汽阀前压力所对应的蒸汽饱和温度，同时蒸汽的过热度不得低于56℃。另外，过高的蒸汽温度同样会对蒸汽室金属产生热冲击，故在冷态启动时，主汽阀前的蒸汽温度应控制一定范围内。在热态启动时，高压蒸汽室及汽缸与转子的温度较高，应防止金属部件受到低温蒸汽的过度冷却。此种情况下除要求蒸汽有56℃的过热度外，还必须要求蒸汽温度不能过低。

四、汽缸和转子的热膨胀

转子和汽缸的膨胀主要取决于汽缸和转子的质面比。所谓质面比，就是转子或汽缸质

量与被加热面积之比，通常以 m/A 表示。转子与汽缸的质量、表面积、结构各有不同，故它们的质面比也不同。转子质量轻、表面积大，即质面比小，而汽缸质量大、表面积小，故质面比大。因此，在启动和停机过程中，转子温度的升高（或降低）速率比汽缸快，也就是说在启动加热过程中转子的热膨胀值大于汽缸；在冷却时转子的收缩值也大于汽缸，转子与汽缸就不可避免地会出现胀差。若汽轮机在启动过程中，操作不当，在机组并网以前转子比汽缸膨胀量大得多，可能会造成胀差超限，影响机组安全。这是因为在机组空转时，汽轮机进汽量小，缸内还处在真空状态下，蒸汽密度小，冲刷缸壁的流速小，于是蒸汽与汽缸之间的传热就少，而且由于这时各压力级效率低，蒸汽进入这些级内几乎没做功，而转子摩擦鼓风所消耗的功又变为热量被蒸汽吸收，而蒸汽流量小，故温升量较大，所以通流部分流动的蒸汽是处在过热状态。过热蒸汽的放热系数则比饱和蒸汽的小得多。因此，它传给汽缸的热量就少得多。而转子高速旋转，汽流对其的冲刷速度要比汽缸大得多，相互之间的传热也大，这样促使转子温度上升，以致胀差变大。

正确的汽轮机设计应该使汽缸和转子的质面比近似相等，这样就可以保证转子和汽缸能以相同的速度随汽温而变化，这时胀差最小。随着高参数的应用增加，转子与汽缸的重量相差越来越大，故而质面比也相差较大，这样就不可避免地会出现胀差。

胀差的大小，可以表明汽轮机动静部分轴向间隙的变化情况。监视胀差是机组启停过程中的一项重要任务。在启动操作时，尽量缩短低速暖机和升速时间，这一段时间越长，则胀差就越大。

特别是机组在 3000r/min 空转时，由于进入汽轮机的蒸汽量很少，通流部分大多数处于真空状态，这样蒸汽的密度很小，冲刷汽缸壁的蒸汽流速也很小，转子与汽缸之间的传热量很少，并且由于此时非调节级的效率很低，蒸汽在这些级组内差不多没有做功，而转子的鼓风摩擦所消耗的功又转变为摩擦热，加热蒸汽使之温度升高，所以通流部分的蒸汽处于过热状态，放热系数比饱和蒸汽小得多。因此，在机组并网前，汽缸几乎没有得到充分加热。转子由于处于高速运动状态，因而转子与汽流之间的相对速度比汽缸大得多，相互之间的传热量也较大。此外，机组空转时转子消耗的能量较小，由于蒸汽很少，不足以将摩擦鼓风产生的热量全部带走，促使转子的温度上升，进而导致转子与汽缸的差胀变大。

冲动式汽轮机由于采用叶轮，转子的换热面积较大，因而一般来说差胀要比反动式汽轮机大些。但总的来说，随着机组参数的提高，转子与汽缸的质量差异越来越大，质量与表面积的比值也在增大，因此，在负荷变化速度较大时，转子热状态的响应速度较快，这就不可避免地出现差胀。

大多数汽缸都具有水平法兰，水平法兰在机组启动过程中温度较低，阻碍了汽缸的膨胀，因此应采取措施减小法兰的厚度和宽度，或设置法兰加热系统，使法兰的温度也能紧跟汽温而上升，另外，应通过合理设计汽轮机转子和内、外汽缸及叶片持环的定位方式，减小机组启停过程中可能出现的过大差胀。

在实际运行中，轴封供汽温度对转子与汽缸的差胀有重要影响。在机组热态启动时，如果高、中压缸的轴封供汽来自温度较低的辅助汽源，就会造成前轴封段大轴急剧冷却收缩，当收缩量很大时，将会导致动、静部分碰磨，为此，在本机组的轴封系统中，轴封供汽除设置冷再热蒸汽的低温供汽外，还设置了来自主汽门前的高温供汽，根据工况变化、适时投用不同温度的轴封供汽，避免机组热态或极热态启动时轴封汽对转子的冷却达到合理控制汽轮机差胀的目的。此外，凝汽器的真空对机组差胀也有影响，在真空降低时，要保持机组转速或负荷不变，必须增大汽轮机的进汽量，使高压转子受热加快，高压缸的差胀随之增大，中低压缸的鼓风摩擦热容易被蒸汽带走，中、低压转子的加热和膨胀量减小。

在汽轮机启停和负荷变化过程中，为了避免出现过大的胀差和热应力，应合理控制蒸汽的温升速度和负荷变化速度，以及利用轴封供汽控制胀差。在分析胀差时，要考虑下列因素对它的影响。

1. 轴封供汽温度和供汽时间的影响

在汽轮机冲转前向轴封供汽时，由于冷态启动时轴封供汽温度（为140～180℃）高于转子温度，转子局部受热而伸长，可能出现轴封摩擦现象。为了防止转子的轴封部位由于热应力而造成损坏，当机组在启动和停机时，要尽量减小轴封和转子表面间的温差。其温差不应超过110℃。在热态启动时，为防止轴封供汽后胀差出现负值，轴封供汽应选用高温汽源，一般供汽温度为180～190℃，并且一定要先向轴封供汽，后抽真空。应尽量缩短冲转前轴封供汽时间。

2. 真空的影响

在升速暖机过程中，真空变化会引起胀差值改变。当真空降低时，为了保持机组转速不变，必须增加进汽量，摩擦鼓风损失增大，因而使高压转子受热加大，其胀差值随之增加。当真空提高时，则反之，使高压转子胀差减小。但真空高低对中、低压缸通流部分的胀差影响与高压转子相反。因此，在升速、暖机过程中，不采用提高真空的办法来减小中低压通流部分的胀差。

3. 进汽参数影响

当进汽参数发生变化时，首先对转子受热状态发生影响，而对汽缸的影响要滞后一段时间，这样也会引起胀差变化，而且参数变化速度越快，影响越大。

4. 转速影响

对于大容量机组，因转子很长，应考虑离心力对胀差的影响。因为在离心力作用下，转子会发生径向移动，当转子发生径向伸长时，则其轴向会缩短，胀差随之减小。

另外，转速变化，即进汽量变化，汽缸内各级蒸汽比体积相应变化，随转速增加，高压转子胀差逐渐增大，而中低压转子胀差先随转速升高而增加，中速之后又随转速增加而减小。

在运行中，必须加强对汽缸绝对膨胀的监视，防止左右侧膨胀不均以及卡涩造成的动、静部分摩擦事故。

五、汽轮机部件的热变形及其影响因素

在启停和带负荷运行工况变动时，由于各部件受热不均，会引起热变形，因而使通流部分或汽缸、阀门等地方的间隙产生变化，以致可能发生漏汽现象甚至严重损坏事故。汽

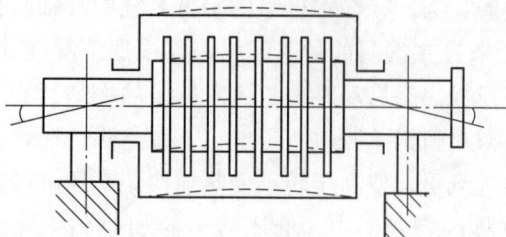

图 8-1　汽缸的热翘曲

轮机启停时，通常是上汽缸温度高于下汽缸温度。上汽缸温度高、热膨胀大，而下汽缸温度低、热膨胀小，这就引起汽缸向上拱起。汽缸的热翘曲如图 8-1 所示。这时，下汽缸底部动静部分的径向间隙减小，严重时甚至会发生动静部分摩擦。

上、下汽缸温差产生的主要原因是：

（1）上下汽缸的质量和散热面积不同。下汽缸比上汽缸的金属质量大，且下汽缸布置有通向低温设备的抽汽和疏水管道，因此，在同样保温、加热或冷却条件下，下汽缸温度要比上汽缸下降得快些。

（2）汽缸内部因蒸汽上升，凝结的放热大于凝结水下流时的放热，蒸汽凝结的疏水经疏水管排出，疏水形成的水膜降低了下汽缸受热条件，在汽缸外部的冷空气由下而上流动而冷却下汽缸，所以下汽缸温度比上汽缸低。

（3）下汽缸保温条件差，又易脱落，致使下汽缸散热较快。

（4）汽轮机启动过程中，汽缸疏水不畅，停机后有冷蒸汽从抽汽管道返回汽缸，或有蒸汽由轴封漏入汽缸，造成上、下汽缸温差增大。

综上所述，汽轮机无论在稳态或变负荷运行时，其上、下缸或多或少地存在着温差，因而汽缸总会发生热变形。通常要求汽轮机上、下缸温差的上限控制在 35～50℃ 范围内。为控制好上、下缸温差，必须严格控制温升速率：启动时尽可能同时投入高压加热器，开足下汽缸疏水门，组织蒸汽对下缸进行加热，安装或大修中，下缸应采用优质保温材料，或增厚下缸保温层，另外，还可在下缸上装设挡风板，减小冷风对下缸的冷却。

在启动前和停机后，由于上、下汽缸存在着温差，使转子上、下部分也存在温差。在此温差的作用下，转子也会发生弯曲变形。造成转子热弯曲变形的可能原因还有：汽封送汽不对称；在启动中建立真空；停机时汽轮机尚未充分冷却就停运盘车等。在转子热弯曲较大情况下启动汽轮机，其偏心所产生不平衡离心力将使汽轮发电机组产生剧烈振动，且通常转子热弯曲最大时，往往汽缸的热弯曲也最大，因而有发生动、静碰磨的危险。对高参数大容量中间再热机组的转子，其热弯曲值一般不允许超过 0.03～0.04mm。为防止或减小大轴热弯曲，在机组停机后或启动前，必须适时地投运盘车装置，并充分地盘车。

第二节　汽轮机启动

一、汽轮机启动方式的分类

（一）根据汽轮机启动前的金属温度水平分类

根据汽轮机启动前的金属温度水平分类，汽轮机的启动可分为冷态启动和热态启动。而热态启动可进一步分为温态、热态和极热态启动。

本机组的冲转方式为超高、高、中压联合启动，其冷态、温态、热态及极热态的划分如表 8-1 所示。

启动方式	停机时间 t（h）	超高压转子平均温度（℃）
全冷态	$t>56$	<50
冷态	$t>56$	$50\sim150$
温态	$8<t<56$	$150\sim400$
热态	$2<t<8$	$400\sim540$
极热态	<2	>540

表 8-1　　　　　　　　　机组冷态、温态、热态及极热态的划分

（二）按启动过程中新蒸汽参数变化特点分类

根据启动过程中采用的新蒸汽参数变化特点，汽轮机启动可分为额定参数启动和滑参数启动两类。

1. 额定参数启动

在整个额定参数启动过程中，从冲转汽轮机直至带到额定负荷为止，主汽阀前的蒸汽参数（压力和温度）始终保持额定值。也就是说，要求锅炉先行启动，当其出口参数达到额定参数后，汽轮机才开始启动。因此，这种启动方式的启动时间长、经济性差、金属部件受热冲击大、热应力大。这种启动方式的优点是机、炉相互干扰少。所以一般用于母管制供汽的汽轮机，大容量汽轮机几乎都不采用此方式启动。

2. 滑参数启动

在启动过程中，主汽阀前的蒸汽参数（压力和温度）随机组转速或负荷的变化而逐渐升高，称为滑参数启动。采用此种方式启动，汽轮机可以充分利用锅炉启动过程中产生的蒸汽进行能量转换，热量和汽水损失较小，经济性好。另外，启动时汽缸和转子受热均匀，热冲击小，可以在保证安全的前提下，加快启动速度。机、炉同时启动，可缩短启动时间，是一种较好的启动方式，目前国内外大容量机组广泛采用。根据冲转汽轮机前主汽门前压力的高低，滑参数启动又可分为真空法和压力法两种。

真空法滑参数启动是在锅炉点火前，从锅炉出口到汽轮机管道上的阀门全部打开后抽真空直到汽包。锅炉点火后，产生的蒸汽冲动汽轮机转子，随蒸汽参数的逐渐升高，提升转速和升高负荷。这种启动方式仅适用于冷态启动，且极易产生汽轮机水冲击和金属材料冷脆，其优点是启动时间短。现在在大机组中一般不用。

压力法滑参数启动是在汽轮机冲转时，主汽门前的蒸汽具有一定的压力和一定的过热度（50℃以上），升速过程中和带较低负荷时，采用逐渐开大调节汽门的方法增加进汽量，直至调节汽门全开（或留一个未开）后，保持开度不变。此时增加锅炉负荷，使汽轮机负荷随蒸汽参数的升高而增加。当主汽参数升到额定值时，汽轮机的功率也随之达到额定值。但从既要减慢升温速度，又能缩短启动时间的角度出发，最好采用在汽轮机达到额定功率之后再使蒸汽温度升到额定值的运行方案。

滑参数启动与额定参数启动相比有以下优越性：

（1）额定参数启动时，锅炉点火升压至蒸汽参数到额定值，一般需要 $2\sim5$h，达到额定参数后方可进汽暖管，而后汽轮机冲转，并要分阶段暖机，以减小热冲击。而采用滑参数启动时，锅炉点火后，就可以用低参数蒸汽预热汽轮机和锅炉间的管道，锅炉压力、温度升至一定值后，汽轮机就可冲转、升速和接带负荷。随着锅炉参数的提高，机组负荷不断增加，直至带到额定负荷。这样大大缩短了机组启动时间，提高了机组的机动性。

（2）滑参数启动用较低参数的蒸汽加热管道和汽轮机金属，加热温差小，金属内温度梯度也小，使热应力减小；另外，由于低参数蒸汽在启动时容积流量大，流速高，放热系数也就大，即滑参数启动可在较小的热冲击下得到较大的金属加热速度，从而改善了机组加热的条件。

（3）滑参数启动时，容积流量大，可以较方便地控制和调节汽轮机的转速与负荷，且不至于造成金属温差超限。

（4）随着蒸汽参数的提高和机组容量的增大，额定参数启动时，工质和热量的损失相当可观。而滑参数启动时，锅炉基本不对空排汽，几乎所有的蒸汽及其热能都用于暖管和启动暖机，大大减少了工质的损失，提高了电厂运行的经济性。

（5）滑参数启动升速和接带负荷时，可做到调节汽门全开全周进汽，使汽轮机加热均匀，缓和了高温区金属部件的温差和热应力。

（6）滑参数启动时，通过汽轮机的蒸汽流量大，可有效地冷却低压段，使排汽温度不至于升高，有利于排汽缸的正常工作。

（7）滑参数启动可事先做好系统的准备工作，使启动操作大为简化，各项限额指标也容易控制，从而减小了启动中发生事故的可能性，为大机组的自动化和程序启动创造了条件。

总之，滑参数启动时，蒸汽参数的变化与金属温升是相适应的，反映了机组启动时金属加热的固有规律，能较好地满足安全和经济两方面的要求。

（三）按汽轮机启动冲转时的进汽方式分类

按汽轮机启动冲转时的进汽方式分，汽轮机的启动可分为高、中压缸联合启动和中压缸进汽冲转，后者也称为中压缸启动。

1. 高、中压缸联合启动

启动时，蒸汽同时进入高压缸和中压缸并冲动转子的方式称为高、中压缸联合启动。在高、中压缸联合启动的过程中，高、中压缸同时进汽，所以低压缸也同时进汽。这样，蒸汽就在高、中、低压三个缸内同时做功，为维持一定的转速或负荷所需要的蒸汽流量就比较少。此种启动方式虽然简单，但因冲转前再热蒸汽参数低于主蒸汽参数，中压缸及转子的温升速度减慢，汽缸膨胀迟缓，故延长了启动时间。但对于高、中压合缸的汽轮机，可使得分缸处均匀加热，减少热应力。

当采用高压缸进汽冲动转子时，还有两种阀门的开启方式：

（1）调节汽阀冲转方式。早期生产的采用液压调节的大机组，冲转后，均采用调节汽阀冲转控制转速。这种启动方式可减少蒸汽的节流损失，但因只有部分调节汽阀打开，为部分进汽方式，故第一级焓降较大，调节级汽温较低，汽缸受热不均匀，各部温差较大。

（2）主汽阀冲转方式。启动前，进入汽轮机的蒸汽流量由自动主汽阀预启阀芯或纯电调机组所有调节汽阀控制，这种启动方式使汽缸在圆周方向受热均匀，到一定负荷上，转换为部分进汽控制，大多数进口机组和使用纯电调的国产机组采用此方式。

2. 中压缸启动

中压缸启动指蒸汽先通过再热器进入中压缸冲转，通过高压缸排汽阀或旁路门进汽预暖高压缸，待高压缸暖机结束或机组带一定负荷后，再切换到常规的高、中压缸同时进汽带负荷。

中压缸启动方式可使再热蒸汽参数达到要求，解决了汽轮机启动冲转时主再热蒸汽温度与高中压缸金属温度难以匹配的问题，可以较安全地启动汽轮机。同时，中压缸启动方式具有降低高中压转子的寿命损耗，改善汽缸热膨胀和缩短启动时间等优点。

二、机组启动必须具备的基本条件

机组必须具备下列基本条件，方可进行启动：

（1）机组各部套齐全，各部套、各系统均按制造厂提供的图纸、技术文件和安装要求进行安装、冲洗、调试完毕，各部套、各系统连接牢固、无松动和泄漏、各运动件动作灵活、无卡涩。各部套、各系统清洁度必须达到 JB/T 4058—1999《汽轮机清洁度》有关规定要求。

（2）新机组安装完毕或运行机组检修结束，在投运前油系统必须进行油冲洗，冲洗验收须符合《油系统冲洗说明书》有关规定。抗燃油系统验收须符合《调节、保安系统说明书》有关规定。

（3）需作单独试验的部套、系统必须试验合格，满足制造厂的安装试验要求。

（4）机组配备的所有仪器、仪表、测点必须齐全，安装、接线正确、牢固。所有仪器、仪表和电缆检验合格。

（5）机组必须保温良好，本体部分应按制造厂提供的《汽轮机保温设计说明书》进行保温，管道及辅助设备等应按电力行业有关规定进行保温，保温层不得有开裂、脱落、水浸、油浸等现象存在，保温层与基础等固定件间应留有足够的膨胀间隙。

（6）现场不得有任何妨碍操作运行的临时设施（按电业安全法规执行）。

（7）机组运行人员和维护人员必须经过专门培训，熟悉各分管设备的位置、结构、原理、性能、操作方法及紧急状态下的应急处理方法。

三、机组禁止启动的事项

存在下列情况之一时，禁止机组启动：

（1）影响机组启动的系统和设备检修工作未结束、工作票未终结或存在威胁机组安全运行的重大缺陷。

（2）机组主要联锁保护功能试验不合格。

（3）机组任一主保护未投入。

（4）DCS 系统不能正常投运，影响机组运行操作、监视。

（5）FSSS、DEH、ETS、TSI 系统工作不正常，影响机组启动或正常运行。

（6）机组主要仪表、信号故障无法正常投入，或机组主要监测参数超过极限值。

（7）机组任一主要自动调节系统无法正常投运时。

（8）锅炉主要辅助设备故障或联锁保护试验不合格。

（9）汽轮机主要辅机（如 EH 油泵、交流润滑油泵、顶轴油泵、直流润滑油泵、密封油泵等）任一故障或其相应的联锁保护试验不合格。

（10）汽轮机调速系统工作不正常或汽轮机超速试验不合格。

（11）汽轮机超高、高、中压主汽门、调门、超高压补气阀，超高压缸排汽止回阀、高压缸排汽止回阀、抽汽止回阀任一关闭不严、卡涩或动作失灵。

（12）高、中、低压旁路不正常，影响机组启动或正常运行。

（13）汽轮机超高、高、中压内缸内壁上下缸温差超过 55℃。

（14）大轴偏心值大于 66μm，或超过原始值的 1.1 倍。

（15）汽轮机盘车装置故障、转子盘不动、盘车电流超限或盘车时动静部分有明显摩擦声。

（16）发电机定子冷却水系统故障或水质不合格。

（17）发电机氢冷系统故障或氢气纯度、湿度不合格。

（18）发电机气密性试验不合格。

（19）发变组绝缘不合格。

（20）任一自动励磁调节器、UPS、直流系统、同期装置存在故障影响机组安全稳定运行。

（21）机组水质不合格，汽轮机润滑油、EH 油油位低于极限值或油温、油质不合格。

（22）电除尘、脱硫、脱硝等环保设施无法正常投用。

（23）仪用压缩空气系统工作不正常或仪用压缩空气压力低于 0.5MPa。

四、冷态滑参数启动

（一）汽轮机启动前的准备工作

（1）汽轮机无杂物和垃圾，现场道路畅通，消防设施完备，照明充足，保温完整。

（2）汽轮机各水位、温度、压力、流量变送器、开关等测量、保护仪表正常完好，一次阀开启。

（3）检查确认汽轮机及其辅助设备各联锁保护试验合格，保护联锁完整投入，CCS、MCS、DEH、MEH、ETS 调节控制系统正常，TSI 参数正常，无异常和报警现象。

（4）联系化验大机、给水泵汽轮机润滑油、EH 油油质，油箱油位应在规定最高油位附近。

（5）检查高、中、低压旁路控制装置投入正常。

（6）检查主机直流事故油泵、给水泵汽轮机直流事故油泵、发电机直流密封油泵就地控制柜控制方式在"远方"位置。

（7）检查汽轮机蒸汽管道疏水阀自动投入，各疏水手动隔离阀开启，疏水控制阀动作正确。

（8）按阀门状态整定卡对锅炉各系统全面检查正常，各系统阀门开关位置正确，阀门无泄漏，开关灵活，电动/气动执行机构动作正常，DCS开度指示与实际位置应相符。

（9）联系电气对各辅机送电，送上各电动门电源，送上气动设备气源。

（10）检查确认汽轮机所有系统和设备符合启动条件。

（二）投入汽轮机辅助系统及设备

1. 凝坑排污泵

（1）确认凝坑排污泵具备投运条件。

（2）将凝坑排污泵控制开关投入自动，确认凝坑排污泵能正常自启动。

2. 闭式冷却水系统

（1）通过除盐水向闭式水箱补水至正常水位，启动一台闭式冷却水泵运行，检查系统运行正常。将另一台闭式冷却水泵投入备用。

（2）根据各辅机运行要求，投入各辅机闭式冷却水。

（3）机组并网后凝结水水质合格，将闭式水补水由除盐水切换至凝结水补水。

3. 循环水系统

（1）检查中央循泵房前池闸板已开启，确认塔池补给水系统运行正常，前池水位大于13.5m，开启凝汽器循环水进、出水蝶阀，开启循环水泵出口液控阀对循环水系统注水排空。

（2）启动第一台循环水泵，检查系统运行正常，投入循环水泵备用。

（3）根据高位收水塔配水原则，视环境温度，依次开启配水电动门个数。

4. 开式水系统

（1）检查循环水系统运行正常，对开式水系统注水排空。

（2）投入开式水进口滤网自动运行，启动一台开式水泵，检查系统运行正常，投入开式水泵备用。

（3）根据需要调整闭式水热交换器开式水流量，调整闭式水温度为20～30℃。

（4）根据需要投入胶球清洗系统运行。

5. 润滑油系统

（1）检查润滑油系统具备启动条件，油箱油位正常，优质合格。

（2）启动一台主油箱排烟风机，调整主油箱各轴承箱内微负压，正常后将另一台排烟风机投入备用。

（3）启动直流润滑油泵，对油系统进行充油排空，启动一台交流润滑油泵运行，润滑油泵出口油压为0.55MPa，停运直流润滑油泵。切换主机交流润滑油泵运行，检查另一台交流油泵的工作正常，投入交流润滑油泵和直流油泵的备用。

（4）投入大机润滑油净化装置运行。

6. 发电机密封油系统

（1）检查润滑油系统运行正常，密封油空侧油箱油位正常，密封油氢侧回油箱油位正常，真空油箱油位正常。

（2）启动一台密封油排烟风机，检查排烟风机入口压力正常，将另一台密封油排烟风机投入备用。

（3）启动一台交流密封油泵，调整密封油泵出口压力为 1.2MPa，将另一台交流密封油泵和直流密封油泵投入备用。

（4）启动密封油真空油泵，检查真空油箱负压为−40kPa。

（5）调整主差压阀差压为 120kPa，单侧浮动油流量为 0.16L/s，检查密封油系统运行正常。

7. 顶轴油系统

（1）检查润滑油投运正常，依次启动任两台顶轴油泵，油泵出口油压为 15～17MPa，顶轴油滤网后母管油压为 12.7MPa。

（2）检查各轴瓦顶轴油压力正常，投入另一台顶轴油泵备用。

8. 液压盘车装置

（1）确认润滑油系统、顶轴油系统、发电机密封油系统运行正常。

（2）开启盘车电磁阀，缓慢开启盘车进油手动阀至合适开度，确认盘车转速为 48～54r/min。倾听汽轮发电机组各转动部分声音正常，TSI 参数正常。

（3）汽轮机冲转前，要求连续盘车 4h 以上，若盘车中断必须重新计时进行连续盘车。

9. EH 油系统

（1）确认 EH 油箱油位高于正常油位，优质合格。

（2）启动一台 EH 油泵，检查油泵出口压力为 15～17MPa，投入备用 EH 油泵联锁。

（3）分别试启两台 EH 油循环冷却泵正常后，投入 EH 油循环冷却泵自动联锁，投入油温控制电磁阀自动。

（4）投入 EH 油净化装置运行。

10. 发电机气体置换及充氢

（1）确认发电机气体严密性试验合格，通知化学做好气体置换及充氢准备工作。

（2）确认发电机密封油系统运行正常，汽轮发电机组处于静止或盘车状态。

（3）用二氧化碳置换发电机内空气，当发电机内和各死角处二氧化碳纯度达 90% 以上后，用氢气置换发电机内二氧化碳并确认置换结束。

（4）氢气纯度合格后，将发电机内氢气压力升至 0.4MPa 左右，纯度大于 98%，油氢差压 120kPa 左右。

（5）启动氢气再循环风机，投入氢气干燥器，确认氢气湿度及氢露点正常。

11. 发电机定子冷却水系统

（1）通过除盐水对定冷水系统补水，水质合格。

（2）启动一台定子冷却水泵，确认定子冷却水流量为 120t/h 左右，将另一台定子冷却水泵投入备用。

（3）发电机正常运行期间，适当开启补水手动门连续补水。

12. BEST 汽轮机机油系统

（1）检查 BEST 汽轮机机油系统具备启动条件，油箱油位正常，优质合格。

（2）启动一台给水泵汽轮机油箱排烟风机，调整主油箱各轴承箱内微负压，正常后将另一台排烟风机投入联锁。

（3）启动直流润滑油泵，对油系统进行充油排空，启动一台交流润滑油泵运行，润滑油泵出口油压正常，停运直流润滑油泵。切换交流润滑油泵运行，检查另一台交流油泵的工作正常，投入交流润滑油泵和直流油泵的备用联锁。

（4）检查润滑油压力正常，投入给水泵汽轮机电动盘车运行。

（5）投入 BEST 汽轮机润滑油净化装置运行。

13. 高、低压加热器、轴封冷却器、疏水冷却器水侧

（1）对高、低压加热器、轴封冷却器、疏水冷却器水侧及其旁路注水排空后，投入其水侧正常运行，检查其水位正常。

（2）开启高、低压加热器危急疏水阀。将轴封冷却器疏水倒至地沟。

（3）检查 10 号低压加热器疏水泵处于可启动状态。

14. 主再热蒸汽系统、疏水系统检查

（1）检查高、中、低压旁路油系统油质合格、油位正常，投入高、中、低压旁路油系统，检查旁路油站压力正常，检查高、中、低压旁路各控制系统正常。

（2）检查清洁水疏水扩容器和凝汽器疏水立管及疏水集管疏水正常，投入汽轮机疏水阀组自动。

15. 辅助蒸汽系统

（1）确认邻机辅汽联箱压力正常（若邻机未运行，检查一期辅汽联箱）。

（2）开启辅汽联箱至本机辅助蒸汽联箱沿程疏水进行暖管，对辅汽联箱充分暖管疏水结束后，投入辅汽联箱运行，检查系统压力和温度正常。

（三）凝结水系统启动及冲洗

1. 凝汽器冲洗

（1）通知化学，启动除盐水泵。

（2）打开凝汽器启动补水门向凝汽器补水，打开凝汽器热井放水门排水，至排水澄清后停止排放，关闭放水门。

（3）当凝汽器热井水位升高至 797mm 后，启动一台凝结水泵进行再循环冲洗，冲洗30min，停至凝结水泵运行，开启热井放水门，排尽凝汽器内部存水。

（4）再次补水至 797mm，启动凝结水泵进行凝汽器循环清洗至冲洗排水澄清；当凝汽器排水 $Fe < 200\,\mu g/L$ 时，凝汽器冲洗结束。

2. 凝结水系统冲洗

（1）冲洗流程：除盐水→凝汽器热井→凝结水泵→凝结水精处理系统→轴封冷却器→疏水冷却器→12、11号低压加热器→10号低压加热器→9号低压加热器→8号低压加热器→7号低压加热器→有压放水母管。

（2）检查凝结水泵具备启动条件。

（3）变频启动一台凝结水泵运行，对凝结水系统进行冲洗，通过7号低压加热器出口放水门排放；在冲洗时，先进行低压加热器凝结水旁路的冲洗，至排水水质合格时转为各加热器水侧冲洗，排水水质合格时转入下阶段冲洗。

（4）凝结水系统水质合格要求：凝结水泵出口含铁量大于 $500\mu g/L$，走精处理系统旁路；凝结水泵出口含铁量小于 $500\mu g/L$，走精处理系统；凝结水泵出口含铁量小于 $200\mu g/L$，冲洗结束。

3. 低低温省煤器系统冲洗

开启凝结水至低低温省煤器系统补水阀，将膨胀水箱补至正常水位，对低低温省煤器系统注水排空，启动一台低低温省煤器循环泵，开启母管排污阀对系统进行冲洗，水质合格后关闭排污门。

4. 除氧器冲洗

（1）冲洗流程：除盐水→凝汽器热井→凝结水泵→凝结水精处理系统→轴封冷却器→疏水冷却器→12、11 号低压加热器→10 号低压加热器→9 号低压加热器→8 号低压加热器→7 号低压加热器→除氧器→除氧器放水管→机组排水槽。

（2）在凝结水系统冲洗结束后，关闭 7 号低压加热器出口放水阀，向除氧器上水，除氧器水位至−2000mm 时，开启除氧器放水阀排放冲洗。

（3）空气预热器旁路低压省煤器系统冲洗：开启 11 号低压加热器出口至空气预热器旁路低压省煤器取水阀，对空气预热器旁路低压省煤器注水排空，开启空气预热器旁路低压省煤器至 7 号低压加热器出口回水阀，保持一定流量对空气预热器旁路低压省煤器系统冲洗。

（4）低低温省煤器系统冲洗：开启凝结水至低低温省煤器系统补水阀，将膨胀水箱补至正常水位，对低低温省煤器系统注水排空，开启母管排污阀对系统进行冲洗，水质合格后关闭排污阀，启动一台凝结水升压泵，运行正常后，将另一台凝结水升压泵投入备用。

（5）除氧器冲洗水质要求：除氧器进水含铁量大于 $500\mu g/L$，排放；除氧器进水含铁量小于 $500\mu g/L$，进除氧器；除氧器出水含铁量大于 $500\mu g/L$，排放；除氧器出水含铁量小于 $500\mu g/L$，进凝汽器；除氧器出水含铁量小于 $200\mu g/L$，进入高压系统循环冲洗；

当除氧器出水含铁量小于 $200\mu g/L$ 后，凝结水系统、除氧器系统冲洗结束。可进入下一阶段冲洗。

5. 凝结水精处理装置投运

确认凝结水压力稳定，水温小于55℃，通知化学确认精处理装置具备进水条件（前置过滤器进口含铁量小于 $1000\mu g/L$，目测水质清澈透明），投运精除盐装置（进口含铁量小于 $500\mu g/L$）；条件不具备时走旁路。

6. 凝结水杂用水用户投运

（1）投入低压缸喷水、凝汽器水幕喷水、低压缸旁路减温水及各疏水立管减温水，根据需要依次投入凝结水的其他用户，并投入调节阀自动。

（2）将闭式水水箱补水由除盐水切换至由凝结水补水。

（四）投轴封系统及抽真空系统

1. 投入轴封系统

（1）确认汽轮机本体、调门前后、排汽管道自动疏水阀和所有抽汽管道自动疏水阀、给水泵汽轮机本体疏水阀开启，关闭主蒸汽管道，一、二次再热蒸汽管道疏水阀。

（2）确认辅汽联箱参数正常，将轴封供汽管道暖管至供汽调节阀前，根据辅汽温度调整轴封电加热器出力，确保轴封供汽温度满足轴封系统用汽需求。

（3）开启轴封系统供、回汽管道疏水，对轴封供汽管道和轴封母管进行疏水暖管，启动一台轴封抽风机，调整负压正常，将另一台轴封抽风机投入备用。

（4）疏水暖管结束后，投入辅汽供主汽轮机、给水泵汽轮机轴封蒸汽系统，投入压力调整自动，开启给水泵汽轮机排汽旁路阀。

（5）监视轴封供汽压力、温度及盘车运行情况正常，投入轴封减温水调节阀自动。

2．投入抽真空系统

（1）确认主汽轮机、给水泵汽轮机轴端汽封处无蒸汽冒出且无吸气现象。

（2）启动两台真空泵对系统抽真空，建立微真空后关闭凝汽器真空破坏阀，并对真空破坏阀注水。

（3）若需加快抽真空速度，视情况可增开真空泵。

（五）锅炉上水

1．投入除氧器加热

（1）检查辅汽系统运行正常，调节除氧器水位至启动水位（－2000mm），投入辅汽加热。

（2）控制加热温升不大于 1.2℃/min，注意控制除氧器水箱无振动和无异常声响，辅汽压力平稳。

（3）调节辅汽至除氧器压力调节阀，使除氧器水温缓慢升高，控制水温在 105～120℃，给水温度与锅炉金属温度的温差不许超过 111℃，溶解氧合格，逐步调节除氧器水位至正常水位（0mm）。

2．给水系统注水

（1）关闭以下阀门：给水泵出口电动阀后放水阀；主汽暖管阀减温水母管放水阀；高压加热器入口注水阀；各高压加热器水侧入口放水阀；给水电动门前放水电动阀；锅炉相关设备的阀门。

（2）开启以下阀门：高压加热器旁路排空阀；锅炉相关设备的阀门。

（3）开启前置泵入口滤网前、后电动阀，给水泵出口电动阀，主给水电动阀，主给水旁路调节阀及主给水旁路前后电动阀，省煤器旁路电动一、二次阀，汽动给水泵再循环门电动阀/调节阀/手动阀，对给水管道注水。

（4）高压加热器旁路排气阀见连续水流后关闭排气阀。

（5）注水 20min 后关闭主给水电动阀、关闭汽动给水泵出口电动阀。

3．空气预热器旁路高压省煤器系统

具体操作见运行规程中的相关内容。

4．给水系统注水

（1）开启前置泵入口滤网前、后电动阀，给水泵出口电动阀，主给水电动阀，主给水旁路调节阀及主给水旁路前后电动阀，省煤器旁路电动一、二次阀，给水泵再循环阀对给水管道注水。

（2）将高压加热器进出口三通门切至旁路，待旁路排气阀见连续水流后，关闭排气阀并切至主路。

（3）注水 20min 后关闭主给水电动阀、关闭给水泵出口电动阀。

5. 启动 BEST 汽轮机

（1）电动模式启动 BEST 汽轮机。①确认给水泵汽轮机辅助系统运行正常，给水泵组、变流器具备启动条件。②将辅汽至给水泵汽轮机供汽管道充分疏水暖管，检查压力、温度符合要求，开启给水泵汽轮机疏水阀组。③投入 BEST 汽轮机启动控制装置。④启动 BEST 汽轮机 SGC 程控操作步序。⑤BEST 汽轮机升速至 1000r/min 进行暖机，暖机完成后切至电动机启动方式。⑥投入小发电机励磁系统，启动 BEST 变流器及小发电机运行，一键并入小发电机。⑦BEST 汽轮机继续升速至 30％THA 转速（2394r/min），检查 BEST 汽轮机调节阀逐渐开启至全开状态。⑧检查变流器主控运行正常。

（2）汽动模式启动 BEST 汽轮机。①确认给水泵汽轮机辅助系统运行正常，给水泵组具备启动条件。②将一期供热母管至给水泵汽轮机供汽管道充分疏水暖管，检查压力、温度符合要求，开启给水泵汽轮机疏水阀组。③投入 BEST 汽轮机启动控制装置。④启动 BEST 汽轮机 SGC 程控操作步序。⑤BEST 汽轮机升速至 1000r/min 进行暖机，暖机完成后切至汽动启动方式。⑥BEST 汽轮机升速至 30％THA 额定转速（2394r/min）。⑦开启 BEST 汽轮机排汽至 7 号低压加热器，关闭排汽旁路阀，投入背压控制器。⑧检查 MEH 主控正常。

（六）投入汽轮机高、中、低压旁路系统（HP/MP/LP）

（1）确认高、中、低压旁路减温水系统良好备用。

（2）确认 DCS 上高、中、低压旁路控制信号正常。

（3）启动高、中、低压旁路系统油站运行，检查油质、油位、油温、油压正常。

当凝汽器压力低于 40kPa，可投入高、中、低压旁路系统运行。

（七）锅炉点火前汽轮机方面应做的检查与准备工作

（1）确认汽轮机在跳闸状态，超高、高、中压主汽阀、调节阀在关闭状态，汽轮机盘车投运正常。

（2）汽轮机超高压缸排汽止回阀关闭，超高压缸通风阀投自动（处于关闭状态）。

（3）汽轮机高压缸排汽止回阀关闭，高压缸通风阀投自动（处于关闭状态）。

（4）凝汽器压力不高于 13.0kPa，辅汽系统及轴封运行正常。

（5）检查汽轮机侧相关疏水一、二次阀应开启。

（6）确认循环水系统运行正常，确认低压缸喷水投入"自动"且动作正常。

（7）检查汽轮机缸体绝对膨胀正常。

（8）高、中、低压旁路控制投自动，低压旁路减温水投入自动。

（八）汽轮机冲转

随着锅炉的点火与升压，蒸汽参数和其他条件达到要求，汽轮机即可冲转。

1. 汽轮机冲转前检查

（1）机组所有投运的辅助设备及系统运行正常，满足汽轮机冲转需要。

（2）用作汽轮机冲转的蒸汽至少有 50℃ 以上的过热度，且蒸汽品质合格；主蒸汽控制指标：$SiO_2 \leqslant 10\mu g/L$、$Fe^+ \leqslant 20\mu g/L$、$Na^+ \leqslant 5\mu g/L$、$Cu^+ \leqslant 2\mu g/L$、阳离子电导率不大于 $0.2\mu S/cm$。

（3）冲转前须连续盘车至少 4h，且主机盘车下的转子偏心度小于 $66\mu m$（不大于原始值的 110%）。

（4）确认汽轮机防进水疏水阀处于全开状态。

（5）轴封蒸汽母管压力为 3.5kPa，轴封蒸汽温度与汽轮机金属温度相匹配。

（6）主机润滑油压力：0.37～0.4MPa；温度：38～50℃。

（7）EH 油压：16.0MPa；油温：45℃。

（8）汽轮机 TSI 各指示记录仪表投运。

2. 汽轮机冷态启动冲转条件

（1）主蒸汽压力：8MPa；一次再热蒸汽压力：$\leqslant 2.5$MPa；二次再热蒸汽压力：$\leqslant 0.7$MPa；主汽/再热蒸汽温度：400/380℃/380℃。

（2）主蒸汽流量：＞10%BMCR。

（3）凝汽器真空：$\geqslant 93$kPa。

（4）氢气压力：0.45MPa。

（5）润滑油压：0.37～0.4MPa；油温：38～50℃。

（6）EH 油压：16MPa；油温：45℃。

（7）发电机密封油、水、氢系统投入正常。

3. 汽轮机冲转步骤

汽轮机冲转步骤详见第五章相关内容。

4. 汽轮机冲转后应做的主要工作

（1）监视低压缸静叶持环蒸汽温度不高于 180℃，超高压缸排汽温度、高压缸排汽温度不超过 460℃。

（2）监视低压缸排汽温度不超过 90℃。

（3）检查发电机氢气压力、温度正常，氢冷器调节阀投自动控制方式，温度设定为 40～48℃。

（4）检查定冷水温度正常，定冷水冷却器回水调节阀投自动控制方式，温度设定为 40～50℃。

（5）检查发电机密封油温正常，密封油冷却器调节阀投自动控制方式，温度设定为 40～45℃。

（6）按运行规程的要求，进行 BEST 汽轮机汽动模式汽源切换和电动模式切汽动模式。

（7）投入高压加热器运行：检查 1、2、3、4、5 号高压加热器水侧运行正常；汽轮机暖机过程，可随机投入 1 号高压加热器运行；检查 BEST 汽轮机已切至汽动运行方式后，可投入 2、3、4、5 号高压加热器，开启各高压加热器进汽止回阀，高压加热器进汽管道暖管疏水后，继续缓慢开启各高压加热器进汽电动阀，控制高压加热器出水温升率不大于

3℃/min，直至进汽电动阀全开，注意监视 BEST 汽轮机运行情况；机组负荷低于 200MW 时，保持各高压加热器危急疏水阀全开，机组负荷高于 200MW 后，投入各高压加热器正常疏水。

（8）汽轮机暖机过程随机投入 7、8、9、10、11、12 号低压加热器：检查确认 7、8、9、10、11、12 号低压加热器、疏水冷却器、空气预热器旁路高压省煤器（保持小流量）水侧运行正常；检查确认 7、8、9、10、11、12 号低压加热器危急疏水阀全开；开启各低压加热器进汽止回阀，低压加热器进汽管道暖管疏水后，继续缓慢开启各低压加热器进汽电动阀，控制低压加热器出水温升率不大于 3℃/min，直至进汽电动阀全开。

（9）除氧器汽源切换：负荷升至 300MW，BEST 汽轮机正常运行时，检查六级抽汽压力高于除氧器内部压力 0.147MPa 后，开启六级抽汽至给水泵汽轮机供汽止回阀，微开开启六级抽汽至除氧器进汽电动阀，对六级抽汽至除氧器进汽管道暖管疏水，暖管结束后，继续逐渐开启六级抽汽至除氧器进汽电动阀，检查辅汽至除氧器进汽调节阀自动关闭，除氧器由定压运行转为滑压运行。注意检查辅助蒸汽至除氧器的供汽管道疏水正常，保持热备。

5. 汽轮机冲转升速期间重点监视的参数

汽轮机冲转升速（包括升负荷）期间重点监视参数：转子偏心度；各轴承轴振和瓦振、轴承金属温度、回油温度；润滑油供油压力、温度；顶轴油供油压力、温度；汽缸总胀、轴向位移；超高、高、中压缸金属温度；主机缸体和转子温度裕度；汽轮机上、下缸温差；凝汽器压力、排汽温度；轴封汽压力、温度；主蒸汽压力、温度；一、二次再热蒸汽压力、温度；主蒸汽左右侧温度偏差；一、二次再热蒸汽左右侧温度偏差；机组转速、负荷；主蒸汽/高旁流量、一次再热/中旁流量、二次再热/低旁流量、给水、凝结水流量；除氧器、凝汽器水位；发电机密封油/氢差压、氢气纯度、温度、发电机定冷水压力和流量。

（九）汽轮发电机并网及接带负荷

1. 汽轮机发电机并网

当发电机的频率、相位角、电压与电网同步时，可以将发电机并入电网。发电机可通过自动同期装置并入电网。当自动同期装置故障或系统电压、频率很低，自动同期装置并网有困难时，可使用手动同期并网。发电机并网成功后，退出同期装置。

2. 机组带初负荷运行

发电机并网后，确认汽轮机自动带初负荷 55MW，稳定运行 30min，进行低负荷暖机。根据汽轮机各 TSE 应力裕度进行暖机，当裕度均大于 20K 时，继续增加负荷。

3. 负荷 150MW 至 200MW

（1）低负荷暖机结束，设定目标负荷 200MW，负荷变化率 3MW/min，控制主蒸汽、再热蒸汽升温率不大于 1.5℃/min。

（2）视机组真空情况，启动第二台循环水泵运行。

（3）机组负荷大于 150MW，检查防进水保护高压疏水阀自动关闭。

（4）检查负荷大于 150MW 且低压缸排汽温度低于 50℃时，检查低压缸喷水门自动关闭。

（5）负荷升至 200MW，检查防进水保护中压疏水阀自动关闭。

（6）六级抽汽压力达 0.15MPa 时，且六级抽汽压力大于除氧器压力，缓慢开启六级抽汽至除氧器电动阀，关闭辅助蒸汽至除氧器调整门，除氧器滑压运行。

（7）二次再热冷段压力大于 1MPa，二次再热冷段至辅汽联箱供汽管路疏水暖管，缓慢将辅汽联箱切至二次再热冷段接带，关闭邻机供辅汽电动阀。

（8）随着机组负荷的增加，高、中、低压旁路逐渐关闭，确认 DEH 自动切至初压控制模式，检查旁路减温水阀、减压阀全关。

4. 负荷 200MW 至 500MW

（1）负荷设定值 500MW，负荷变化率 3MW/min。

（2）机组转干态前，开启给水主路电动阀：机组负荷 220MW，逐步开大给水旁路调节阀，调节给水泵汽轮机转速，控制省煤器入口给水流量 1050t/h 稳定；给水旁路调节阀全开后，开启给水主路电动阀。

（3）机组负荷大于 250MW 时，检查防进水保护低压疏水阀自动关闭。

（4）机组负荷增加时，检查辅助蒸汽至低低温省煤器蒸汽辅助加热器进汽调节阀关闭，关闭进汽电动阀和手动阀，退出蒸汽辅助加热器蒸汽。

（5）机组负荷 350MW 时，检查辅助蒸汽至轴封供汽调节阀逐渐关闭，轴封进入自密封状态，投入轴封溢流调节阀自动。

5. 负荷 500MW 至 750MW

（1）机组负荷达到 500MW，投入协调控制方式 CCS。

（2）负荷设定值 750MW，负荷变化率 3MW/min。

（3）当机组负荷大于 500MW 时，投运机组对外供热系统，确认供热压力、温度、流量正常。

6. 负荷 750MW 至 1000MW

（1）负荷设定值 1000MW，负荷变化率 3MW/min。

（2）负荷达到 1000MW，对机组进行全面检查。

（3）调整各参数至额定值，稳定机组运行。

（4）根据调度指令加减机组负荷或投入 AGC。

（5）联系化学，机组投入加氧运行。

（6）联系化学，机组投入化水取样系统运行。

（7）机组正常后汇报值长，并做好操作记录。

（十）机组冷态启动中汽轮机方面应注意主要事项

（1）检查汽轮机振动、缸胀、温差、轴向位移、轴承温度等变化情况，发现异常或超越规定应停止升负荷；注意汽缸金属温度平稳变化，其温升速度不应突变。

（2）监视超高、高、中压缸上下缸温差小于 30℃。

（3）注意控制油温及油压的变化在规定范围内，监视密封油压、油氢差压在允许值内。

（4）监视凝汽器、除氧器、高低压加热器、轴封冷却器水位在正常范围内。

（5）检查汽轮机本体及热力系统疏水阀动作正确。

五、热态启动

停机后时间不长，机组金属部件还处于较高温度水平时，机组再次进行的启动称为热态启动。热态启动还可分为温态启动、热态启动与极热态启动。热态启动时，锅炉、汽轮机的主要热力部件如汽包、高温蒸汽联箱、主蒸汽管道、汽缸、转子等的热膨胀均已达到或超过空负荷运行的水平。高压转子的温度已超过材料的脆性转变温度（FATT），所以机组不需要暖机而能短时间内升速到工作转速并随之带上负荷。热态启动开始冲转时，蒸汽温度可能在启动初期低于金属温度，这时汽轮机转子和汽缸会受到冷冲击，对其寿命有不利影响，必须加以防范。

热态启动的主要步骤与冷态启动基本相同，但热态启动时由于汽轮机的金属温度比较高，因此，在运行操作上与冷态启动又存在不同之处。

（一）启动前检查与准备

启动前的准备工作按冷态启动规定执行。机组启动时部分辅助系统在运行状态，仍须全面检查。启动前尽早投入除氧器加热，使给水温度达到上水要求。

（二）冲转参数的选择

主汽压力：14MPa，一次再热压力：≤2.5MPa，二次再热压力：≤0.8MPa，主蒸汽：530～540℃，一、二次再热蒸汽温度：510～520℃。

热态启动时，可根据点火前主汽压力及时调整旁路运行方式，尽快到达冲转压力。

（三）汽轮机冲转

热态启动汽轮机冲转，START MODE 选择不带超高压缸启动模式。机组冲转至3000r/min，经检查正常尽快并网。

（四）并网带负荷

（1）并网后，尽快加负荷至启动曲线所对应的负荷点，确认汽轮机缸温不再下降，以减少汽缸及转子的冷却，然后按正常升负荷速率增加机组负荷。

（2）热态启动并网后，当负荷大于150MW且温度准则满足，超高压缸自动投入。

（3）锅炉转干态前，负荷变化率3MW/min；锅炉转干态后，负荷变化率6MW/min。

（五）机组热态启动中汽轮机方面注意事项

（1）控制好温度裕度，满足温度准则，不使主机金属部件过度冷却，以延长汽轮机寿命。汽轮机冲转时，主蒸汽、再热蒸汽温度至少有56℃以上的过热度且主蒸汽、再热蒸汽温度分别比超高、高、中压缸内壁金属温度高50℃，主蒸汽和再热蒸汽温度左右侧温差不超过17℃。

（2）做好机组启动的各项准备工作，协调好各辅机启动时间，尽快地冲转、升速、并网并带负荷至与汽轮机转子温度相对应的负荷水平。

（3）协调各辅机启动时间，尽快并网升负荷，以防止汽轮机转子被冷却。

（4）控制各金属部件的温升率、上下缸温差不超过限值。

（5）热态启动要加强监视超高、高、中压缸排汽温度，严格遵照排汽温度限值曲线，并网后要尽快升负荷，以免超高、高、中压缸叶片温度过高。

（6）机组升速率、暖机时间、升负荷率及主蒸汽、再热蒸汽参数控制参阅机组热态启动曲线及汽轮机推荐启动方案。

（7）主机润滑油温不低于38℃，避免油膜不稳，引起振动。

（8）热态启动前盘车时间不得少于4h，并应尽可能避免盘车中断，如发生盘车短时间中断，则重新计时进行盘车。

（9）在盘车状态下应先向轴封送汽，后抽凝汽器真空。如跳机后因轴封汽温度超过限值而使轴封调压阀联锁关闭，应尽快调整轴封汽温度，恢复轴封汽的供给并保证与轴温相匹配。

（10）汽轮机冲转前，必须确认汽轮机处于盘车状态或汽轮机转速小于360r/min。

（11）在升速过程中，汽轮发电机组发生异常振动，超过规定值时，应立即打闸停机，投入连续盘车。

（12）汽轮机冲转升速时，应严密监视转子轴向位移变化和机组振动情况。

（13）机组升速过程中要注意主机冷油器出口油温及发电机定冷水、冷氢温度的变化，并保持在正常范围内，注意观察各轴承回油温度不超过70℃，低压缸排汽温度不超过90℃。

（14）当机组负荷在500MW左右，进行汽轮机侧重要阀门内漏检查。

六、汽轮机启动曲线

本机组汽轮机启动曲线如图8-2～图8-6所示。

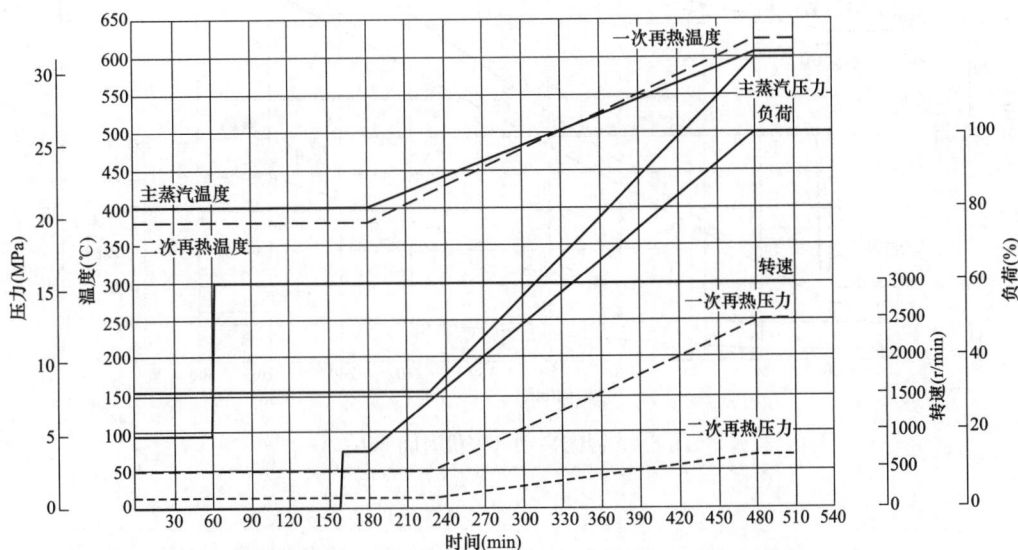

图8-2 全冷态（环境温度）启动（转子温度50℃）

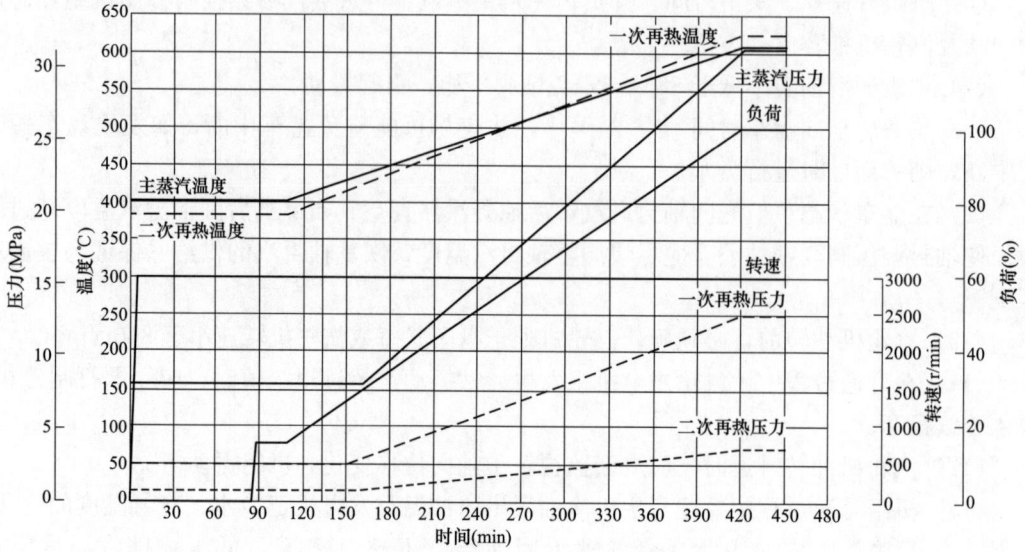

图 8-3　冷态启动（转子温度 150℃）

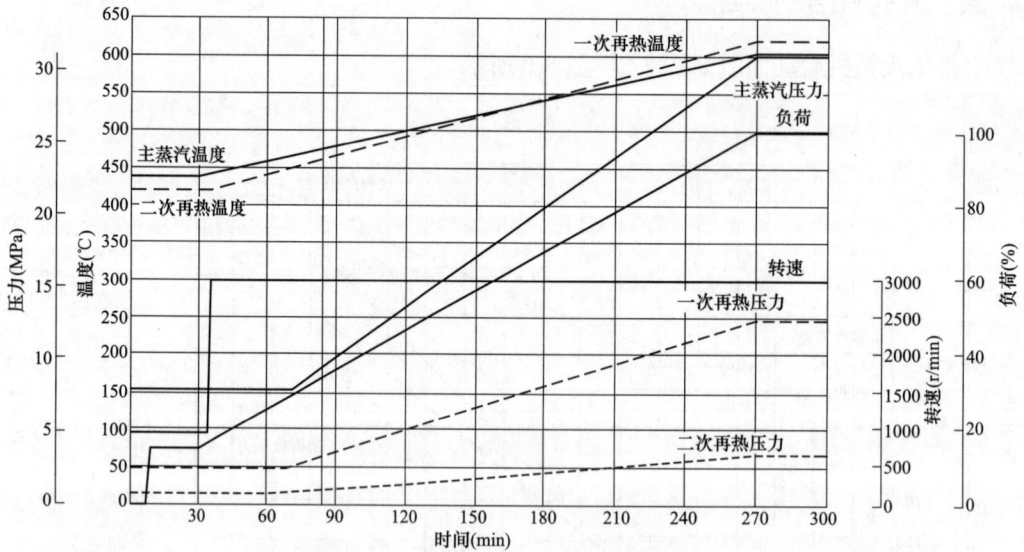

图 8-4　温态启动（停机时间 56h）

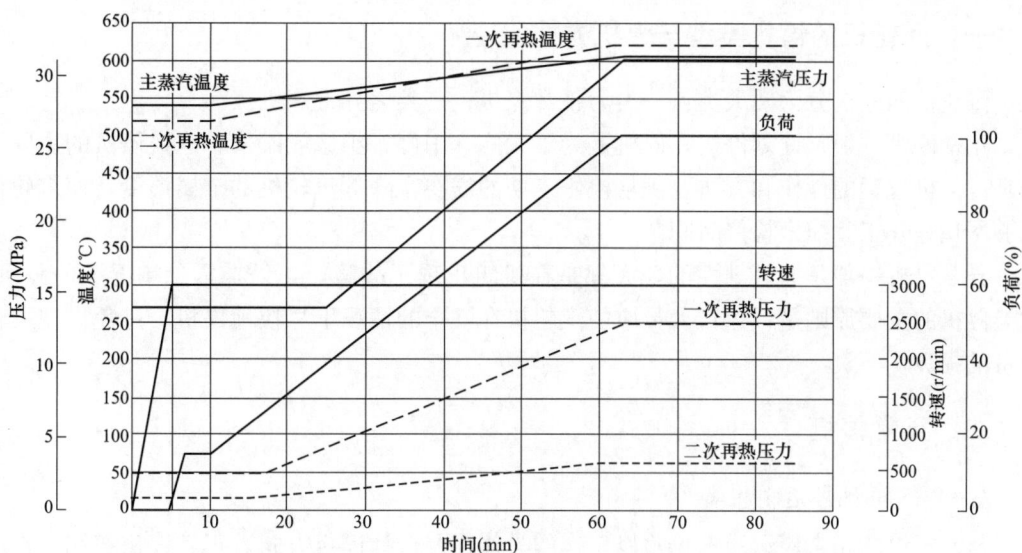

图 8-5 热态启动（停机时间 8h）

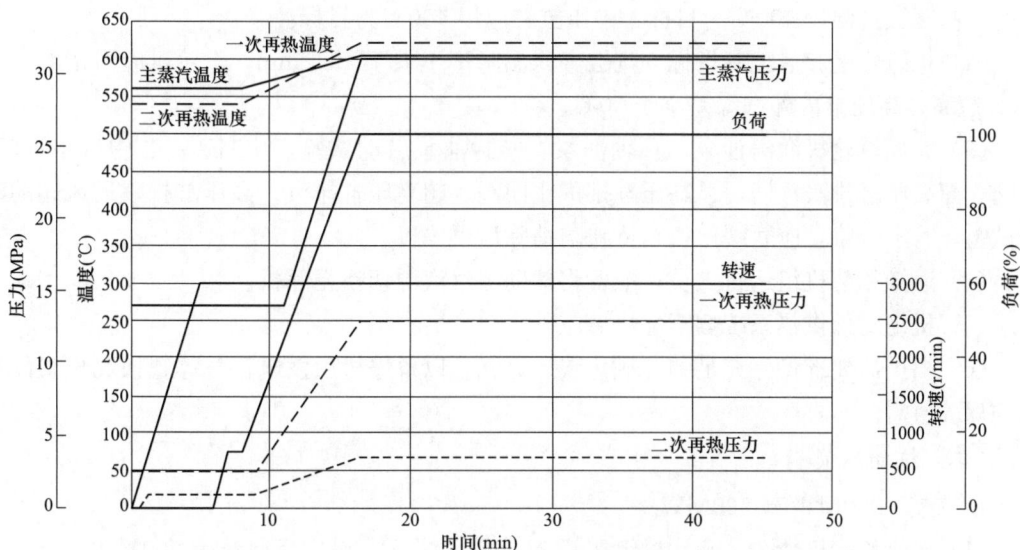

图 8-6 极热态启动（停机时间 2h）

第三节 汽 轮 机 停 机

汽轮机停机就是将带负荷的汽轮机卸去全部负荷，发电机从电网中解列，切断进汽使转子静止。汽轮机停机过程是汽轮机部件的冷却过程，是汽轮机启动的逆过程。停机中的主要问题是防止机组各部件冷却过快或冷却不均匀引起的较大热应力、热变形和胀差等。它所处的应力状态与启动时相反。因此，停机时也应保持必要的冷却工况，以防止发生事故。

一、汽轮机的停机类型与停机方式

汽轮机的停机分为两大类：一类为正常停机；一类为异常停机。

正常停机一般是计划停机。停机是为了大修、中修、小修或维修。这类停机的主要原则是：停机过程的操作和方法要满足检修工期的需要，降低汽轮机的金属温度，使汽轮机能够尽快地开工，缩短检修时间。

异常停机一般是非计划性的，大都是在机组出现了故障，正处在紧急情况下的停机。这类停机的主要原则是：运行人员应使汽轮机在安全的情况下尽快地停机，避免出现主辅设备的损坏。

二、正常停机

（一）汽轮机停运前准备

（1）机组的正常停运应根据检修工作的具体需要选择停机方式。正常停机按照正常停机曲线，控制蒸汽参数。如汽轮机润滑油系统、发电机密封油系统、汽轮机本体等需要停盘车后方能工作的检修项目，应选择滑参数停机，停机的汽轮机超高压缸缸温以370℃为目标，高压缸缸温以400℃为目标，中压缸缸温以400℃为目标。

（2）机组停运参数控制指标：汽缸金属温降率不大于1℃/min，汽轮机应力裕度大于5K，超高、高压缸内外壁温差小于30℃。

（3）完成汽轮机润滑油泵、顶轴油泵、密封油泵启动试验，超高、高、中压主汽门、调门、超高压缸排汽止回门、高压缸排汽止回阀的活动试验。若不合格，应暂缓停机，待缺陷消除后再停机。

（4）通知相邻机组运行人员，准备将辅助蒸汽汽源切换至邻机。

（5）机组对外供热系统切至邻机供应。

（6）根据需要准备好充足的二氧化碳、氮气，以备停机后发电机气体置换和机组停运后的保养所需。

（二）机组减负荷

1. 负荷1000MW到500MW

（1）接值长停机命令，确认机组在CCS控制方式下，设定目标负荷500MW，降负荷速率5MW/min，主蒸汽、再热蒸汽温以1℃/min的速度滑降，短时最大不超过1.5℃/min，主汽压下降速度不大于0.1MPa/min，短时最大不超过0.15MPa/min。

（2）当负荷低于600MW时，试投高、中、低压旁路减温水调节阀，注意保持减温水隔离阀关闭。

（3）机组负荷降至500MW，保持15min，加强主机轴封系统疏水，并试投轴封电加热器，保证供汽温度为320～350℃，检查确认轴封压力、温度正常。

（4）联系化学，机组准备退出加氧运行，切换至AVT运行方式，机组在此负荷稳定运行2h，并做以下工作：①通知化学将给水pH值提高至9.5以上，并停止加氧；②就地关闭给水泵前置泵进口加氧一、二次隔离门；③确认高压加热器连续排气至除氧器隔离阀开启；④全开两个除氧器排大气电动阀，确认除氧器排汽正常。

（5）降负荷过程中，加强主蒸汽和再热蒸汽温度的监视。

（6）降负荷过程中注意调节发电机氢温使其正常，主机、给水泵汽轮机油温应正常。

（7）降负荷过程中先降温后降压，禁止大幅开关减温水调门，确保减温后蒸汽过热度在 20℃。

2. 负荷 500MW 到 300MW

（1）机组负荷 500MW，确认主汽压力滑至 16.9 MPa，降负荷率 3～5MW/min，负荷至 350MW，主汽压力降至 12.5MPa

（2）负荷降至 300MW，进行以下操作：①辅汽汽源倒至邻机供汽，检查轴封供汽正常。②停运低压加热器疏水泵，检查 10 号低压加热器危急疏水阀维持水位正常。③检查主给水旁路调节阀前后电动阀开启，主给水旁路调节阀全开，关闭主给水电动阀，主给水切至旁路。若省煤器入口给水流量开始降低，提高给水泵汽轮机转速，切换过程控制给水流量 1000～1150t/h。④将机组控制方式切至 TF 或 BASE 方式，并手动将 DEH 初压控制方式切换至限压方式。

（3）机组负荷 300MW，控制主再热蒸汽温 450～480℃，过热度 15～30℃。

（4）辅助蒸汽汽源采用邻机汽源，除氧器汽源切至辅助蒸汽。

（5）手动开启高、中、低压旁路系统疏水阀，微开高、中、低压旁路减压阀暖管，暖管结束后投入旁路系统自动，投入停机模式。

（6）退出低低温省煤器系统运行。

3. 负荷 300MW 到 200MW

（1）机组负荷在 300～200MW 之间时，机组采用定压运行方式，控制负荷变化率 5MW/min，注意高、中、低压旁路系统动作正常，负荷与给水流量相匹配，防止汽温突降。

（2）检查轴封汽压力在 3.5kPa 左右，辅助蒸汽至轴封汽调节阀自动开启；根据轴封蒸汽轮温度与汽轮机金属温度匹配情况，必要时启动轴封电加热，确认轴封蒸汽温度在 320～350℃正常范围内。

（3）开启各高压加热器危急疏水阀。

4. 负荷 200MW 到 50MW

（1）机组低负荷运行阶段，可以根据具体情况调节循环水的运行方式。

（2）高压旁路开启后 DEH 改为限压方式，从 DEH 设定机组目标负荷及负荷变化率。

（3）机组减负荷过程中，旁路系统自动调节应正常。

（4）机组负荷 200MW 时，检查汽轮机中、低压段疏水开启正常。

（5）机组负荷至 100MW 时，检查汽轮机高压段疏水开启正常，注意主蒸汽、再热蒸汽温符合停机汽温曲线规定。

（6）注意监视汽轮机低压缸排汽温度，当低压缸排汽温度大于80℃时，确认低压缸喷水控制阀打开。

（7）注意监视汽轮机缸温、缸胀、轴向位移、振动变化，如超过极限值应打闸停机。

（8）目标负荷设定至 50MW。

（9）如果是停机不停炉，则根据需要启动备用真空泵，以防止低压旁路开启后影响凝汽器真空。

（三）汽轮机停止及相关工作

（1）机组减负荷至 0MW，汽轮机手动打闸，确认逆功率保护动作。

（2）检查超高、高、中压主汽阀/调节阀、超高压排汽止回阀、高压缸排汽止回阀、各抽汽电动门止回阀迅速关闭，汽轮机转速逐渐下降。

（3）记录汽轮机惰走过程中各轴振最大值及对应转速。

（4）现场倾听汽轮机各部声音应正常。

（5）检查汽轮机轴向位移及各轴承金属温度、回油温度变化正常。

（6）汽轮机停止运行后，将高压旁路压力设定为手动。特别需要注意，必须保证高压、中压旁路阀后温度有 30℃以上过热度，避免冷再蒸汽带水。

（7）汽轮机转速降至 510r/min，检查顶轴油泵自启动。

（8）转速降至 120r/min 时，检查盘车电磁阀开启。

（9）转速降至 54 r/min 时，盘车装置投入，记录惰走时间。

（10）锅炉如需快冷，保留给水泵运行；锅炉不再上水后，停至给水泵运行。

（11）确认低压旁路阀关闭，无热汽、热水排至凝汽器时，手动打开真空破坏阀，机组破坏真空；真空到零停轴封供汽，停轴封风机，关闭轴封供汽手动阀及减温水手动截止阀，隔绝轴封系统。

（12）确认凝结水无用户需要，排汽缸温度小于 50℃，停止凝结水泵运行。

（13）以下条件满足，停循环水泵、开式水泵：①汽轮机润滑油温、发电机密封油温小于 37℃；②汽轮机低压缸排汽温度降至 50℃以下；③冷却水用户均停止。

（14）当给水泵停止 60h 后，可停止给水泵汽轮机润滑油系统运行。

（15）确认各进汽阀温度低于 150℃，可停止 EH 泵运行（无检修工作则保持运行），注意防止 EH 油箱满油；同时切除 EH 油冷却器冷却水，停止 EH 油系统冷却泵。

（16）当超高压缸金属温度小于 100℃，可停盘车，停顶轴油泵运行。

（17）每小时记录一次汽轮机缸温表，直至停盘车。

（18）根据需要，发电机进行氢气置换。

（19）停止发电机定子冷水系统：发电机解列，定子绕组温度低于 50℃时，根据电气要求可以停止定冷水泵运行（无检修工作可不停定冷水泵）。定冷水系统停运前对系统进行一次反冲洗，冬季环境温度低时停机后应维持系统运行并投入电加热器。

（20）停止密封油系统：确认盘车已停止，发电机氢气置换工作结束，发电机内空气压力为零，停止密封油系统运行。

（21）停止润滑油系统：汽缸金属温度低于 100℃，且盘车停运，发电机内氢气已置换为空气后，可停止润滑油系统运行，同时注意汽轮机轴瓦温度变化，若轴瓦温度上涨较快，应恢复油系统运行。

（四）盘车运行及相关规定

盘车运行及相关规定见第二章第七节的有关内容。

三、异常停机

1. 紧急停机

紧急停机是指汽轮机出现了重大事故，不论机组当时处于什么状态、带多少负荷，必须立即紧急脱扣汽轮机，在破坏真空的情况下尽快停机。

运行规程中规定了紧急停机的条件，不同的机组有不同的规定。一般汽轮发电机在运行过程中，如发生以下严重故障，必须紧急停机：汽轮发电机组发生强烈振动；汽轮机叶片断裂或内部有明显的撞击声音；汽轮发电机任何一个轴承发生烧瓦；汽轮机油系统着大火；发电机氢密封系统发生氢气爆炸；凝汽器真空急剧下降，真空无法维持；汽轮机严重进冷水、冷汽；汽轮机超速到危急保安器的动作转速而保护没有动作；汽轮发电机房发生火灾，严重威胁机组安全；发电机空侧密封油系统中断；主油箱油位低到保护动作值而保护没有动作；汽轮机轴向位移突然超限，而保护没有动作。

汽轮发电机组出现以上故障时，主要由运行人员判断后采取手动脱扣停机的方式，打掉危急保安器的挂钩，并从电网中解列。

运行人员在紧急停机中需要掌握的关键问题是要做到"安全停机"。因为汽轮机已经处在严重的故障情况下，为了让汽轮发电机尽快地停下来，不使故障扩大、汽轮发电机设备发生损坏，可以打开真空破坏阀破坏汽轮机的真空。这样使冷空气进入汽缸，它使叶轮的摩擦鼓风损失增加，对转子增加制动力，减少转子惰走时间，可加速停机。但一般不宜在高速时破坏真空，以免叶片突然受到制动而损伤。进入汽轮机的冷空气会引起转子表面和汽缸的内表面急剧冷却，产生较大的热应力，一般不希望采取这种措施。

紧急停机后，要尽快查找事故原因，尽快进行处理，使汽轮机恢复正常运行。

2. 故障停机

故障停机是指汽轮机已经出现了故障，不能继续维持正常运行，应采用快速减负荷的方式，使汽轮机停下来进行处理。故障停机，原则上是不破坏真空的停机。运行规程中也规定了故障停机的条件，不同机组有不同的规定。一般汽轮发电机在运行过程中，如发生以下故障，应采取故障停机的方式：蒸汽管道发生严重漏汽，不能维持运行；汽轮机油系统发生漏油，影响到油压和油位；汽温、汽压不能维持规定值，出现大幅度降低；汽轮机热应力达到限额，仍向继续增大方向发展；汽轮机调节汽门控制故障；凝汽器真空下降，背压上升至 $25kPa$；发电机氢气系统故障；发电机密封油系统仅有空侧密封油泵在运行；发电机检漏装置报警，并出现大量漏水；汽轮机辅助系统故障，影响到主汽轮机的运行。

汽轮机在故障停机时，运行人员应主要掌握好快速停机和安全停机两个关键问题。因为汽轮机已经存在着某种故障，要尽快停机，故减负荷的速度就要快一点。另外，在减负荷的同时，锅炉方面也要相应地减少燃料量和给水量，使汽温、汽压也随负荷减下来。

3. 异常停机的注意事项

汽轮机无论是紧急停机还是故障停机，都属于非正常停机，对非正常停机，运行人员

都应给予特别的注意。主要应注意以下事项:

(1) 停机过程中要严密监视汽轮机的各种参数,包括汽温、汽压、振动、轴向位移、真空、转速等。在惰走过程中,要到现场检查各道轴承和汽轮机内部是否有异响;要记录惰走的时间,以便与正常停机时做比较;要严密注视事故和故障的发展动态,采取相应的措施,尽可能地防止事故扩大。

(2) 汽轮机转速接近盘车转速时,注意盘车应自动投入。如果盘车投入后,注意盘车电流和盘车过功率保护,以便确认汽轮机本体是否已经受到损坏。一旦盘车投不上,不允许强行投入盘车,但要尽力保持润滑油系统的正常运行,保证轴承的供油。过一段时间,用手动试盘汽轮机转子,看看转子是否可以盘动。如果盘得动,则应先盘 180°,过 10min 再试盘 180°,如 10min 后盘不动,可延长时间,直到盘动为止。定时将汽轮机转子盘 180°,直到盘车可以投入连续运行为止。在这个阶段,润滑油系统必须保证正常运行,如果润滑油系统故障停机,则不允许盘汽轮机转子。

(3) 在汽轮机非正常停机以后,要尽快地查找事故原因,采取措施进行处理。在这个阶段,如果汽轮机仍处在真空状态,就必须保持轴封系统的正常运行;如果轴封系统发生故障不能正常运行,则必须破坏真空。

(4) 如果汽轮机发生油系统着火或汽轮机房着火事故,在紧急停机过程中,运行人员还要立即放掉发电机内的氢气。用氢气密封系统的排氢气门将发电机内的氢气排到汽轮机房外,以防明火造成发电机内的氢气爆炸,严重地扩大事故。

四、滑参数停机

滑参数停机在汽轮机调节阀接近全开情况下,采用降低新汽压力和温度的方式降负荷,锅炉和汽轮机的金属温度也随之相应下降。此种停机的目的是为了将机组尽快冷却下来,一般用于计划大修停机,以求停机后缸温下降,提早开工。

1. 滑参数停机原则

(1) 机组滑参数停运,应遵守先降压后降温的原则,逐步将蒸汽参数下滑,并控制主蒸汽、再热蒸汽的降压速率小于 0.1MPa/min,降温速率小于 1℃/min,负荷变化率不超过 5MW/min,控制主蒸汽、再热蒸汽的温度偏差小于 28℃。

(2) 控制主蒸汽、再热蒸汽温度应缓慢均匀地下降,使金属降温幅度不超过 0.8℃/min。

(3) 机组减负荷停机的其他操作及注意事项参见正常停机。

2. 滑参数停机步骤

(1) 机组滑停时,若机组负荷在 550MW 以上,主蒸汽压力参照机组滑压曲线,降低主蒸汽压力,开大进汽调节阀,主蒸汽温度逐渐降低。

(2) 当机组负荷降至 550MW 时,要求机组稳定运行 120min,将主蒸汽压力逐渐降至 15.5MPa。主蒸汽温度逐渐降至 530℃,降温率不大于 1℃/min,降压率不大于 0.1MPa/min。

(3) 机组负荷降至 400MW 时,根据需要投运旁路系统。

（4）当机组负荷降至 350MW 时，控制滑压时间在 120min，主蒸汽压力降至 12.5MPa，主蒸汽温度降至 430℃，降温率不大于 1℃/min，降压率不大于 0.08MPa/min。

（5）当机组负荷降至 350MW 时，要求机组稳定运行 60min，防止主蒸汽参数回升。

（6）汽轮机超高压缸缸温降至 400℃ 以下时，可继续降低机组负荷。从 350MW 降至 150MW 时，控制主蒸汽压力缓慢降至 12MPa，主蒸汽温度缓慢降至 420℃。

（7）机组负荷在 150MW 左右，若超高压缸缸温到 370℃，高压缸缸温到 400℃，中压缸缸温到 400℃ 左右，可迅速减负荷接近为 0，汇报值长机组解列。

（8）其余各阶段未提及的操作可参考正常停机。

（9）滑参数停机过程中，主要控制参数如表 8-2 所示。

表 8-2 滑参数停机过程主要控制参数

负荷（MW）	主蒸汽压力（MPa）	主蒸汽温度（℃）	再热蒸汽温度（℃）	温降率（℃/min）	时间（min）
1000↘550	31↘15.5	605↘530	622↘540	1.5	80
550	15.5	530↘480	540↘500	1	120
550↘350	15.5↘12.5	480↘430	500↘450	1	120
350	12.5	430	450	1	60
350↘150	12.5↘12	430↘420	450↘440	1	30
150	12	420	440	1	5
150↘50	12	420	440	1	5
50	解列操作				
总的滑停时间为 0～7h					

3. 滑参数停机过程主要注意事项

（1）监视主蒸汽、再热蒸汽温度，确保有 50℃ 以上的过热度，确保超高压缸排汽、高压缸排汽蒸汽温度有 30℃ 以上的过热度，控制超高/高/中压缸金属温降率和上下缸温差、TSE 温度裕度在限额内。

（2）注意汽轮机振动，监视推力瓦块的金属温度和回油温度。

（3）监视机组上、下缸金属温差、胀差、振动、轴向位移、推力瓦温度，并倾听机内声音正常，参数超限立即打闸停机。

（4）调整轴封供汽温度、压力，使其稳定。

（5）蒸汽温度在 10min 内下降 50℃ 立即打闸停机。

（6）滑参数停机过程中，不得进行影响超高/高/中压主汽门、调门开度的试验，严禁做汽轮机超速试验。

第四节　汽轮机的正常运行与维护

一、汽轮机的运行方式

汽轮机正常运行过程中，不可避免地需要进行负荷调整，根据调整负荷时采用的方法不同，一般有定压运行与滑压运行（变压运行）两种运行方式。

1. 定压运行

定压运行就是汽轮机改变负荷过程中，新蒸汽的压力和温度保持不变，而改变阀门开度的一种运行方式。对于采用节流调节的汽轮机，通过改变调节阀门开度实现负荷的改变；对于采用喷嘴调节的汽轮机，通过依次开启或关闭调节阀实现负荷改变，故又称定压运行的喷嘴调节。

定压运行方式是机炉分别控制，相互牵连较少，以前长期用在中小型机组。大型机组基本负荷阶段也经常采用这种方式。在变动负荷下，定压运行方式由于调节阀的开度变小，节流损失增加，使级的热效率下降，同时使通流部分的蒸汽温度和汽缸金属温度发生变化，尤其是调节级的状态，从而产生一定的热应力。另外，部分负荷时，高压缸排汽温度随着负荷的减少而降低，再热温度随之变化，不仅使循环热效率降低，而且还影响到中、低压缸的运行稳定性。

带基本负荷的汽轮机定压运行时，由于调节阀门全开，节流损失最小，经济性最高，汽轮机各部位的金属温度处于稳定状态。因此只有在基本负荷时，定压运行才是最经济的。部分负荷时完全采用定压运行方式不仅使经济性降低，而且也使可靠性下降，故随着技术的发展，机组容量的增大，一般采用另一种运行方式，即滑压运行（又称变压运行）。

2. 滑压运行

滑压运行就是汽轮机改变负荷过程中，调节阀开度不变，保持进汽面积不变，而通过锅炉调节改变蒸汽压力的一种运行方式。在整个负荷调整过程中，主蒸汽温度和再热蒸汽温度尽量保持额定值不变（或力求不变），蒸汽压力随着负荷的改变而改变。

滑压运行方式最早由德国开始研究和试验，在长期实践中日益显示出其巨大的生命力和优越性，到 20 世纪 60 年代中期以后，从欧洲大陆推广到英、日、美等国。现在国外设计的大型机组一般把变压运行作为一种推荐的运行方式。

滑压运行有纯（全）滑压和复合（混合）滑压两种方式，它取决于汽轮机的运行状态。纯滑压运行可用于所有机组上（节流调节和喷嘴调节），与汽轮机调节汽阀设计无关。复合滑压运行则常用于有若干个调节汽门，能部分进汽的汽轮机上。

纯滑压运行时，是通过变动汽轮机进汽压力来控制机组出力，即汽轮机调节汽阀均保持全开或接近全开的位置上，很少节流。保持很少的节流是用作必要的迅速负荷响应以维持对电网频率的控制。这是因为当负荷突然增加时，锅炉对负荷的变化有一定的时间，不能对负荷变化快速响应，而汽轮机调节汽门只须做很小的调整就能满足实际运行的需要。

复合滑压运行时，汽轮机满负荷时保持全压，初始的减负荷用关闭一两个汽门来完成，在第一个或第二个汽门关闭情况下再减负荷时，可用保持其余调节汽门全开，同时降低汽轮机进汽压力来完成。

二、滑压运行的特点

与定压运行方式相比，滑压运行具有如下特点。

1. 能适应负荷迅速变化和快速启停的要求

滑压运行的特点主要体现在温度上，在滑压运行中，随着负荷的变化，高压缸各级的压力同流量近似地成正比关系。但各级温度大致在等温线上移动，且基本保持不变，因而汽轮机零部件的金属温度变化很小，故热应力和热变形改变也不大。这不仅增加了机组的可靠性而且也提高了对负荷的适应能力和调峰能力，即达到迅速增减负荷的目的。

对滑压运行的机组，在停机过程中，由于汽轮机停止前进汽温度基本不变，所以停机后零部件温度水平很高，能够再次快速启动（停机），因而增加了机组运行的灵活性。

2. 提高机组经济性

（1）低负荷时，由于调节汽阀全开，节流损失小，所以热耗率低。如果取消效率较低的高压缸调节级，改为全周进汽滑压运行，则在额定负荷下其热耗率比定压运行喷嘴调节减少0.4%，在半负荷时可减少1%。初压越高负荷越低，滑压运行的经济性越显著。

（2）汽轮机具有较高的内效率，这是因为滑压运行蒸汽流量和压力基本上与负荷变化为线性关系，各级温度保持不变，进入汽轮机的容积流量也基本不变。同时，末级排汽温度提高，不仅减少了湿汽损失，而且减轻了叶片的冲蚀。

（3）给水泵耗功减少。在滑压运行中，随着机组负荷的降低，蒸汽流量和压力同时降低，给水泵出口压力和流量随之减少，其所消耗功率也大大减少。为此，滑压运行的机组都采用变转速给水泵，即用调节小汽轮机的转速来改变给水泵的转速，从而与锅炉负荷相适应。

（4）能够提高再热蒸汽温度。因滑压运行高压缸的排汽温度几乎不变，这也为保持再热蒸汽温度不变提供了有利的条件，使其容易维持较高的温度水平，弥补了纯对流式再热器在低负荷时吸热量减少，而使再热蒸汽温度降低的缺点。由于再热蒸汽温度的提高也能改善低负荷时机组的循环效率。滑压运行与定压运行相比其热效率的改善程度，与机组的构造、额定蒸汽参数、滑压方式以及最低负荷等因素有关。一般超临界和亚临界的机组，在低负荷时热效率可改善3%～4%。

3. 滑压运行延长了机组使用寿命

滑压运行使汽轮机组很少处于部分进汽的状况，对汽轮机加热均衡，蒸汽温度不随负荷而剧烈变化，特别是在低负荷下，汽缸不至于被过多冷却，减少了周期性热冲击、热应力和热膨胀。调节阀常开，也减少了阀芯和阀座的磨蚀。低负荷下，压力降低，也减轻了锅炉承压零部件、主汽管道、阀门等的负载。可见，滑压运行可以有效减少部件损耗，延长机组的寿命。

4. 减轻汽轮机结垢

通常负荷变动时，锅炉汽包内的水垢受水力冲击而被粉碎并随蒸汽带出，造成汽轮机结垢。滑压运行在低负荷时，蒸汽压力低，受水力冲击而粉碎的水垢减少，可以减轻汽轮机结垢。从另一角度，滑压运行时蒸汽压力随负荷的降低而降低，蒸汽溶解盐分的能力减少，使蒸汽中的含盐量下降，减轻了汽轮机结垢。

5. 调节系统工作稳定，机组振动减小

滑压运行时，由于调速汽阀维持全开或基本全开状态不变，不像定压运行时负荷变动需要调节系统动作进行调整；另外，定压运行时部分进汽会使机组受热不均而有可能引起机组振动。

6. 机组的循环热效率随负荷下降而下降

由于滑压运行时，主汽压力随负荷下降而下降，因此，郎肯循环的效率随负荷的下降而下降，尤其在蒸汽压力低于13MPa后，下降幅度更为显著。这是其不足之处。

三、汽轮机的日常维护

（一）机组运行方式

本机组采用定—滑—定的运行方式，如图 8-7 所示。

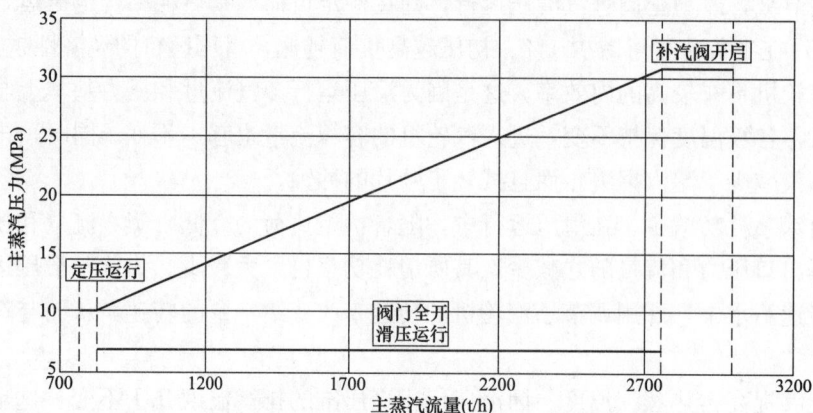

图 8-7　汽轮机运行时主蒸汽压力与主蒸汽流量的关系

机组带基本负荷，并具备调峰运行能力。机组负荷的调节方式随 CCS 的不同运行方式而异，通常采用机炉协调控制或锅炉跟踪方式进行调节，根据实际工况和运行需要也可采用锅炉手动方式进行负荷调节。汽轮机自动控制 ATC 程序具有很好的负荷控制能力，在各种负荷 ATC 能连续地监控汽轮机各工况参数，计算转子应力，并根据现行的工况选择最佳的负荷变化率。

机组运行中，允许负荷变化率为：

（1）在 $50\% \sim 100\%$ THA 负荷范围内：不小于 5%/min。

（2）在 $30\% \sim 50\%$ THA 负荷范围内：不小于 3%/min。

（3）30% THA 负荷以下：不小于 2%/min。

（4）允许负荷阶跃：大于 10% THA 负荷/ min。

本机组能够满足以上负荷变化率的要求，承受的温度变化由以热应力计算为基础的温度裕度控制决定。

（二）汽轮机运行的日常维护工作

汽轮机能否安全经济运行，与运行人员对设备进行正确的维护、监视和调整是密不可分的，也是运行人员的重要职责。汽轮机运行的日常维护工作主要有以下几个方面：

（1）通过定期检查、监视、调整和对仪器、仪表进行分析，确保设备经济安全运行。

（2）调整运行参数和运行方式，尽可能地使设备在最佳工况下运行，降低热耗和厂用电率，提高设备运行的经济性。

（3）定期进行各种保护试验及辅助设备的正常试验和切换工作，保证设备的安全性和可靠性。

（4）加强对缺陷设备和特殊运行方式下设备的监视、调整，预防事故的发生和扩大，提高设备利用率，确保设备长期安全运行。总之，汽轮机正常运行中的维护工作是很多的，运行人员只有加强责任心，认真做好这些工作，才能使汽轮发电机组保质、保量、安全经济地向用户供热供电。

汽轮机正常运行中的一些主要参数，如主蒸汽参数、凝结器真空、监视段压力、轴向位移、膨胀、振动、排汽压力等，对汽轮机的安全、经济起着决定性的作用。因此，运行中必须对这些参数认真监视，并对其进行调整，使其保持在运行规程规定的范围内。

（三）运行中的仪表监视与要求

仪表是运行人员的眼睛，运行情况和设备状态的变化均通过仪表反映出来，所以对表计的监视一刻也不能放松，表盘上的数以千计的仪表、信号，运行人员要善于抓住重点，掌握全面。

1. 负荷的变化

在正常运行中，对负荷表的监视是头等重要的。因为负荷一变，牵动着几乎所有运行情况的变化。而影响负荷变化的因素很多，所以不管负荷是增加还是减少，都要做相应地检查和调整。尽管随着自动化程度的提高，有些调整会自动地完成，但是任何设备都不可能万无一失，故手动调整是不可缺少的。机组正常增减负荷，是根据电网的需要，操作同步器来完成的，而机组负荷的自动变化，则是外界条件影响的结果。此时要做相应的检查。如当负荷减少时，应检查电网周波是否升高，主蒸汽参数是否下降，真空是否降低，调节系统是否自发地动作等。

当机组负荷变化时，对凝汽器水位要及时检查调整，由于负荷变化，各段抽汽压力要随之变化，由此影响除氧器、加热器、轴封供汽压力的变化，要及时调整，如进行调峰增减负荷，操作更多些。

2. 主蒸汽参数的变化

汽轮机在正常运行中，有时会不可避免地发生蒸汽参数偏离额定值的现象，如果短暂的偏离或偏离值不大，一般不会对汽轮机的安全和经济造成影响，如果超出允许范围，就会对汽轮机的安全构成威胁并影响经济性。

（1）主蒸汽压力升高。当初温和背压不变，而主蒸汽压力升高时，则汽轮机的理想焓降增加，若机组保持负荷不变，流量将减少，汽耗率降低，机组经济性提高。调节汽阀开度一定，当初温和背压不变，而初压升高超过允许范围寸，对汽轮机安全将产生下列不良影响：

1）汽轮机各级都要过负荷，其中最末几级过载最为严重。

2）末几级湿度增大，湿汽损失增加，影响叶片寿命。

3）导致汽轮机承压零部件及紧固部件的应力增加，对机组的安全不利。

4）对于节流调节的汽轮机，当初压升高时，若保持额定负荷不变，需关小调节汽阀，但会使节流损失增加。

(2) 主蒸汽压力降低。当主蒸汽温度和背压不变，主蒸汽压力降低时，汽轮机理想焓降减小，流量的下降与主蒸汽压力的降低成正比，使汽轮机的出力下降。此时机组运行是安全的，但经济性降低。但如果初压降低而机组仍保持额定负荷时，汽轮机的流量将增加。当初压下降较多时，汽轮机的流量可能超过额定参数下的最大流量，将使最末级叶片应力及转子轴向推力增大，对汽轮机的安全性和经济性都不利。

(3) 本机组运行中对主蒸汽压力的要求。

在任意十二个月的运转期内，汽轮机主汽阀进口处的压力不应超过额定压力，在维持此平均值的前提下，压力不应超过额定压力的 105%。在不正常条件下，进口处瞬时压力波动的最大值不得超过 35MPa，并且在十二个月的运转周期内，这些超过 105% 额定压力的瞬时波动时间总和不得大于 12h，如表 8-3 所示。

通常主蒸汽压力的升高会使汽轮机的功率超过额定值，必须对控制系统采取措施以限制蒸汽流量。发电机及相关电气设备可能无法承受这些额外的出力，汽轮机也会受到无法预计的应力，因此，应采取"负荷—响应"保护的措施来限制该情况下的汽轮机出力。

表 8-3   主蒸汽压力偏差及要求

序号	偏差范围	每次允许时间	任意十二个月的运转期内	备注
1	>100%~105%		平均值不超过额定压力	用于正常的压力控制偏差范围
2	>105%~35MPa		时间总和不得大于 12h	如跳机或发电机故障，应开启安全阀
3	>35MPa	不允许	不允许	

(4) 主蒸汽温度升高。当主蒸汽压力和背压不变而主蒸汽温度升高时，机组的理想焓降增大，做功能力增强，机组汽耗率降低，排汽湿度下降，对经济性有利。但新蒸汽温度超过规定允许值时，会使汽轮机主汽阀、调节汽阀、蒸汽室前几级喷嘴、动叶片和高压前轴封等部件的机械强度降低，发生蠕变和松弛，导致设备的损坏和缩短设备的使用年限。目前制造厂均规定了温度上限。

(5) 主蒸汽温度降低。当主蒸汽压力和背压不变而主蒸汽温度降低时，蒸汽的理想焓降减小，若维持负荷不变，流量则增大。流量增加后将主要使末几级的焓降增大，若流量超过额定值，将造成末几级叶片过负荷。另外，主蒸汽温度降低，还会使末几级蒸汽湿度增加，湿汽损失增加，效率降低。同时增大了末级叶片的冲蚀，若汽温急剧降低，还可能导致水冲击的发生。为此，在主蒸汽温度降低时，应按规程规定限制负荷。

(6) 本机组运行中对主蒸汽温度的要求。主蒸汽温度的偏差及要求如表 8-4 所示。

在任意 12 个月的运转期内，汽轮机主汽阀进口处的蒸汽温度平均值不得大于额定温度。在维持这一平均值时，温度值不得大于额定温度 4℃。

在不正常运行条件下，汽轮机主汽阀进口处温度不得超过额定温度 8℃，在十二个月运转期内的时间总和不超过 400h。如有温度波动则波动的最大值不得超过额定温度 12℃，时间不超过 15min，并在 12 个月运转期内的波动时间总和不大于 80h。

在保持上面所述的温度规定下，还须做到同时进入汽轮机各主汽阀的蒸汽温差须保持在 17℃ 以下。在不正常情况下，差值允许达到 28℃，但时间不得超过 15min，且两次发生这种不正常情况的时间间隔至少 4h。

表 8-4 主蒸汽温度的偏差及要求

序号	超过额定温度的偏差范围（℃）	每次允许时间	任意十二个月的运转期内	备注
1	>0~4	5h 以内的波动	平均值不超过额定温度	用于正常的温度控制偏差范围
2	>4~8	5h 以内的波动	时间总和不得大于 400h	用于偶尔的温度偏差，例如负荷阶跃
3	>8~12	15min 以内的短暂波动	时间总和不得大于 80h	用于意外的温度偏差
4	>12	不允许	不允许	

3. 再热蒸汽参数的变化

(1) 再热蒸汽压力。在正常运行中，再热蒸汽压力是随着蒸汽流量变化而变化的。运行人员对每一负荷下的再热蒸汽压力应掌握。当再热蒸汽压力升高导致安全门动作时，一般是调节系统发生故障引起的，此时要迅速处理，使其恢复正常。

(2) 再热蒸汽温度。再热蒸汽温度主要取决于锅炉的特性和工况。当主蒸汽温度不变，再热蒸汽温变化时，不仅中、低压缸的工况要受到影响，高压缸的工况也要受到影响（对于二次再热机组，超高压缸的工况同样受到影响）。其他条件不变时，再热蒸汽温升高对机组运行的热经济有利，但对安全性不利。另外，当再热蒸汽温变化时，还会使汽轮机末级湿度发生变化，同时还会导致反动度和轴向推力的变化，从而影响机组运行的安全性。

(3) 本机组运行中对再热蒸汽压力的要求。汽轮机高压缸排汽口处的压力不得超过汽轮机高压缸排汽口的最大压力 25%。此最大压力是汽轮机高压缸流过最大计算蒸汽流量及在正常条件运行时高压缸排汽口的压力。为了保证机组的运行安全，机组必须设置合适的安全阀。

(4) 本机组运行中对再热蒸汽温度的要求。再热蒸汽温度的偏差及要求如表 8-5 所示。在任意 12 个月的运转期内，汽轮机再热进口处的蒸汽温度平均值不得大于额定再热温度。在维持这一平均值时，再热温度不超过额定值 4℃。

在不正常运行条件下，再热温度不得超过额定值的 8℃，在 12 个月运转期内的时间总和不超过 400h。如有波动，则波动的最大值不超过额定再热温度 12℃（10℃），时间不超过 15min，并在 12 个月运转期内的波动时间总和不大于 80h。

在维持上述再热温度平均值的条件下，同时进入汽轮机各高温再热阀的蒸汽温差必须保持在 17℃ 以下。在不正常情况下，这一温差允许高达 28℃，但时间不得超过 15min，且两次发生这种不正常情况的时间间隔至少相隔 4h。

表 8-5 再热蒸汽温度的偏差及要求

序号	超过额定温度的偏差范围（℃）	每次允许时间	任意十二个月的运转期内	备注
1	>0~4	5h 以内的波动	平均值不超过额定温度	用于正常的温度控制偏差范围
2	>4~8	5h 以内的波动	时间总和不得大于 400h	用于偶尔的温度偏差，如负荷阶跃
3	>8~12 (10)	15min 以内的短暂波动	时间总和不得大于 80h	用于意外的温度偏差
4	>12 (10)	不允许	不允许	

4. 凝汽器真空（排汽压力，背压）

（1）排汽压力升高（真空降低）。当排汽压力升高（真空降低）时，汽轮机总的焓降减少，并且这个焓降的减少，主要发生在最末几级。此时若保持流量不变，汽轮机的功率将减小。如果维持功率不变，则流量要增加。一般情况下，机组真空每降低1%，汽耗率平均要增加1%，热耗率要平均增加0.7%～0.8%，使汽轮机经济性大大降低。此外，真空严重恶化，排汽温度上升较大时，还会产生下列影响：

1）引起低压缸及轴承座等部件受热膨胀，使机组中心发生变化，造成振动。

2）使凝结器温度上升，冷却水管可能膨胀过大而泄漏，后汽缸温度过高而变形。

3）各级焓降重新分配，最末几级焓降减少，反动度相应增大而引起轴向推力增大。

（2）排汽压力降低（真空升高）。当排汽压力降低时，汽轮机内的理想焓降增加。若维持功率不变，则流量降低；若维持流量不变，则机组功率增加。由此可见，背压的变化对汽轮机的经济性有很大影响。因此，凝结器应尽量保持在较高的真空下运行，故要求凝结器冷却水管经常保持洁净，真空系统严密性合格，在同样的投入下，得到较高的真空，提高机组运行的经济性。但是，凝结器真空过多的提高，又会对机组产生以下不利影响：

1）在设计工况下，凝汽式汽轮机最末级喷嘴流量一般是处于临界状态，真空过高，将使蒸汽在喷嘴斜切部分进一步膨胀，末级前后压差增大，造成隔板过负荷。

2）当真空提高时，汽轮机末级焓降增大，有可能过载，特别是当末级达到临界流动工况时，焓降的进一步增加将仅能由末级来承受。

3）当真空进一步提高时，蒸汽在动叶外膨胀，不但不能再增加汽轮机的功率，反而对汽轮机的安全和经济性都不利。

（3）本机组运行中对排汽压力（背压）的要求。汽轮机并网运行时，当机组低压缸进汽压力不小于0.491MPa时，汽轮机持续运行允许的最大背压为30kPa；当机组低压缸进汽压力不大于0.189MPa时，汽轮机持续运行允许的最大背压为13kPa；当机组低压缸进汽压力在0.189～0.491MPa时，按上述13～301kPa间线性插值，具体数值如图8-8所示（该背压限制曲线依据1146mm末叶片绘制）。

5. 轴向位移的监视

汽轮机带负荷运行，轴向推力作用在转子上。推力轴承用来承受转子的轴向推力。借以保持汽缸及其静止部分与转子的相对位置，保证机组动静部分之间的轴向间隙。

汽轮机转子的轴向位移，现场习惯称为串轴。这一指标是用来监视推力轴承的工作状态的。在正常运行中，汽轮机因负荷、初参数、中间再热参数和终参数的不断变化，必然要引起轴向推力的变化。轴向推力过大，推力轴承本身有缺陷，都会造成推力瓦烧坏，使汽轮机动静部分发生碰磨，造成设备的严重损坏。一般来说，轴向推力是随着机组流量的增加而增大的；汽轮机发生水击时，会产生很大的轴向推力；真空降低以及通流部分结垢时，也会使轴向推力发生变化。

在带负荷运行中，应注意观察转子轴向位移指标。如果由于汽轮机轴向推力过大，推力轴承过负荷，或因润滑油油质的影响，推力瓦块缺陷等导致推力瓦磨损时，轴向位移的指标要比正常时大得多。当轴向位移指标异常时，应立即找原因，检查影响机组轴向推力

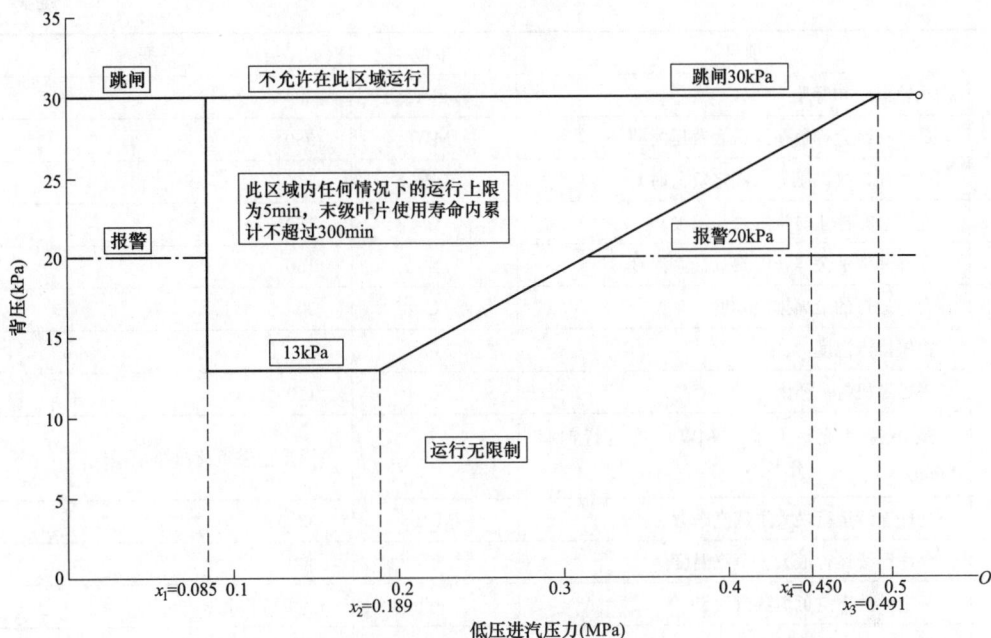

图 8-8 汽轮机背压限制曲线

的各项因素，如新蒸汽参数和流量、监视段压力、排汽压力等，同时检查推力瓦的运行情况，并针对查出的原因及时采取措施，如改变负荷，恢复新汽温度和压力，调整油温等，使轴向位移恢复正常。

本机组设有轴向位移保护装置。当正向轴向位移 0.5mm 时，报警；当正向轴向位移 1mm 时，停机。当负向轴向位移 −0.5mm 时，报警；当负向轴向位移 −1mm 时，停机。

6. 胀差的监视

正常运行中，由于汽缸和转子的温度已趋于稳定，一般情况下胀差变化很小，但决不能因此而放松对其监视，当汽轮机进水时，胀差的反应是最敏感的。

7. 对其他表计的监视

正常运行中，运行人员在监盘时，还要注意润滑油油温、油压、轴承金属温度、除氧器水位、各泵电流等。发现异常要及时处理。

汽轮机运行中，除以上对运行参数限定值的要求外，还有其他限定值要求，如表 8-6 所示。

表 8-6　　　　　　　　　　　　　汽轮机运行其他限定值

序号	项目	单位	数据
1	主开关断开不超速跳闸的最高负荷	MW	VWO负荷
2	超速脱扣转速	r/min	3300
3	超速试验飞升转速	r/min	＜3210
4	最大运行背压	kPa	20
5	汽轮机报警背压	kPa	20

序号	项目	单位	数据
6	汽轮机脱扣背压	kPa	30
7	最大持续允许负荷（最大背压时）	MW	980
8	最大允许排汽压力（额定负荷时）	kPa	11.8
9	允许盘车停止时汽缸最高温度	℃	150
10	允许润滑油泵停止时汽缸最高温度	℃	150
11	允许运行的最高排汽温度	℃	90
12	报警排汽温度	℃	90
13	手操停机排汽温度	℃	110
14	最小持续允许负荷（MW）及运行时间（min）		锅炉稳燃负荷/时间不限
15	允许连续运行最大主蒸汽压力	MPa	32.55
16	允许连续运行最大主蒸汽温度	℃	609
17	额定参数下空负荷蒸汽流量	kg/h	约5%TMCR
18	最小启动蒸汽流量	kg/h	约15%TMCR
19	最小启动蒸汽压力	MPa	10
20	启动过程中超高压缸运行最高排汽温度	℃	510
21	启动过程中高压缸运行最高排汽温度	℃	510
22	盘车停止时转子最高温度	℃	150
23	轴承座振动限值（相对振动双振幅）（额定转速）	μm	25
24	轴承座振动限值（相对振动双振幅）（过临界转速时）	μm	80
25	停用低压加热器时的负荷限制（从一台至全部）	MW	停用一台：1000MW，每多停运一台负荷减少100MW

（四）汽轮机运行中的日常维护与检查

（1）汽轮机运行中的日常维护：每小时抄录一次运行日志，一旦发现仪表读数和正常值有差异时，应立即查明原因，采取必要的措施并及时报告机长、值长；每天定时进行小指标计算，以便进行运行分析，及时发现异常情况；按巡回检查制度，定期进行设备的巡回检查，发现异常或缺陷时，应及时处理或填写设备缺陷记录，对重大设备缺陷做好事故预想，并对其重点监视。

（2）汽轮机在下列情况下，应进行听音检查：工况变化时；交班前准备工作时；接班前检查时；正常运行定期巡回检查时。

（3）经常检查辅机轴承的油位与油质。油位过低或油质不洁时应及时添加或更换。

（4）应经常保持机组的整洁。每班至少应对汽轮发电机组设备、辅助设备及运行场地进行一次清扫。

（5）每个中班对汽轮发电机组及重要的转动设备轴承振动测量一次，并对其振动情况进行分析比较，做好记录。

（6）配合化学监督人员定期对润滑油、EH油、蒸汽、给水、凝结水的品质试验与检查。

（7）定期对润滑油箱、EH油箱的油位进行检查，若发现油位异常下降时，应及时查明原因进行处理并将其补充至正常油位。

（五）汽轮机停止运行后的保养

（1）汽轮机停止运行不超过10天，应做好下述防腐保养措施：

1）隔绝一切可能进入汽轮机内部的汽、水系统并开启本体疏水阀。

2）隔绝与公共系统连接的有关汽、水、气阀门，并放尽其内部剩汽、剩水、剩气。

3）所有的抽汽管道、主再汽管道、旁路系统疏水阀均应开启。

4）放尽凝汽器热井、循环水进出水室等剩水。

5）放尽加热器汽侧剩水，加热器水侧采用湿式保养。

6）除氧器采用湿式保养。

7）给水泵汽轮机的有关疏水阀打开。

8）保持各污水泵和污油泵在自动运行方式。

9）保持主机油净化系统随主机润滑油系统运行，注意监视系统运行情况。当油温不小于60℃，应停止油系统运行。必要时使用移动式油过滤装置。

10）保持主机EH过滤冷却泵连续运行，注意监视系统运行情况，当EH油箱油温不小于60℃时，停止过滤冷却泵运行。

11）在主机润滑油系统和密封油系统保持运行的条件下，每天投运盘车0.5h。

12）在冬季，若上、下缸温差大，则应关闭汽缸本体疏水阀、有关抽汽管道、主再热蒸汽管道疏水阀。下缸穿堂风大，应设专用遮拦，保温层不好应修复。

（2）冬季机组停止运行后，应注意执行防冻措施，特别是当汽轮机房室温可能低于5℃或室外会造成冰冻的情况下，有关设备与系统应采用保温、放尽剩水或定期启动等方法，以防设备损坏。

（3）机组停用时间超过10天，应增加下列保养措施：

1）加热器汽、水侧（9、10号低压加热器汽侧除外），除氧器水箱和轴封冷却器水侧进行充氮保养，氮气压力维持在30kPa。

2）所有停运设备和系统内的剩水应全部放尽。

3）主机润滑油系统采用每周投运一次的方法保养。排除主油箱底部积水，投运主机润滑油系统和密封油系统，运行时间为12h或主机油温达到60℃；油系统投运期间，主机盘车每次投运0.5h。

4）主机EH油系统采用每周投用一次的方法保养。

5）定期监测油质。

参 考 文 献

[1] 胡念苏．1000MW火力发电机组培训教材　汽轮机设备系统及运行．北京：中国电力出版社，2014．

[2] 望亭发电厂．660MW超超临界火力发电机组培训教材　汽轮机分册．北京：中国电力出版社，2011．

[3] 吴季兰．汽轮机设备及系统．2版．北京：中国电力出版社，2006．

[4] 靳智平．电厂汽轮机原理及系统．2版．北京：中国电力出版社，2006．

[5] 华东六省一市电机工程（电力）学会．汽轮机设备及系统．北京：中国电力出版社，2000．

[6] 叶涛．热力发电厂．2版．北京：中国电力出版社，2006．